首都ブラジリア

モデルニズモ都市の誕生

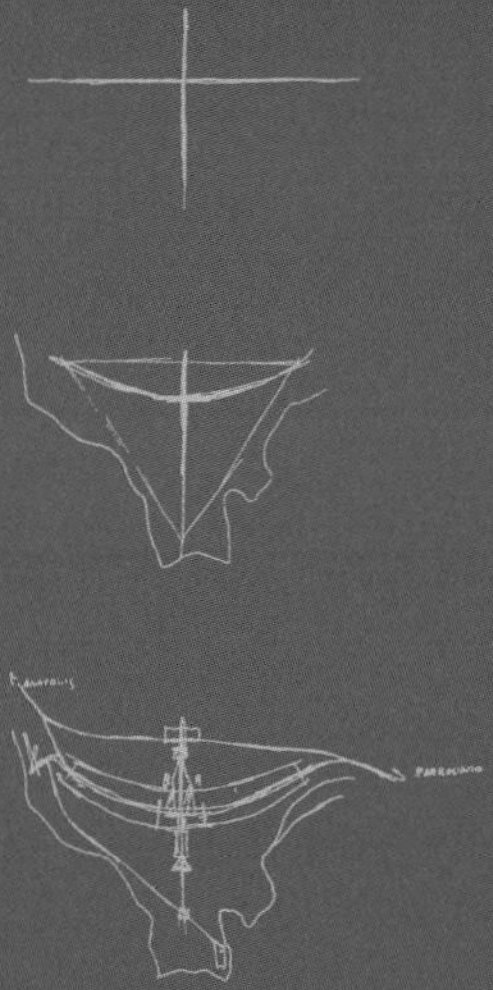

Brasília

中岡義介＋川西尋子 著

鹿島出版会

国の主要河川の源流があつまる国土の心臓のようなプラナルト・セントラル高原
（第5章155頁図の丸印）
そこに、ブラジリアは建設された

現在のブラジリア

西（左）から東（右）に緩やかに傾斜してパラノア湖（黒っぽい部分）にいたるところに、ブラジリアの中心的都市化区域はつくられた
地形に沿って弓なりに高速道路を南北（上下）に通し、それに住居地区を配置して、高速道路・居住軸とした（中央やや左寄りの弓なりになった帯状の部分）
その中央で直行するもう1本の軸を東西（左右）に通し、それを首都の主要な建物―国の三権、省庁などを芝生敷きの壇とともに配置したモニュメンタル軸とした
このふたつの軸が交差するところに大規模バスターミナルをもうけて都市の玄関口とするとともに、周囲に娯楽地区、商業業務地区、ホテル地区などを配して都心が形成されている
左下にブラジリア国際空港、左上にこの地域の自然植生であるセラードを保全した国立ブラジリア自然公園がある

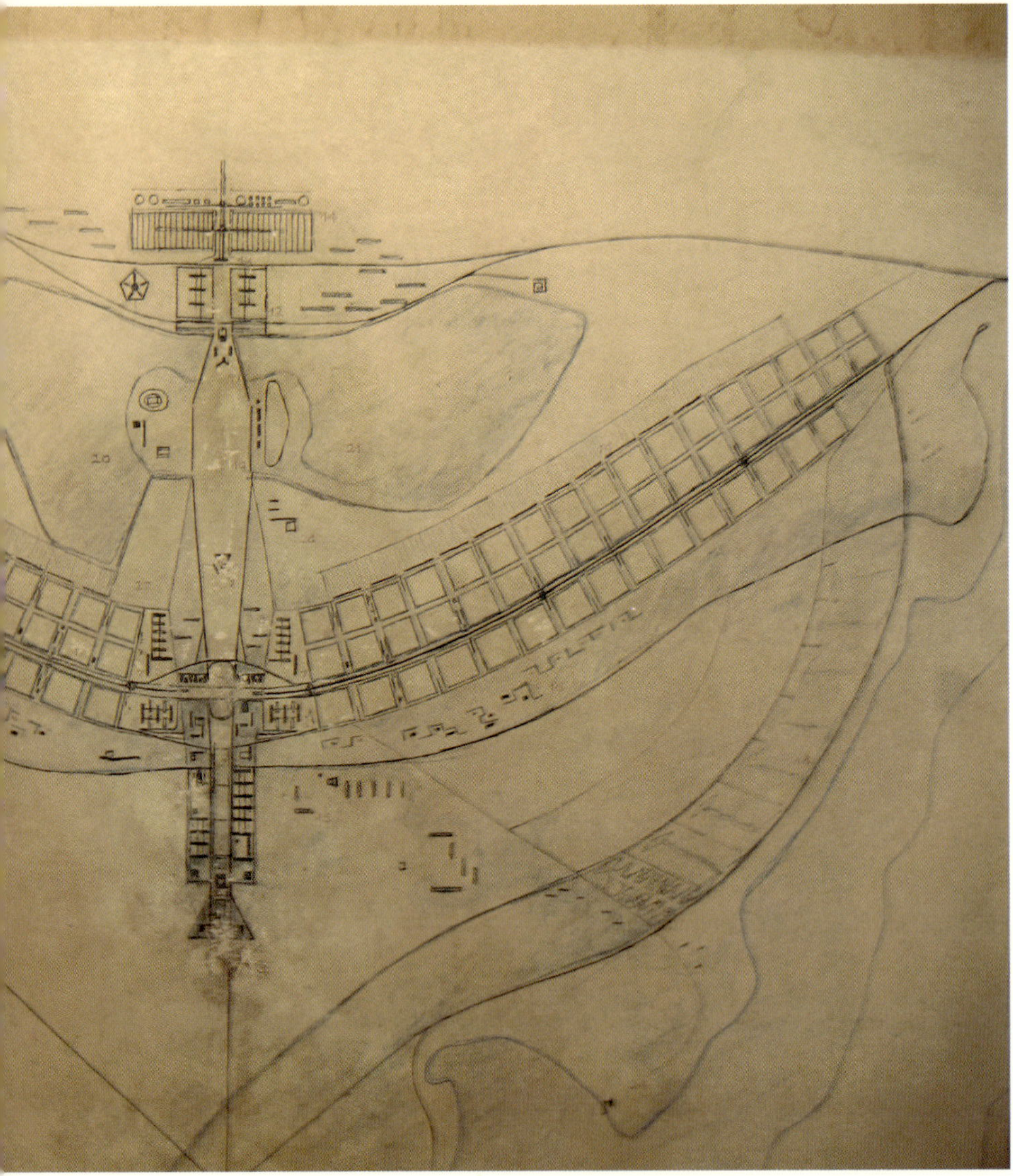

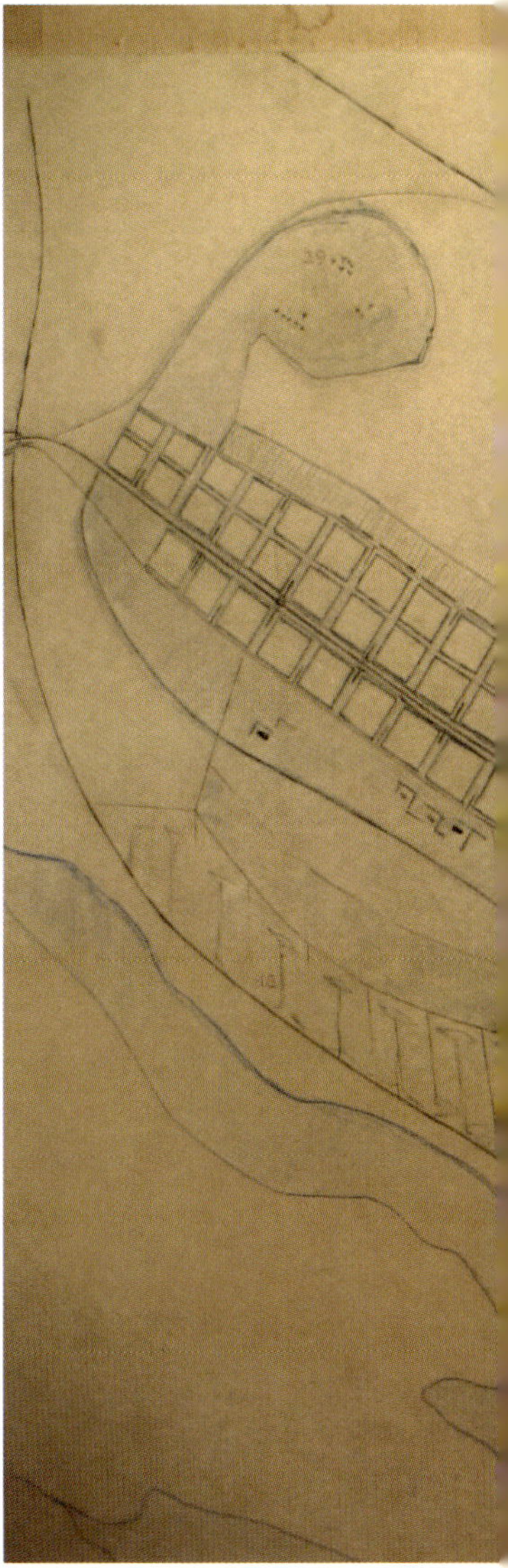

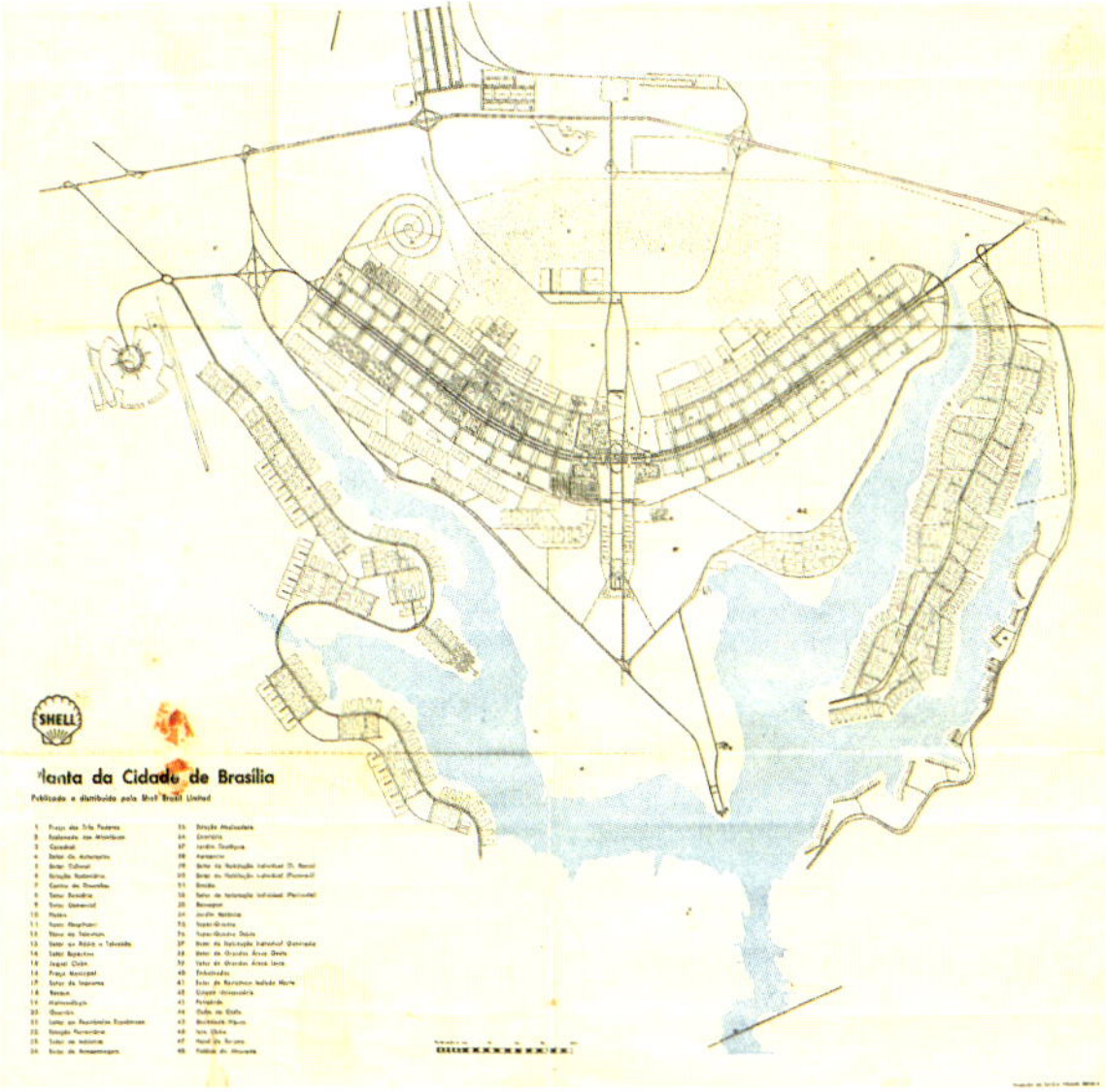

(右) ルシオ・コスタのプロポーザル

プラーノピロット・デ・ブラジリア (P.P.B.) 基本計画図 (第2章参照)

1957年に実施された新首都設計コンクールの応募案

1987年にユネスコ文化遺産に登録された

(左) 開都時のブラジリアの公式プラン

「都市化することは、少しの都市をカンポ (広野) にもっていくことと、

少しのカンポ (広野) を都市のなかにもってくることからなる」(ルシオ・コスタ)

コスタは、国のルーツを求めてコロニアル時代に行き着いた

コロニアルの建築と都市 (ナショナル) を現代に翻訳していったところ

モダニズム (インターナショナル) に合致した

そしてブラジルのモダニズム=モデルニズモが生まれた

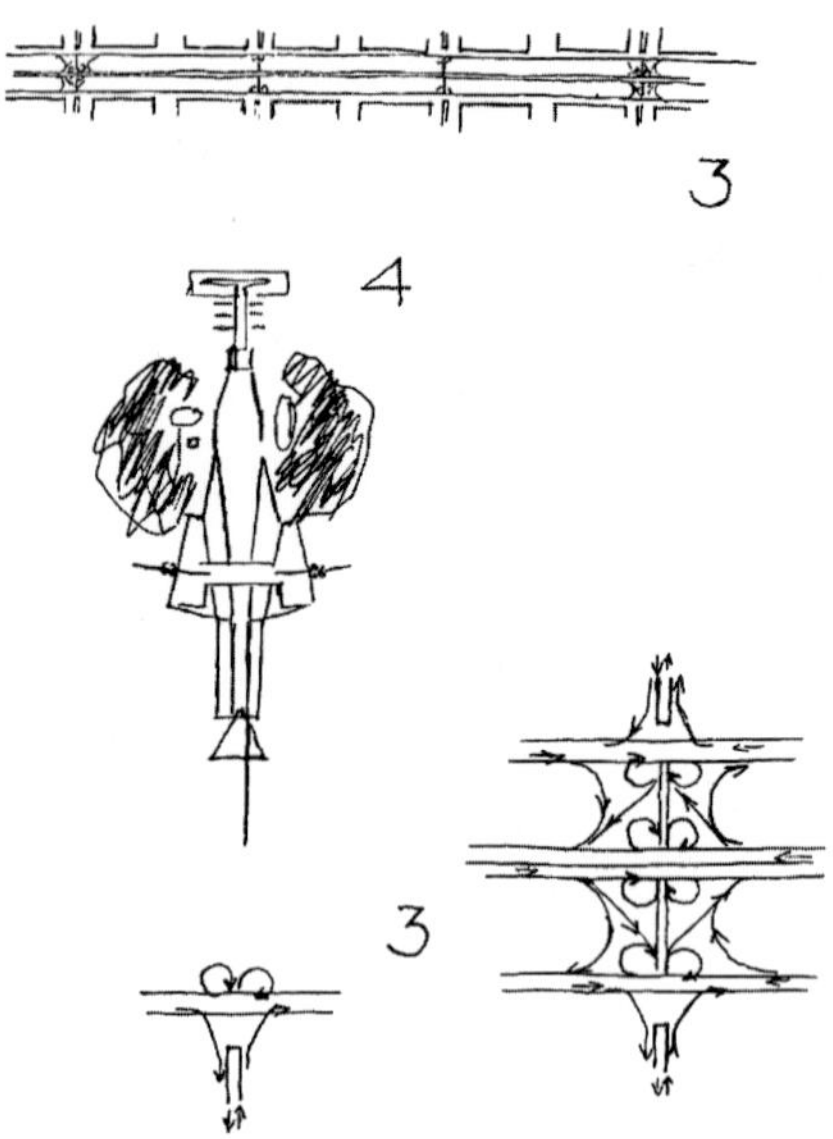

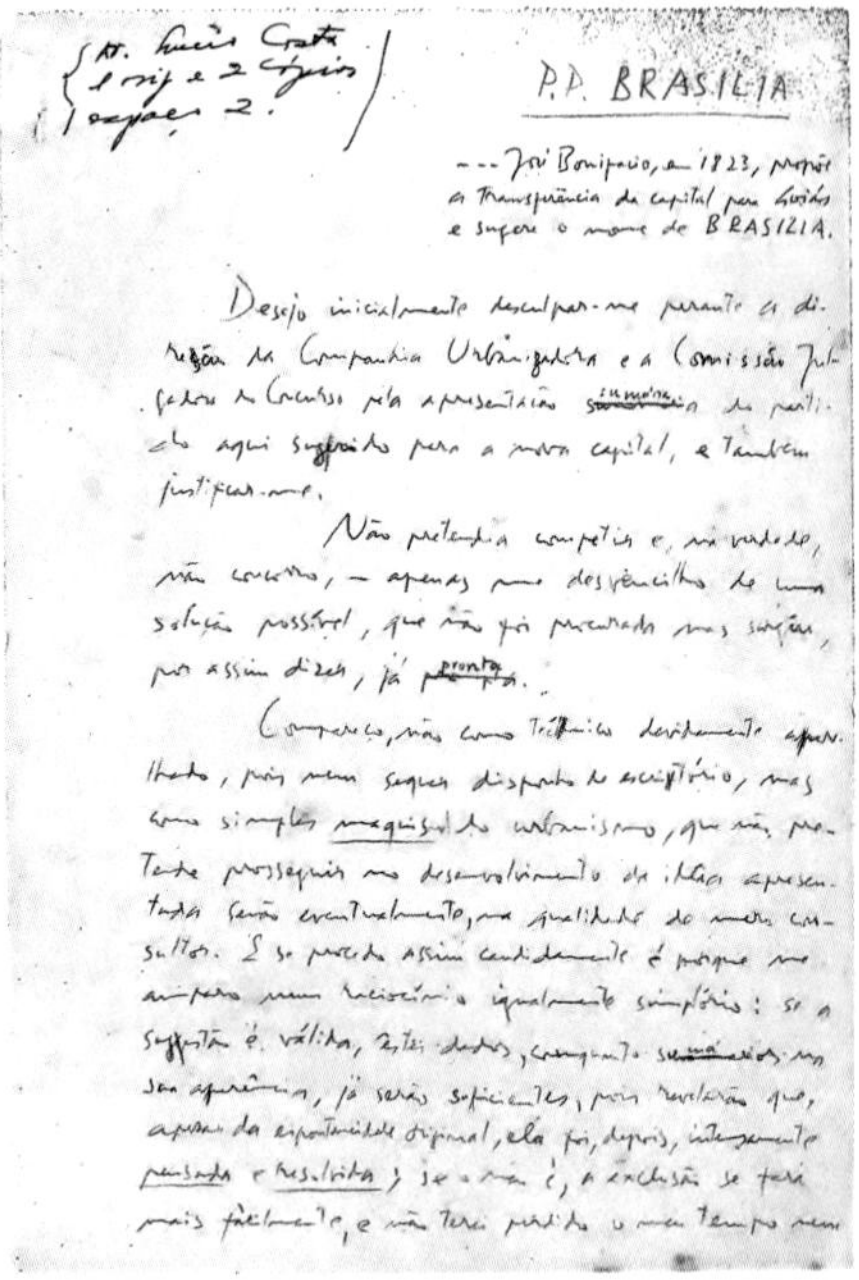
At. Lucio Costa
1 orig. e 2 cópias
1 espaço 2.

P.P. BRASILIA

--- José Bonifácio, em 1823, propõe a transferência da capital para Goiás e sugere o nome de BRASILIA.

Desejo inicialmente desculpar-me perante a direção da Companhia Urbanizadora e a Comissão Julgadora do Concurso pela apresentação sumária do partido aqui sugerido para a nova capital, e também justificar-me.

Não pretendia competir e, na verdade, não concorro, — apenas me desvencilho de uma solução possível, que não foi procurada mas surgiu, por assim dizer, já pronta.

Compareço, não como técnico devidamente aparelhado, pois nem sequer disponho de escritório, mas como simples maquisard do urbanismo, que não pretende prosseguir no desenvolvimento da idéia apresentada senão eventualmente, na qualidade de mero consultor. E se procedo assim candidamente é porque me amparo num raciocínio igualmente simplório: se a sugestão é válida, estes dados, conquanto sumários na sua aparência, já serão suficientes, pois revelarão que, apesar da espontaneidade original, ela foi, depois, intensamente pensada e resolvida; se o não é, a exclusão se fará mais facilmente, e não terei perdido o meu tempo nem

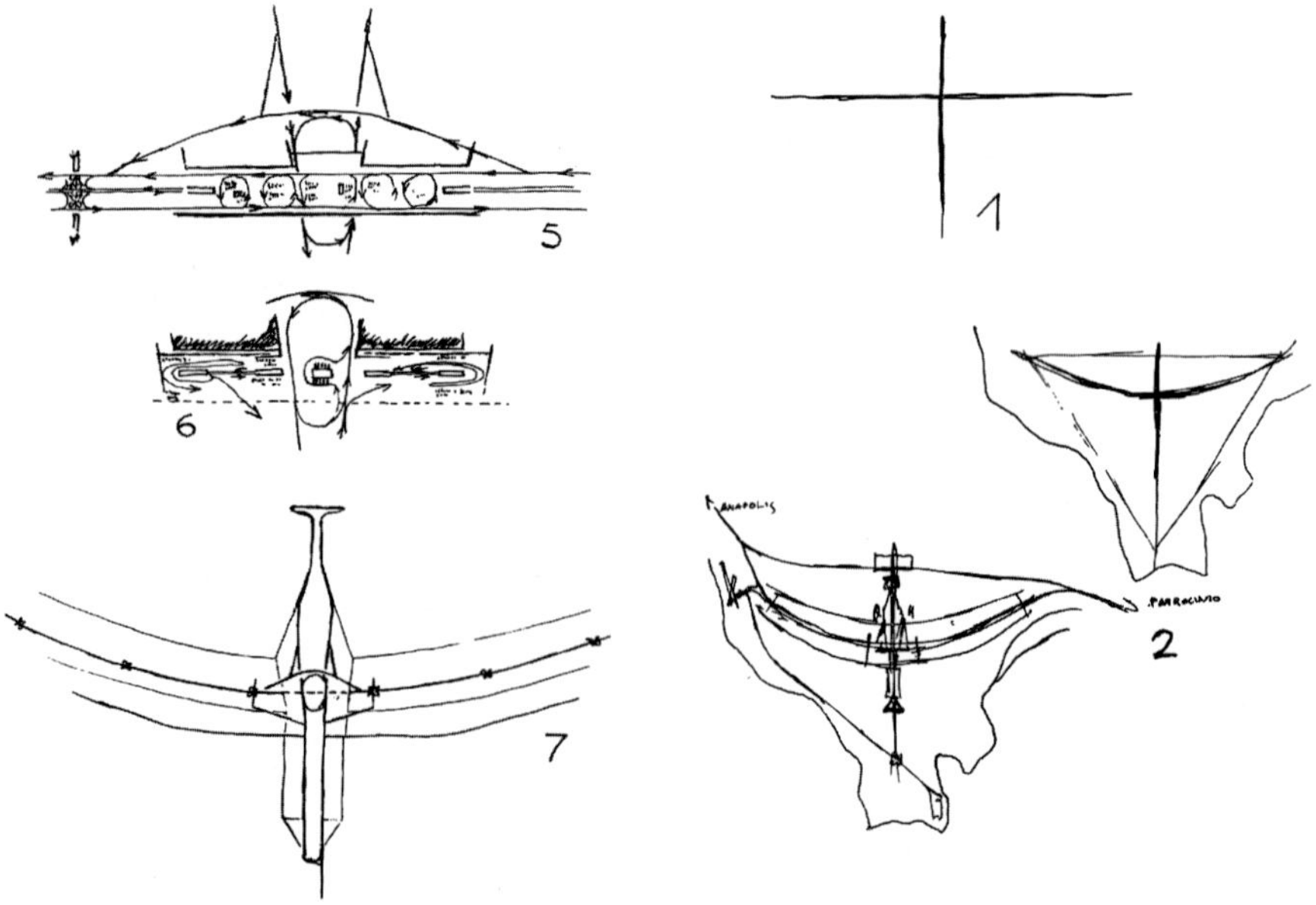

ルシオ・コスタのプロポーザル
手書きの説明書の1頁目と7枚のスケッチ（第3章参照）
「もし提案が価値あるものなら、これらの与件は、外見上は要約したものであっても、直ちに満足のいくものになるだろう。なぜならば、提案のもとの自然さにもかかわらず、あとになって、それが熟考され解決されたものであることがわかってくるからである」（ルシオ・コスタ）

8

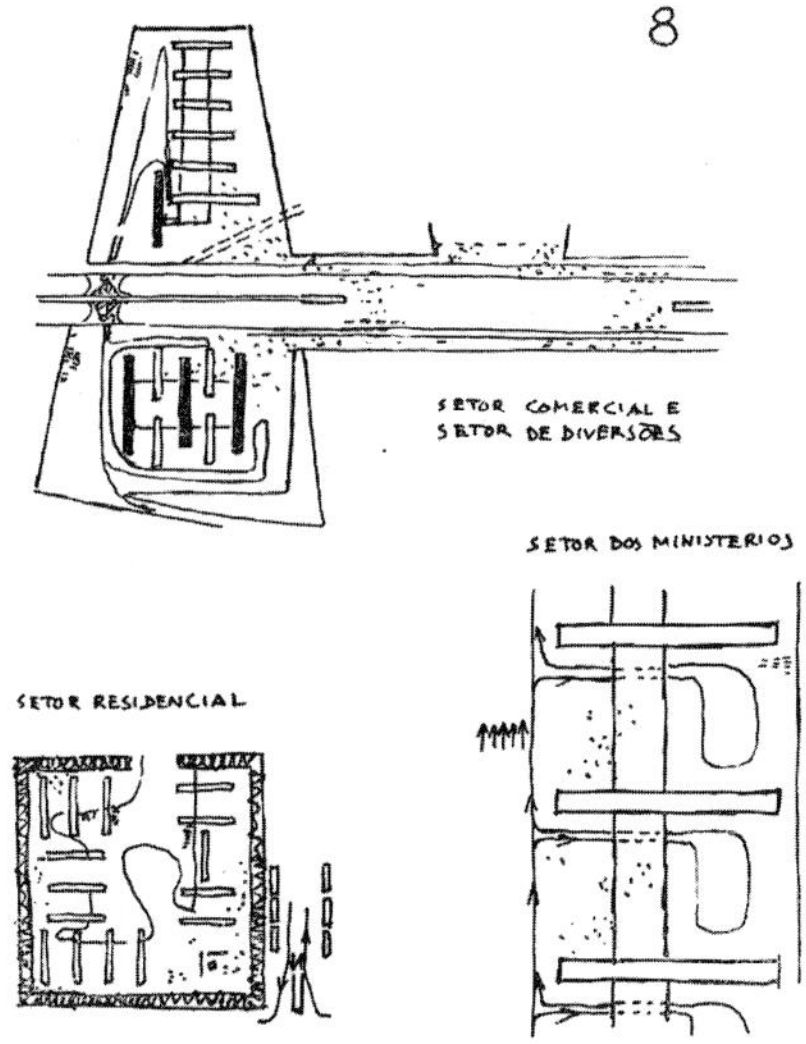

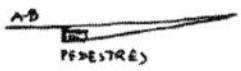

10

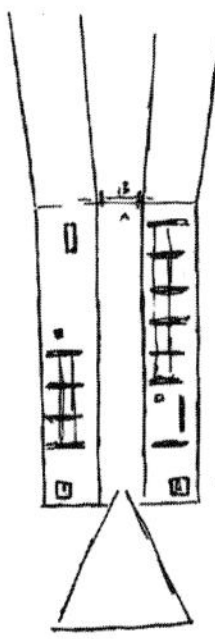

12

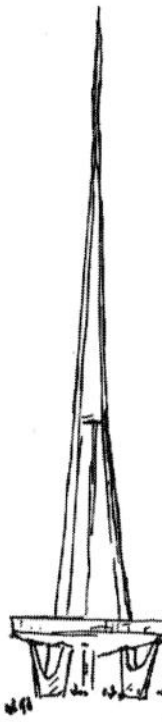

11

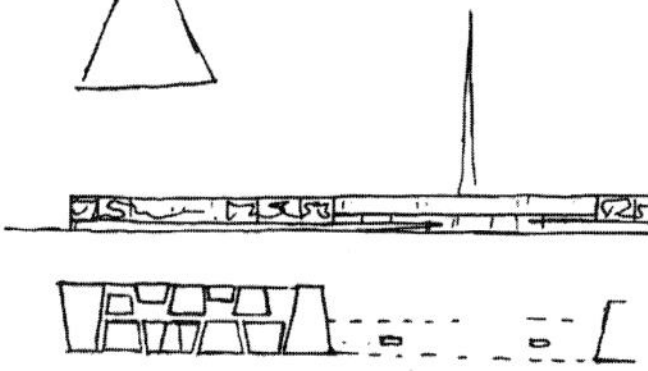

13

14

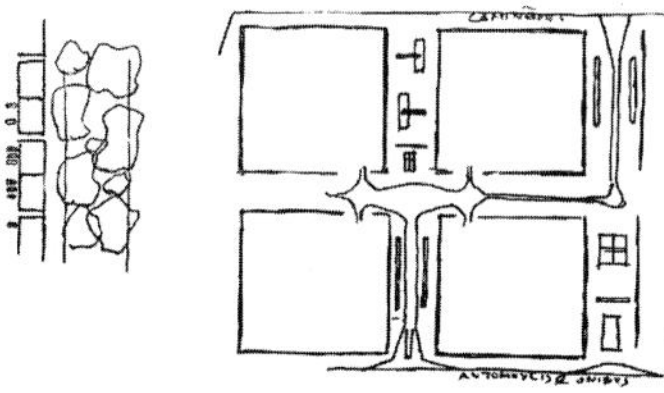

15

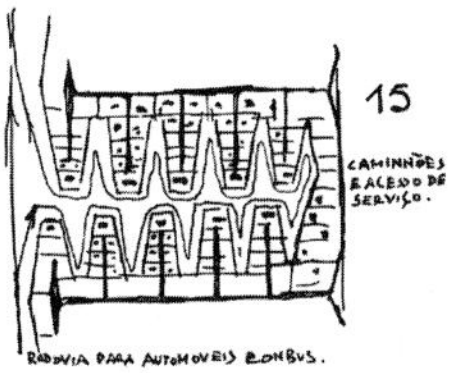

9

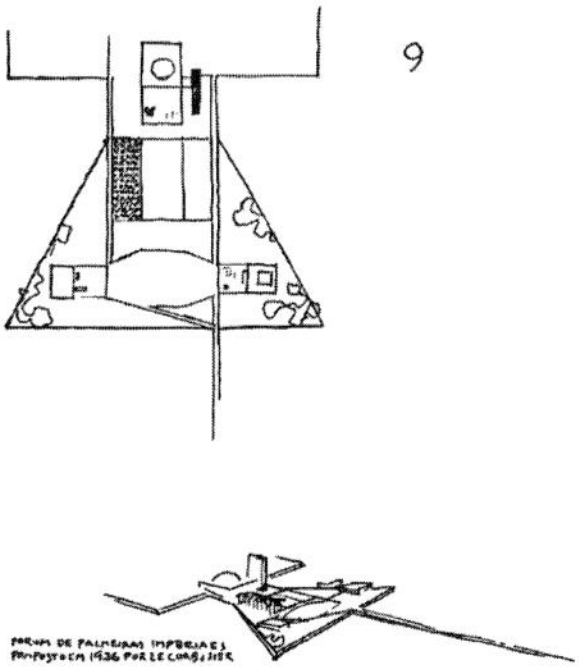

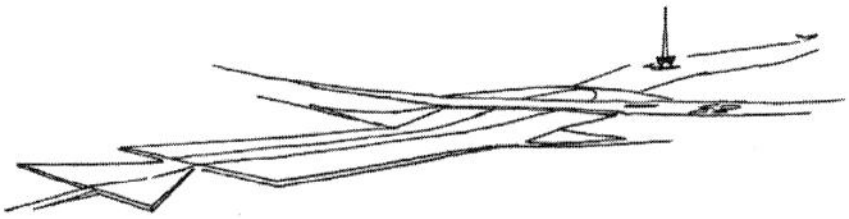

ブラジリアを構成する4つの都市スケール（第5、6章参照）
（右上）モニュメンタルスケール、（右下）ブコリコ（牧歌の意）スケール
（左上）レジデンシャルスケール、（左下）社交スケール

ブラジリアの暮らし

1　三権広場に建つブラジリア都市博物館
2　人びとに開放される国会議事堂
3　国会議事堂から見る法務省
4　国会議事堂から見る外務省
5　3層からなる銀行南地区
6　商業南地区の中2階のガレリア
7　ホテル南地区

2	1
4	3
6	5
	7

1　スーペルクワドラの内部
2　ピロティとひとつながりの緑地
3　アパルタメント正面
4　通行自由なピロティ
5　日曜に歩行者天国になる都市高速道路
6　都市の「肺」ブラジリア都市公園
7　都市の出会いの場プラッタフォルマ

2	1
4	3
6	5
	7

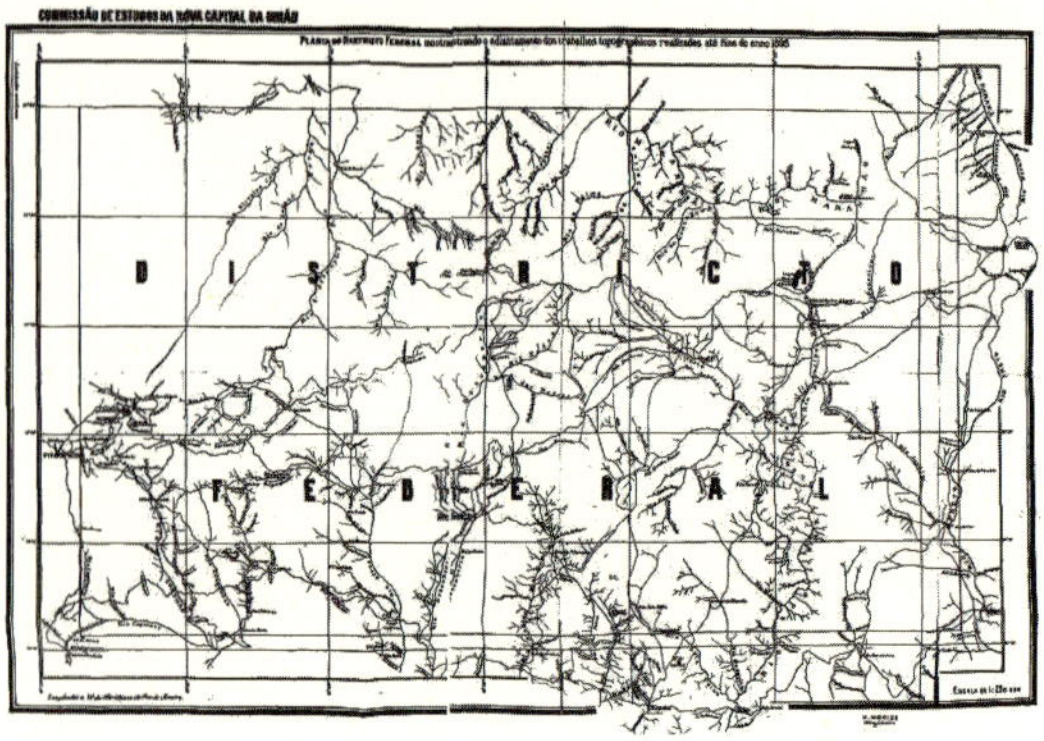

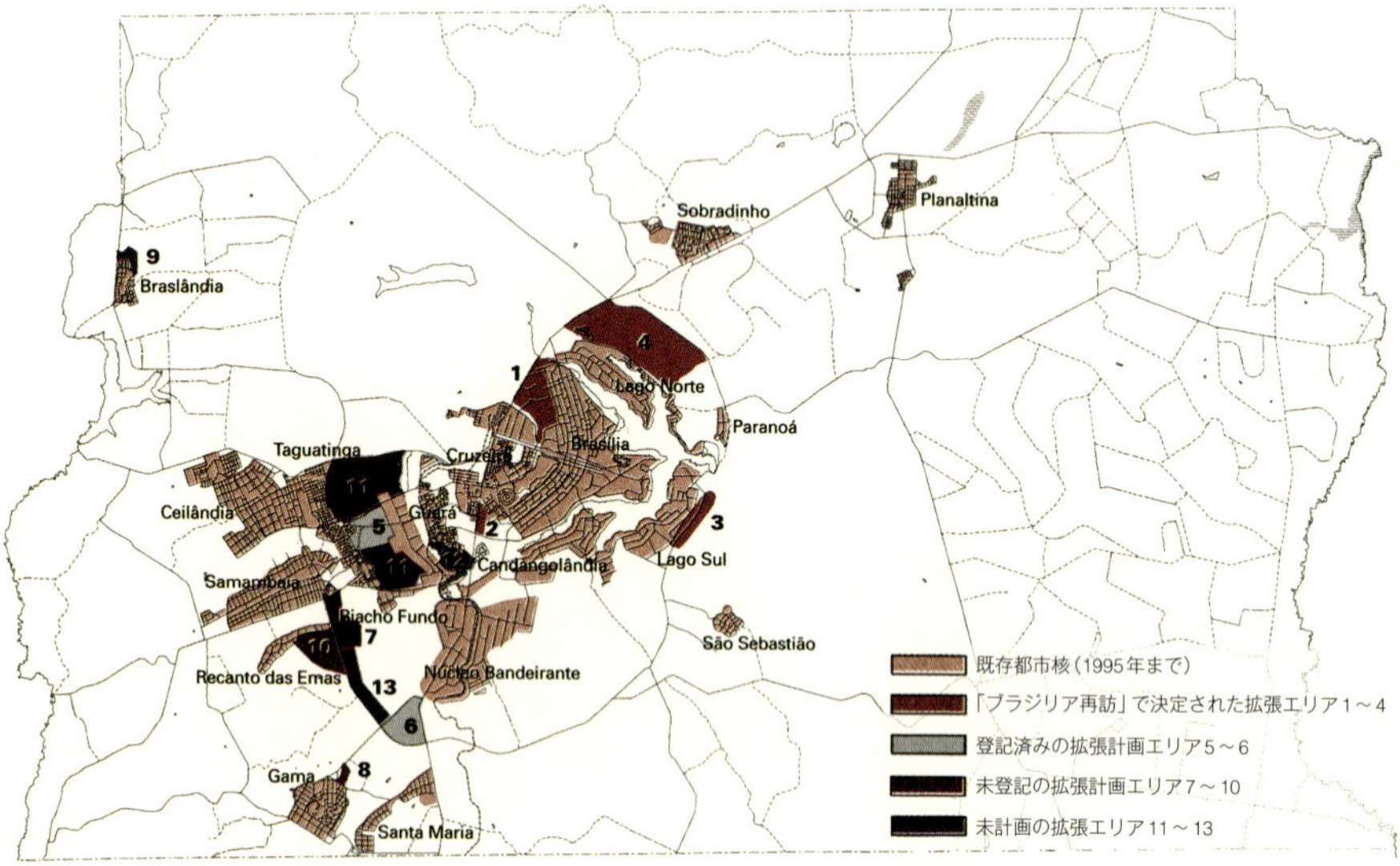

連邦地区1894－1995年

（右上）はじめて連邦地区を記入したブラジル全土地図　1894年

（左上）はじめてつくられた連邦地区の25万分の1の地図　1896年

（下）連邦地区の都市構成　1995年：プラーノピロット・デ・ブラジリア（いわゆるブラジリア）と主たるシダージサテリテ（サテライトタウン）（*Plano Diretor de Ordenamento Territorial do Distrito Federal*, 1996）

首都ブラジリア

モデルニズモ都市の誕生

はじめに

モデルニズモ都市。

聞きなれない言葉である。

ブラジルのモダニズムの都市のことである。

そのモデルニズモ都市、ブラジリア。

一九六〇年に開都したブラジル連邦共和国の新首都ブラジリアは、これまで、ル・コルビュジエが提唱したCIAMのモダニズム都市の忠実な実践と評され、それが完成当時すでに時代遅れのものであったということだけでなく、「欠陥のある」空間組織を通して社会問題を生成している失敗作だと決めつけられてきた。そして、開都以来、いやコンクールの勝者が決定するやいなや、あまたのバイアスを受けてきた。

一九六〇年代、クリストファー・アレグザンダーはブラジリアをツリーと誤解したし、ケヴィン・リンチは近隣単位を島と読み違えた。ジェームス・ホルストンは、『ザ・モダニスト・シティ―ブラジリアの人類学的批評』で、ブラジリアが都市であるためには、一九世紀の都市基準を守るか、なんらかの村観念の空間形態を反映するかしなければならない、とまで言い放ったが、伝統的な街路あるいは街角がない都市だからこそこれまでにはなかったパブリックスペースをもつことができるし、新しい社会の仕組みは前例のない都市形態に容易に適用しうるということを理解できなかった。ノルマ・エヴェンソンは、『ブラジルのふたつの首都―リオデジャネイロとブラジリアの建築と都市計画』で、コルビュジエのブラジリアはどのようなものであるかと決めつけ、スケールに決定的な違いがあるにもかかわらず、コルビュジエが設計した一連の集合住宅ユニテ・ダビタシオンの建物をブラジリアのスーペルクワドラのそれと比較した。

そして、わが国も含め世界でブラジリアが等身大で紹介されることはほとんどなかった。

しかし、ブラジリアが建設されて五〇年以上たった今日、連邦地区に二五〇万を超える人びとが住むまでになっている。ブラジリアが失敗作であったなら、これほどまでに成長することはなかったはずである。それも、オリジナルの都市構想がほとんど変わることなく、である。

では、ここまでの大都市になったのは、なぜか。それは、連邦地区の中核の都市化区域であるプラーノピロットに「暮らして」みると、了解することができる。通常ブラジリアと称されるのは、このプラーノピロットのことである。

これまで、ブラジリアにおける暮らし―それはスーペルクワドラ（スーパーブロック）における暮らしを意味するのだが―の批評は、その日常生活の状況を考察するよりも、空間的ユートピアの実現という観点からしか取り上げられてこなかった。

生活者の視点からすれば、ブラジリアに暮らすことは、まるで公園のような都市の中で、経済的な安定、自分の住宅、自分の車、学校、シネマ、シアター、クラブ、緑地、トラック交通なしの生活道路、仕事の行き帰りの安全、都市内の短時間移動、そういったものへのアクセスを意味する。ということは、ブラジリアでは、クオリティオブライフを意味するすべてにアクセスできるということである。それは、ブラジルの他の大都市、たとえばサンパウロやリオデジャネイロに暮らしてみれば、いっそうはっきりとする。

こうしたブラジリアの現状は、ブラジリアの評価が間違っていたのではないかということを示唆するものであり、したがって、ブラジリアの出発点に立ち戻って、ブラジリアをとらえ直すことが必要であることを意味する。

この観点からブラジリアを研究してみると、いわゆるモダニズム都市の形式的なコピーではけっしてない、ブラジルという国の首都としてのブラジリアがくっきりと浮かび上がってくる。

ブラジリアのこの快適さ。それは、モダニズム理論を忠実に実行したから得られた、というものではない。ブラジル人としての国民意識ブラジリダージを求めたモデルニズモの建築と都市の「快適さ」である。それがいわゆるモダニズム都市と合致しただけなのだ。、しかし、このことは逆説的に、モダニズム理論がめざしたものが「快適な暮らし」を実現することであったということを明らかにしてくれる。

こうしたことは、ブラジリア・プラーノピロット・コンクールの勝者となった、ブラジルの建築・都市計画家ルシオ・コスタを抜きにして語ることはけっしてできない。

すなわち、これまで紹介されることは皆無に近かったが、ブラジルの近代主義《モデルニズモ》を語る上で欠かすことができない人物であるルシオ・コスタの人と作品を明らかにし、そのうえでブラジリアを理解しなければならない。ルシオ・コスタがブラジリアで何を考えたのか、それを明らかにしなければならないのである。そして、それを要請しそれを受け入れた時代はどのようなものであったか、それも明らかにしなければならない。

それを一言でいえば、人種と民族を問わない「人種デモクラシー」を国是とするようになったブラジルにおいて、ブラジルの新しい首都のあるべき姿を、ブラジルという国のオリジナルなルーツを求めて、熟考していったところ、インターナショナルなモダニズムに合致したということである。ブラジルのモダニズムはいわゆるモダニズムではなく、彼らの言う「モデルニズモ」なのである。このことは、同時に、インターナショナルとはどういうことなのか、モダニズムとはどういうものなのかを示唆してくれる。それは突然にあらわれたものではないのである。

ブラジリアは、一九八七年、世界遺産に登録されたが、その意味もこうした文脈の中ではじめて理解することができる。近代のモダニズム都市の代表作であったということだけではけっしてないのである。あえてモダニズム都市という言葉を使えば、重要なことは、その理論の代表作ということではなく、モダニズム都市が求めていたことを実践した代表作ということである。

このようなブラジリアを見る観点を浮かび上がらせながら、ブラジリアの構想と建設、そしてその発展に関する一次資料を可能なかぎり用いて、ブラジリアを解き明かしていきたい。読むにあたって、どの章から始めてもよい。関心のある章から読み進んでもらえれば、幸いである。

目次

第6章　都市の文法を歩く　ブラジリアの都市と建築

第1章

ブラジルの首都の歴史

ブラジリアは何を受け継いだか

カンダンゴのブラジリア

一九六〇年四月二〇日の午後、大統領府《パラシオ・ド・プラナルト》前のパティオに人びとがどんどん集まり始めていた。その多くが、カンダンゴと呼ばれるブラジル北東部からブラジリア建設のためにやってきた労働者たちであった。

パティオを埋めつくした人波は三権広場《プラッサ・ドス・トレス・ポデレス》にまであふれてきた。その先に目をやると、建築家オスカー・ニーマイヤーが設計したブラジリア都市博物館《ムゼウ・ダ・シダージ》が、まるで大地に差し込んだ鍵のように、ただただ広い三権広場に建っている。ひときわ目立つ。近寄ってみると、その建物の側面に、クビチェッキ大統領の顔の立体彫刻が大統領府を見遣るように浮き彫りにされている。

午後四時、大統領府の正面につくられたバルコニーに、クビチェッキと新首都都市公社《ノヴァカップ》理事長のピニェイロが立った。ノヴァカップがブラジリアの建設を一手に引き受けてきたのだ。ブラジリアの都市の鍵がノヴァカップ理事長からブラジル共和国大統領に手渡された。その鍵には労働戦士たちが都市の建設工事に行く様子が描かれていた。興奮はピークに達した。

そのとき、大勢の群衆の中から理髪師のキーロスが発言の許可を求めた。*

「本日、午前零時をもって、ブラジリアは共和国の首都となります。

今、この大きなそして過酷な戦いにのぞんだ戦士たちは、ブラジリアの都市の鍵をその指揮官に引き渡すために、ここに一堂に会しております。ブラジリアの厳しい戦いで争った我々は皆、ここにおります。かくも生々しく、かくも痛々しい戦いは、新しい推進力を生みました。それは、測ることのできない「ブラジリアの精神」であります。ここに、厳しい戦いで争ったもの全員がおります。ブラジリア建設労働者、従業員、専門家、監督、助言者、そして首都の建設に協力したすべての人たち。…

＊Silva, Ernesto. *História de Brasília*. Brasília: Linha Gráfica Editora, 1999.

ブラジリアの精神とは、融通の利かない敗北主義とは反対のものからなるすべてのもの。

明日、四月二一日、大統領官邸（通称アルヴォラーダ宮殿）の前で、祝祭のラッパが曙（アルヴォラーダ）を震わせます。ブラジルは、夜明けを、迎えます」

集まった人びとを代表するかのように、感情もあらわに、しかし雄弁に、大統領に祝意を表した。じつは、ブラジリアの建設にかかわった彼ら一般大衆こそが、ブラジリアの開幕を実現した原動力そのものであったのだ。

1960年4月20日午後4時。大統領府前のパティオに人びとが集まった。その多くがカンダンゴと呼ばれるブラジル北東部からやってきた建設労働者であった。大統領府の正面バルコニーで、ノヴァカップ理事長から共和国大統領にブラジリアの都市の鍵が手渡された。左奥に見えるのがブラジリア都市博物館。
（Silva, Ernesto. *História de Brasília*, 1999）

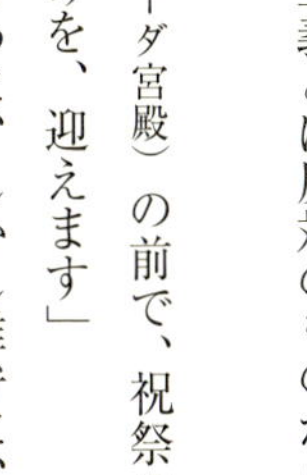

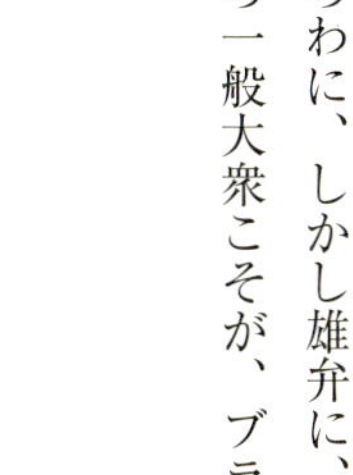

(右)ジュセリーノ・クビチェッキ・デ・オリヴェイラ Juscelino Kubitschek de Oliveira (1902-76)
(左)イスラエル・ピニェイロ Israel Pinheiro (1896-1973)
「カンダンゴの手仕事の貢献のほかに、そしてそれ以上に、…きわめて短い期間にこの新しい首都の創出を現実に実行可能にした三人の人物。まず、全員が心のなかにもっているように、大統領オリヴェイラ。私がとても共感を覚える人物。次に、自分の父に敬意を表して、オスカー・ニーマイヤーの名を継いだ建築家ソアレス。最後に、聖書の名前から発せられて他の人に先立った、エンジニアのピニェイロ。この三人のすぐれた人物がブラジリアをつくり上げた」。一九七四年、上院セミナーでのルシオ・コスタの発言から。(Costa, Lúcio. *Seminário do Senado*, 1974)

夜、二三時三〇分、ブラジル「発見」時にブラジルで最初のミサを挙げたエンリケ師の十字架が祭壇に置かれた。二三時四五分、神への感謝の荘厳ミサが始まった。聖体のパンを持ち上げたとき、海軍陸兵隊のバンドが国歌を演奏し、町は照明に光り輝き始めた。このとき、ミサに同席し大統領のそばにいたものは、すべてを積極的に推し進めブラジリアの建設を実現した大統領の目から涙が流れたのに気づいた。興奮が伝播した。

ミサの後、ローマ法王の祝福が新首都に与えられた。それが終わると、コーラスがモーツァルトの戴冠ミサを響かせた。続いて、海軍陸兵隊のバンドが国歌を奏し、サーチライトが照らされ、ガラスの摩天楼が光り輝いた。色のついた光の噴射がブラジリアの空をほうきで掃き始めた。

翌四月二一日。朝八時。アルヴォラーダ宮殿の前でラッパが鳴り響いた。

八時五分、大統領自らが国旗を掲げた。ミナスジェライス州の町オウロプレットから運ばれてきた鐘が、三権広場に鳴り響いた。

かくして、一九六〇年四月二一日に、ブラジルの国土のほぼ中央、内陸部の標高一、一〇〇メートルのプラナルト・セントラル高原に、ブラジルの新しい首都ブラジリアが開都した。帝政期の一八三四年以来首都であった大西洋岸のリオデジャネイロからの遷都であった。

沿岸から内陸への遷都。それは、言葉でいうほど簡単で単純なものではなかった。

占有のしぐさ、すなわち十字のしるし

ブラジルの歴史は、一五〇〇年のポルトガルによるブラジル「発見」に始まる。この時に、首都あるいはそれに代わるしるしを残している。それは何か。「カミーニャの手紙*」にそれをみることができる。

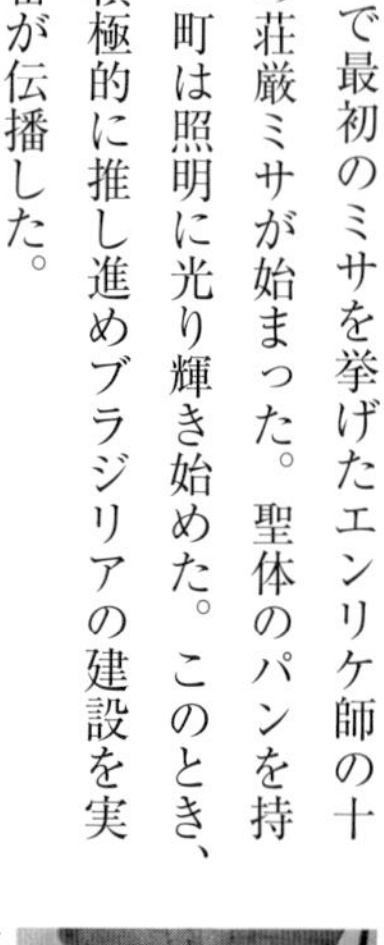

植民地時代に独立運動を起こして一七九二年四月二一日に処刑されたチラデンテスを悼んで連打された鐘がオウロプレットから運ばれてきて、ブラジリアの誕生を記念するために打ち鳴らされた。四月二一日は「チラデンテスの日」として国民の祝日になっている。(Silva, Ernesto. *História de Brasília*, 1999)

*「ペロ・ヴァス・デ・カミーニャの書簡」池上峯生訳注、大航海時代叢書『ヨーロッパと大西洋』岩波書店、一九八四年。この書簡は、ブラジルでは学校教育での副読本として、原文付きで劇画風に紹介されている。

一五〇〇年三月九日、司令長官ペドロ・カブラルは一三隻からなる大艦隊を率いて、ポルトガルのリスボンの外港レステルを出航した。二年前の一四九八年にヴァスコ・ダ・ガマが発見した、アフリカ南端の喜望峰を回ってインドにいたるインド航路の安全な寄港地を確保するために、第二回インド遠征隊が派遣されたのだ。

三月一四日にカナリア諸島、同二二日にはカーボヴェルディ諸島を通過。二三日には一隻が行方不明となったが、そのあとはひたすら前進した。およそ一か月後の四月二一日、海草が大量にみられ、翌二二日の朝に海鳥が目にとまって、陸に近いことがうかがわれたが、果たしてその日の午後の後半に陸が見えた！　ブラジル「発見」の瞬間である。

「…最初に見えたのは丸い形をしたたいへん高い山で、ついでその山の南にそれより低い丘が見え、それから木が生い茂っている平らな陸が見えました。司令長官はその高い山をモンチ・パスコアル（復活祭の山）と命名し、その地はテーハ・デ・ヴェラクルス（真の十字架の地）と命名しました」

公式記録係のカミーニャはこう淡々と書いて、国王に送った。

その後、艦隊は背後に港に適した海域をひかえた岩塊を発見した。この岩塊は現在のカブラリア湾のコロアヴェルメーリョ（赤い王冠の意）のことである。ポルトセグーロの町から北一〇キロほどのところにある、砂州で本土とつながる岩塊の島である。そして、四月二六日、百衣の主日に、カブラルはこの岩塊の島に垂れ幕のついた天蓋をつくらせ、その中に祭壇を入念にしつらえ、キリスト騎士団十字の旗を掲げ、エンリケ師が歌ミサを執りおこない、ここまで来たこと、この地を発見したことについて有益な説教を授けた。

さらに、五月一日、そこより少し北にある現ムタリ川の少し上流、十字架を立てたときによく見えると思われる場所に切り倒した木でつくった十字架を立て、それに国王の紋章と

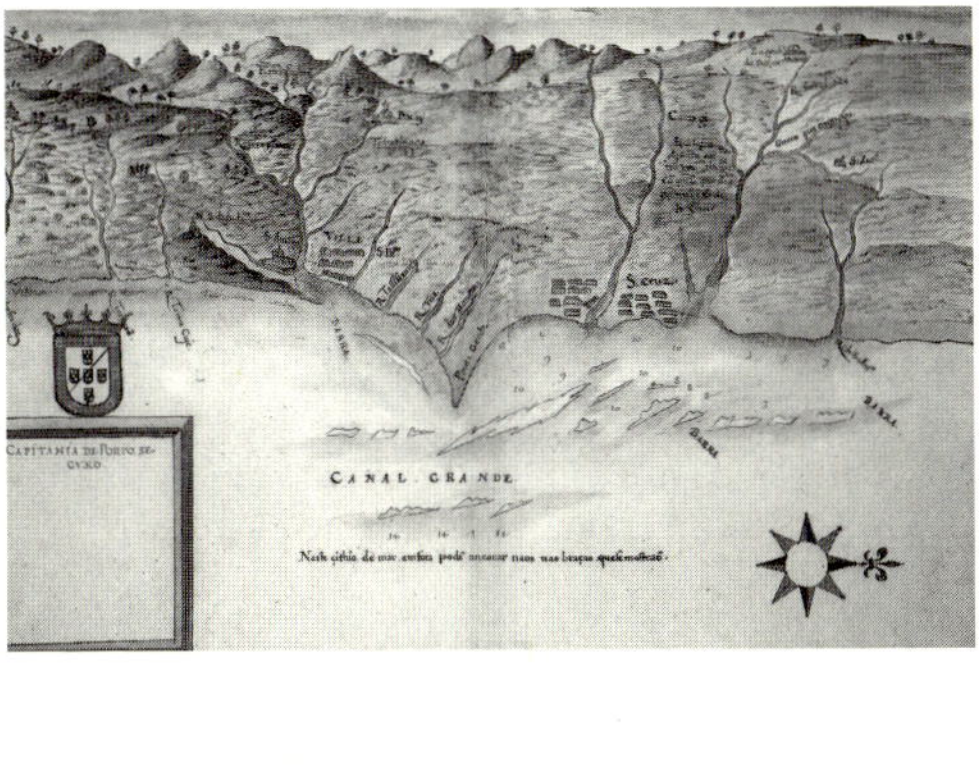

ブラジル「発見」の地（一六五〇年頃）。海に突き出たところがコロアヴェルメーリョ Coroa Vermelho (Adonias, Isa. *Mapa:Imagens da Formação Territorial Brasileira*. Rio de Janeiro: Fundação Emílio Odebrecht, 1993)

題銘を打ち付け、そのすぐ下に祭壇をしつらえ、インディオたちも交えてミサをおこなった。かくしてブラジルが「誕生」した。ここに数人の流刑者などを残して、五月二日、艦隊は目的地のインドに向かった。

かくして、ブラジルをしるした。占有のしるしである。

この十字のしるしがブラジルという国のルーツとなった。ポルトガルが「発見」した地であるのだが、ブラジルで独自に進化し、今も進化していることを十字のしるしが表象することとなった。

その地、現在のポルトセグーロは、ブラジルの、そしてブラジル人の聖地として、誰もが一度は訪れるところとなっている。

上町と下町からなる植民都市

ブラジル「発見」以後、ブラジルの植民地開発はもっぱら大西洋岸でおこなわれた。一五四八年にはブラジルに総督制を敷いてポルトガル国王の直接的な統治下に置き、その中心に総督府をおいた。

一五四九年三月九日、初代総督トメ・デ・ソウザはサルヴァドールに入り、バイーアのカピタニア（受封地）を買い取って国王領とし、町の建設に着手した。総督府サルヴァドールの創設である。彼に同行したのは、一〇〇名の官吏、二〇〇名の兵士、ノブレガ神父をはじめとする六名のイエズス会士、町の建設工事を指揮するルイス・ディアス、石工、大工、船大工、コーキン工、木挽き職人、瓦職人、陶芸職人、炭焼き、牛飼い、医者、外科医など一〇一名、そして入植者たち、他は流刑に処せられた人びとの総勢一、〇〇〇名であった。* 入植する人びとには土地が分与された。三代目総督のメン・デ・サーは、イエズス会にインディオのた

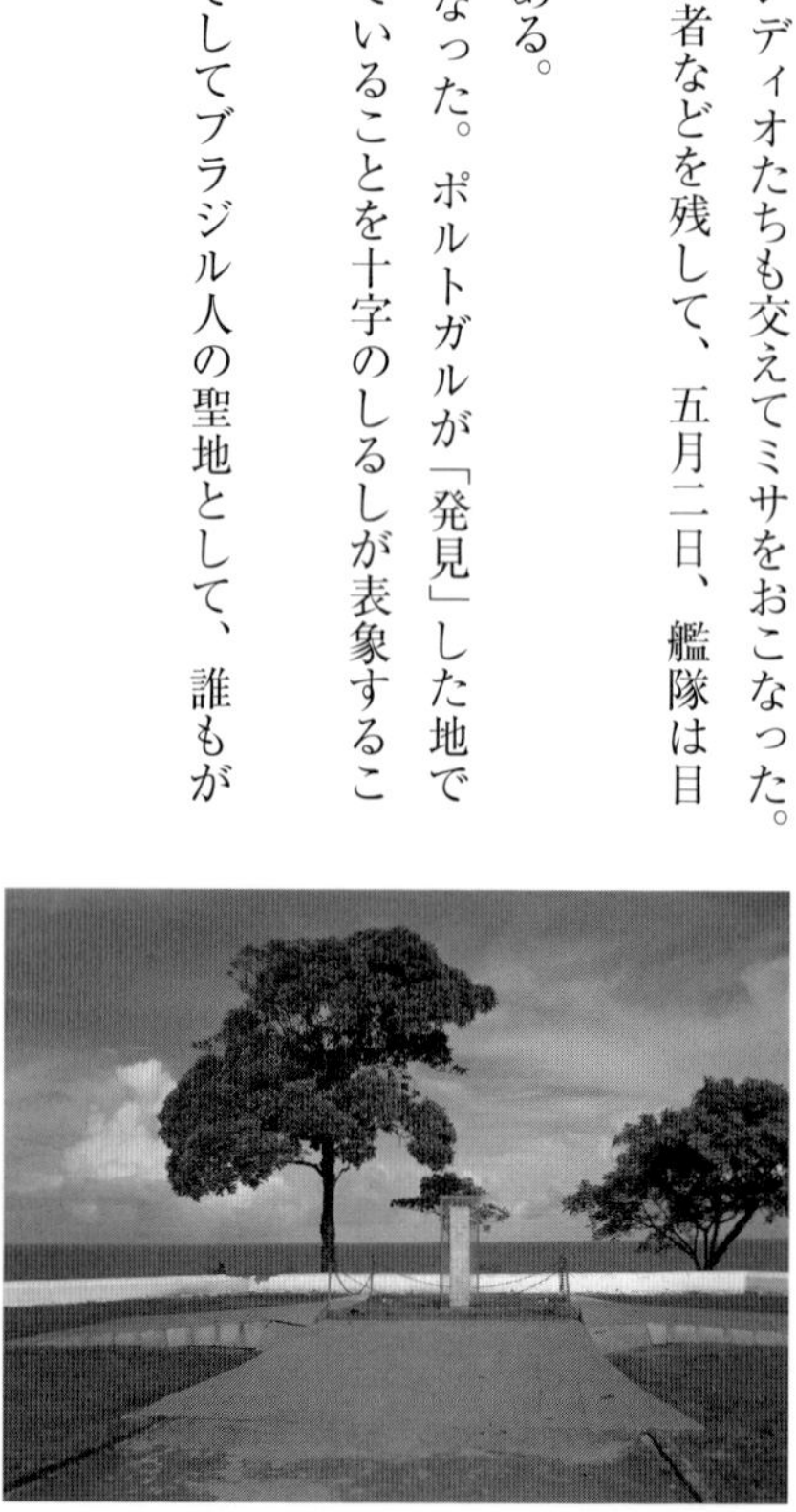

ブラジル発見の地ポルトセグーロには、大西洋を見渡す高台に一本の大理石の石標が建てられている。ポルトガルによる土地占有のしるしとして、一面にキリスト騎士団十字が、もう一面にポルトガルの紋章が浮き彫りにして刻まれている。この石標はブラジル発見の少し後にポルトガルから持ってきたものである。地面は十字の形に造園され、その十字のクロスポイントにこの石標は立っている。ブラジルの人びとは一度はここを訪れる。

* Fundação Gregório de Mattos. *Evolução física de Salvador 1549 a 1800*. 1998.

めの教化集落をつくらせて彼らの抵抗を弱め、製糖産業を奨励した。そして、次第にサトウキビのプランテーションが盛んになっていった。

彼らのほとんどが、改宗ユダヤ人の新キリスト教徒を除いて、単身男性であったから、彼らは農業労働や家事などをおこなっていたインディオや黒人奴隷の女性と少なからず関係をもった。その結果、彼らとの間の異人種混淆が進んだ。混血人種間の混淆もおこなわれた。コロニアル時代のブラジルの混血人種化はかなりのスピードで進んでいった。家族で住みつくようになっても、白人女性は圧倒的に少なく、この傾向は変わることがなかった。このようなブラジルの初期の社会は、のちに、ブラジリアのあり方を強く規定することになった。

このサルヴァドールの都市は、大きくふたつの部分からなっていた。狭い海岸にある下町《シダージ・バイシャ》と、そこから急峻な斜面が七五メートルほど立ち上がった細長い高台にある上町《シダージ・アルタ》である。上町はさらに行政核と宗教核のふたつの部分に分かたれていた。その奥は森林地帯となり、その中を小川が流れていた。植民地ブラジルの首都である。ある記録*によれば、一五八三年から八四年にかけて、このサルヴァドールに八〇〇人の人びととほぼ同数の奴隷が住んでおり、町の周辺には棉花とサトウキビのプランテーションが数多くあり、少し離れた所には陶器製造工場や製糖工場があった、という。この都市構造は今も変わらない。サルヴァドールは一九八五年、ユネスコの世界遺産に登録された。

一六世紀を通じて、北はナタールから南はカナネイアに至るまで、一七の都市を大西洋沿岸に創設したが、それらの都市の構成は大なり小なりにこの方式に基づいていた。官営の商業都市あるいは港湾都市といってよかろう。形態的には上町の政治行政・宗教核と下町の交易・商業核からなる、港とその管理を第一に考えて機能的につくりあげられたポルトガル植民都市である。これらの都市の建物もまた住むことを最優先した機能的なものであった。

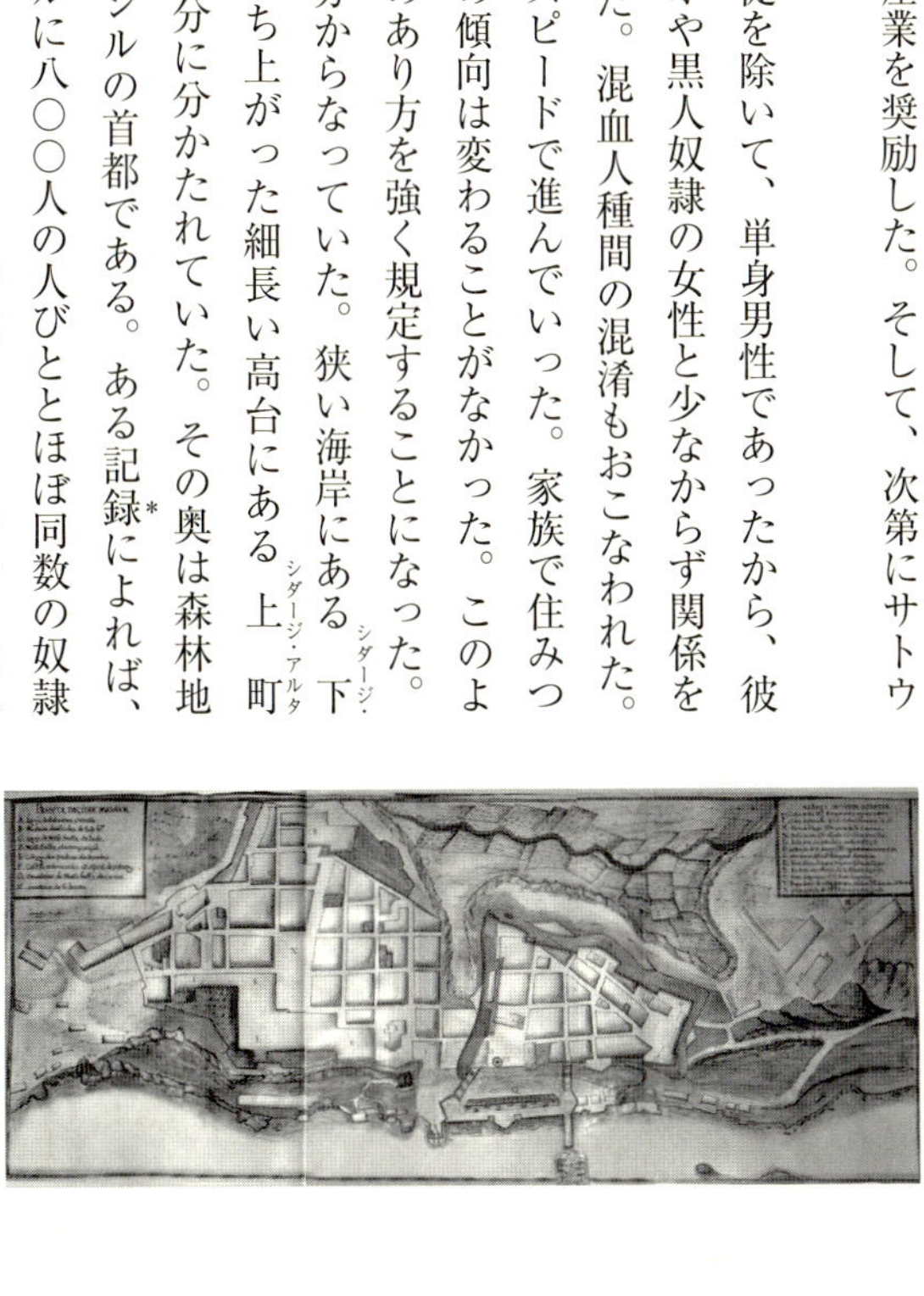

サルヴァドールSalvadorの都市図（一六〇五年頃）。細長い建物がある海岸部分が下町。格子状の町割りがされている二か所が上町。上町の右側、城壁に囲まれている部分が行政核。左側が宗教核。(Reis, Nestor Goulart. *Imagens de Vilas e Cidades do Brasil Colonial.* São Paulo: Editora da USP, 2000)

＊Sousa, Gabriel Soares de. *Notícia do Brasil: Tratado descriptivo do Brasil em 1587.*

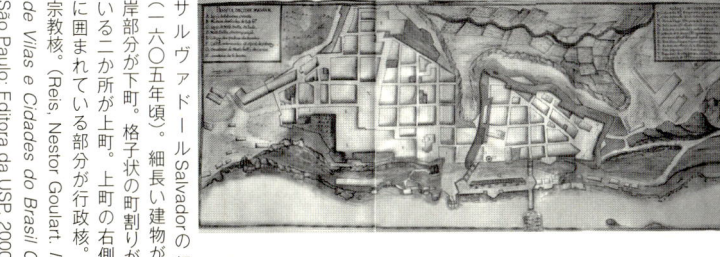

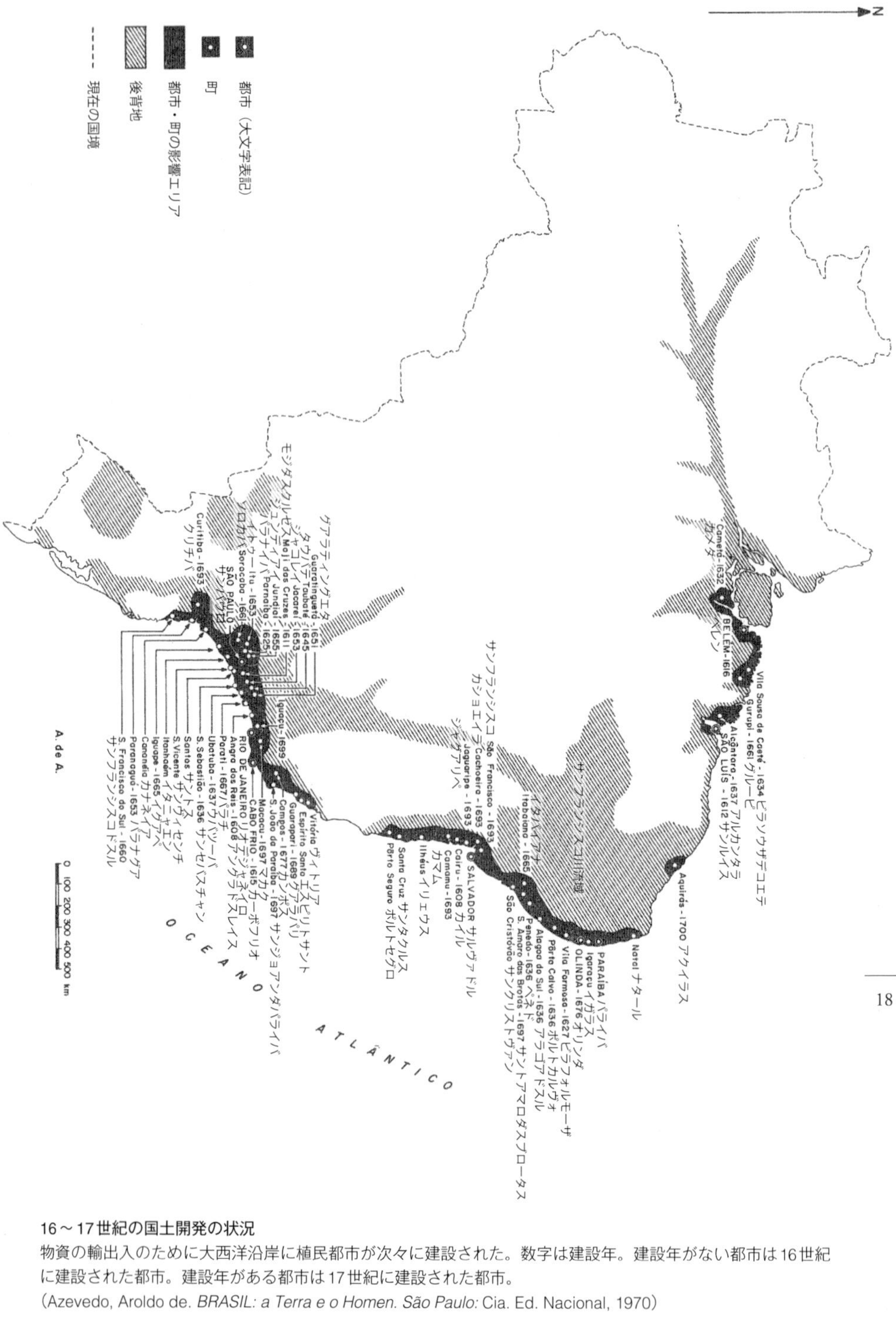

16～17世紀の国土開発の状況

物資の輸出入のために大西洋沿岸に植民都市が次々に建設された。数字は建設年。建設年がない都市は16世紀に建設された都市。建設年がある都市は17世紀に建設された都市。

（Azevedo, Aroldo de. *BRASIL: a Terra e o Homen. São Paulo:* Cia. Ed. Nacional, 1970）

一七世紀には、その倍以上の都市が同じく大西洋沿岸に新たにつくられた。そして、これらの都市の生活を支える後背地が、バイーアから内陸を南にさかのぼっていくサンフランシスコ川流域などに、牧畜を中心として形成されていった

入植者たちの居住地は、原生林の中ではなく、カンポつまり広野の中に開かれた。それが、ブラジルのどこにおいてもごく普通に見られる、コロニアルの風景であった。

これが、後世、ブラジリアの建設に大きな意味をもつことになった。

これらの植民都市は本国ポルトガルの威信はいうまでもなく植民地の威信を示すようなものにはならなかった。あくまでも植民地からヨーロッパに換金作物を運び込み、それと引き換えにヨーロッパから植民地の生活に必要なものを持ってくるという役割に最大限に機能することだけが考えられた。海外と国内をつなぐ装置であるといってよかろう。各地に入った入植者たちも、これまたブラジルの風土に合い、生活に機能的な大邸宅《カーザ・グランデ》をつくり出して、そこに暮らした。ブラジルで経営がうまくいけばよいのであって、本国からの要求がよほど無謀でないかぎり、植民地ブラジルを何とかしようなどといったことは、ほとんどの人は考えることもしなかったし、期待もしなかった。入植者たちはそれぞれの地域に孤立無援のような状態で経営にいそしむばかりであった。

一七世紀のサトウキビ農園（*Atlas Histórico Escolar*. Ministério da Educação e Cultura, Fundação Nacional de Material Escolar. Rio de Janeiro, 1980)

国がひとつにまとまる地

それを大きく変えたのが、一六九三年の金鉱の発見であった。待ちに待った金鉱の発見である。サンパウロのバンデイランテ（奥地探検家）がサンフランシスコ川の上流とその支流のヴェリャス川にはさまれた現在のミナスジェライス州の山岳地帯で金鉱を発見したのだ。

サンパウロ、バイーア、リオデジャネイロなどブラジル各地からブラジル人たちが金鉱地

帯に殺到した。ポルトガル本国からもやってきた。その数は三〇万人におよんだ。一七一〇年代頃、オウロプレットやマリアーナ、サバラーなどの採掘集落が正式に町になった。リオデジャネイロは金の輸出港となった。そのあまりの熱狂ぶりに、ポルトガル本国は一七二〇年、ブラジル渡航禁止令を出したほどである。本国の都市や農村がすたれ始めたのである。川の砂金採集者ファイスカドールたちは多くが単身であった。金の採取には多くの奴隷が必要だったが、自由時間に採集した金で自由を買い取った解放奴隷もいた。流動的な社会であった。一七二〇年代以降、洗鉱法が一般的になると、人びとも定着するようになった。民衆によって町が始まった。

オウロプレットにはとくに人びとが殺到した。オウロプレットとは「黒い金」の意味である。けわしい山肌に開かれたオウロプレットの町は、ほぼ川に沿って走る一本の街路と、そこに連なって建つ民家《カザーリオ》、そのところどころに設けられた教会《イグレジャ》、そしてそのほぼ真ん中に丘の上部を削ってつくった広場《プラッサ》があり、それに面して官邸《パラシオ》と市会《カーザ・デ・カマラ》が建っていた。

街路に沿って点々と位置する教会と細長い敷地に建つ民家群には、金を求めてやってきた人びとが食糧品をはじめとしてあらゆるものを外部に求めて住み着いた。商人たちが後援して建て人びとが維持する教会を中心にまとめられた地区には、商店なども多かった。日曜の教会のミサの帰りに買い物をするという生活は、教会の強い反対にもかかわらず、やがて都市生活の習慣となった。無名の人間の集団がつくりあげた、教会を核にする都市社会である。金の時代の末期には解放奴隷が全人口の三分の一にのぼった。かくして、金鉱地帯では社会の平準化が進んだ。

これまでの砂糖農園からなる農村社会とは異なる社会と都市が、内陸の山岳地帯に生まれた。これらの町は、結果的には上町と下町から構成されたが、もともと下町から発展したも

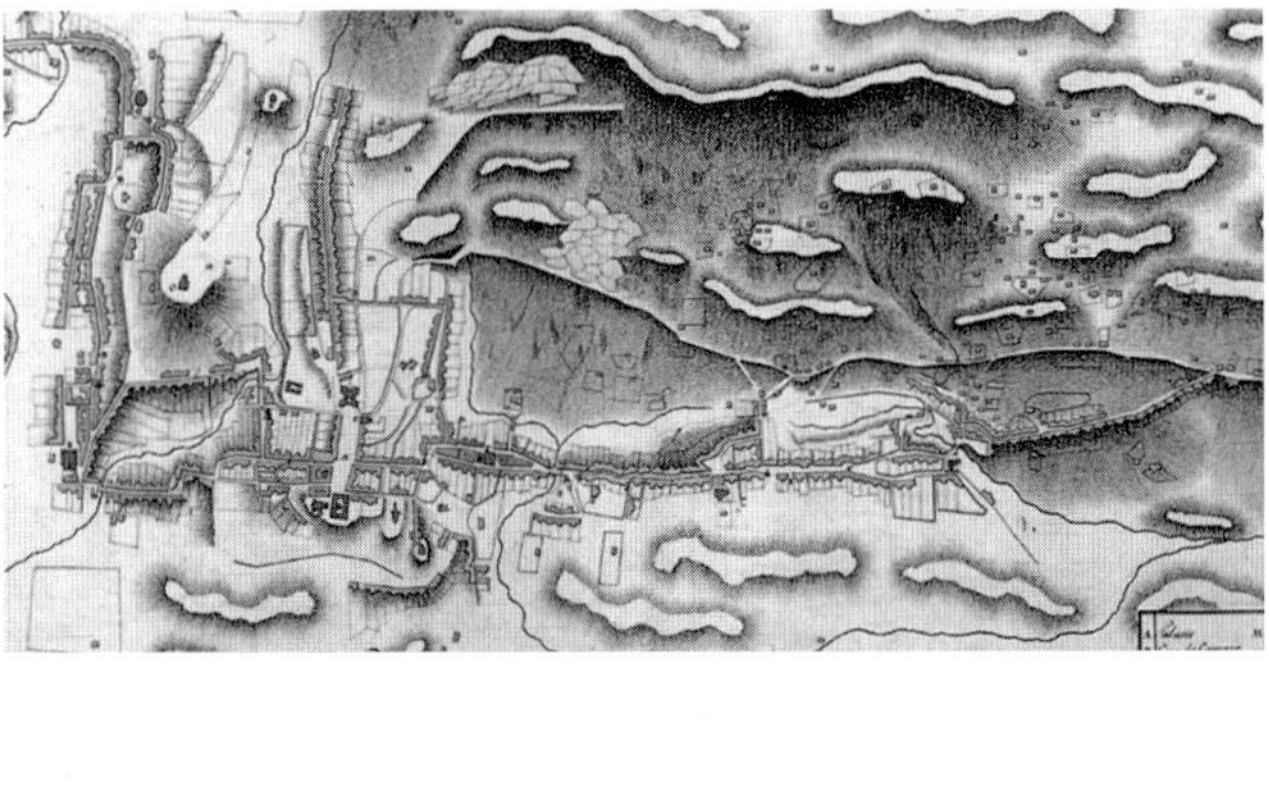

ヴィラリッカVila Rica（現オウロプレットOuro Preto）の都市図（一七七五～一八〇〇年頃）。中央左寄りの上下に長い広場が中央の広場（現チラデンテス広場）。（Reis, Nestor Goulart. *Imagens de Vilas e Cidades do Brasil Colonial*, 2000）

のであるだけに、それまでの植民都市に比べ下町が大きく成長していることに特徴がある。
　ブラジル経済の中心になったミナスジェライスでは、少数ながら官吏や弁護士、教師などからなる中間階層が生まれた。彼らの多くは、大土地所有者の出自ながら、奴隷制と直接に関わりをもたず、ポルトガル本国のコインブラ大学やヨーロッパの大学に留学して、ヨーロッパの自由主義思想にふれてきた。その一方で、一七五九年、これまでブラジルの公教育を担ってきたイエズス会が国王暗殺陰謀のかどでブラジルから追放された。そのため、ブラジルの公教育は大きく後退してしまった。

　この鉱山都市から、首都の移転を求める動きが起こった。

　ポルトガル本国政府にとって、砂糖経済の危機による長年にわたる植民地交易の不振の打開策として、金鉱開発はまたとない機会であった。直属の鉱山監督局を創設して、採掘の監視、金鉱地帯の治安、租税の徴収をおこなわせた。そのあまりの過酷さに、植民地支配に対する抵抗運動が起こったのだ。

　これらの抵抗運動はことごとく失敗した。大土地所有者や知識人などの植民地社会の上層の人びとがその担い手であったが、奴隷制が植民地社会を支えているという植民地の社会秩序を彼らこそが享受しており、植民地支配を否定することは自らを否定することにつながったからだ。

　そのひとつが、「ミナスの陰謀*」である。この抵抗運動は密告により未遂に終わり、首謀者とされたチラデンテスただひとり、絞首刑による公開死刑となった。一七九二年四月二一日のことであった。罪名は大逆罪であった。国王に対する罪である。その理由として首都の移転を企てたことが挙げられた。

　金鉱地帯は、農業はいうにおよばず牧畜にも適さないほどの山岳地帯であったし、単身で

オウロプレットのチラデンテス広場 Praça Tiradentes。丘の上部を削って開かれた、少しくぼんだような広場にはチラデンテスの像が高々と持ち上げられて立っている。

＊Jardim, Mário. *A Inconfidência Mineira: uma síntese factual.* Rio de Janeiro: Biblioteca do Exército Editora, 1989 などの著作や映画でも繰り返し取り上げられている。

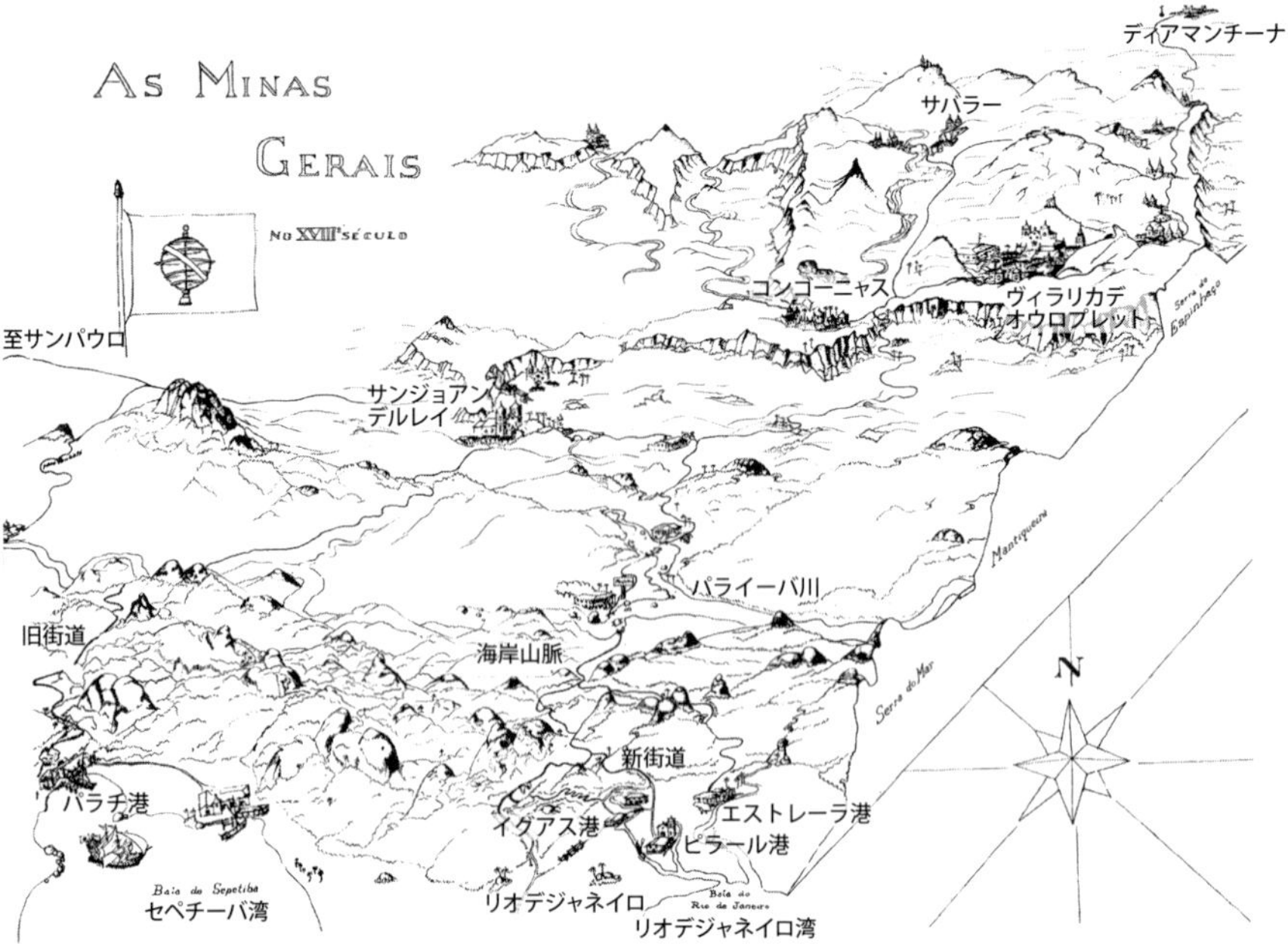

18世紀のミナスジェライスの地図。内陸の鉱山都市と沿岸の輸出港が描かれている。
（Latif, Miran de Barros. *As Minas Gerais*. Belo Horizonte: Editora Itatiaia Limitada, 1991）

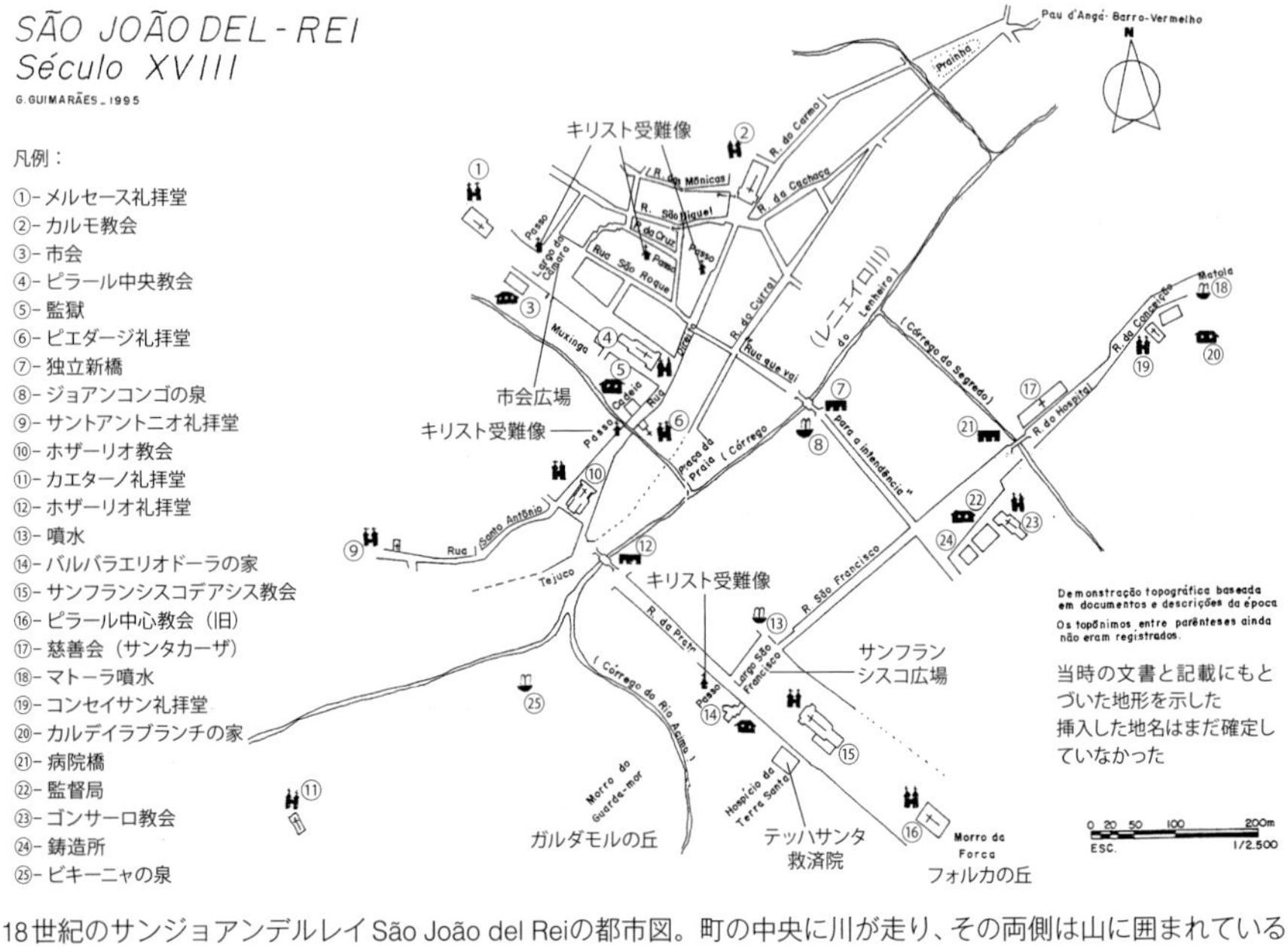

18世紀のサンジョアンデルレイ São João del Reiの都市図。町の中央に川が走り、その両側は山に囲まれている。
「ミナスの陰謀」でチラデンテスはここに首都を移転しようとしたとされる。
（Guimarães, Geraldo. *São João del-Rei, Século XVIII*. 1995）

来たものが多かったから、これらの金鉱都市の生活はすべて外部に依存した。彼らの食糧である食肉には、この地帯のすぐ北の牧畜地帯から牛があてられたし、南部のパンパの牧畜地帯もこれに加わった。物資輸送のために多数のラバが主として南部から集められた。

このために輸送路の確保が必要となった。それは陸上と河川に求められた。南部からのラバの移送は街道整備をもたらした。その結果、ミナスジェライスを中心に国内各地を結ぶ市場が形成されることとなった。このことは、それまで孤立しまとまりをもたなかったブラジルに、一体性をもったまとまりがありえることを示すこととなった。それは、沿岸をまるでカニのように横歩きすることしかできなかったブラジルにとって、まったく新しい発見であった。

鉱山 (Latif, Miran de Barros. *As Minas Gerais*. Belo Horizonte: Editora Itatiaia Limitada, 1991)

文化を感じ取れる都市

ブラジルに首都を置くことは、思わぬことから起こった。

金の時代が終わり、ブラジルは再び農業の時代に戻った。そのころから、リオデジャネイロとミナスジェライスの両州の境界を流れるパライーバ川流域でコーヒーの栽培が始まり、その貿易商品としての重要性がだんだんと明らかになってきた。やがてやってくるコーヒーの時代のさきがけである。

おりしも、ナポレオンがヨーロッパを征服し、一八〇六年、大陸封鎖令を出して、イギリスの工業製品をヨーロッパ大陸から締め出そうとした。ところが、ポルトガルは、貿易上イギリスと親密な関係にあったため、大陸封鎖令にあいまいな態度をとらざるを得なかった。これにナポレオンは軍隊のポルトガル侵攻でこたえた。

リスボン陥落直前の一八〇七年一一月二九日、イギリスの勧告にしたがって、ポルトガルのブラガンサ王室はブラジルに脱出した。ドナ・マリア一世と摂政王子ドン・ジョアンをはじめ貴族・官僚とその家族など一万五、〇〇〇人が国内通貨の約半分と財宝とともに数十隻といわれる船に分乗し、イギリス艦隊の護衛のもと、翌一八〇八年一月二一日、バイーアのサルヴァドールに到着した。一週間後の二八日には、三〇〇年の間外国に対して門戸を閉ざしていた港の友好国への開放と、関税の制定の勅令の公布、一七八五年一月以来禁止されていた製造業の解禁をおこなった。王室財政の財源を貿易と産業に求めざるをえなかったから、その対応は早かった。そして、三月七日に、すでに一七六三年にブラジル副王領の首都になっていたリオデジャネイロにひとまず落ち着いた。一一月には、国土開発の推進のために、外国移民の入国と土地の所有を許可した。

王室のブラジル移転は、ブラジルの独立運動の支援基盤であった大土地所有者層にとって歓迎すべきことであったから、まったく問題なく進んだ。ただ、ブラジルの人びとには降ってわいたような出来事であった。

さて、首都をどうするか。気候を取り上げても、鉱山の積み出し港にすぎなかったリオデジャネイロはヨーロッパ人が居住するには不適当で、首都をそれにふさわしい内陸に遷すべきだという考えが、内外からおこった。

ロンドンで新聞『コヘイオ・ブラジリエンセ』を発刊したイポーリト・ダ・コスタは、その中で内陸への首都移転を擁護し正当化する論説を繰り返し展開した。しかし、王室や宮廷人がこれに耳を貸すはずもなかった。

その間にも、海外から人びとがやってきた。リオデジャネイロには王室印刷所、裁判所、紙幣発行のための国立銀行（一八〇八年）、陸軍士官学校と医学校（一八〇八年）、海軍士官学校（一八一〇年）、農業研究のための植物園（一八一〇年）、宮廷、劇場、図書館（一八一〇年）、美術

ポルトガルのブラガンサ王朝のリスボン脱出 Henry L'Évêque (1768-1845), *Embarque do príncipe regente de Portugal, Dom João, e toda família real para o Brasil no cais de Belém*, 1815. (Biblioteca Nacional de Portugal)

学校などの専門学校などが設立、整備された。そして、一八一五年、リオデジャネイロがポルトガル・ブラジル及びアルガルヴェ連合王国の首都と定められた。

ドン・ジョアン摂政王子はブラジルをヨーロッパ並みの文明国にしようと考え、一八一五年にドン・ジョアン六世として即位すると、リオデジャネイロの都市整備をさらに進めた。その中心部にはイギリスやフランスの商品を扱う店が並んだ。フランスとの国交が回復すると、もともとフランス文化の影響を強く受けていたため、リオデジャネイロの都市のフランス文化への傾倒は強まっていった。

彼はまた、フランスから芸術使節団を招聘した。ジャン・バティスト・デブレはそのひとりとして一八一六年にやってきて、科学・芸術・職業学校の設立にあたった。これはのちに国立美術学校になった。デブレは折をみてはリオデジャネイロのさまざまな様子を描き、それにコメントを付けて、三冊の本に一五〇点の絵をまとめた。後世、それが編集されて出された本のタイトルは『混血の町　リオデジャネイロ』[*]とつけられた。黒人奴隷が多く働く町に彼は強く印象づけられたのである。上流階層と下層社会の二階層からなるリオデジャネイロを見事に描き出している。

一方、王室が奨励したヨーロッパからの移住と入植はなかなか進まなかった。ようやくにして一八一八年、政府による第一回計画移住としてスイスの農民一、〇〇〇余名がリオデジャネイロ近郊のカンタガーロに入植した。ノーヴァフリブルゴ移民である。また、同年、ドイツ移民の一集団がバイーア州南部に移住した。しかし、いずれも失敗に終わった。

ポルトガルの再独立を経て、一八二二年、ブラジルはポルトガルから独立した。三〇年以上にわたりヨーロッパにいて、一七九〇年半ばパリでフランス革命の始まりに遭遇したりして、一八一九年、五六歳のときにブラジルに戻ってきたジョゼ・ボニファシオが、政策の実

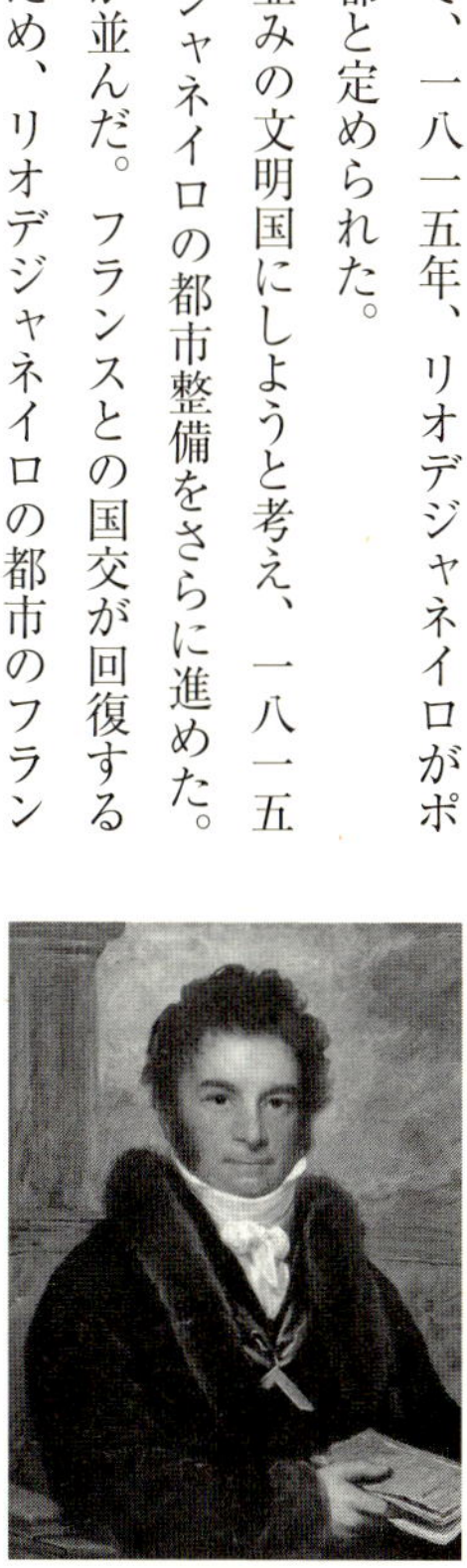

イポーリト・ジョゼ・ダ・コスタ・ペレイラ Hipólito José da Costa Pereira (1774-1823)

＊Debret, Jean Baptiste. *Rio de Janeiro, cidade mestiça, – Nascimento da imagem de uma nação*. Companha das Letras, 2001.

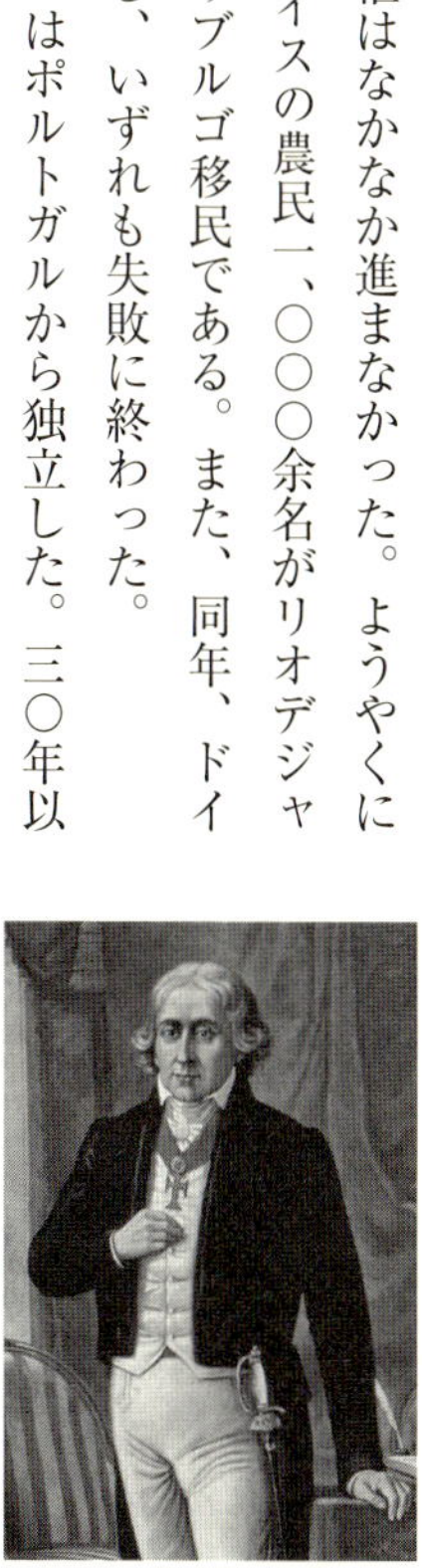

ジョゼ・ボニファシオ・デ・アンドラーダ・イ・シウヴァ José Bonifácio de Andrada e Silva (1763-1838)

サンベント修道院からみたリオデジャネイロ

家族とともに散歩に出かける政府の役人

リオデジャネイロの街並みと人びと

ラルゴドパッソ（宮殿広場）。左の建物が宮殿

19世紀初頭のリオデジャネイロの都市風景（Debret, Jean Baptiste. *Rio de Janeiro, cidade mestiça*, 2001）
ポルトガルのドン・ジョアン六世はブラジルをヨーロッパ並みの文明国にしようと考え、リオデジャネイロの都市整備をすすめた。その中心部にはイギリスやフランスの商品を扱う店が並んだ。フランスとの国交が回復すると、リオデジャネイロの都市のフランス文化への傾倒は強まっていった。

質的決定者としてブラジルの王室と政治を支えた。

独立したからには、ブラジルの国家としての体制をととのえなければならない。当然のことながら、首都のことが問題となった。模索が続いた。そして、ボニファシオは、一八二三年六月九日のブラジル立憲・立法議会で、具体的にパラカツの地名を挙げて、ペトロポレあるいはブラジリアと呼ばれることになろう首都の内陸化を擁護する演説をした。* しかし、憲法起草をめぐって、国王ドン・ペドロ一世の絶対王制を望む宮廷勢力・ポルトガル商人などのポルトガル派と議会多数で立憲君主制を望むブラジル派との対立が明白となり、ボニファシオはこの演説の数か月後、九月に野に下った。そして、議会は一一月、武力により閉鎖された。ボニファシオはヨーロッパへの亡命を余儀なくされた。結局、首都の移転は帝国憲法に盛り込まれなかった。

そして、一八三四年、リオデジャネイロはネウトロ市として国の首都となった。フランス文化が色濃く漂う町である。県都はヴィラダプライアグランデに置き、翌年ニテロイに改称された。

ボニファシオは、後世、「独立の父」とあがめられるようになった。

まるで心臓のような約束の地

一八三〇年代、皇帝空位の摂政期、政府の権威が低下して地方分離運動が続発したことから、国内の分離を回避する策を講じることが必要となった。ブラジル歴史地理研究所ＩＨＧＢが一八三八年にリオデジャネイロに設立されたのも、ブラジルに関する知識を深めてナショナリズムを強化するためであった。

すでにイギリス人のロバート・サウジーがブラジルを訪れることなく『ブラジル史』全三

＊José Bonifácio de Andrada e Silva, *Memória à Assembléia Constituinte*, 1823.

巻（一八一〇〜一九年）を書き上げるなど、ポルトガルのリオ遷都以来、ブラジルにはイギリスをはじめとして欧米諸国が関心を寄せていた。一八四三年におこなわれた同研究所主催の懸賞論文「いかにブラジル史を書くべきか」の最優秀論文は、ドイツ人の旅行家で博物学者のカール・マルティウスであった。[*] 彼は、ブラジルを理解するにはヨーロッパ人、アフリカ人、インディオの文化的融合を研究するべきと主張し、愛国心の涵養が歴史学の使命だと断じた。

そうした機運のなかで、ブラジルに帰化したひとりのドイツ人が、ブラジルという国のナショナリズムにささげた強い情熱とゆるぎない信念をもって、首都の内陸への移転の問題を検討し、多くの著作を書き上げた。サンパウロ州イパネマ生まれのフランシスコ・ヴァルンアージェンである。彼は、首都がブラジルの内陸に位置しなければならないとする理由を数多く述べた。『首都問題　海岸か内陸か？』[*]（一八七七年）と題する著作の中で、「地図をみたときに、半ば本能的に、ちょうど人体に心臓があるように、首都の内陸移転は中心においてこそしっかりと守られるだろうと我々には思われた」と、ブラジルの国土に水をうるおす主要河川の水源が集まっている場所が内陸部の中央にあり、そこを首都の座として提唱した。

その現地踏査を強く説いたヴァルンアージェンは、一八七七年、政府の要請を受けて、現在のプラナルト・セントラル高原を調査した。しかしながら、彼の思いが伝わるのは、もう少し時代が動いてからであった。そんな彼を、後世、人びとは「近代史学の父」と呼ぶようになった。

そこに、思わぬことが伝えられた。

ヴァルンアージェンがフォルモーザを中心に現地踏査をおこなってしばらく経った頃、ひとりの聖人が夢を見たというのだ。しかも、預言的夢というかたちで。

イタリア人の聖人、サン・ジョアン・ボスコ（通称ドン・ボスコ）が、その人である。

* Martius, Carl Friedrich Philipp von. *Como se deve escrever a História do Brasil*, publicado com O Estado de Direito entre os autóctones do Brasil. Belo Horizonte/São Paulo: Itatiaia/EDUSP, 1982.

* Varnhagen, Francisco Adolfo de. *A Questão da Capital: Maritima ou no Interior?* Venha d'Austria: Imprensa do Filho de Carlos Gerold, 1877.

フランシスコ・アドルフォ・デ・ヴァルンアージェン Francisco Adolfo de Varnhagen (1816-78)

ドン・ボスコは、一九世紀後半のイタリア統一運動と産業革命の中で青少年たちが放置される現実に直面し、もっとも貧しい青少年たちのために生涯を捧げることを決意し、ドン・ボスコ・サレジオ修道会を創立した。

ドン・ボスコはたびたび大預言をした。

一八八三年八月三〇日にドン・ボスコがひとつの大預言をしたことが、明らかにされた。「驚くべきこと」に分類された預言は、数日後の九月四日、ドン・ボスコによって修道会の教会参事会の会議で伝えられた。それは、「緯度一五度から二〇度の間に、ひとつの湖を形成している地点から始まる、非常に広大な、非常に長いくぼ地があった。これらの山中に隠された鉱山を掘りにいくとき、この場所に、乳と蜜がどくどくと溢れだす約束の地が現れるであろう。豊かさは想像もできないほどとなろう」というものであった。それはどこなのだろうか。ヴァルンアージェンが調べ提案した場所なのかもしれない。ブラジルの人びとをしてそう思わせる預言的な夢が伝えられた。

そして、後日、この預言的夢のとおりの場所が現れた。サン・ジョアン・ボスコの夢が、ブラジリアの創建に大きなはずみをつけさせたことは間違いない。そこにブラジリアは創建された。

プラーノピロットの計画がまだ定まっていない一九五六年一二月三一日、のちにブラジリアの都市が建設されるプラーノピロットのパラノア湖の対岸に、人里離れて、小さな礼拝堂エルミーダ・ドン・ボスコが建てられた。

空間的ナショナリズム

そして、いよいよ大きな転機が訪れた。

サン・ジョアン・ボスコ São João Bosco (1815-88)

エルミーダ・ドン・ボスコ Ermida Dom Bosco オスカー・ニーマイヤー設計。一九五六年

ブラジル帝政の国家体制は、法科大学で養成する政治家と官僚、治安の維持にあたる軍、精神的支柱の教会、奴隷労働によって輸出作物を生産する大土地所有者の四者で構造づけられてきた。ところが、それらがパラグアイ戦争（一八六五〜七〇）を契機にこれまでの体制を否定するなど、相互に連動しつつそれぞれ変化していった。そして、ブラジル帝国の国家体制は根底から揺らいでいった。

帝政打倒のクーデターは、陸軍から仕掛けられた。一八八九年一一月一五日早朝、ベンジャミン・コンスタンは皇帝ととくに親交の深いフォンセカ元帥を担ぎ出して、二、〇〇〇名ほどの陸軍部隊がクーデターを決行した。ドン・ペドロ二世はそのときリオデジャネイロ郊外のペトロポリスの離宮に滞在していた。

ふるくからブラジルでくすぶり続けていた共和制がようやくにして実現したのだ。しかし、それは、共和党がありながら、陸軍の軍人がおこなった、共和政府の樹立であった。一般の人びとは一六日の新聞記事でブラジルの政治体制が変わったことを知った。

ドン・ペドロ二世と、一八八八年に「黄金令」を発布して電撃的な全面的奴隷解放をおこなった皇女イザベルなど皇族たちは、国外退去を要請されて、翌々日、ヨーロッパに亡命した。ブラジル帝国は、六七年の歴史を閉じた。じつにあっけない幕切れであった。

一八九一年二月二四日、ブラジル合衆国憲法が公布された。

アメリカ合衆国憲法にならって大統領が統治する連邦共和制を採り、各州は州憲法と州軍を保有するというように、大幅な自治権が認められた。中央集権化を求める軍に対する、コーヒー農場主を中心とする共和主義者の勝利でもある。信仰の自由を認める一方、教会と国家の分離が定められた。初代大統領にはフォンセカ元帥が就任した。

この憲法の第三条に、「共和国のプラナルト・セントラル高原に位置する一万四、四〇〇平

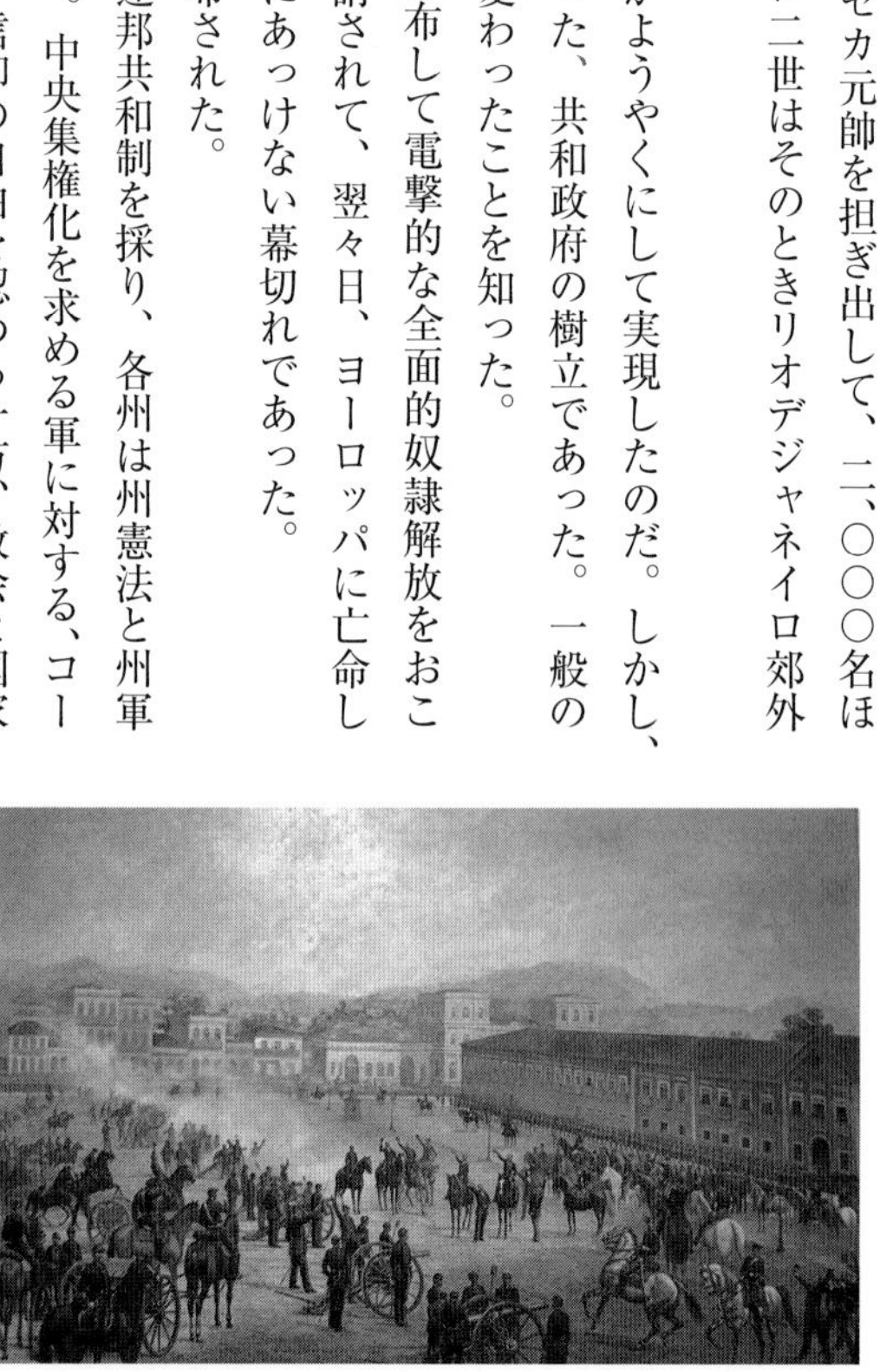

共和国宣言 Benedito Calixto (1853-1927), *Proclamação da República*, 1893. (Pinacoteca Municipal de São Paulo)

方キロメートルのゾーンをブラジル連邦政府に属することとする。そこに将来の連邦首都を創設するために、時宜を得て境界画定する」と、連邦首都の移転が明白に定められた。

その跡を継いだ第二代共和国大統領のペイショット将軍は中央集権化を強めるべく改革を進めたので、これに抵抗する連邦派との間に各地で流血事件が続発した。このような状況のなかで、ペイショット大統領は、一八九二年五月、「緊急の必要性からブラジル連邦政府の首都の移転を判断し、政府はプラナルト・セントラル高原に委員会を派遣し、そのエリアの境界画定をおこない、そのゾーンについて必要不可欠の調査をしなければならない」と、連邦政府を沿岸から脱出させる行動に出た。

これを受けて、ブラジル・プラナルト・セントラル高原探検家委員会を組織し、その指揮をルイス・クルルスに託した。ベルギー人のクルルスは、当時、リオデジャネイロの天文台所長の職にあるとともに、陸軍高等専門学校の教官でもあった。

クルルスを含め、二二名からなる調査団が結成された。クルルス調査団である。天文台の天文学者二名、地理学者と植物学者各一名、医師・衛生医学者各一名、薬剤師一名、科学機器の保守のための天文台の機械工一名、陸軍高等専門学校の元学生の技師五名、その他委員会メンバーの護衛のための兵隊である。

この調査は、一次、二次の二回にわたって、一八九二年六月から九五年一二月までおこなわれた。一八九四年末に一次調査の最終報告書が提出され、ベルギー人の経営するリオデジャネイロの書店から一八九四年に出版された。『ブラジル・プラナルト・セントラル高原探検家委員会報告書』*、いわゆる『クルルス報告書』である。大部の報告書である。そこに、はじめて連邦地区が書き込まれたブラジルの地図が載せられた。調査団が境界区画した連邦地区、「クルルスの方形」である。

共和制樹立直後につくられた緑色と黄色の横縞の国旗(上)は、アメリカ合衆国のそれに酷似しているというので、五日後に、緑色の方形の中央に黄色のひし形と青色の円を配置した国旗(下)に変えられた。緑色はブラジル皇帝であるペドロ一世のブラガンサ家を、黄色はその皇妃マリア・レオポルディーナのハプスブルク家を象徴していた。現在では、前者は森林を、後者は金と鉱物資源を表しているとされている。中央の円は共和国樹立日の朝のリオデジャネイロの空を表している。星は連邦区と州を表している。

*Cruls, Lúis. *Relatório da Comissão Exploradora do Planalto Central do Brasil.* Rio de Janeiro: H. Lombaerts & C., Impressores do Observatório, 1894.

クルルス調査団が境界区画したエリアが国会で承認されて、正式に「連邦地区《ディストリット・フェデラウ》」となった。それ以後、ブラジルのすべての地図に「クルルスの方形」が記載されることとなり、学校で使う地図にも書き込まれた。

報告書が一八九四年に公開されると、マスコミは、クルルスがおこなった仕事に対して、熱狂的な賛辞を書きつらねた。移転の考えはあらゆるところで沸き立った。

調査団の名称を「ブラジル連邦政府新首都調査委員会」と改めた第二次調査では、一八九四年末にこの標高一、〇〇〇メートルの野営地に気象観測所が設置され、翌一八九五年一月一日から、ジョアン・クラードの責任のもと、定時観測が本格的に開始され、年末まで続けられた。ここで得られたデータはその後の基礎となった。この場所には、ブラジリア建設後も気象台が置かれている。

じつは、このときすこぶる大きな発見があった。第二次クルルス調査団のメンバーとしてプラナルト・セントラル高原を調査したフランス人の造園家で植物学者のオーギュスト・グラジオウが、ドン・ボスコが預言的夢で語った、かつては湖だったくぼ地を発見したのだ。彼は、皇帝邸の公園と庭園を指導するべく、ドン・ペドロ二世に乞われて一八五八年にブラジルにやってきた。天の声の示唆する預言的な夢が現実となった。

これで、新首都の建設地の選定が、ほぼ固まった。

ところが、調査の中止が突然に彼らを襲った。直前になって、翌年の調査予算が承認されなかったのだ。サンパウロのコーヒー農園主を中心に連邦共和党を結成して選挙に臨んだプルデンテ・デ・モライスが一八九四年に初の民選大統領となった時であった。

ブラジル連邦政府新首都調査委員会の報告書は、中間報告書が出されただけで、最終報告書が提出されることはなかった。一八九五年一二月三〇日までの地形調査と水圏調査の進展

フォルモーザの町の入口。この町を基点に方形の4点をマークした。1892年

クルルス調査団。ピレノーポリスにて。前列左から3人目がクルルス。1892年

気象観測所。この場所にはブラジリア建設後も気象台が置かれている。

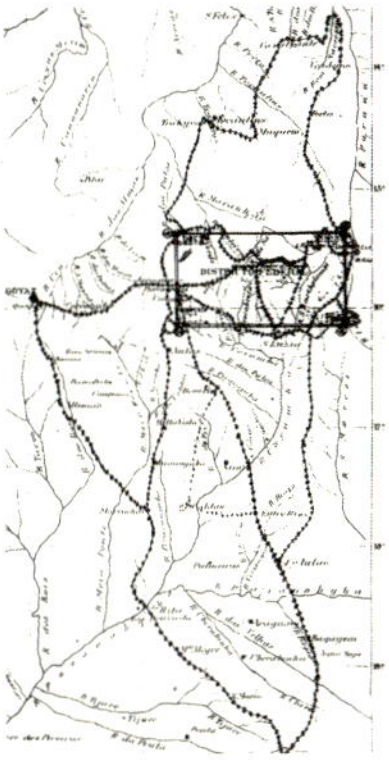

第一次調査団の踏査経路と「クルルスの方形」

モリーゼ・チームは「方形」の南西点に委員会のシンボルである白い旗を掲げた。1892年

連邦地区が記入されたブラジル全土地図 1894年
イポーリト・ダ・コスタが最初に内陸への首都移転を提唱し、そこをヴァルンアージェンがまるで国土の心臓のようだと言って現地踏査し、ドン・ボスコが預言的夢を語った場所である。ブラジルの三大河川がその源流をもつところである。

状況を証明するために、中間報告書に二五万分の一の新しい連邦地区の地図が挿入された。

一方、一八九三年から新州都造りに着手したミナスジェライス州は、一八九七年、ベロオリゾンテの完成とともに、州都をオウロプレットから、連邦地区から七四〇キロメートルほどのところにあるベロオリゾンテに遷した。州は確実に力をつけていった。

一八九八年に次の大統領に選ばれた共和党のカンポス・サーレスは、連邦政府は州の行政に干渉しない代わりに、国全体の政策の実行には州政府の協力が期待できる体制をつくりあげた。共和党の支持基盤はサンパウロ州のコーヒー農場主とミナスジェライス州の畜産農場主であった。この両州が国の政治を牛耳ることとなった。カフェーすなわちコーヒー州とレイチつまり牛乳の畜産州が結託して大統領を出すカフェー・コン・レイチ体制の政治が始まった。ナショナリズムはどこかにいってしまった。

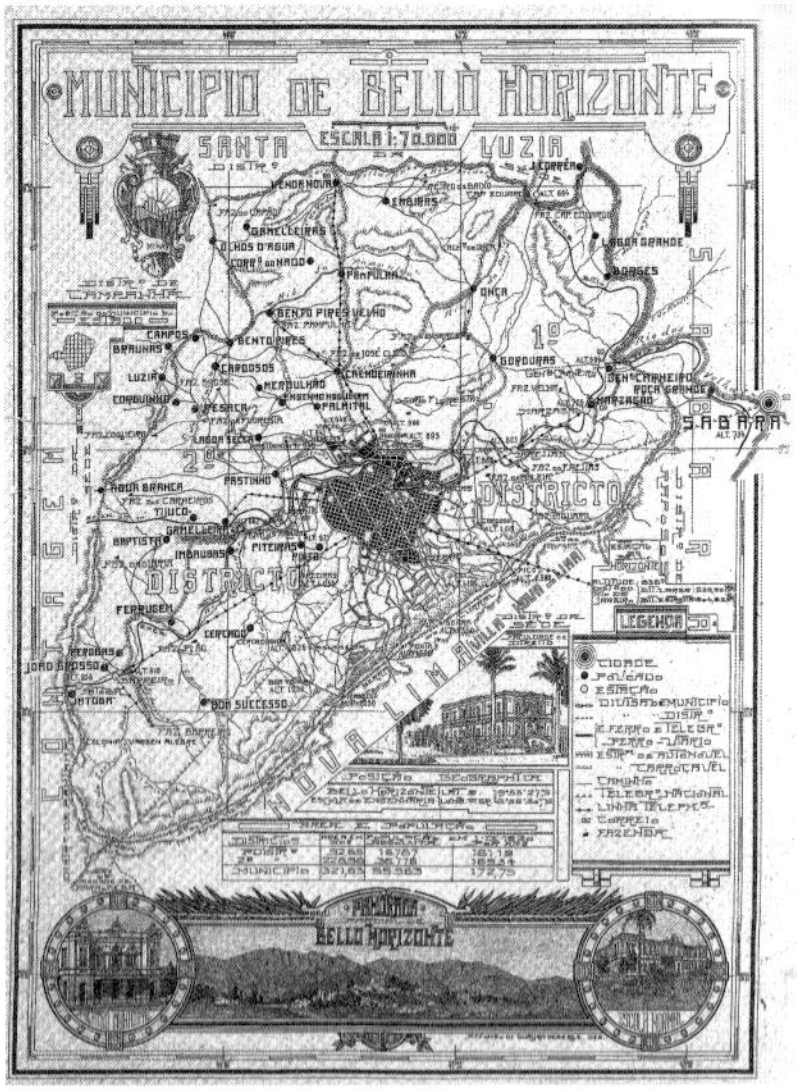

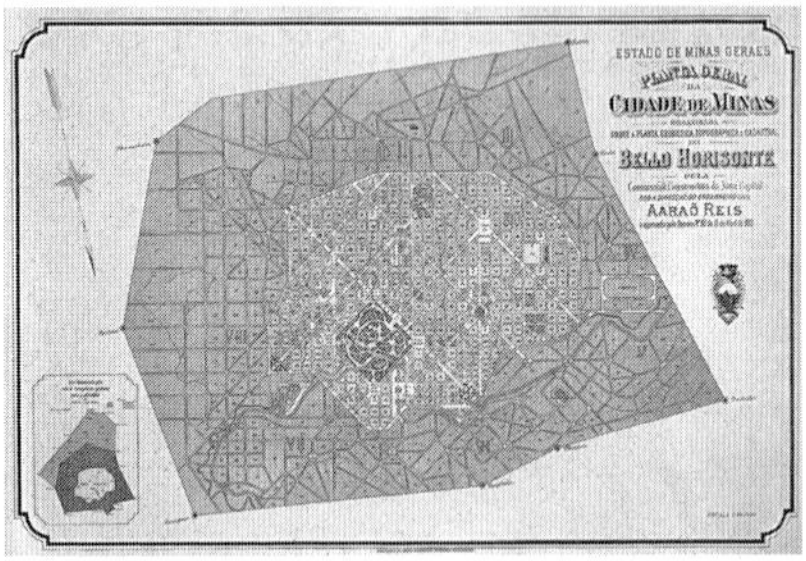

パラー州出身のエンジニア、アラン・レイス Aarão Reis によるミナスジェライス州の新州都ベロオリゾンテの都市計画図。小さな格子状の街区に大きな格子状の街路を45度に重ねた都市は、これまでのブラジルの都市には見られないものであった。（Romano, Olavo. *Muito Além da Cidade Planejada.* Colégio Magnum Agostiniano, 1997）

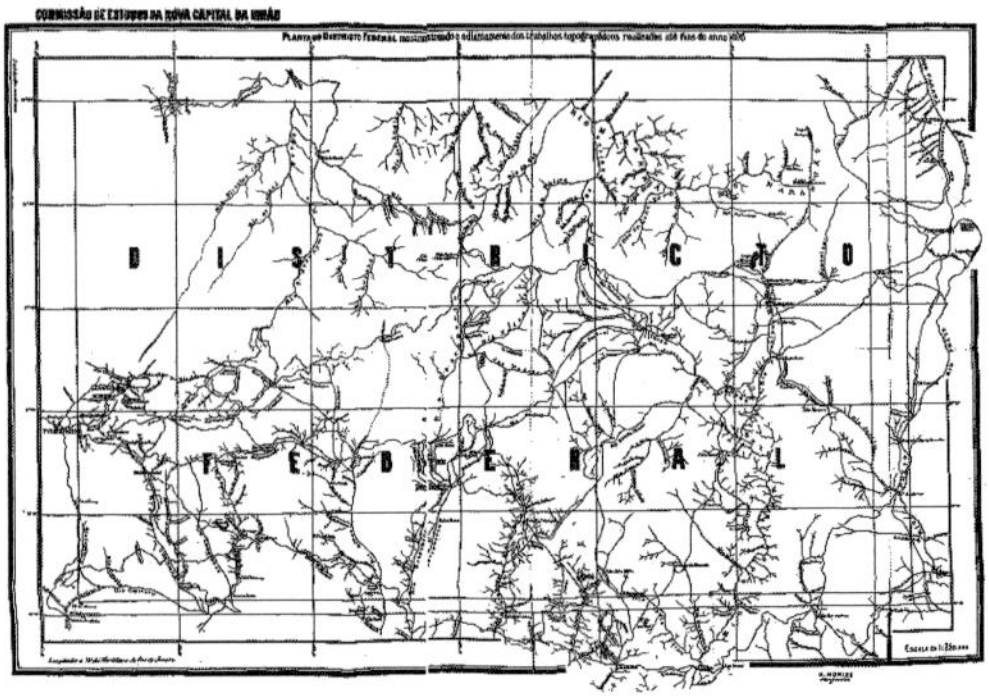

連邦地区の二五万分の一の地図 一八九六年（Comissão de Estudo da Nova Capital da União, *Relatório Parecial*, 1896）

そのしばらくのち、一八九九年に、歴史家カピストラーノ・デ・アブレウが『ブラジルの古くからある道と植民』[*]を書いた。そこで彼は、ヨーロッパの延長である沿岸部ではなく、内陸部にブラジルの本質を認めて、内陸部こそが生活様式や人種構成において真にブラジル的であるという空間的ナショナリズムを打ち出した。これによって内陸部への関心が開かれるようになっていった。

* Abreu, João Capistrano de. *Os Caminhos Antigos e o Povoamento do Brasil*, 1899.

ブラジル国民とは何か

共和制の樹立をもってしてもできなかった首都の移転と建設が実現に向けて動く兆しをみせたのは、一九二二年のことである。ブラジル独立からちょうど一〇〇年目であった。

奴隷制を一八八八年に廃止して共和国になったころ、コーヒー輸出農業はブラジルの経済の中枢であった。ブラジルは世界のコーヒー生産の六〇パーセント近くを占め、ブラジルの全輸出額に占めるコーヒーの割合は六〇パーセントを超えていた。

それを支えたのが、大規模な外国からの移民であった。一八九〇年と一九〇七年に移民法を整備して、もっぱらヨーロッパからの移民を労働者として受け入れようとした。ただ、やってきたのはほとんどがイタリア、ポルトガル、スペインからの移民で、ブラジルが求めたヨーロッパの先進地域からではなかった。それでも、全国の主要都市を中心に、移民と婚姻関係を結ぶことが増えていった結果、共和制発足直後の一八九〇年には白人四四パーセント、混血四一パーセント、黒人一五パーセントだったが、一九五〇年には国民の六二パーセントが白人と分類されるまでになった。ただ、ブラジル「発見」以来やむことなくおこなわれてきた人種と民族の混淆は、さらに複雑なものとなった。

移民たちがもたらしたものは、これだけではなかった。彼らの生活観や技術もブラジルに持ち込んだ。ブラジルにとって新しいものであった。それはやがて工業化、工業労働力、中産階級の形成の基礎となった。第一次世界大戦（一九一四～一八）後には、国内市場を関税や輸入許可制によって保護しながら、輸入消費財を国内生産していった。経済の発展が目に見えてきた。第二次世界大戦（一九三九～四五）後も同様であった。

これまで輸入ばかりに頼っていた消費財を国産に変えていったこの経済発展は、ブラジル人に自信と誇りをもたらした。加えて、戦争とは無縁だと信じて疑わなかったヨーロッパで第一次世界大戦が起こったことは、ブラジル人に盲目的だったヨーロッパ崇拝を考えさせることとなった。これによってヨーロッパ人に対する劣等感が払拭され、ブラジル人としての国民意識ブラジリダージが高まっていった。

そして、それが、一九二〇年代になって、モデルニズモ《近代主義》として、一九一〇年代からリオデジャネイロを抜いてブラジル第一の工業都市になっていたサンパウロにまず起こった。

ブラジルにやってきた移民たちの多くは、肥沃な土壌テラロッシャのサンパウロ州に入った。州の自治が大幅に認められたことを背景に、州がコーヒー取引を振興するとともに、その利益を州内に還元して、サンパウロ州がブラジルにおいてコーヒー生産で優位に立った。ブラジルの全生産量の五〇パーセント以上をサンパウロ州が占めた。

その中心都市サンパウロは一九二〇年には人口五八万人を数えたが、その二〇パーセントはこれらの移民であった。サンパウロは人種・民族のるつぼのような様相を呈した。このようなじつに多彩な出自の人びとが共に暮らすなかで、サンパウロの知識人たちは、ブラジルの過去やヨーロッパ崇拝から自らを解き放ってブラジルの現実をしっかりと認識し、ブラジル人とは何か、ブラジルの文化とは何かを考えるようになった。

これを世に問うために、一九二二年二月一一日から一七日の間、サンパウロの市立劇場にブラジルの新進の芸術家や知識人が集まり、「現代芸術週間《セマーナ・デ・アルチ・モデルナ》」*を開催した。ヨーロッパ文化に対するブラジルの挑戦であり、型にはまった伝統主義のリオデジャネイロのアカデミズムに対するサンパウロの挑戦であった。

サンパウロ州統領ワシントン・ルイスが後援した「現代芸術週間」には、アニータ・マルファッチやディ・カヴァルカンチなどの画家をはじめ、マリオ・デ・アンドラーデ、オスヴァルド・デ・アンドラーデ、メノッチ・ピッキア、グラサ・アラーニャなどの作家、彫刻家のヴィクトール・ブレシェレ、音楽家のヴィラ・ロボスなど前衛的な芸術家が参加した。一三日は絵画と彫刻、一五日は詩、一七日は文学と音楽と、それぞれの日ごとにテーマが定められた。

これまでは書くだけであった詩は、朗読された。歌うだけであった音楽は、オーケストラ形式になった。そして、大胆で現代的なデザインの、カンバスや彫刻、建築模型で表現された造形芸術。「現代芸術週間」は、芸術の新しい考えと概念を提示することによって歴史をし

*Amaral, Aracy Abreu. *Artes Plásticas na Semana de 22*. São Paulo: Editôra Perspectiva, 1972 に詳しい。

ディ・カヴァルカンチによる「現代芸術週間」のカタログの表紙とメンバーたち
(Amaral, Aracy Abreu. *Artes Plásticas na Semana de 22*, 1972)

るした。

モデルニズモのなかで、芸術家たちはブラジルのルーツ、コロニアル文化にそのテーマを求めた。カンジド・ポルチナリはブラジルの風景を描いて世界的に知られるようになった。ヴィラ・ロボスはブラジルの作曲家として国際的に活躍するようになった。かくして、新しい装いをもったナショナルなコロニアル文化は、現代に、そしてインターナショナルに生きることとなった。これがブラジルのモダニズム、すなわち「モデルニズモ」となった。

この時点では建築分野は他の芸術分野に比べて少し遅れていたが、それもやがてインターナショナルなモダニズムに刺激されて、国のルーツを求めていったところ、ナショナルなものがインターナショナルなものに合致することが明らかになっていった。

一方、リオデジャネイロでは、独立百周年を記念して、国際博覧会が三大陸一四か国が参加して、一九二二年九月七日から翌年三月二三日まで開催された。日本も参加した。伝統主義の折衷様式を前面に出したこの博覧会は、サンパウロの「現代芸術週間」とは対照的なものであった。

博覧会の開催の日、はるか内陸の、現在のプラーノピロットの近く、プラナルチーナの町の近くにブラジル連邦政府の首都になる将来の都市の礎石が据えられた。その礎石に「共和国大統領エピタシオ・ペソーア閣下は、一九二二年一月一八日の政令4494号の規定にしたがい、一九二二年九月七日正午、ブラジル合衆国の連邦政府の将来の首都の礎石をここに据えた」という文章が刻み込まれたプレートが付けられた。このプレートはサンパウロ工芸学校が鋳造した。首都建設の証人のモニュメントが生まれた。しかし、これ以上の進展はなかった。

国旗を高く掲げた式典の様子は、フィルムと写真によって記録された。そのときの新聞、

リオデジャネイロの独立百周年記念国際博覧会 Exposição do Centenário da Independência do Brasilの会場風景。一九二二年（Museu Histórico Nacional）

将来の首都の定礎式典。プラナルチーナ Planaltinaの近く。一九二二年九月七日（Vasconcelos, Adirson. *A Mudança da Capital*, 1978）

写真、フィルム、そこに掲げられた国旗はサンパウロのイピランガ博物館に寄贈された。この記念塔は今も同じ場所にたたずんでいる。

この頃に、首都を想定した計画がいくつか現れた。そのひとつ、一九三〇年、リオデジャネイロの新聞『ア・オルデン』は、「進行中の理想」というタイトルの五頁にわたる Th Emerson の署名がされた記事を組んだ。歴史家テオドーロ・フィゲイラのペンネームである。彼はそこにブラジルの歴史とブラジルの将来の首都のことを記し、一頁全部を使ってその都市構想図を載せた。その構想図を、彼は「ブラジリア アメリカの歴史の都市」と名づけて、そこに描いた広場や通りに、ブラジルの歴史にかかわる出来事や人物名などをびっしりと書き込んだ。

社会学者のジルベルト・フレイレは、一九三三年、北東部のサトウキビ農園の農園主と奴隷との温情的な人間関係を描き出し、ポルトガルのイベリア文化が熱帯に適した黒人やインディオの文化の諸要素を導入してつくり出した混血文化を明らかにし、それを積極的に評価することを世に問うた。彼の代表作『大邸宅と奴隷小屋《カーザ・グランデ・イ・センザーラ》』*である。これは、第二次大戦後、人種主義を克服しようとする諸外国で大きな反響を呼び、ブラジルは多人種・多民族社会のモデルとみなされるようになった。

そして、ブラジル人としての国民意識ブラジリダージの追求は、のちに、「人種デモクラシー」をブラジルの国是としてもたらすこととなった。「発見」以来、人種と民族の混淆を積み重ねてきたブラジルは、人種と民族を問わないことにしたのだ。

真のブラジリダージは西部への前進

一九三〇年、ブラジル南部のリオグランデドスル州出身のジェトゥリオ・ヴァルガスは、

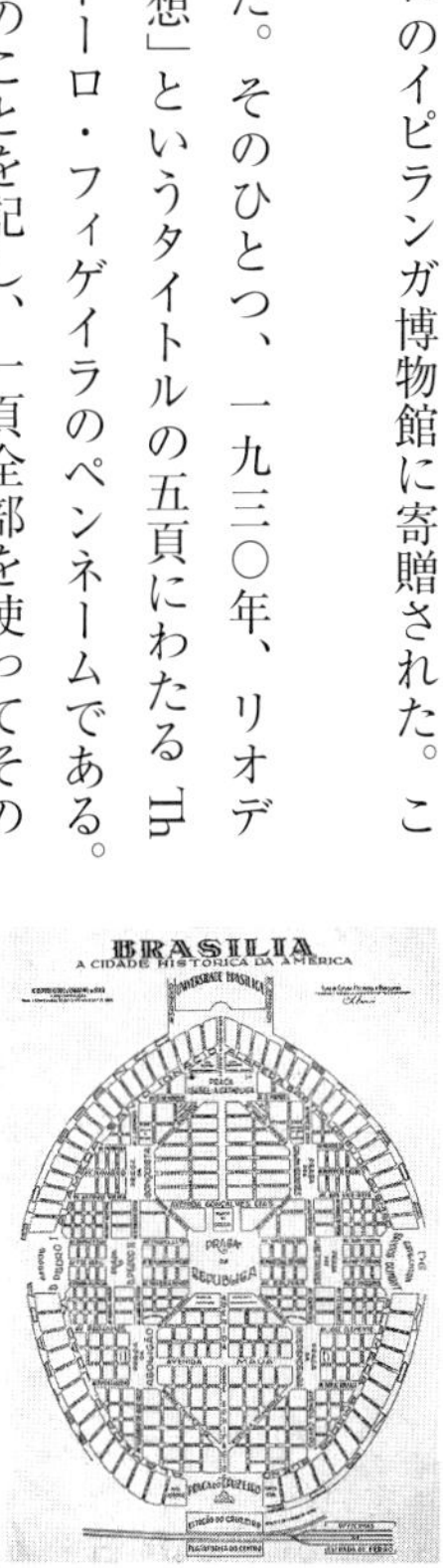

テオドーロ・フィゲイラ・デ・アルメイダTheodoro Figueira de Almeidaによる「ブラジリア アメリカの歴史の都市」。一九二九年（Vasconcelos, Adirson. *A Mudança da Capital*, 1978）

*初版は Freyre, Gilberto. *Casa-Grande & Senzala: formação da família brasileira sob o regime de economia patriarcal*. Rio de Janeiro: Maia & Schmidt, 1933 である。鈴木茂訳、日本経済評論社、二〇〇五年

こうした機運を察知して、青年将校が運動の母体ではあるが、新興の工業分野の中産階級と手を結び、都市の労働者階級の支援を得て、世にいう「ヴァルガス革命」を起こし、サンパウロ州とミナスジェライス州ばかりが握ってきた政権を奪い取った。三四年憲法で、彼は一八歳以上の男女による普通選挙ができるようにした。

さらに、一九三七年には、自らの政府を否定して、自らが最高権威者となる「新国家《エスタード・ノーヴォ》」体制を樹立し、「ブラジリダージの真の意味は西部への前進にある」と国民に向けて年頭演説した。ブラジリダージとは、ブラジル人としての国民意識のことである。ヴァルガスは、そこで、停滞的で封建的な沿岸部に比べて、進歩的で民主主義的な内陸部を理想化し、内陸部すなわち西部への入植を訴えたのだ。さらに、新興ブルジョアジーには工業促進政策を、工場労働者には労働条件の改善と組合の結成を進めていった。自らは、労働組合の上層部からなるブラジル労働党を結成して、党首となった。このようにして、国民の政治参加を強調し、ブラジリダージによって国家の統一を推し進めた。

こうした社会の空気の中で、ヴァルガスの後を引き継いだドゥトラ大統領は一九四六年に「ブラジル連邦国家の首都はプラナルト・セントラル高原に移転される」と明記された新憲法を発布し、新首都の位置決定のための委員会の発足も定めた。この委員会報告を受けて、一九四八年に新首都建設が国会の審議にかけられた。

国会はそれに五年という歳月をかけて審議した。一九五三年一月五日に新首都の位置決定に関する最終的な検討を実施することを行政権に認可する法令第１８０３号が裁可された。

第1条　南緯一五度三〇分と一七度の間、および西経四六度三〇分と四九度三〇分の間からなるプラナルト・セントラル高原の地域において新連邦首都の敷地の選定のための

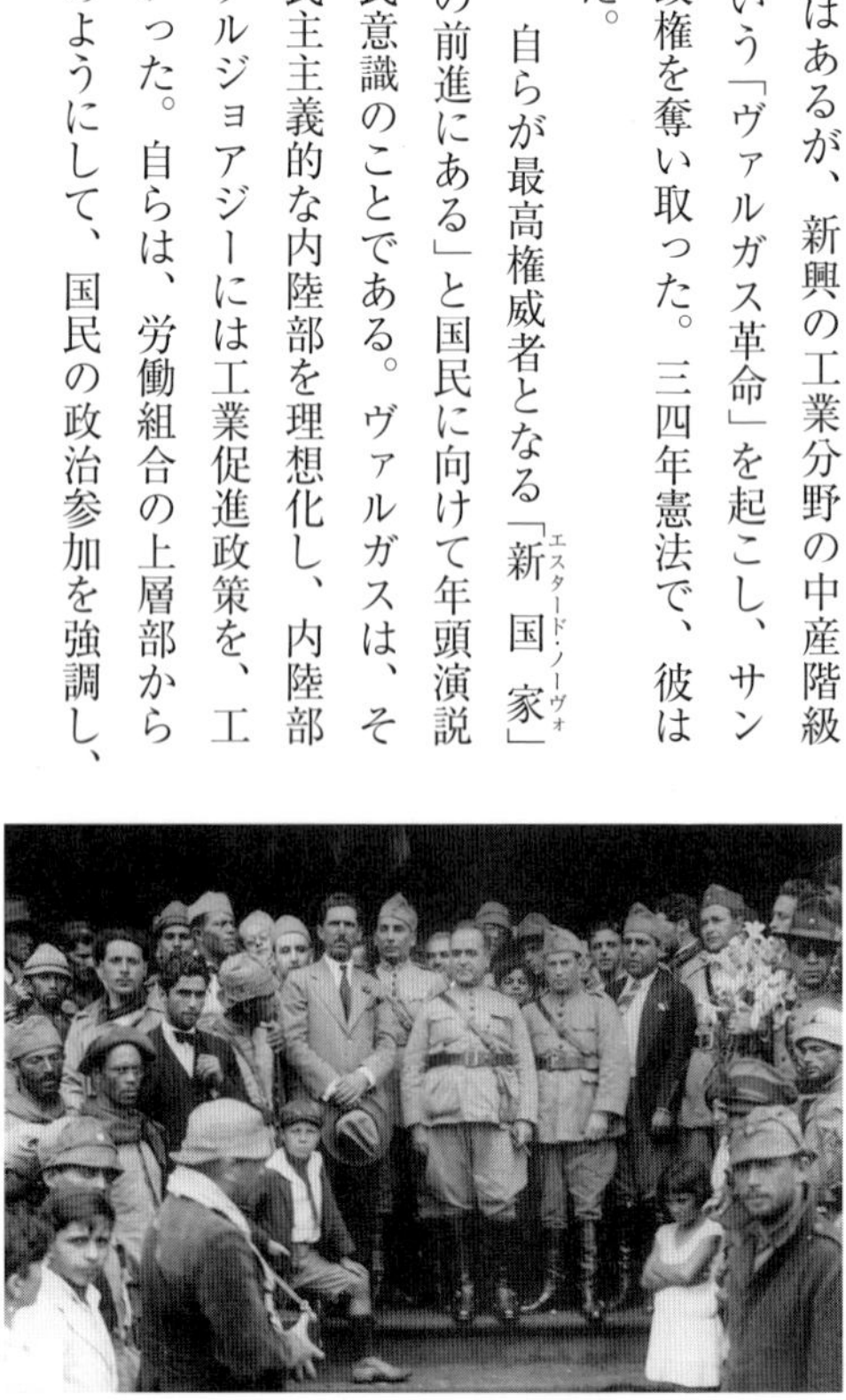

ヴァルガス革命に成功してリオデジャネイロに向かう途中、サンパウロ州のイタラレに立ち寄ったジェトゥリオ・ヴァルガスGetúlio Vargas（中央）と彼の仲間たち。一九三〇年（Foto: Claro Jansson）

最終的な検討を実施するよう命じることを適切なものと認め、行政権に認可する。検討は、三年以内に完了しなければならない。

第1項　本条にいうところの検討は次の条件を満たさねばならない。

a　適切な気候と衛生状態
b　水と電気エネルギーの供給の容易さ
c　陸空の交通路へのアクセスの容易さ
d　適切な地形
e　建築に合った土壌と建設材料の存在
f　耕作用地の近接
g　魅力的な風景

第2項　検討は人口五〇万人のための都市を基礎に行われること。

第2条　この敷地の周囲に、およそ五、〇〇〇平方キロメートルのエリアを、自然あるいはそうではない境界を選んで、画定すること。このエリアは、連邦地区の構成に必要な条件をよい形で含んでいなければならない。それは国の財産に加えられる。

ポピュリズムを全面に出してふたたび政権についたヴァルガスが新連邦首都位置決定委員会を発足させ、新首都の敷地とエリアの選定を目的とした最終的な検討をおこなうこととなった。

その作業を迅速に進めていった委員長ジョゼ・ペソーアは、新しい首都にヴェラクルスという名前を提示し、その都市のイメージを試作した。ヴェラクルスとは、ブラジル「発見」時にブラジルに冠せられた名称で、真の十字架という意味である。ラウル・フィルメ、エドアルド・レイディ、ジョゼ・デ・レイス、ステリオ・デ・モライス、ロベルト・ラコンべの建築家やエンジニア、そして造園家のブルレ・マルクスからなる都市計画小委員会が一九五五年に作成したものである。彼らは、有機的、記念碑的、政治・行政的都市であるだけでなく、イギリスのエベネーザ・ハワードが提唱した田園都市の概念をそこに盛り込んだ。

国民が選挙に大きくかかわるようになり、その国民の目がプラナルト・セントラル高原の新首都に向けられる一方で、その建設と移転の準備が、プラナルト・セントラル高原が位置するゴイアース州政府を巻き込んで、着々と進められているさなか、大統領選挙が始まった。それにクビチェッキが出馬した。彼は国民意識が高まるなか、住民との対話集会を軸にした戦略をとった。

一九五五年四月四日、クビチェッキは、全国遊説の最初の町、ゴイアース州のジャタイの熱気あふれる対話集会で、ひとりの参加者から「もし大統領に選ばれたら、プラナルト・セントラル高原に首都を移転するか」と問われた。ジャタイは同じゴイアース州の町ではあっても、プラナルト・セントラル高原からはかなり離れていて、どちらかといえばもうひとつの首都移転派が推すミナスジェライス州の地域に近いところにある町である。

クビチェッキは、「首都を内陸に移転することは憲法が定めたことであるから、私は憲法にしたがう」と言い切った。

選挙が終わった後、クビチェッキは私生活でこのことに触れるときはいつも、「あのときは迷った。というのは、首都の移転ということはまだ私の思いの中になかったからだ」と、打ち明けた。ミナスジェライス州の鉱山都市ディアマンチーナで生まれたクビチェッキは、首都のミナスジェライス州移転論者ではあったが、そもそも首都の移転は経済的にも政治的にも無理だと考えていたのだ。そして、次のように続けた。「あの最初の集会でひとつの考え

新連邦首都位置決定委員会が提唱した都市「ヴェラクルス」の計画図(Pessoa, José. *Nova Metrópole do Brasil.* Rio de Janeiro: Imprensa do Exército,1955)

大統領選に出馬したジュセリーノ・クビチェッキは最初の遊説の町ジャタイで、聴衆の一人ソアーレス(○印)から、「もし大統領に選ばれたら、プラナルト・セントラル高原に首都を移転するか」と問われた。一九五五年(Brasília 50 anos-VEJA)

が頭に浮かんだ。長い選挙期間の間に、国のそこここで首都移転について繰り返し質問されて、この考えが熟していった」と。*

それは、経済発展によって民族の独立を進めるという経済ナショナリズムを信条に、必要な資本を外貨に求めて、コミュニケーション、エネルギー、道路開発の推進計画に基づいて重工業を大きく発展させるというものであった。この経済発展の軸としたのが、新首都であった。新首都を中心とする国家統合と、ブラジリアを中核とする地域開発主義を、クビチェッキは思い描いたのだ。後日、それは、「五〇年の進歩を五年で」というクビチェッキ政権のスローガンとなった。

国のルーツと文化の首都に向かって

この新首都の設計の本格的な準備は、世界的なモダニスト建築家ル・コルビュジエとの接触から始まった。*

大統領選の開始とほぼ時を同じくして、一九五五年四月六日、在パリ・ブラジル総領事のウーゴ・ゴウチエルは、これまで首都を移転したことのある国々の事例について書かれた一冊の本について話すために、コルビュジエに接触した。ゴウチエルは、コルビュジエの熱烈な信奉者で、一九三六年七月一三日にコルビュジエがリオデジャネイロに到着したとき、郊外にあるツェッペリン格納庫でコルビュジエに出会ったブラジル人のひとりであった。彼は、ブラジルの新しい首都にふさわしいと思われるコンクールのタイプについて調べて、コルビュジエに示唆を求めた。コルビュジエは、一か月後に、リオの教育保健省のプロジェクトで結果的にそうなったコンクールのタイプを引き合いに出して、「私の個人的な考えは、コンクールという方法が民主主義の欠陥になっている、ということです。現代において、有能

＊Silva, Ernesto. *História de Brasília*, 1999.

＊ル・コルビュジエとの接触については、Harris, Elizabeth Davis. *Le Corbusier Riscos Brasileiros*. São Paulo: Nobel, 1987に詳しい。

な人の仕事は、新聞や雑誌など、広範に伝達される出版物によって、全体的に高く評価されています。政府は、視準する仕事に立ち向かうに適した力になりうる人物を指名する勇気をもたねばならないのではないでしょうか」と、返事をした。設計コンクールにした教育保健省の本部ビルは国が求めるものに合致した案が選ばれず、結局コンクールを廃棄して、コルビュジエの助言を受けてルシオ・コスタたちのグループが設計し直したことをコルビュジエは言っているのである。

これに続いて、一九五五年六月二日、一本の電報がコルビュジエのもとに届いた。そこには「先述の首都計画のためのブラジル人建築家委員会に意見を言うための助言者の役割を引き受けてくれないか」と記されていた。コルビュジエは、国家のシンボルとしてのブラジルの新しい首都の重要性を理解して、このプロジェクトはブラジル人によってなされなければならないが、都市の建設に協力する機会は失いたくない、と考えた。そして、一九五五年六月二四日、「私の望みは、ブラジルの首都のプランをつくりあげることではなく、「プラーノピロット」という名前を付けたあの実現を託されることだということを察していただければ幸甚です」と、返事をしたためた。

じつは、コルビュジエは、連邦政府との間で取り交わされる契約について、新連邦首都位置決定委員会の委員長ジョゼ・ペソーアとやり取りしていた。そこでコルビュジエは設計の対象を「プラーノピロット」と名づけた。プラーノピロットは全体計画を意味する一般用語だが、これが新首都の地域を指す固有名詞として知られるようになった。「プラーノピロット」という用語は、コルビュジエが一九五一年にボゴタのプロジェクトで使ったものであった。その前、一九四九年に国会で承認された法令671A号の、首都の人口五〇万人、面積五、〇〇〇平方キロメートルは、コルビュジエの提案であったようである。

ところが、文通は突然に終わっている。コルビュジエとフランスの前大統領(当時)ヴァンサン・オリオールとの間で交わされた一通の手紙には、「最初に、私は、フランス建築家団体のメンバーでないため、ブラジルでの仕事の機会を断念した」としたためられていた。コルビュジエは、ブラジルに協力するにあたり、彼が軽蔑した団体のメンバーでなければならないという形式から逃れることができなかった。一九五〇年代、彼は、建築家を養成するあの団体の時代遅れで近視眼的なアプローチのために、組織から遠ざかっていたのである。

それでもクビチェッキ大統領は国際コンクールを望んだが、国の熱狂はそれを許さなかった。

そして、「プラーノピロット・デ・ブラジリア」の国内コンクールが始まった。

このことは当然の成り行きであったといってもよかろう。ブラジルのモダニストたちは、国のルーツを読み込んだブラジルのモダニズム建築、すなわちモデルニズモ建築をつくり上げていて、それが国際的にも確たる評価を受けていたからだ。* それは、ブラジル人としての国民意識ブラジリダージがもたらしたものであった。

*このことは、本書の第4章「ブラジリアへのルシオ・コスタの道のり」に詳しい。

こうしてブラジルの首都ができていく歴史をみていくとき、首都づくりは、これらの歴史をすべて読み込んだものでなければならないことが了解されよう。ブラジルの首都づくりはひとつながりの歴史の中にあるものであって、突然に降ってわいたものではないのである。とすると、それは「アテネ憲章」のような、いわゆるモダニズム理論だけでつくられるという性質のものでいいというわけにはいかない。モダニズムは人種と民族を問わない人種デモクラシーの国ブラジルにあって必要な考え方として起こったが、それだけでいいというわけではない。そこにいかにしてブラジルを表現するかということが大きく問われるのである。

そうすると、建築と都市の分野でモデルニズモを確立したルシオ・コスタという稀有な人物とそのプロポーザルがコンクールを勝ち取った必然性がよく理解される。ブラジリアの建築の多くを手掛けたオスカー・ニーマイヤーも、コスタとともにモデルニズモをつくり上げたブラジルのモダニストのひとりであった。

第2章

世紀の新首都設計コンクール

ブラジリアに何が求められたか

コンクール前夜

一九五五年一〇月三日、ジュセリーノ・クビチェッキは大統領選挙に勝利した。これで、プラナルト・セントラル高原への首都移転が大きく動き出すことになった。一般大衆の熱い支持を得て当選した選挙戦であったが、政情は決して穏やかなものではなかった。その様子を、一九五六年一月三一日に大統領に就任したクビチェッキは、新首都建設を全権委任して管理するブラジル新首都都市公社ノヴァカップの設置を求める、国会宛ての親書に触れて、次のように記している。*

私が政府を引き継いだとき、ブラジルはその歴史の大荒れの時期のひとつをおくったばかりであった。ジェトゥリオ・ヴァルガス大統領の自殺があり、ふたりの政府の長が解任された。私は、政治環境を混乱させた事態のほとんどを受け継がざるを得なかった。国会の野党議員団は強大でかつ闘いに慣れていた。首都を間もなく移転させることを決定した法令は深い対立の原因となり、私の統治開始直後から、より厳しい敵意を私に向けてきた。状況は用心を要した。

法学者のサンティアーゴ・ダンタスを招聘し、親書とふさわしい法令の草案をつくるよう依頼した。ただし、法令は、国会に再び提出することを余儀なくされないよう、移転の実行の全局面をカバーすることができる、完全な法令であることを望んでいることを彼に説明した。ダンタスが私に提出した仕事は完璧だった……。

しかしながら、国会に親書を送達する前に、ある種の措置、つまり政治的性格の措置を講じなければならないだろうと私は考えた。当時、野党はすべて、政府にとって大きな関心事であった消費税の承認に反対しようとしていた。首都の移転に関しても同様であった。解決は、発議の支援をゴイアス州政府―この問題にもっとも厳しく結びついた

＊Silva, Ernesto. *História de Brasília*. Brasília: Linha Gráfica Editora, 1999.

州に委ねることであった。ジョゼ・ルードヴィーコ州知事に話をしたところ、彼は大喜びで提案を引き受けてくれた。首都移転に好意的な環境をつくるという意味で、国の代表者とともに行動するだけでなく、提案の地域主義的な性格をさらにもっと強調する、ゴイアニアでのセレモニーの実現を加速させてくれることとなった。あとは、国会へ送達する親書に大衆の面前でサインする、州都の大広場で開催される「公務」であった。すべて打ち合わせて、このセレモニーの日付を一九五六年四月一八日と発表した……。

そのために、クビチェッキは、アマゾニアに向かう途中に、ゴイアニアに立ち寄ったのである。

ところが、ゴイアニアの空港上空の天候のいたずらで着陸することができず、飛行機で半時間ほど離れたアナポリスに着陸して、そこでごく少人数の立ち会いのもとに、世にいう「アナポリスの親書」を読み上げ、それにサインしたのだ。親書はアマゾニアから戻るとすぐに

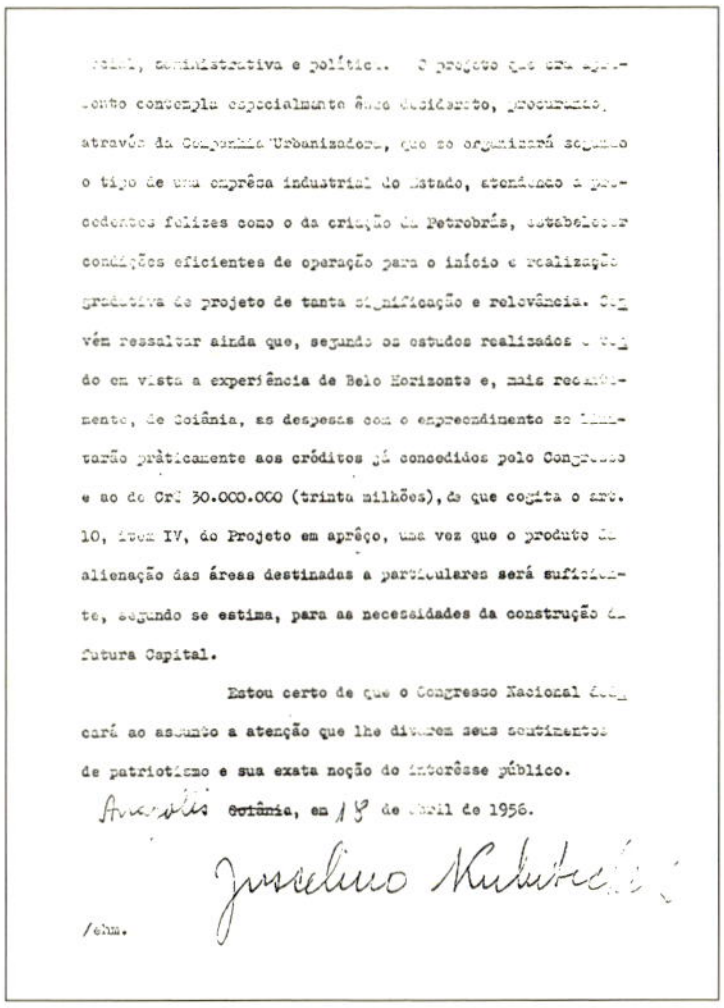
cial, administrativa e politic.. O projeto que ora apre-
sento contempla especialmente êsse desiderato, procurando,
através da Companhia Urbanizadora, que se organizará segundo
o tipo de uma emprêsa industrial do Estado, atendendo a pre-
cedentes felizes como o da criação da Petrobrás, estabelecer
condições eficientes de operação para o início e realização
gradativa do projeto de tanta significação e relevância. Con
vém ressaltar ainda que, segundo os estudos realizados e ten
do em vista a experiência de Belo Horizonte e, mais recentemente, de Goiânia, as despesas com o empreendimento se limi-
tarão pràticamente aos créditos já concedidos pelo Congresso
e ao de Cr$ 30.000.000 (trinta milhões), de que cogita o art.
10, item IV, do Projeto em aprêço, uma vez que o produto da
alienação das áreas destinadas a particulares será suficien-
te, segundo se estima, para as necessidades da construção da
futura Capital.

Estou certo de que o Congresso Nacional dedi
cará ao assunto a atenção que lhe ditarem seus sentimentos
de patriotismo e sua exata noção do interêsse público.

Anápolis ~~Goiânia~~, em 18 de abril de 1956.

Juscelino Kubitschek

/ehm.

……本草案は必要欠くべからざる事案に特に真剣に取り組むもので、ペトロブラスのような成功した先行例を参考にして、国営企業の形の都市公社を創設し、きわめて重要で有意義なプロジェクトの開始と漸進的な実行のための効率的な活動環境を創り出そうとするものである。ここで強調しておくべきことは、特別なことを目的とする地域の割譲の結果が将来の首都の建設の必要性にとって十分であると推定されるゆえに、すすめられてきた検討にしたがい、またベロオリゾンテや近年のゴイアニアを考慮して、当該草案の10条Ⅳ項を十分に踏まえ、この事業の支出が国会によって承認された予算と3000万クルゼイロに事実上限るということである。

国会は愛国の精神と公共の利益という正確な考えを自らに課する配慮をもってこの問題に対処すると確信する次第である。

アナポリス
~~ゴイアニア~~　1956年4月**18**日

ジュセリーノ・クビチェッキ
（サイン）

「アナポリスの親書」の最終頁。ゴイアニアがアナポリスに手書きで訂正され、日付が同じく手書きで記入され、署名がなされている。
（原文に不鮮明な箇所が含まれている）

国会に送達された。

国会がこの親書を審議している間に、連邦首都建設・移転計画委員会は、退任したジョゼ・ペソーアに代わってエルネスト・シウヴァが委員長に就任したが、さまざまな重要な報告を受け取っていた。そのなかに連邦地区の近隣の行政市の市長からのものがあった。フォルモーザ、ルジアーナ、コルンバーデゴイアス、クリスタリーナ、プラナルチーナ、ウナイーの市長からの書類だが、行政市の経済的・社会的状況に関する情報を彼らに求めたのだ。なぜなら、よりよい生活を求めてプラナルト・セントラル高原に間違いなく―そして実際起こったが―向かうブラジル人の大集団をそれらの行政市に留めおくことができるよう、そこを積極的に開発するべくそれらの行政市に対する特別予算の承認を政府に提案するということが委員会の考えであったからだ。

新しい首都の建設が始まると、ノルデステ人、ゴイアス人、ミナス人の集団がいくつも、彼らの出身の州では決して得ることができない高い給料とよい仕事場を求めてこれらの地域に向かうことはわかっていた。委員会の考えは、これらの近隣の行政市に農業集団地、小工業などの好ましい条件をつくりあげることであった。そして、それらにふさわしい福祉、医療、教育も付与して、この過剰な移住者を受け入れるよう準備して、ブラジリアを、その直接的な人口とそれに必要な付属的な人口*をもつ、三権が置かれた、最大一〇〇万人の中規模の都市になるように、もっていくことであった。これはブラジリア建設の大きな、そして重要な前提であった。

同時に、ブラジリアに適用する土地政策を検討する小委員会が立ち上げられた。収容された土地はすべて公有地となるが、それをいかなる土地政策のもとに運営していくか。この検討作業を始めて二か月後の一九五六年九月一一日に報告書が提出された*。

＊実質的に仕事に従事する直接的な人口に対して、それを下支えする人口を付属的人口とか従属人口と称している。

＊Silva, Ernesto. *História de Brasília*, 1999.

人間の諸活動へのより適正な活用をもたらす制度をつくりあげるために、有害な不動産投機を避けて、その財政に適したシステムを市町村に保証することをめざして、新首都の建設に適用すべき土地政策に必要な仕事の実行のための資金調達に対して、たどり着いた結論が提示された。

小委員会は、つねに次のことを念頭に置いた。

—すべての人は、自然物を利用し享受する等しい権利を有している。

—すべての人は、その労働の果実を利用し享受する排他・独占的な権利を有している。

そのうえで、変動型借地料と固定型借地料についての一連の検討をおこなったのちに、前者の変動借地料型永代賃借契約方式をとるべきと、結論づけた。この作業を担当したアメリコ・ヴェルネック教授は、この生々しいテーマに関する長い作業を次のように要約した。

新首都に対する社会・経済制度は、単純明快であるとともに能率的である。あまりにも単純明快なので、その到達が最初の検討時に気づかれていないのだ。あまりにも能率がよいので、一〇年そこそこで、荒れ果てた平原を、裕福さと社会平和が際立った、偉大かつ美しい都市に変えることができるだろう。

これで重要な準備はととのった。暫定的な空港も、ヴェラクルス空港と名付けられて、現在の鉄道・長距離バスターミナルのところに二、七〇〇メートルの滑走路と、簡素ではあるが旅客ターミナルをそなえて、すでに一九五五年七月に完成していた。

ちなみに、連邦地区は、現在、五〇パーセント以上が公有地となっている。三三パーセントは民有地で、残りは両者の共同所有権下にある。

ブラジリア最初の空港の二、七〇〇メートルの未舗装滑走路と旅客ターミナル。一九五五年ゴイアス州政府によって建設（鉄道・長距離バスターミナルが現在あるところ）。ジョゼ・ペソーアが提唱した都市名ヴェラクルスが見える。(Silva, Ernesto. *História de Brasília*, 1999)

カテチーニョの建設

アナポリスの親書が国会に送られたのち、一度は拒否されるなど、困難は相変わらずあったが、国会は、一九五六年九月一九日に、クビチェッキ大統領によって裁可された法令2874号を承認した。そして、九月二二日、正式にノヴァカップが設立された。これでブラジリア建設が本格化した。この法令の第33条で、新連邦首都の名前をブラジリアとすると定められた。

九月三〇日、すでに準備しておいたプラーノピロットコンクールの公告が出された。親書が国会で審議されている間に、ブラジリアのプラーノピロットコンクールの準備を急ぐよう、クビチェッキ大統領から連邦首都建設・移転計画委員会に指示されていた。これを受けて、委員長のエルネスト・シウヴァは、ノヴァカップの理事長となるイスラエル・ピニェイロ、クビチェッキ大統領の信任の厚い建築家オスカー・ニーマイヤー、そして建築補佐の、これまで新首都の推進に一役買ってきた大学都市計画教授ラウル・ペナ、ロベルト・ラコムべとともに、二四項目からなるコンクールの要綱を整えていた。公告のポイントはこうである。*

3　プラーノピロットは次のものを含まなければならない。

　a　都市の構造の主たる要素の配置と、種々のセクター、センター、施設とサービスの配置と結合、オープンスペースの分布、コミュニケーション路を示した、都市の基本スケッチ（二万五〇〇〇分の一）

　b　説明書

8　ノヴァカップの理事長が統括する審査委員会は、公社の代表二名、ブラジル建築家協会から一名、技術者協会から一名、外国人都市計画家二名によって構成される。

*Silva, Ernesto. *História de Brasília*, 1999.

9　作品は、登録の開始の日から一二〇日以内に提出されなければならない。（この項は、一〇月一六日に、登録の締切日から数えて一二〇日の間、に修正された）

14　プラーノピロットの作者は1等から5等に分けられ、それぞれ一〇〇万クルゼイロ、五〇万クルゼイロ、四〇万クルゼイロ、三〇万クルゼイロ、二〇万クルゼイロの賞金が授与される。

15　最優秀賞を獲得した作者とノヴァカップとの間で完全な協定を取り交わして、両者はプロジェクトの進展に権利をもつ。（この項は、一〇月一六日に、最優秀賞を獲得した作者は、この仕事の実行に関する条件についてノヴァカップと完全な協定を取り交わして、プロジェクトの進展を担当する、に修正された）

17　作品はすべて、ノヴァカップの所有となる。

23　連邦首都建設・移転計画員会は、建物の建築計画がこのコンクールの対象から除かれていることに鑑み、将来の公共建築物の計画は、委員会の裁量で、後日審議する対象とする、と決定した。

クビチェッキ大統領は、一九五六年一〇月二日、ヴェラクルス空港に降り立った。はじめてのブラジリア視察であった。本格的な空港の位置を探し求めることなどが目的であった。ここで農業大臣指名の書類にサインした。最初の公務であった。

そして、一九五六年一〇月二二日に、ガマ大農場にブラジリアの臨時の大統領官邸の建設が始まった。リオデジャネイロの官邸カテチにちなんでカテチーニョ（小さなカテチの意）と名付けられた。セザール・プラテスをはじめ、オスカー・ニーマイヤー、ロベルト・ペナ、ジュカ・シャーヴェスのクビチェッキの友人グループが集めた五〇万クルゼイロの資金で建設が始まった。ピロティの上に建つ木造の建築は、わずか一〇日間で完成した。ブラジリアの建

一九五六年一〇月二日、クビチェッキ大統領は初めてプラナルトセントラル高原に降り立った。(Foto: Jean Manzon)

一九五六年一〇月、大統領の友人たちの尽力で臨時の大統領官邸カテチーニョの建設が始まった。(*Brasília Ano X*, 1969)

築第一号である。それはもう、長い時間をかけてブラジルに定着した建築のようである。
クビチェッキは頻繁にブラジリアを訪れたが、別の木造の建物（第二カテチーニョ）がカテチーニョに隣接して大統領とその招待客のために建てられるまで、このカテチーニョが使われた。そして、二年間、ノヴァカップ理事長のピニェイロ、理事のシウヴァ、マインベルグ、そのほかに幾人かのエンジニアがカテチーニョに住んだ。ここで眠り、ここで食事をつくった。夜、自然木のままのテーブルを囲んで、緊急の問題について議論し、結論を引き出し、事業計画をつくるなど、延々とおこなった。

この建築は、クビチェッキ大統領の強い要請で、一九五九年、ブラジルの歴史文化遺産に登録された。その理由は、ブラジリア建設の目撃者、証人として国の歴史文化遺産にふさわ

第1カテチーニョ（1956年10月建設、手前の建物）と第2カテチーニョ（クビチェッキ大統領の1957年3月から1958年7月までの住居、奥の建物）、およびガマの離着陸場。オスカー・ニーマイヤー設計。これは、1959年、ブラジルの歴史文化遺産に登録され、保存公開されている。（Silva, Ernesto. *História de Brasília*, 1999）

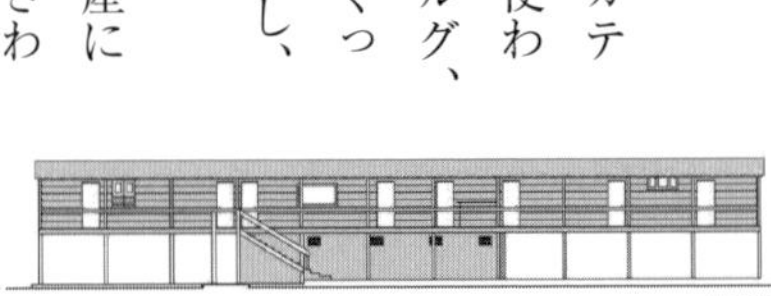

正面図

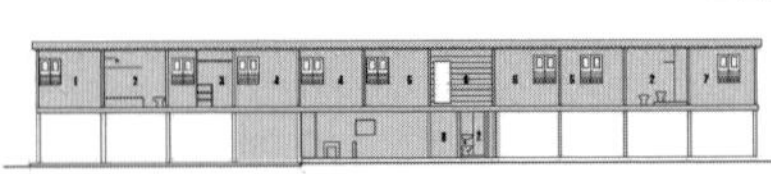

断面図

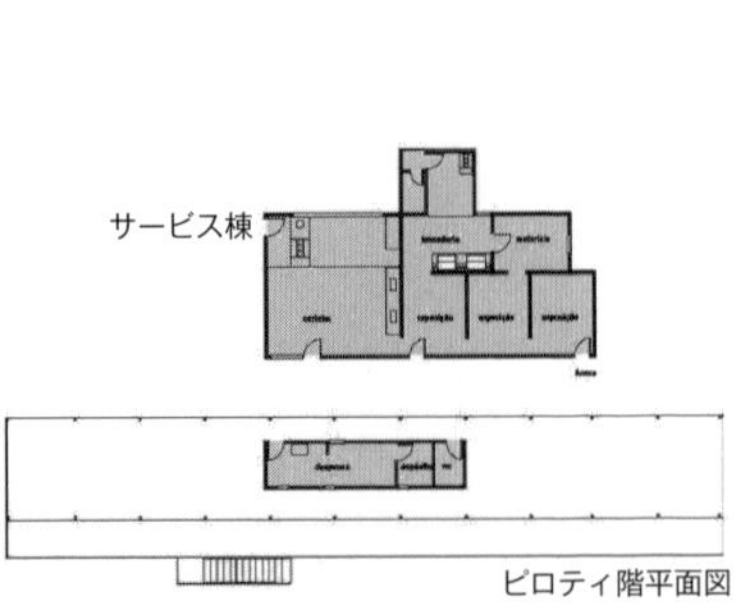

ピロティ階平面図

1 クビチェッキの部屋
2 シウヴァの部屋
3 ピニェイロの部屋
4 来客室
5 決済室

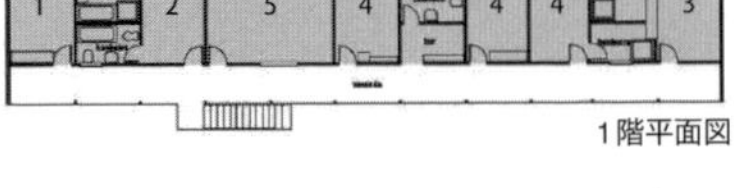

1階平面図

第1カテチーニョ

しいということであった。

シダージリヴレの創設

本格的な都市建設はコンクールの結果を待たねばならなかったが、下準備のために、ブラジルの北東部など、ブラジルの各地から建設労働者がブラジリアにやってきた。彼らのためにプラーノピロットに近接して町が開設された。

クビチェッキ大統領が一九五六年一〇月二日にプラナルト・セントラル高原にはじめて降り立った時、ヴェラクルス空港から臨時大統領官邸のカテチーニョがあるガマ大農場に行く途中、ヴィセンチピレス川に立ち寄った。その二か月後、そこからフンド川にいたるエリアが労働者たちの生活の場として確保されたのだ。ただし、それは建設期間中、つまり最大で四年間に限られた。ここでは税金が免除されたので、無税の町シダージリヴレ*と呼ばれた。

一九五六年一二月九日、シダージリヴレの最初の基礎が据えられた。一二月中に、五軒の木造建築物が建てられた。レストラン一軒、パン屋二軒、肉屋一軒、ホテル一軒である。ヴィクトル・ペェレチアのレストランの土地は、元ゴイアス州副知事でノヴァカップ理事のベルナルド・サヤンが定めた。ジョゼ・ボルゲスの木造のホテルは快適で、最初はブラジリアホテルの名前で客を受け入れていた。パン屋の一軒はレストランのペェレチアが開いた。

人びとの予想をはるかに超えるスピードで、爆発的に人口が増えていった。七か月後の一九五七年七月にはすでに一〇〇軒以上の建物が建ち、一、〇〇〇人を超える人びとがそこで活動していた。ノヴァカップ理事長ピニェイロが信頼する農学者ジョゼ・ゴッドイが土地の譲渡問題を管理し、地形学者のオズヴァルト・ヴィエイラが敷地の決定と街路の区画整理をおこなった。工事現場の下準備をする人員の増加、必需品や物質の増大が圧力となり、シ

＊シダージリヴレ Cidade Livre は Vasconcelos, Adirson. *As Cidades Satélites de Brasília*, 1988 に詳しい。

シダージリヴレには全国から労働者が集まってきた。(Arquivo Publico do Distrito Federal)

(右上)シダージリヴレの始まり　1957年1月(Vasconcelos, Adirson. *As Cidades Satérites de Brasília*, 1988)
(左上)シダージリヴレ　1957年(Silva, Ernesto. *História de Brasília*, 1999)
(右)シダージリヴレの町並み(Vasconcelos, Adirson. *As Cidades Satélites de Brasília*, 1988)

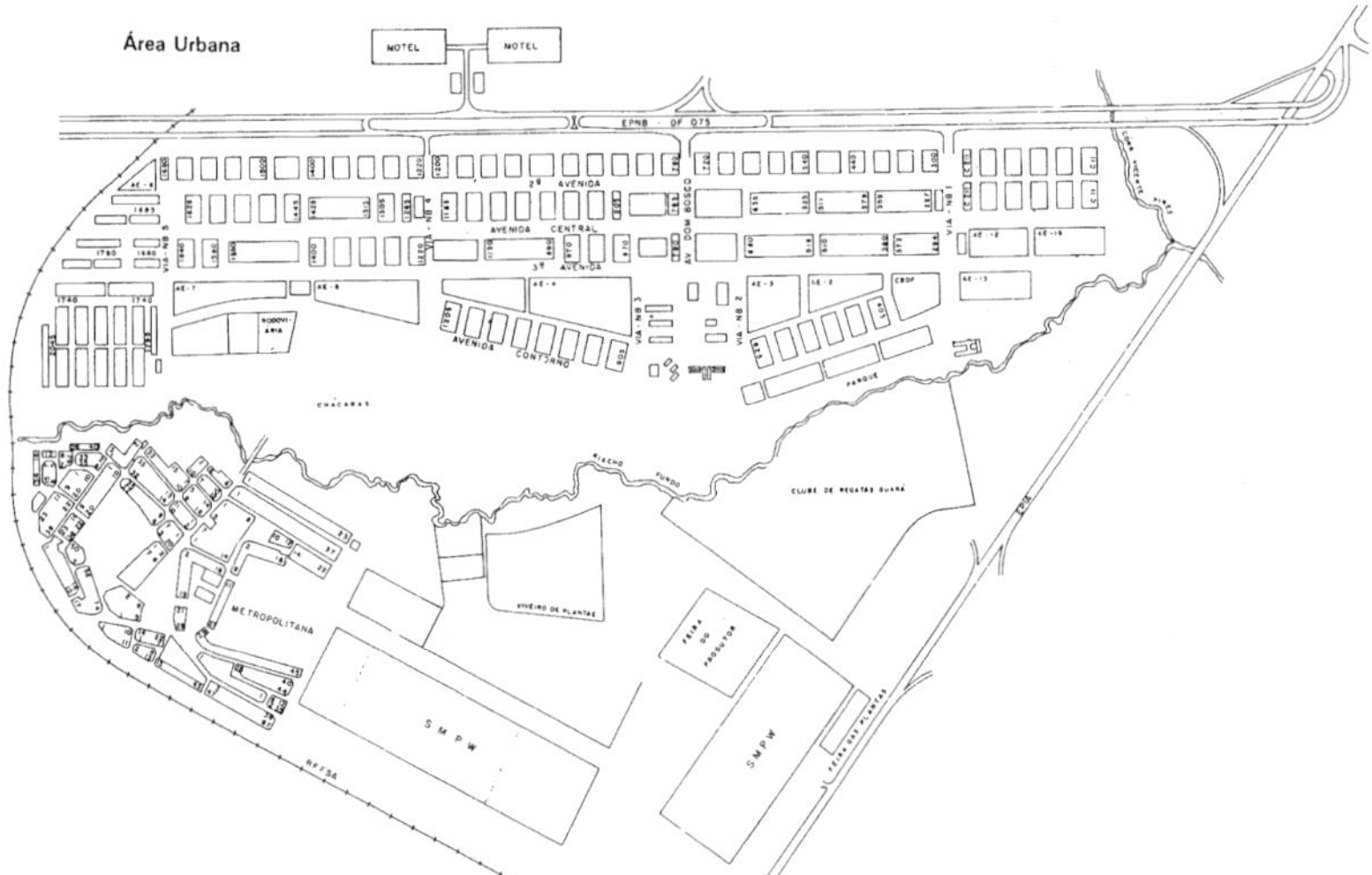

シダージリヴレ全体図
(Vasconcelos, Adirson. *As Cidades Satélites de Brasília*, 1988)

ダージリヴレはますます発展していった。一九五七年末には人口はおよそ二万人に到達した。軽飲食店バール、商店、レストラン、食料雑貨店、放送所、映画館、アイスキャンディー製造所、歓楽街、教会などができた。ここの住人はノヴァカップのスタッフと呼ばれるようになった。シダージリヴレはブラジリア建設工事に大いに貢献し、一九六〇年四月二一日、ブラジリアが正式に開都したとき、その人口は定住・非定住を含めて一〇万人に達した。

ブラジリアの開都に伴いシダージリヴレの設置期限が切れた。シダージリヴレの住民に対し、プラーノピロットの南半分アザ・スルやタグアチンガ、ガマに移住するようにという圧力が始まった。木造家屋の放火が頻発した。住民たちは、この放火は意図的で犯罪であり、圧力の一形態だとして、告発した。コミュニティが組織され、タグアチンガやガマにならってシダージサテリテ(サテライトタウン)として存続するよう求めた。『トルブーナ』紙のジョゼ・デ・オリヴェイラはパイオニア住民組織をつくった。ここに本拠を置くブラジリア商業組合の会長マルチーニョ・ギマランイスは経営者たちを集め、当局と話し合った。弁護士も加わった。支援者も現れた。下院議員のブレノ・ダ・シルベイラが、ブラジリアのシダージサテリテとしてここを存続させる法律の草案を下院議会に提出した。デモもやった。そして、一九六一年一二月二〇日、シダージリヴレはシダージサテリテとして正式に認められた。

シダージリヴレは、現在はヌークレオバンデイランテとなっている。それは、クビチェック大統領がブラジリアの工事のために旅をしてやってきた彼らは現代のバンデイランテだといつも言っていたことから生じたもので、ヌークレオバンデイランテ、つまり冒険家の核という名前になった。

こうしたシダージサテリテは、プラーノピロットの周囲にいくつも誕生することとなった。

二六の応募作品

ブラジリアの都市建設がすでに始まったというのに、相も変わらず首都の移転に反対する声が多く起こっていた。

その間に、昨年九月三〇日に公示されたブラジリアのプラーノピロットのあり方を問う国内コンクールが進んでいた。登録数は六三を数えた。そのリストには、のちに審査員のひとりになるパウロ・アントゥーネスの名前があった。建築家や事務所から招待されてコン

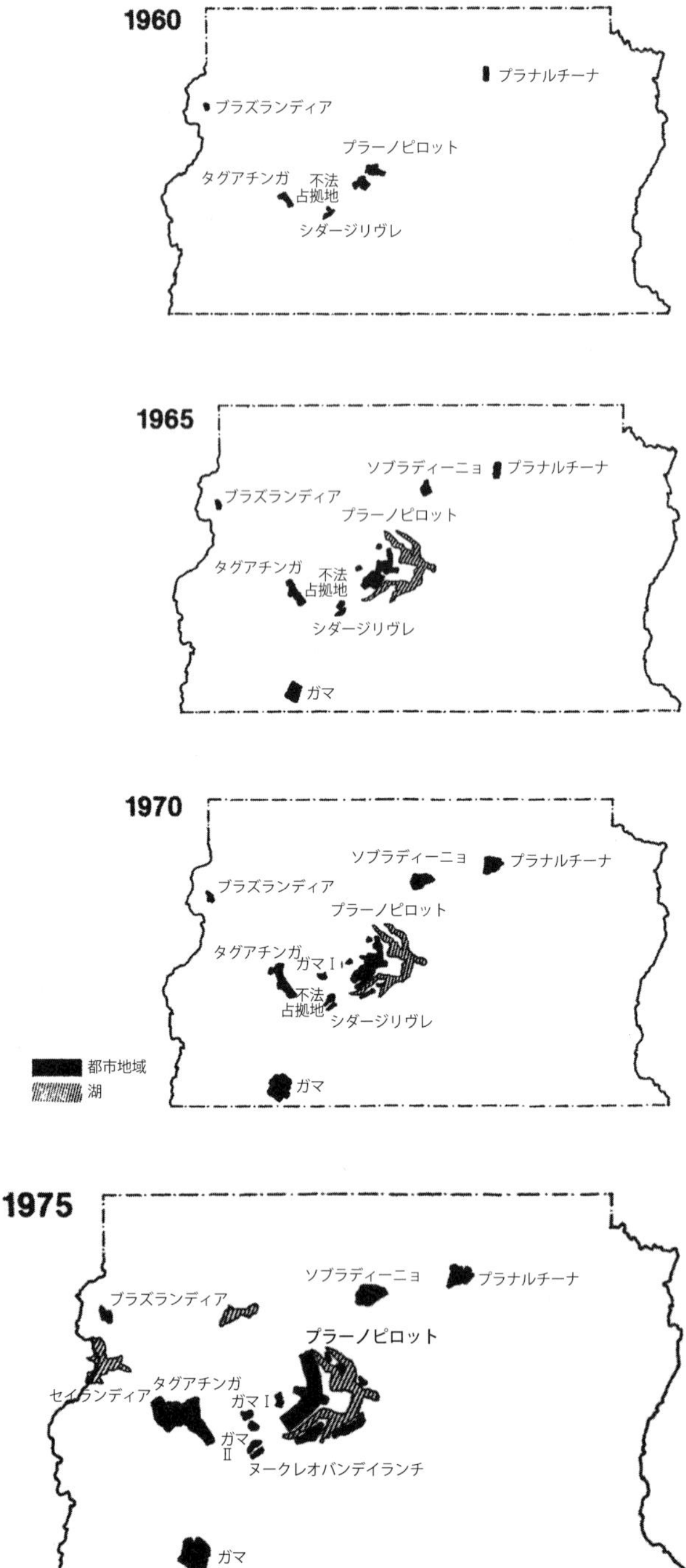

ブラジリア周辺のシダージサテリテ（サテライトタウン）の1975年までの形成過程。（Aldo Paviani (org.), *Brasília, Ideologia e Realidade / Espaço Urbano em Questão*. São Paulo: Projeto Editores Associados Ltda., 1985）

クールに参加するのではないかということを数度にわたって否定したルシオ・コスタの名前も、いずれにも加わらずに単独でリストされていた。唯一の女性応募者の名前もあった。建設会社もあった。ただ、ル・コルビュジエとの親交も深く、リオデジャネイロでよく知られた建築家エドアルド・レイディは、一九五五年には、新首都都市計画小委員会で、造園家のブルレ・マルクスとともに都市の計画をコーディネートする外国人建築家の招聘を検討していたのだが、コンクールの登録をなぜかやめた。

コンクールの開始後、公告に対して質問が寄せられた。これに対してオスカー・ニーマイヤー名で補足説明書が出された。標高九七七メートルの人工湖、観光ホテル、大統領官邸はすでに計画が定まっていること。政府の官邸は提案すること。空港の位置も決まっており、建設中であること。人口五〇万人を想定すること。省庁は、三権を含め既存の政治機構を維持し、省庁の公務員三〇パーセントだけを移転すること。色彩を使うなど計画案のプレゼンテーションはまったく自由であること。このようなことが付け加えられた。

一九五七年三月一一日、登録された六三のうち二六のプロジェクトが提出された。その際、多少の行き違いがあった。コスタはプロジェクトを二三時以降に提出したが、ほかの応募者は一八時までに提出したというのである。というのも、公告には提出の締め切りの時刻は定められておらず、日付だけが定められていたからである。しかし、追加説明としてエルネスト・シウヴァが応募者に送ったという電報には、その日の一八時までとなっていたという。ただ、これは問題として取り上げられなかった。

そして、個人チーム七、建築会社四、個人一五からなるプロジェクトが、ノヴァカップに引き渡された。これらのすべてを取り上げることはできないが、一覧のような二万五〇〇〇分の一の都市の基本スケッチが説明書付きで提案された*。

* Tavares, Jeferson. *50 anos do concurso para Brasília – um breve histórico (1)*, Arquitextos 086.07, year 08, jul. 2007.

No.8

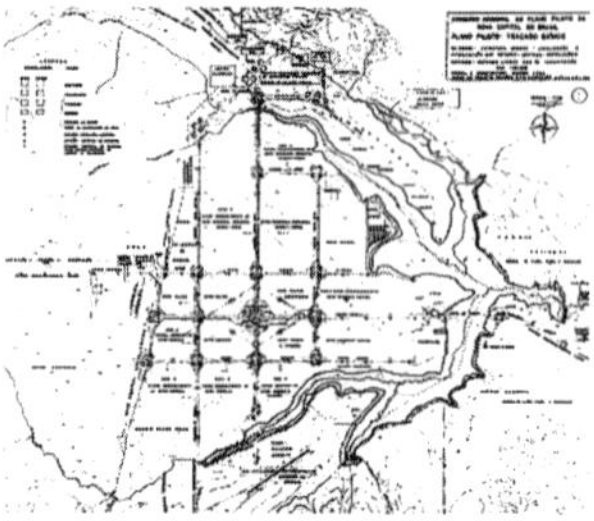

No.9

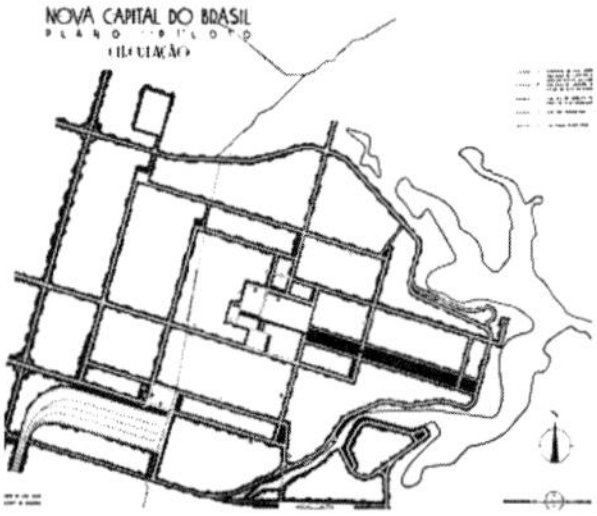

No.10

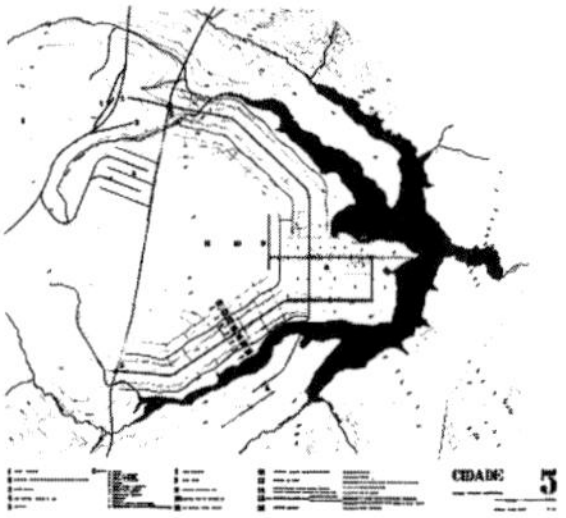

No.12

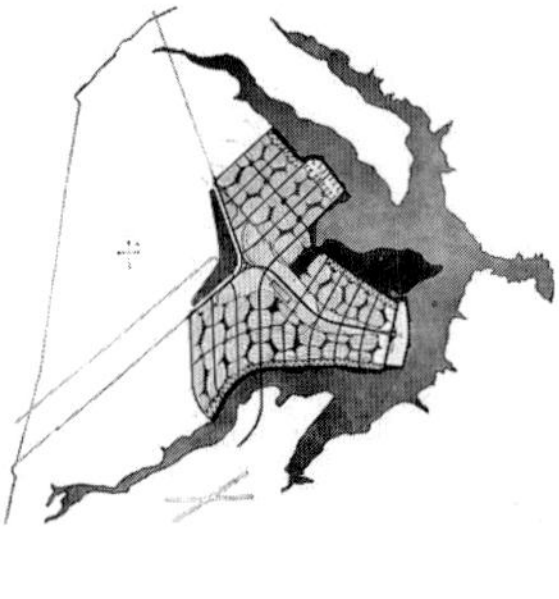

No.16

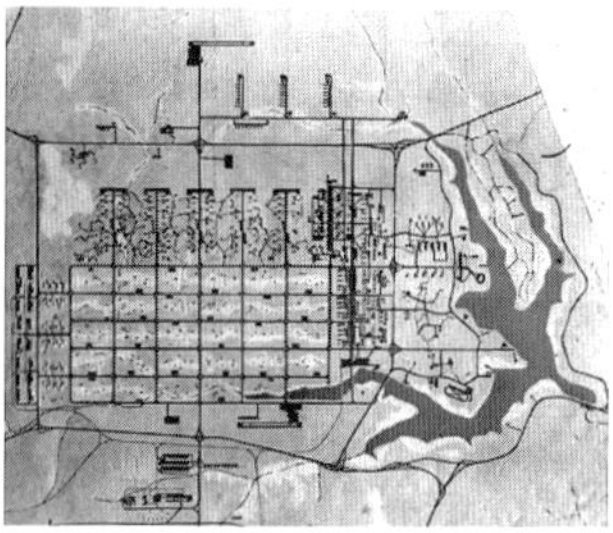

No.1

No.2

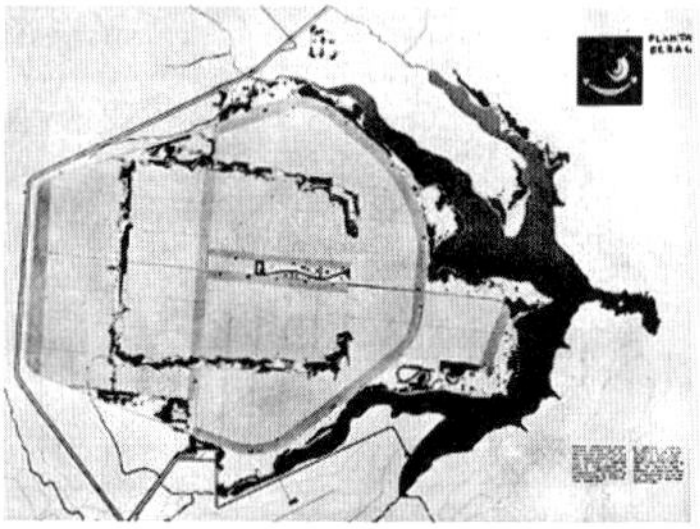

No.3

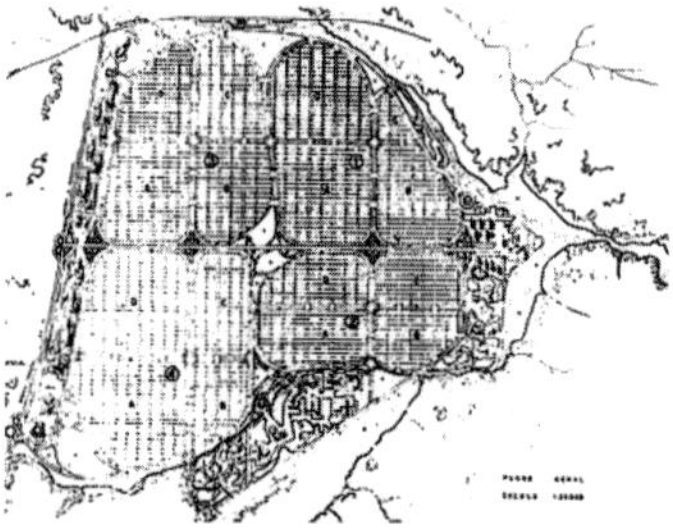

No.5

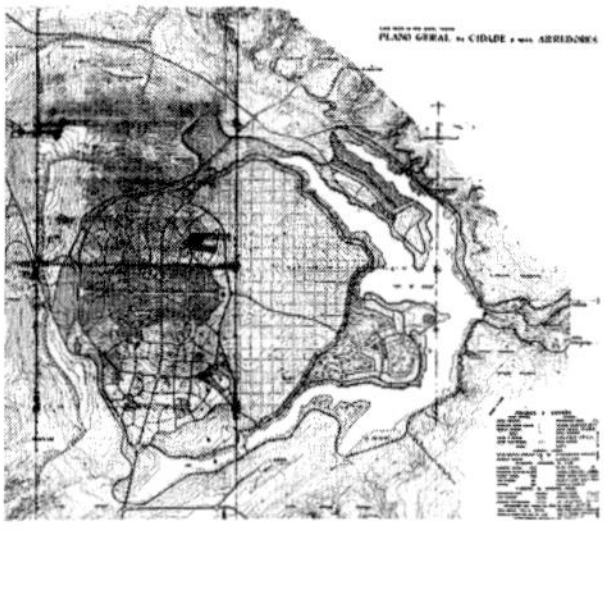

No.7

No.23

No.17

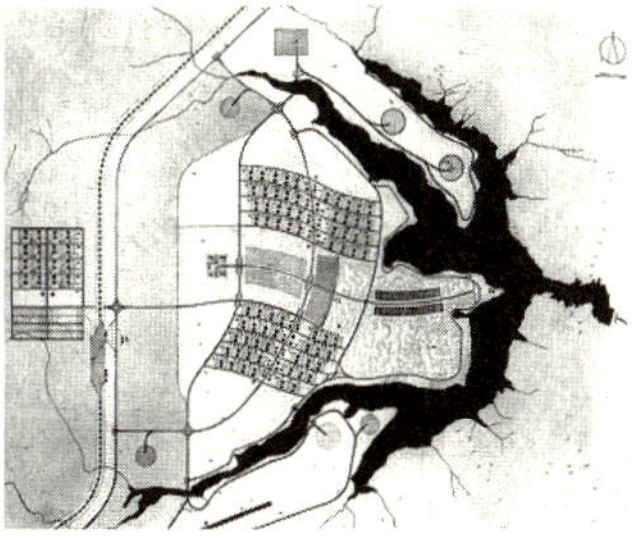
No.24

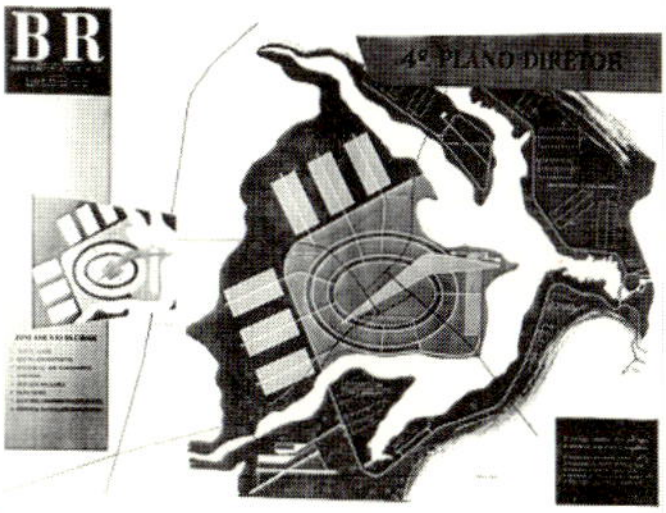

No.19

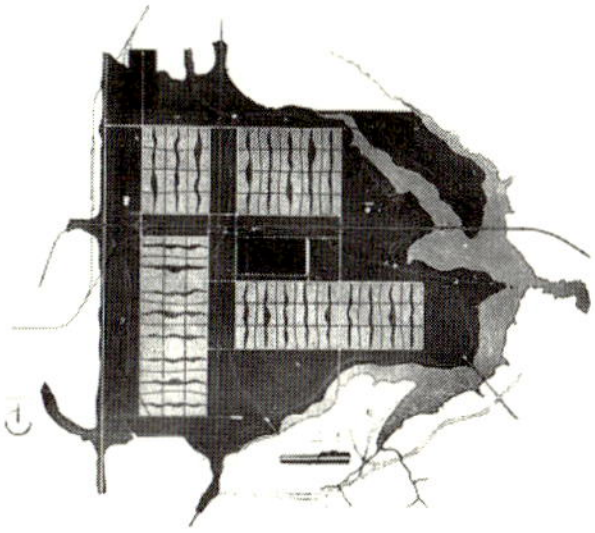
No.26

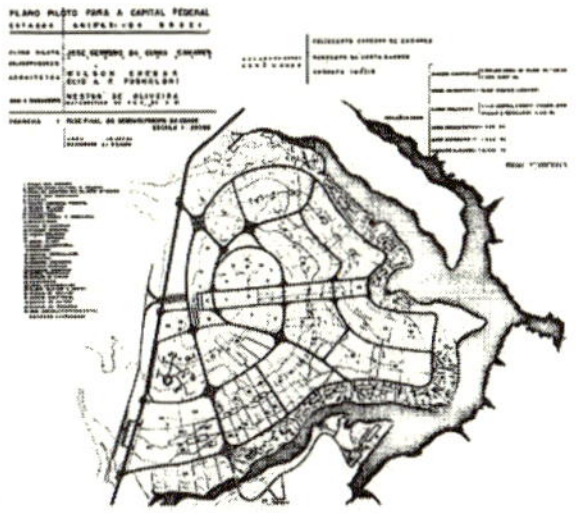
No.20

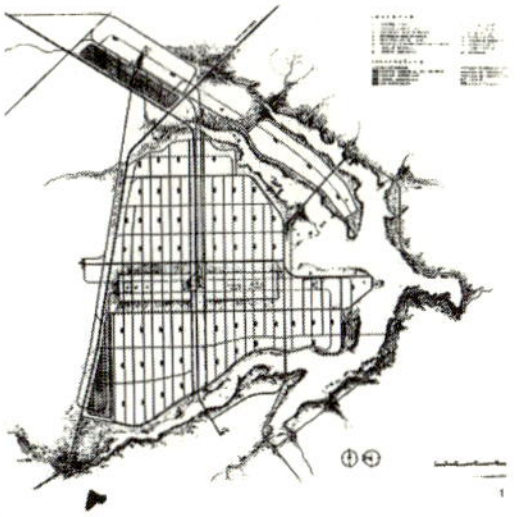
No.21

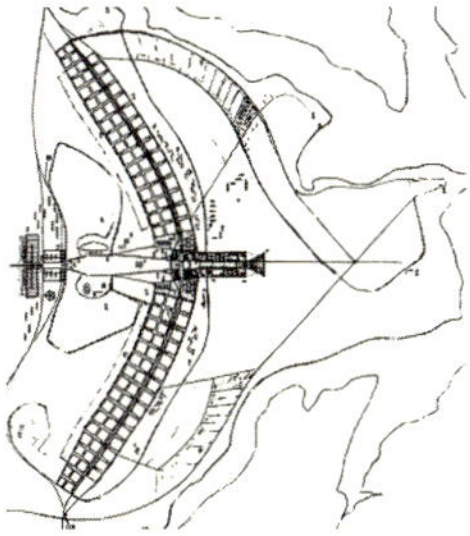
No.22

コンクール応募作品

出典
No.1, 17, 24: Módulo 8
No.2: Two brazilian capitals
No.3: Habitat, nº 40/41
No.5: Brasília: Trilha Aberta
No.7, 9, 19, 20, 21, 23: arquivo particular do autor
No.8: Habitat 42
No.10: EPUC – Engenharia e Arquitetura
No.12: Considerações sobre o Planejamento Urbano
No.16: Revista de Engenharia Mackenzie, nº 132
No.22: Brasília, cidade que inventei
No.26: Brasília: Plano Piloto – Relatório Justificativo

審査

翌三月一二日、ノヴァカップ理事長が投票権のない代表となり、ブラジル建築家協会のマニフェストにしたがい、次のような構成からなるコンクールの公式の審査員団が発足した。

a　ノヴァカップの代表＝建築家オスカー・ニーマイヤー
b　技術者協会の代表＝技術者ルイス・バルボーザ
c　ブラジル建築家協会の代表＝建築家パウロ・アントゥーネス・ヒベイロ
d　外国人招待者＝ロンドン大学都市計画教授ウイリアム・ホルフォード、パリの都市計画教授アンドレ・シヴェ、アメリカ人建築家スタモ・パパダキ

外国人招待者には、マニフェストでは、近代建築の祖とされるワルター・グロピウス、オーストリアのユダヤ系ドイツ人でアメリカの建築家リチャード・ノイトラ、イギリスの都市デザイナーのパーシー・マーシャル、イギリスの都市計画家マックス・ロック、フィンランドの建築家アルヴァー・アアルト、都市ラドバーンの設計者クラレンス・スタイン、近代建築運動の立役者ル・コルビュジエ、そしてマリオ・ペインの名前が挙げられた。いずれもモダニズムに深くかかわっていた人物である。しかし、最終的には、ウイリアム・ホルフォードとアンドレ・シヴェに落ち着いた。ホルフォードはイギリス政府の都市計画補佐官としてロンドンの規制計画を担当し、またローデシアの首都の計画者でもあった。シヴェは復興省顧問でもあった。彼らは、それぞれ、近代建築国際会議（CIAM）の議長でシャンディガール計画の共同者であるマックスウエル・ウライの、そしてブルックリン大学の政治科学講座主任のチャールズ・アッシャーの代わりであった。彼らは招待されたが、審査会に参加することができなかった。もうひとりの外国人招待者パパダキはニューヨーク大学の教授で、ニーマイヤーの海外での最初の仕事の責任者であった。彼はのちにニーマイヤーに関する著作を

ノヴァカップの首脳部とコンクールの審査員団のメンバー（一部）。左からパパダキ、ピニェイロ、ホルフォード、シヴェ、ニーマイヤー、モーゼス、ソブリーニョ、ドルネレス、マインベルグ（隠れている）、シウヴァ。（Silva, Ernesto. *História de Brasília*, 1999）

書いている。

同日午後四時、全メンバーの出席のもと、審査員たちは二六の応募案すべてを分析するべく会議をもった。

ところが、あまりにも多様であるため、選考対象の応募作品を絞り込むべく、より念入りな検討に値するものと劣ると判断されるものに仕分ける事前選別を実施することを、ホルフォードが提案した。それに対し、ブラジル建築家協会の代表アントゥーネスは個々の作品に沿ってチェックすることを提案した。しかし、ホルフォードの提案が認められ、審査の初日に、一〇の作品が満場一致で選ばれ、残りの一六が落とされた。

翌一三日、審査員団は、選考された作品をあらためて評価するために集まった。シヴェは選考の評価基準のリストを作ることを提案し、a地形、b密度、c統合、d造形の四つをその基本項目と定めた。さらに、選考された一〇のプロジェクトについてさらに突っ込んだ評価が必要であることがわかったので、一四日に個々の評価を決定し、翌一五日に最終報告を用意するための会議をもつこととなった。それは、ホルフォードによれば、アントゥーネスの考えにしたがったものであった。そして、三月一三日と一四日、選ばれた一〇のプロジェクトのチェックがおこなわれたが、このときアントゥーネスは、一〇の選考に加えてもうひとつのプロジェクトが付け加えられると判断したというが、それはあらかじめチョークで印をつけた応募案であったという。

三月一五日、ニーマイヤーと三人の都市計画専門家は、用意された報告書、つまりすでに行われた作品の順位づけをもって、教育文化省のサロンでおこなわれていた作品展示の現場にやってきた。そのため、アントゥーネスはもう一作品を加えて選考するという彼の意見を言う余地がなくなり、意見不一致と、席を立ってしまった。*

* Tavares, Jeferson. *50 anos do concurso para Brasília – um breve histórico (1)*, 2007.

のちに公表された報告書には、次のように書かれた。

審査員団報告

審査員団は、二六のプロジェクトのなかから、連邦の新首都の基礎としてより役立つひとつを選ぶためにさまざまな会議をもった。最初に、審査員団はその役割を明確にすることとした。

一方、連邦の首都は、国の意思の大きさを表現するために、五〇万人のいかなる都市とも異なっていなければならない、と考えた。首都、つまり機能的な都市は、さらに、ふさわしい建築的な表現をもっていなければならない。その主たる特徴は、政府機能である。その周りに他の機能すべてを集め、そこにすべてが集中する。居住の単位、仕事の単位、商業と余暇のセンターは、都市全体のなかで、論理的な方法で統合される。こうした要素は、首都のなかでは、「さらに、都市のふさわしい目的―政府機能の意味で」方向づけられねばならない。審査員団はプロジェクトを次の二点から精査しようとした。まず機能計画について、続いて建築的組み立ての観点から、である。

A　機能的な要素は以下の通りである。

1　地形データの配慮

2　人口密度（人間尺度）の関係から計画された都市の拡張

3　統合の程度、つまり要素相互の関係

4　都市と周辺地域の有機的結合（地域計画）

B　建築的組み立ては次のものからなる。

1　一般的構成

2　政府の場所であることの特別な表現

記載内容を検討して、審査員団は列挙した審査基準を確かな観点までに満たしている四つのプロジェクトを選んだ。

No.2（ボルチ・ミルマン、ジョアン・エンリッケ・ホッシャ、ネイ・フォンテス・ゴンサルヴェス）
No.8（M・M・M・ロベルト）
No.17（ヒノ・レヴィ、ロベルト・C・セザール＋L・R・カルヴァーリョ・フランコ）
No.22（ルシオ・コスタ）

審査員団は、機能的側面と造形的側面からこれらのプロジェクトの仕分けをおこなうにあたり、困難な課題に遭遇した。正直なところ、この両面からみると、矛盾が認められたのである。すなわち、機能的な秩序の質を考慮してあるいは機能的与件全体によってあるプロジェクトを選んだとしても、造形面を見ると満足いくものではなかったということである。別のプロジェクトは、建築の角度からみて好ましいが、機能の面に関しては期待外れであった。審査員団は、要素の明解さとヒエラルキーによって都市に偉大さを与え一体性を呈するコンセプトを見つけようとした。審査員たちの意見として、首尾一貫し、論理的で、都市の本質をついた構成—ひとつの芸術作品—を提示して、連邦の首都として、モニュメンタルな要素を都市の日常生活によりすぐれて統合しているプロジェクトは、ルシオ・コスタ氏のNo.22のプロジェクトである。審査員団は、ルシオ・コスタ氏のプロジェクトに最優秀賞を与えることを提案する。優秀賞は、巧みな手法で湖岸に居住をひとつに集めて、満足すべき密度を提示したNo.2のプロジェクトを提案する。次に、3等賞および4等賞をあわせて、大きな専門的能力と調和した高い造形の質を提示したNo.17のプロジェクトと、地域の発展の広範な調査と経済・行政の諸問題の深い研究をおこなったNo.8に与えることを提案する。最後に、審査員団はNo.24、No.26、No.

1のプロジェクトに5等賞を与えることを提案する。受賞プロジェクトの選考の基礎となった評価の概要を添付する。

リオデジャネイロ　一九五七年三月一七日

（署名）ウイリアム・ホルフォード、スタモ・パパダキ、アンドレ・シヴェ、オスカー・ニーマイヤー、ルイス・バルボーザ

報告書にはブラジル建築家協会代表アントゥーネスのサインがない。彼はサインを拒否した。

アントゥーネスは、自分の意見が入っていないこのような報告書を用意してきた審査員団の仲間の行動を好まず、審査員団を離脱するという自分の考えを表明して立ち去った。抗議の印として、審査の議事録にサインしなかったのである。

行き詰まりを知って、ピニェイロは問題を解決しようとした。シウヴァは、アントゥーネスと、彼と連帯責任をとるブラジル建築家協会の会長アリ・ホーザ博士を個人的に訪ねた。やっとのことでガヴェアの住居に場所を定め、三月一五日の昼夜、そして一六日の午前中、いろいろと相談した。そこでほかの審査員の最終報告書の付録として別冊の報告書を準備することがアントゥーネスに提案された。この報告書で、ブラジル建築家協会の代表者は、彼の意見つまり一二日以来起こった事実を説明し、解決策つまり新首都計画を担当する委員会の設置のために事前に選ばれた一一のプロジェクト（彼が選んでリストに追加した一プロジェクトのほかは審査員団の選考による一〇プロジェクト）のメンバーによるチームの結成を提案した。しかし、提案は採用されず、最終的にニーマイヤーとバルボーザの用意した審査員団の報告書を認めることとなった。これで、ルシオ・コスタのプロジェクトが勝者と公表され、アントゥー

ネス以外の全メンバーが署名した。

一六日の午後、シウヴァはピニェイロの家に行き、このニュースを彼に伝えた。そして、二一時、審査会が招集され、歴史的な議事録が書かれた。

これが、エルネスト・シウヴァが書き記した一部始終である。*

* Silva, Ernesto. *História de Brasília*, 1999.

評価の概要

議事録は、一九五七年三月二五日に連邦政府の官報で公表された。受賞プロジェクトに対する審査員団の評価も公表された。*

* Silva, Ernesto. *História de Brasília*, 1999.

《プラーノピロット No.22》(最優秀賞)

作者　ルシオ・コスタ
設定　「キヴィタス」を、「ウルプス」ではなく
短所
1　政府のセンターと湖の間に、区別されない土地がかなり多くある。
2　空港はおそらくもっと遠くでなければならない。
3　湖のもっと遠くの部分と半島が居住用として利用されていない。
4　地域間道路、特に想定されるシダージサテリテ(サテライトタウン)に関する道路のタイプが特定されていない。
長所
1　ブラジルの行政上の首都に対する唯一のプラン。
2　要素がすぐに理解される。プランは明白で、直接的で、何よりも簡潔である―たとえばポンペイ、ナンシー、クリストファー・レンのロンドン、ルイ一五世のパリ

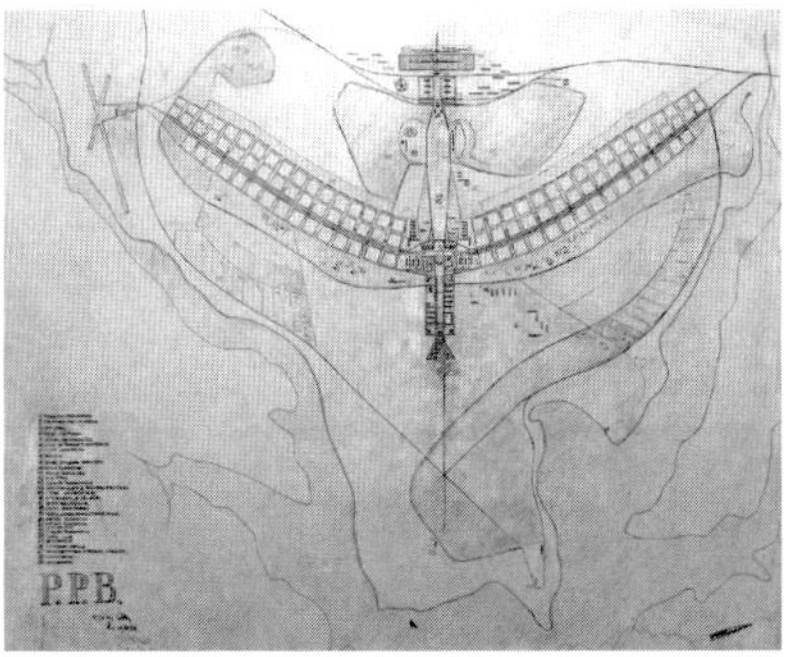

No.22

のように。
3　プランは一〇年で完成するが、都市は成長し続けるようになっている。
4　都市の大きさを制限している。二〇年後の成長は、a　半島、b　シダージサテリテで対応することを想定している。
5　ひとつの中心が別の中心に通じているので、プランは容易に理解できる。
6　二〇世紀の精神がある。それは新しく、自由で開かれていて、硬直することなく規律を守ることである。
7　成長―植樹、街路、主要幹線による―の長所は、まったく実際的であること。
8　大使館は、変化する景観がセットされ、うまく配置されている。
三権広場は、一方が都市に面し、他方が公園*に面している。一般的なことから個別的なことへと進まねばならない―逆ではない。一般的なことは簡潔かつ手短に表現されうる。しかし短文よりも長文を書くことのほうが容易である。
オーバーな表現で書かれているプロジェクトが多い。No.22は、これとは逆に、控えめである。しかし、この段階で知る必要があることすべてを説明している。また適切でないことは省かれている。

《プラーノピロット　No.2》（優秀賞）

作者　ボルチ・ミルマン／ジョアン・エンリッケ・ホッシャ／ネイ・フォンテス・ゴンサルヴェス

設定
無限のフレキシビリティ
公務員ひとりに対して四人の下役

＊この公園は、三権広場から湖岸に至る空間のことを指しているが、コスタはこの部分を公園とは言っていない。

一九八〇年までに四万五、〇〇〇人の公務員
二〇五〇年までに九万二、〇〇〇人の公務員
全人口　一九八〇年　二七万人
　　二〇五〇年　六七万三、〇〇〇人

短所

1　商業センターが、同一サイズのスーパーブロックの固定されたひとつながりのところに独立してつくられている。
2　七五万人に適したエリアは、無限に発展することが容易にはできない。
3　ホテルがすべて、交通センターの近くにある。
4　土地のより高い部分が利用されていない。
5　周辺開発が示されていない道路が多い。この開発には多くの投資が必要になる。

長所

1　半島の居住の配置がすこぶる魅力的である。
2　ほぼ正確な密度。

《プラーノピロット　No.17》（3等賞）

作者　ヒノ・レヴィ／ロベルト・C・セザール＋L・R・カルヴァーリョ・フランコ

設定

高さ三〇〇メートルの超高層居住建物一棟のスーパーブロックに一万六、〇〇〇人が居住
三つのスーパーブロックがひとつのセクターを形成
このセクターを六つ配置して、二八万八、〇〇〇人が居住

(Brasília, Trilha Aberta)

No.2

(Módulo 8)

No.17

細長いブロックあるいは平均一〇〇〜二〇〇人/ヘクタールのブロックに一五万人
プランの外の拡張部分に七万人

短所

1 交通センターがない。

2 不必要な高さ。風への抵抗。エレベーターの取り替え。推奨できない集中。

3 建物を横切る高速レーン。

4 ローカルな市場が予想されはするが、中央市場にアクセスしにくい。

5 造形の観点からすると、首都に形態を与えるのはアパートメントの建物であって、政府の建物ではない。

長所

美しい外見と向き

《プラーノピロット No.8》(4等賞)

作者 M・M・M・ロベルト

設定

コア当たり七万二、〇〇〇人の七つのアーバン・コア
通常一〇コアまで、最大一四コアまで増加
許容最大人口は一〇〇万人
それぞれのコアは、政府の省を中心として持つ

短所

1 「均整のとれた都市」ではあるけれど、すべての地位と循環を監督し制限するという観点から人間的でない。

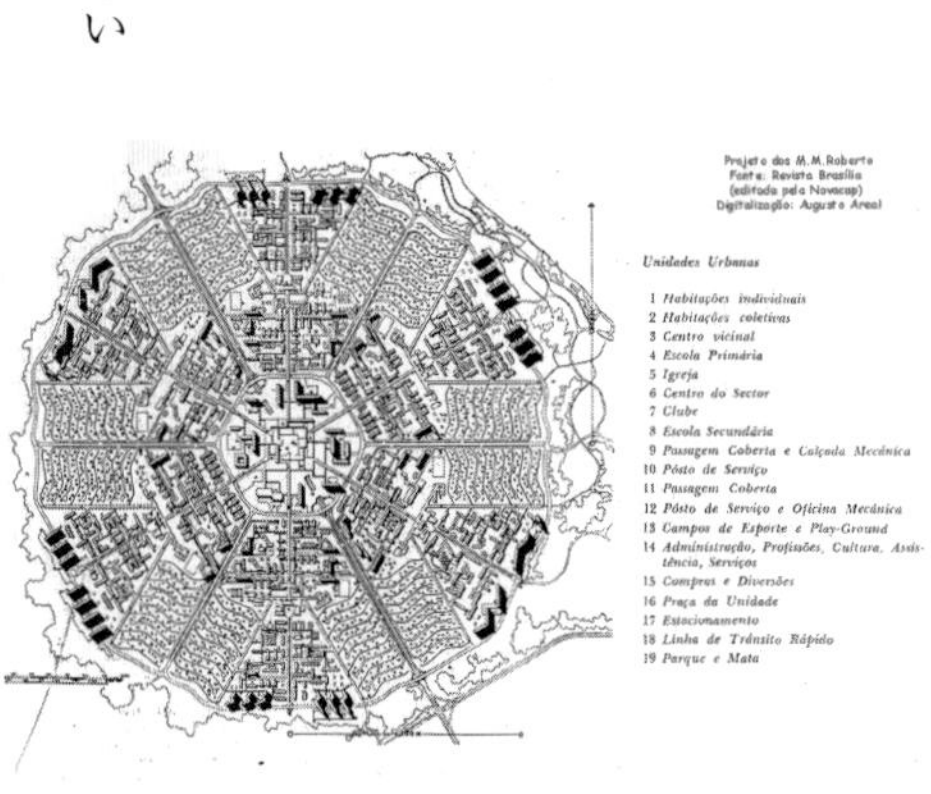

(Revista Brasília)

No.8

2　七万二、〇〇〇人のアーバン・コアという表意文字は、平坦な地域におけるいかなる都市にも当てはまる。ブラジリアにとって特別のものではない。国の首都のためのプランではない。

3　各部分が分離されている、つまり、それらの関係は大都市の性格をもっていない。七つの身体が同一の生活また異なる生活をもって一〇あるいは一四に増えたとしても、頭は同じままである。

長所

1　土地の利用に関するスタディはすばらしく、コンクールの中で完璧に近い。

2　大農場と小さな村のタイプは優れている。

3　建設と財政のプログラムは実践的で現実的である。

《プラーノピロット　No.24》（5等賞）

作者　エンリッケ・E・ミンドォリン／ジアンカルロス・パランティ

短所

1　労働者の居住地、工場、倉庫は、鉄道の西に（階層）分離されている。

2　大使館は中央幹線の端に集められ、省庁はその反対に集められている。東から西に至るプランの開発にはいかなる論理もないように思われる。

3　居住単位は造形として不格好なものとなっており、場所にうまく適応していない。しかし、高速道路システムはきわめてシンプルで単刀直入である。

4　中央幹線に設けられた大使館と同様に、省庁の建築的な詳細配置は、他のプロジェクトと同様にさほど面白くない。

長所

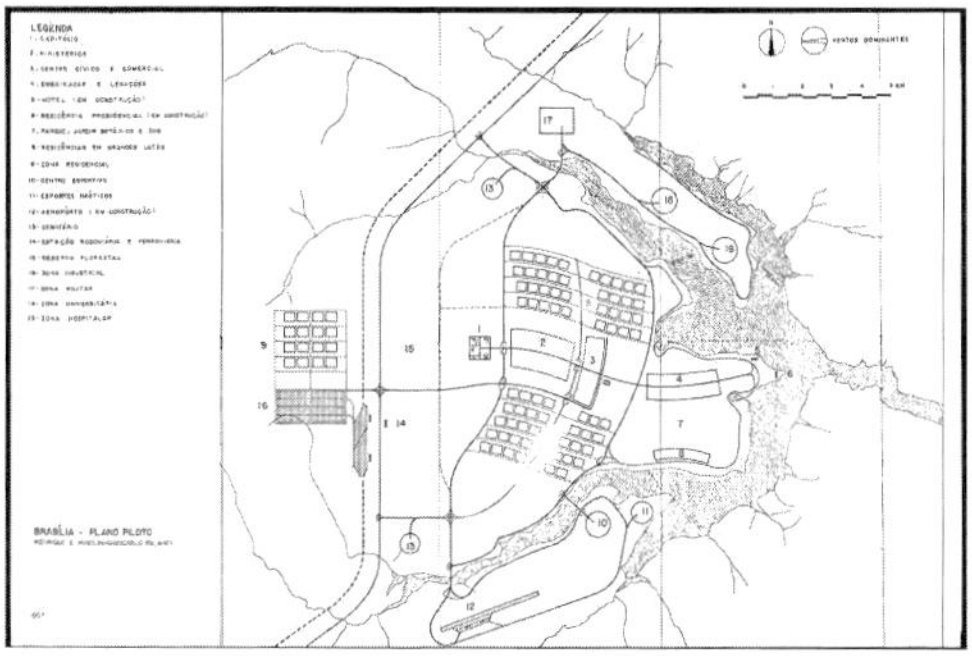

(Módulo 8)

No.24

1　プロジェクトは、土地利用や橋などについて経済的であり、大きさと密度については確かと思われる。

《プラーノピロット　No.1》（5等賞）

作者　カルロス・カスカルディ／ジョアン・ヴィラノーヴァ・アルティーガス／マリオ・ワグネル・ヴィエイラ／パウロ・デ・カマルゴ・イ・アルメイダ

設定

二〇年の開発計画　人口五五万人、公務員一三万人

三四万八、〇〇〇戸の住居

一四万五、〇〇〇戸のアパートメント

四万二、〇〇〇戸の賃貸住宅

土地の政府の所有と賃貸

短所

1　過度の画一的な居住ゾーン。

2　政府の場所とシビックセンターに対する住居の循環が悪い。

3　鉄道と航空はうまく解決しているが、三か所が必要な高速道路については疑問である。

4　政府のセンターが湖を利用していない。

5　地形の利用がない。場所とは無関係に、高い部分に住居が設けられている。

6　大使館と領事館はどこにあるのか？ラジオ・TVセンターは？

7　きわめて低い密度、並外れて広大な建設地域（五〇人／ヘクタール）となっている。

長所

(Módulo 8)

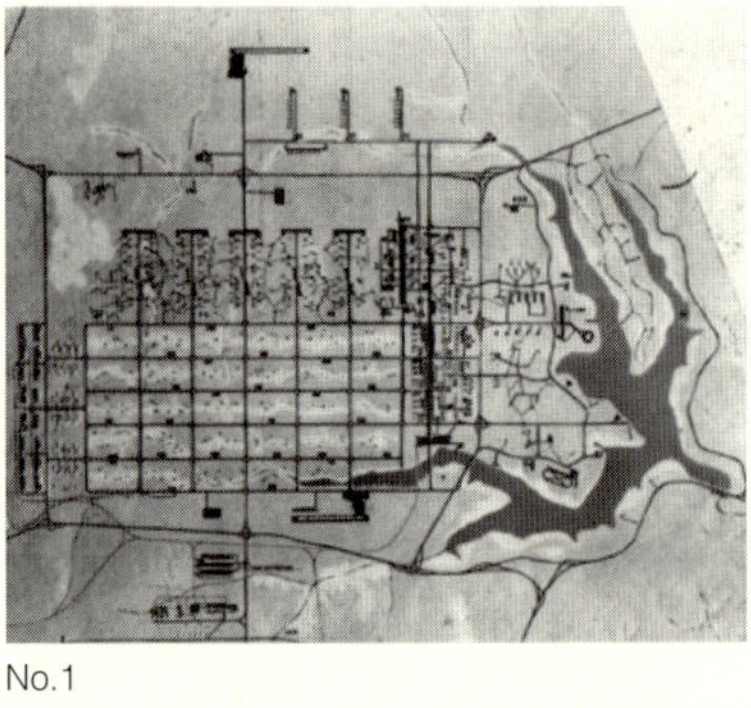

No.1

1 良いプレゼンテーション。明白で、決定的。
2 農村経済の良い解決。
3 傑出した賃貸システム。

《プラーノピロット No.26》（5等賞）

作者 コンスツルテクニカSA

短所

1 中央の太い糸による街路の巨大な広がり。しかし中心地でクロスしての結合は困難。
2 大統領官邸から街路まで一八・五キロメートル。
3 低密度居住の同一タイプの三つの中心と残りからなっており、ゾーンが単純化されすぎている。
4 首都としての性格がない。
5 都市における鉄道の貫通が悪い。

長所

1 農業小村の美しいモデル。

審査結果の公表の後、選考の形式を暴露して批判したりする、新聞や専門誌の記事が相次いだ。批判の多くは、手書きのスケッチに手書きの説明書というルシオ・コスタのプロジェクトの表現の形式と、数十枚の図版と模型を提示したいくつかのチームへの攻撃から生じた。別のルポは最終選考の速さと選考のプロセスに向けられた。そこではニーマイヤーと関わりある人間が取り上げられ、このコンクールの有効性と能力が議論された。さらに、アントゥーネスがとった態度が明らかにされ、多くの議論の背景について憶測が飛び交った。

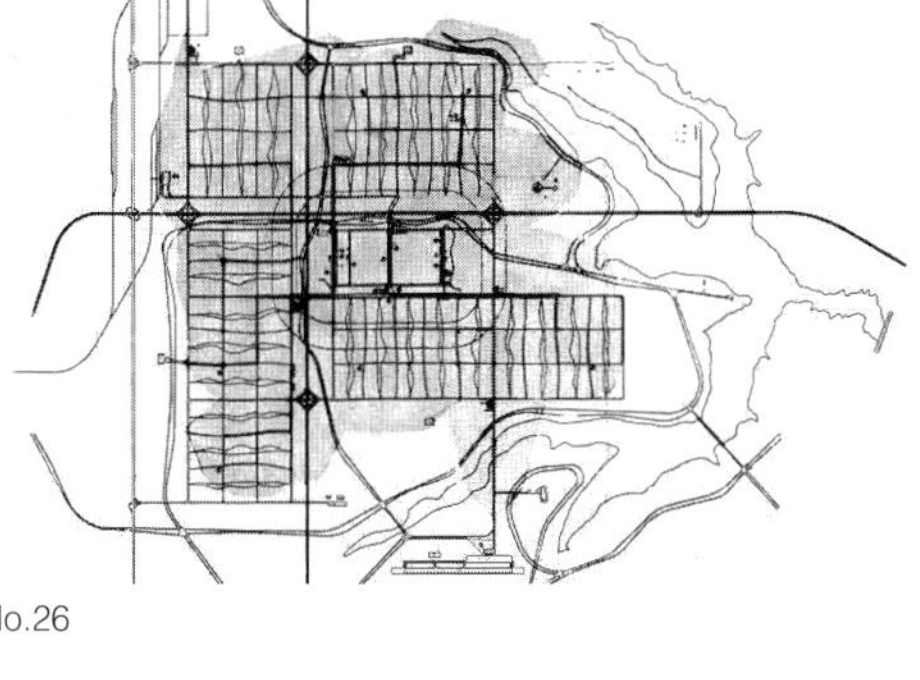

(Brasília, Trilha Aberta)

No.26

選に漏れた応募者からは、現代において記念碑のような首都は時代錯誤も甚だしいという批判が新聞に公表された。コスタは直ちに、このデモクラシーの現代においてなぜ首都が記念碑性をもってはいけないのか理由がわからないと、同じ新聞紙上で反論した。

やがて批判は減っていき、勝者のプロジェクトに対する賛美のみが残った。

コンクールの公告と審査の概要をみるかぎり、コンクールで求められたのは基本スケッチであり、ブラジルの首都としてのコンセプトがもっとも重視された。コスタのプロポーザルは、「キヴィタスを、ウルプスではなく」と、それを明快に打ち出した。そして、モダニズムの都市計画家や建築家の審査員たちは、古典にまでさかのぼったそれを〈ブラジルの行政上の首都の唯一のプラン〉として最大限に評価した。キヴィタスとは、少々荒っぽい解釈だが、さまざまなもの、異なるものの連合体と考えてよかろう。そこにブラジルというモダニズムの国を感得したのであろう。

この時代、ようやくにしてブラジル国民という意識が定着し、ブラジル人とは何かを問うようになっていた。その際、人種と民族を問わないとすれば、それは何か。そうした問いに対する回答のひとつを、その都市への展開を、そこに感じたのであろう。モダニズムが人種と民族を問わない理論であるとすれば、それはブラジルにまったくふさわしい。そう感じたのであろう。

しかし、コスタのプロポーザルは、「モデルニズモの都市」であった。空間的のみならず、社会的にも経済的にも、そして制度的にも「モデルニズモの都市」であった。コスタのプロポーザルを尊重して建設され発展していったブラジリアを見れば、このことが了解されよう。そのためには、コスタのプロポーザルを詳細にわたって理解しておく必要がある。

第3章

ルシオ・コスタのプロポーザル

ブラジリアはブラジル叙事詩を語る

都市計画のマキとして

ルシオ・コスタのプロポーザルは、コンクールの審査員のイギリス人都市計画家ウイリアム・ホルフォードをして「イタリア人とフランス人、そしてスペイン人にも少し、私は助けを求めた。文章を三回読んだが、一回目は解らなかった。二回目で理解し、三回目で私はエンジョイした」*と言わしめた。そのホルフォード卿にならって、コスタのプロポーザルをすべてそのまま順を追って引用しつつ、理解し、そして「エンジョイ」しよう。

ルシオ・コスタは、プロポーザルの説明書*の一頁目の右肩に、

> …一八二三年、ジョゼ・ボニファシオは、ゴイアスへの首都の移転を提案し、ブラジリアという名前を示唆する。

という添え書きをつけて、ブラジリアの設計を語り始めた。ジョゼ・ボニファシオはブラジル独立の父と呼ばれた人物である。ブラジリアという名前はそこから始まっているのだ、とコスタはまず示唆した。

これを目にしたものは、ブラジリアの計画の遠大さを感じ取り、どのような都市がこのブラジリアにふさわしいのか、大いなる関心をもって、コスタの話に引きつけられていくことだろう。

ルシオ・コスタの計画案「プラーノピロット・デ・ブラジリア」は、二万五〇〇〇分の一の全体計画図と一五点のスケッチ、一六枚の手書きの説明書である。コンクールの募集要項にはより精度の高い計画図は求められていなかったが、一国の首都のあり方を問うコンクールである。このようなプレゼンテーションのコスタ案をめぐって大議論になったであろうことは、想像に難くない。実際、審査会は紛糾し、ブラジル建築家協会の代表が別の審査レポートを出すことになった。そのレポートには、「コスタの案は真面目な考察に値しない」といっ

* Entrevista com Lúcio Costa, publicada no início de 1970, pela Revista do Clube de Engenharia. Cadernos do Arquitetura 3. IAB/DF, 1991.

* Relatório do Plano Piloto de Brasília. Lúcio Costa. Cadernos do Arquitetura 3. IAB/DF, 1991を使用。疑問の箇所は三権広場にあるEspaço Lúcio Costaに展示されている原本コピーと照合した。

たコメントが書かれた、と伝えられている。

しかし、コスタは、技術的分析と建築的総合力によってブラジリアを設計したことに絶対の自信をもっていた。そして、それがある種の茫然自失をもって迎えられ、その驚きからある人びとは怒り、ある人びとは熱狂するであろうことも予想していた。彼の提案する方法は荒々しくて、妥協がなかった。提示された計画図には注釈がない。感情の奥底に理由を秘めている本質的な疑問に答えるため、本来なら注釈がなければならなかった。

そのことを一番よく理解していたのは、コスタ自身であった。そこで、彼はスケッチに手書きの一六枚の説明書を添え、その冒頭に、

「まず、最初に、都市公社の執行部とコンクールの審査員団に対し、新首都の計画案をスケッチで提出することについて謝罪したいと思う。同時に、私の主張を証明したいと思う」

と切り出した。そして、

「コンペに参加するつもりはなかったし、実際競ってもいない。探し求めたのではなく、言ってみれば即座に頭に浮かんだ、ひとつの可能な解決から自分自身を解放するにすぎない」

「事務所の準備もまったくないから、しかるべく準備を整えた専門家としてではなく、単なる都市計画のマキとして参加する。偶発的なことが起こらないかぎり、提示した考えを発展させ続けるつもりはない。単なる助言者として、参加する」

と、言う。マキとは、第二次世界大戦時のフランスにおける対ナチスドイツの地下レジスタンス組織のことである。都市計画のマキとして、コスタはプロポーザルをスケッチで描いた。

そして、コスタはこう続けた。

「このように純真にふるまうのは、変わることのないシンプルな推論に身を置いているからである」

「もし提案が価値あるものなら、これらの与件は、外見上は要約したものであっても、直ちに満足のいくものになるだろう。なぜならば、提案のもとの自然さにもかかわらず、後になって、それが熟考され解決されたものであることがわかってくるからである。もしそうでないなら、より容易に排除され、私の時間を失うことはないだろうし、誰かの時間を取り上げることもないだろう」

都市ができるには長い時間が必要だ。そのためには都市のコンセプト、プラニング思想がもっとも重要になる。それをしっかりと作っておかねばならない。コスタはそう断じた。そして、コスタは、すでに、個々の場合に煩わされることなく、自然の道筋にしたがって追求した推論の結果、個々の場合の解決にあてる規則を見いだしていたというのである。そして、決して借り物ではない都市を、新首都を発明した、と自ら言う。

ブラジリアがめざす都市構想

そこで、コスタは、この都市の創建とはどういうことか言及した。

「コンクールに自由にアプローチできることにしたので、実際に導入するあれ、つまりこの都市の都市計画のコンセプトに対する助言をある意味で減らした。というのは、この都市が、今回の場合、地域計画の結果ではなく、その起因となるから、つまりその創建が地域の今後の計画的発展を引き起こすからである。ここで必要なのは、コロニアルの伝統を手本として、占有《ポッセ》という熟考された行為、まだ開拓者であるという意味の行為である。そして、追求することは、応募者それぞれの見解において、このような都市がいかに構想されるべきか、ということである」

コスタは、そこで、これからの地域開発の起因となる都市を考えるにあたり、「占有《ポッセ》」という言葉を使った。それはコロニアルの伝統だという。ブラジリアは、ブラジル独立の時代をさかのぼるコロニアルの時代、それはブラジル「発見」にまでさかのぼるのだが、そこまで読み込んだものでなければならない、それがブラジリアの根幹になければならない、と指摘した。

そのうえで、首都ブラジリアに必要かつ十分な都市概念を、次のように規定した。

「この都市は、どのような現代都市にも適した生命に不可欠な機能を満足に難なく履行できる単なる有機体としてではなく、つまりただウルブス urbs としてではなく、首都固有の特質の所有者であるキヴィタス civitas として構想されなければならない」

ウルブスとキヴィタスについてはクーランジュの『古代都市』[*]に詳しいが、コスタは、ウルブスとはどのような現代都市にも適した生命に不可欠な機能を満足に難なく履行できる有機体、キヴィタスとは首都固有の特質の所有者と定義して、この両者をブラジリアは持っていなければならないと主張する。

「そして、両者にとって第一の条件は、確実な威厳と気品ある意図を吹き込むことのできる都市計画家を見つけることである」

そんな都市計画家は自分以外にはいないと、コスタは言外に示唆した。

「なぜならば、その都市計画家の基本的な姿勢から、計画された全体に望ましいモニュメントとなる特質を与えることができる配置と利便性と比例のセンスが生じるからである」

ブラジリアには「モニュメントとなる特質」が絶対に必要で、自分ならそれをブラジリア

＊クーランジュ『古代都市』田辺貞之助訳、白水社、一九六一年

に与えることができる、とコスタは断じた。そうすると、

「モニュメンタルというのは、華美ということではなく、価値があり何かのしるしを表象しているものをはっきり知覚できる、いわばそれを意識する表現のことである。能率的で秩序だった仕事のために計画される都市ではあるが、同時に、生き生きとして楽しく、夢想と知的な思索にふさわしく、時が経つにつれて、政府と行政の中心であることを超えて、国の文化がもっとも輝き、それを感じ取れる中心となることができる都市」が生まれるのだ。

それが、ブラジリアがめざす都市構想である。それがブラジリアだ、とコスタは断言する。

そして、コスタは、「即座に頭に浮かんだ」ブラジリアを順に書きとめた。手書きの説明書はまるで書きなぐったようである。それはもう、ブラジル「発見」から未来までを読み込んだ、ルシオ・コスタのブラジリアのブラジル叙事詩というほかない。

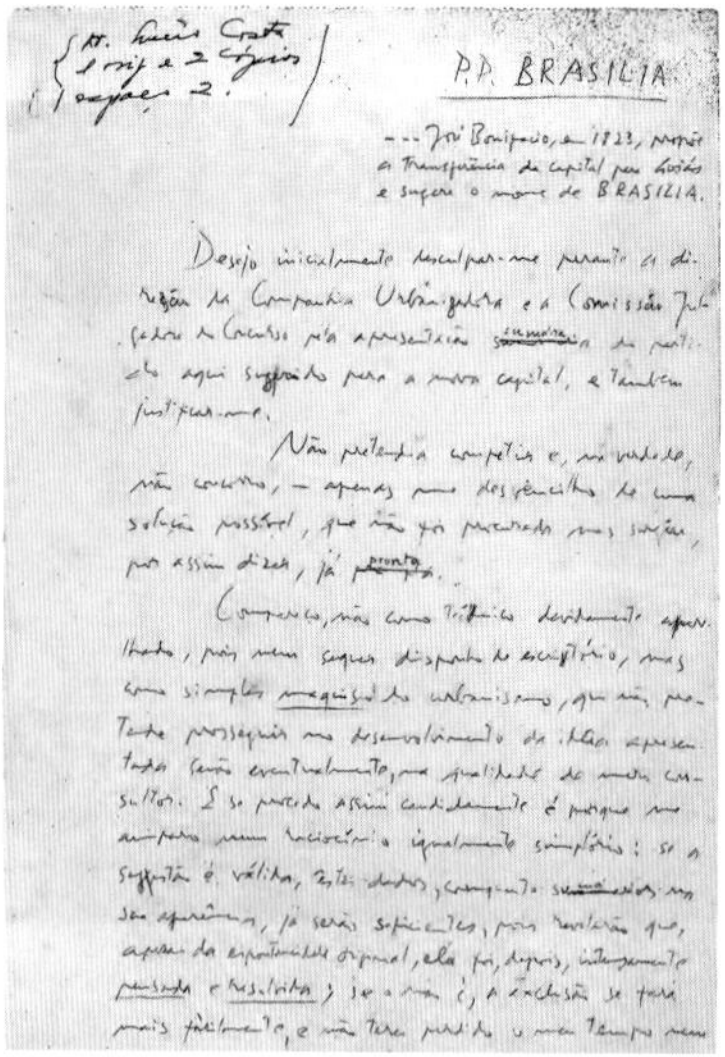

P.P. BRASILIA

--- José Bonifácio, em 1823, propõe a transferência da capital para Goiás e sugere o nome de BRASILIA.

Desejo inicialmente desculpar-me perante a direção da Companhia Urbanizadora e a Comissão Julgadora do Concurso pela apresentação sumária do partido aqui sugerido para a nova capital, e também justificar-me.

Não pretendia competir e, na verdade, não concorro, — apenas me desvencilho de uma solução possível, que não foi procurada mas surgiu, por assim dizer, já pronta.

Compareço, não como técnico devidamente aparelhado, pois nem sequer disponho de escritório, mas como simples maquisard do urbanismo, que não pretende prosseguir no desenvolvimento da idéia apresentada senão eventualmente, na qualidade de mero consultor. E se procedo assim candidamente é porque me amparo num raciocínio igualmente simplório: se a sugestão é válida, estes dados, conquanto sumários na sua aparência, já serão suficientes, pois revelarão que, apesar da espontaneidade original, ela foi, depois, intensamente pensada e resolvida; se o não é, a exclusão se fará mais facilmente, e não terei perdido o meu tempo nem

説明書の1頁目。三権広場にあるルシオ・コスタ館Espaço Lúcio Costaに展示されている原本コピーから。

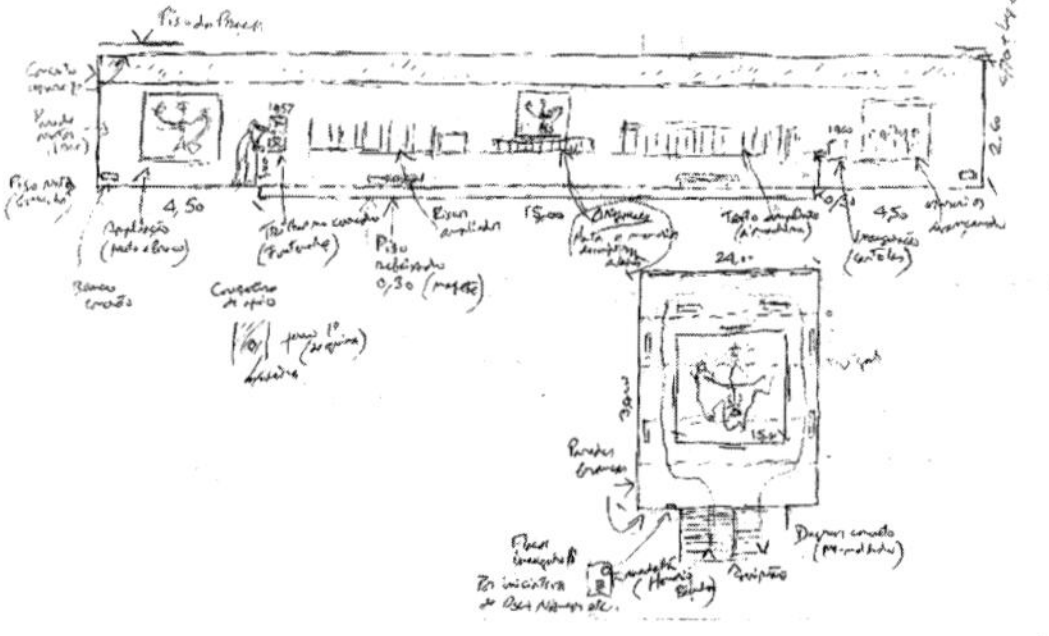

三権広場にあるルシオ・コスタ館のコスタによるスケッチ。壁面展示（上）と平面展示（下）に対して細かく指示した。コスタのプロポーザルの全体はここに壁面展示されている。

ブラジリアの原形

「このように述べたところで、この解決策がどのようにして生まれ、明確になっていき、そして決定されたかを見てみよう」

ここからコスタは、スケッチを示しながら、冷静に語り始めた。それはまるでスケッチを描きながら話を進めていく講演のようである。説明文に通し番号をふり、話の順を明示した。

ブラジリアは、

「1―場所をしるしたり、そこを占有したりするときに人がみせる最初のしぐさ、すなわち直角に交わったふたつの軸、まさしく十字架のしるしから生まれた」(図1)

最初に頭に浮かんだブラジリアは、「占有《ポッセ》」のしぐさであった。それは、地面に場所をマークするときにつける十印、十字架のしるしであった。

「2―次に、このしるしを、土地の地形と自然な排水、そしてよりよい方角に合わせることを検討し、都市化区域を限定する正三角形のなかにそれを入れるため、軸のひとつを弓なりに曲げた」(図2)

コスタは、地形と方位をしっかりと読み込んだ市街地を形成するエリアが三角形である、という。ただ、なぜ三角形なのか、説明はない。それが正三角形でなければならないことの説明もない。察するに、デカルトの三角形が彼の頭にあったのではないか。別の著述でそのことに触れている。

全体の骨格

このふたつの軸は、都市のなかで、具体的にどのようなものとして浮かんでいったのか。

「3―そして、交差点の解消を含んだ高速道路技術の自由原理を都市計画技法に用いることを目的に、弓なりの軸に、アクセスの自然な道に対応させて、地域交通のための高速の中央車線と両サイドの車線をつけた幹の循環機能を与え、この軸に沿って住居地区の大部分を配置した」（図3）

これが高速道路・居住軸である。その中央を走る道路には、中央高速車線、その両側にローカル高速車線を配置し、これらと住居地区とをインターチェンジで結んだ。これによって居住者は信号と交差点から解放されることになった。住居地区に提案したスーペルクワド

図1

場所をしるしたりそこを占
有したりするときに人がみ
せる最初のしぐさ
直角に交わったふたつの軸
十字架のしるし

このしるしを地形と排水、東向きに合わせた

図2

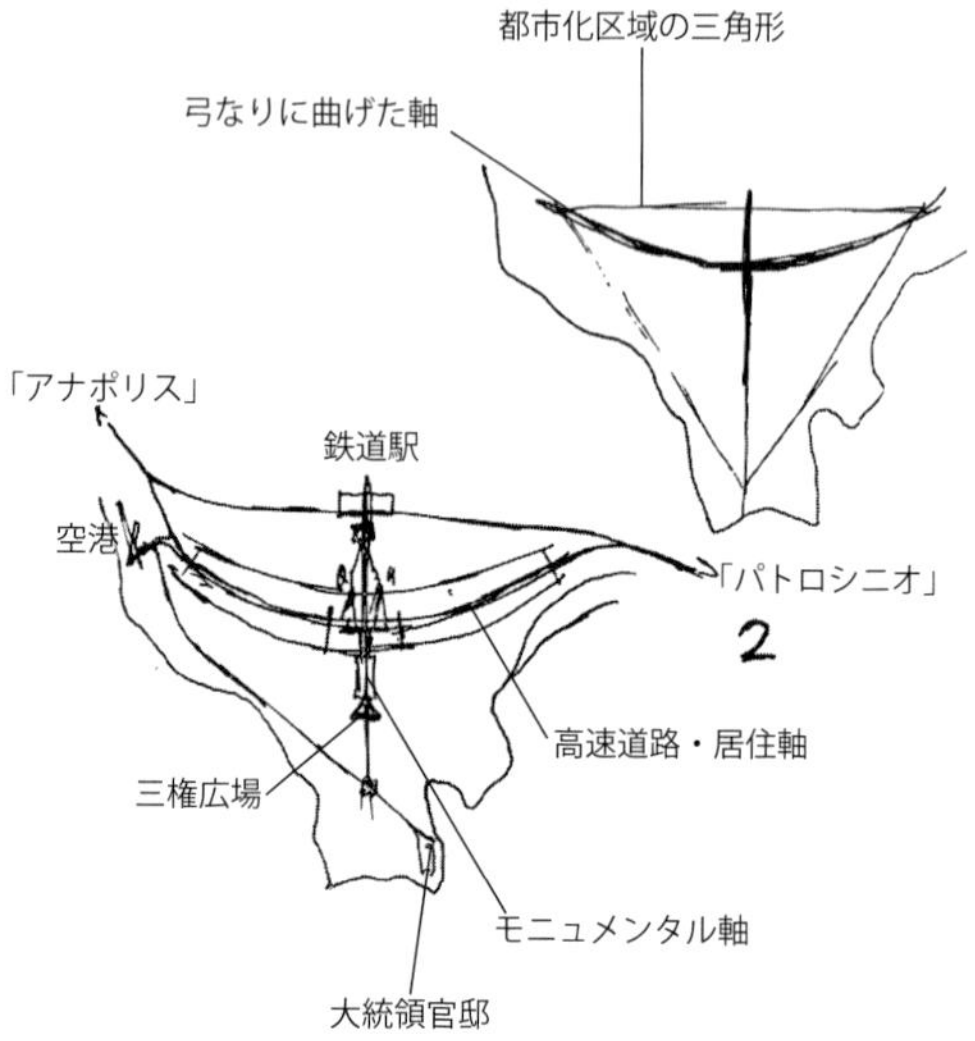

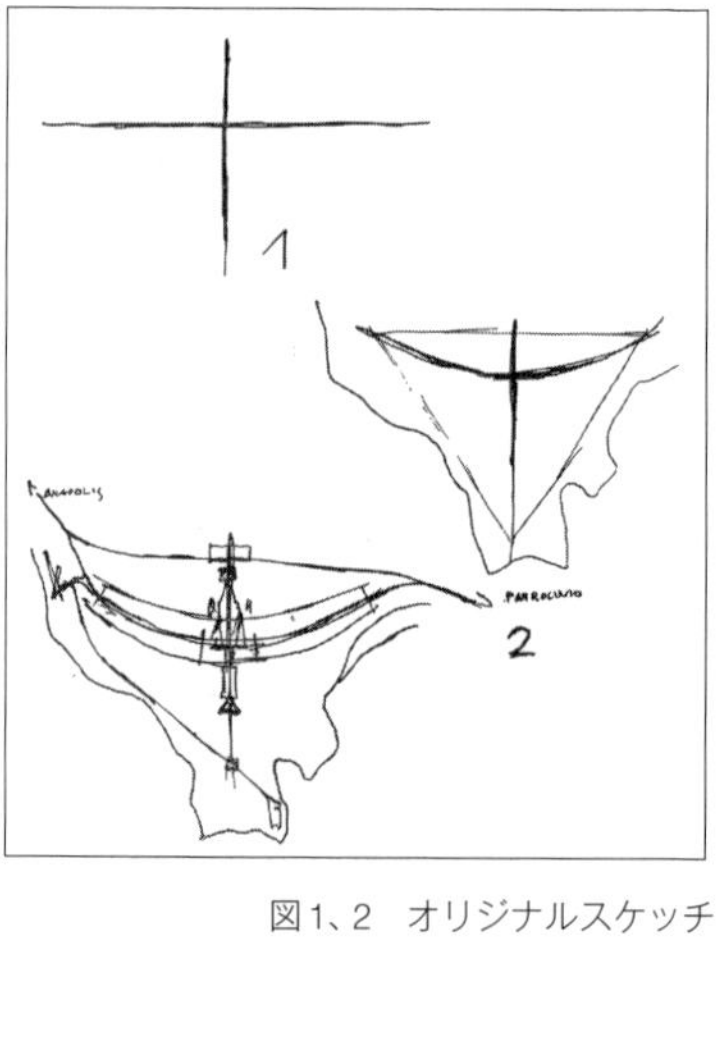

図1、2　オリジナルスケッチ

ラ（スーパーブロック）ふたつ分、あるいは六つごとにインターチェンジによって高速で住居地区のレベルと結び、あるいは高速道路に入ってどのような交差もなく全速力で都市を通りぬけて近郊に達することができるようにした。

もうひとつの軸はどうか。

「4―住居地区がこのように集中した結果として、シビックセンターと行政センター、文化地区、娯楽地区、スポーツ中心地区、市の行政地区、兵舎、倉庫貯蔵と供給と地元の小工業の予定区域、そして最後に鉄道駅が住居地区を配置した軸を横切る軸に沿ってしぜんに整理配列され、それがシステムのモニュメンタル軸となった（図4）。ふたつの軸の交差点の横ではあるが、機能的かつモニュメンタル軸の都市的構成の観点から、銀行・商業地区、企業・自由業の事務所地区、さらに広大な小売商業地区を定めた」

モニュメンタルということをこのように直接的にも使っている。そして、それを居住軸に対置させて、モニュメンタル軸と称した。首都としての機能、都市としての機能がしぜんに整理配列された実体的なモニュメンタル軸である。すでに「モニュメンタルとなる全体」とあるから、モニュメンタルはダブルイメージで使われている。

これでふたつの軸ははっきりとみえた。次は、交差するふたつの軸の交差点である。その地形を読んで、

「5―このモニュメンタル軸が高速道路・居住軸と交差している地点は、低い位置にあるので、そこに駐車しようとしない交通から開放されたひとつの大きなプラッタフォルマ（プラットフォーム）、つまり映画館・劇場・レストランなどがある都市の娯楽地区が論理的に集中したよどみをつくることとした」（図5）

このプラッタフォルマをいかに使うか。

図3

いかなる交差点もない高速道路・居住軸は
車・バス専用の交通システム

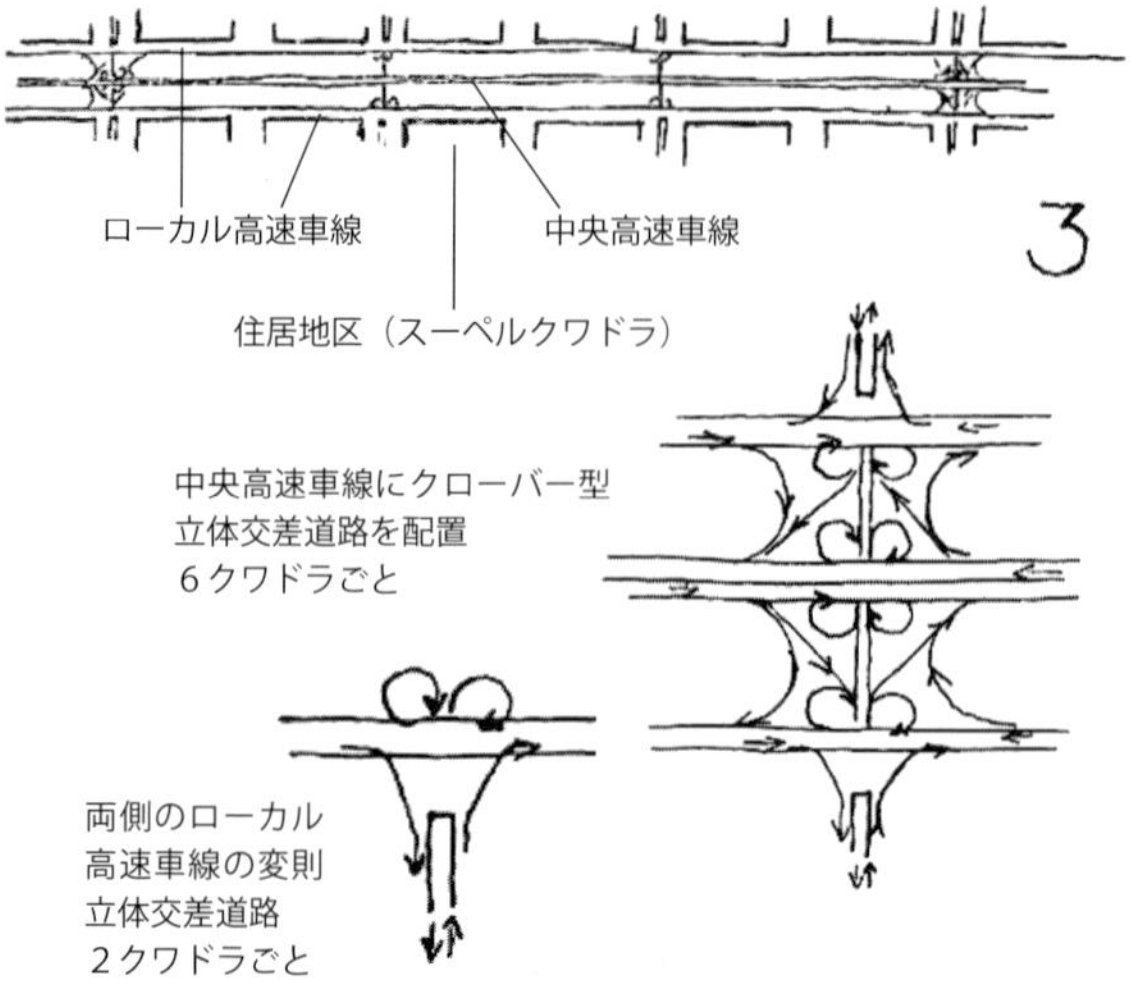

図4

システムのモニュメンタル軸

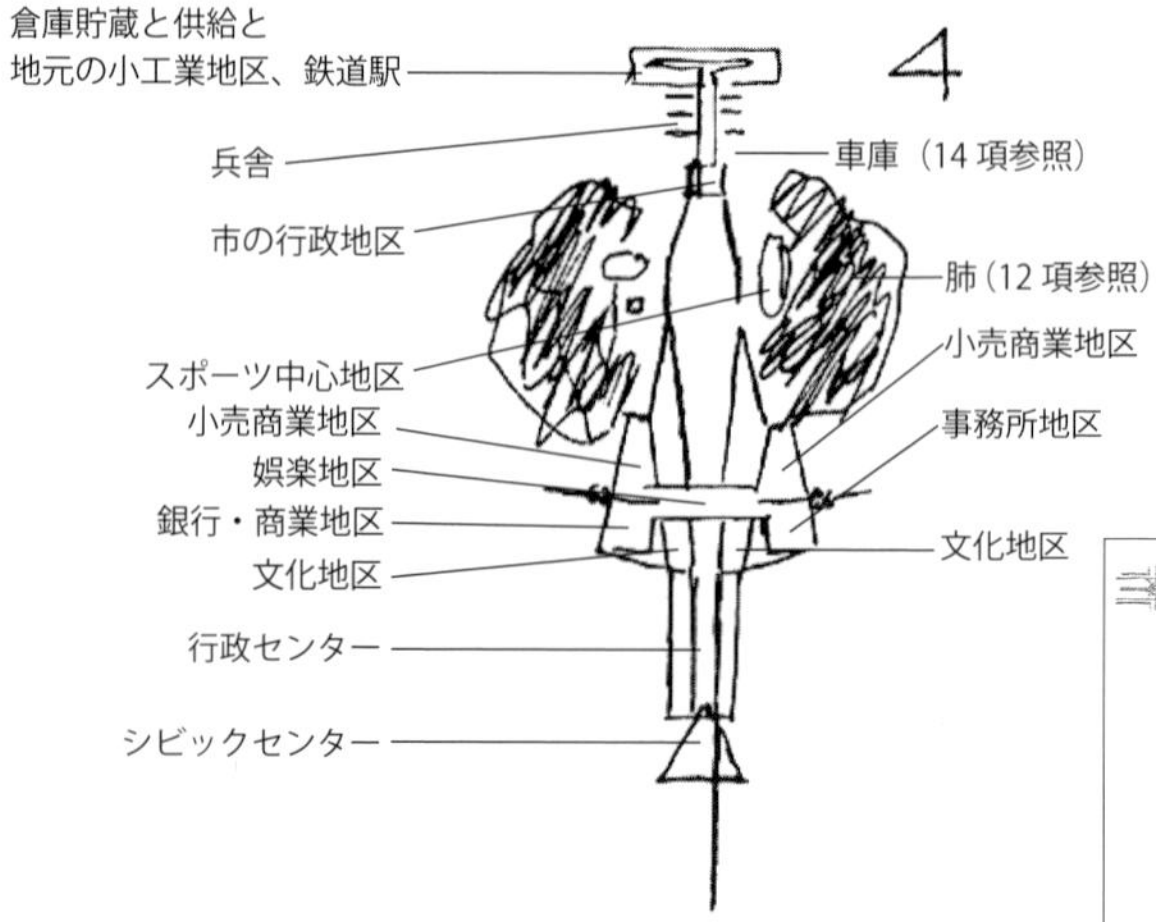

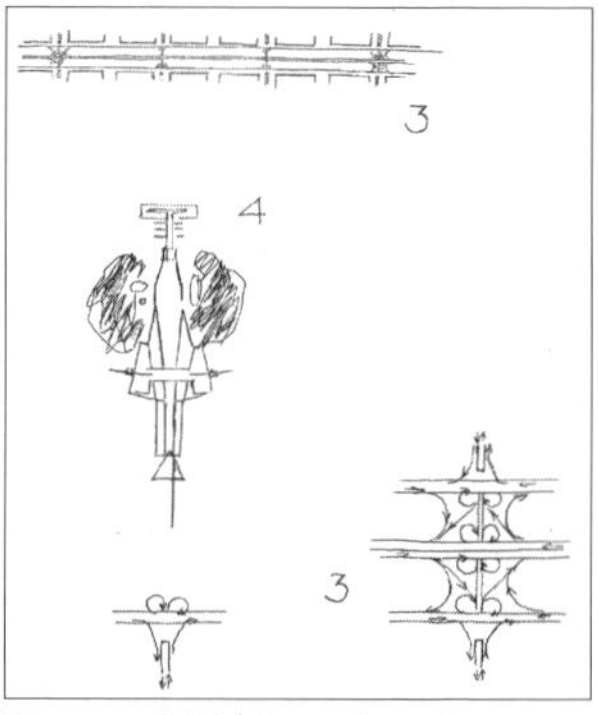

図3、4　オリジナルスケッチ

図5

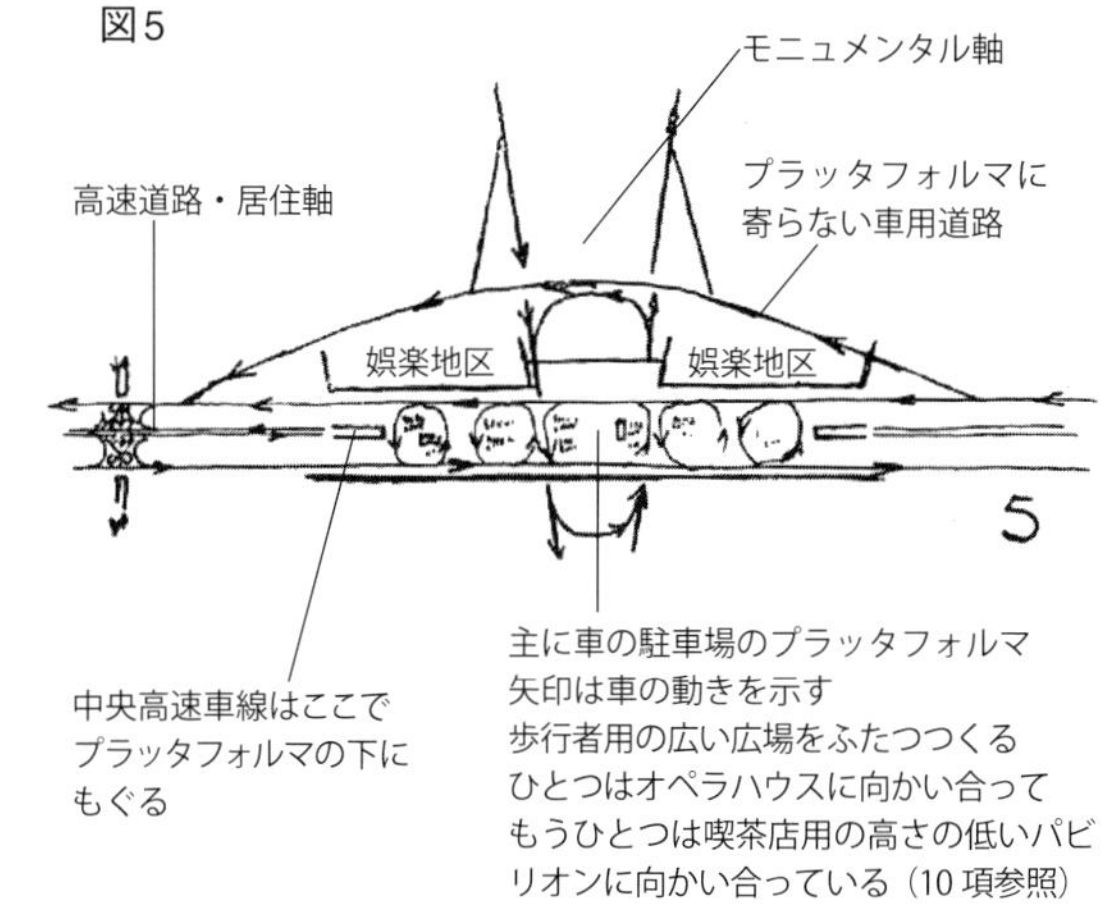
モニュメンタル軸
プラッタフォルマに
寄らない車用道路
高速道路・居住軸
娯楽地区
娯楽地区
5
中央高速車線はここで
プラッタフォルマの下に
もぐる
主に車の駐車場のプラッタフォルマ
矢印は車の動きを示す
歩行者用の広い広場をふたつつくる
ひとつはオペラハウスに向かい合って
もうひとつは喫茶店用の高さの低いパビ
リオンに向かい合っている（10項参照）

図6

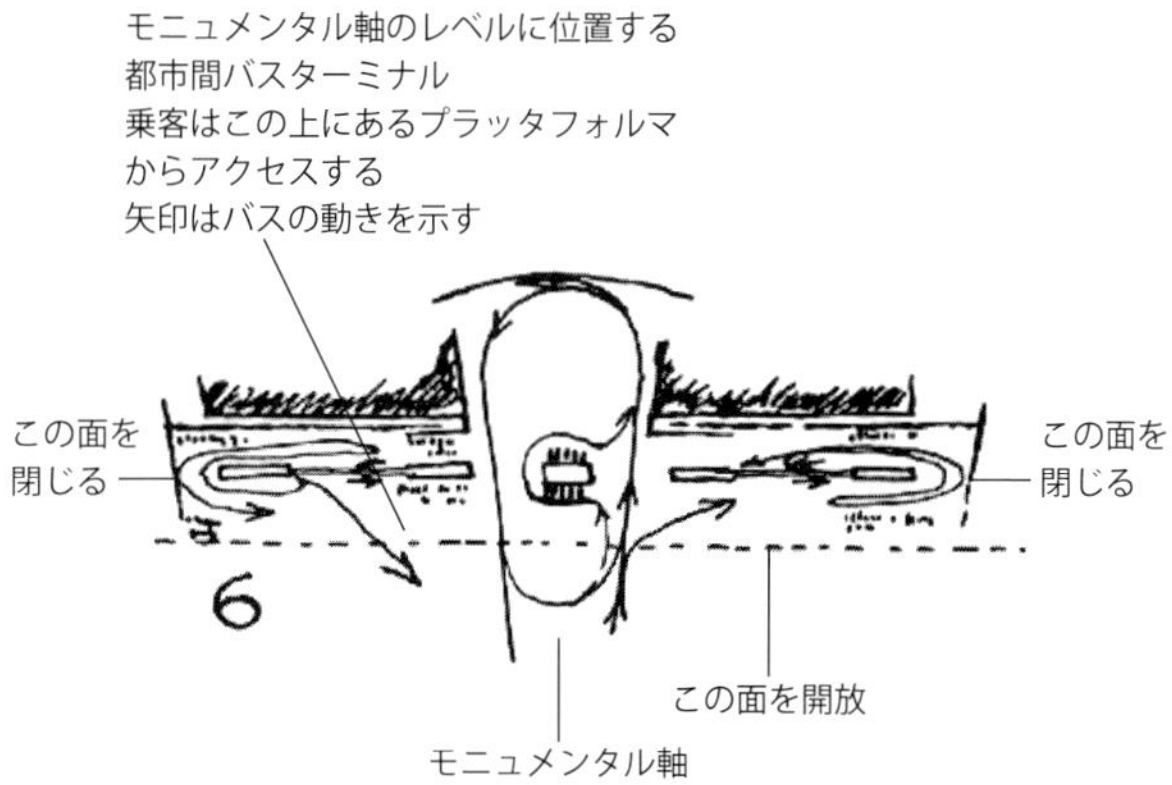
モニュメンタル軸のレベルに位置する
都市間バスターミナル
乗客はこの上にあるプラッタフォルマ
からアクセスする
矢印はバスの動きを示す
この面を
閉じる
この面を
閉じる
6
この面を開放
モニュメンタル軸

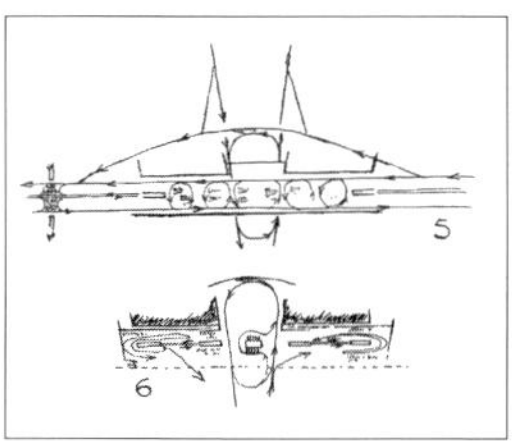
5
6
図5、6　オリジナルスケッチ

「6―他の地区に向かう交通は、一方通行で、プラッタフォルマで覆われ二面は閉じられているが主要な面は開放されている下の地上エリアに入る。そこは、大部分が車の駐車場に用いられ、乗客がプラッタフォルマの上のレベルから近づくことができる都市間バスターミナルが位置する（図6）。中央高速車線だけが、下階の省庁地区のエスプラナードと同じ高さになるまで下り坂が続き、下階の中央部分で、地下に突っ込む」

プラッタフォルマの下は駅すなわちバスターミナルである。

これでブラジリアの都市の全体の形が浮かび上がった。

次は、交通システムの完成である。それは、大きく、車・バス交通システムとトラック交通システムからなり、それらが重なることのないシステムである。具体的には、

「7―この方法と高速道路・居住軸の両枝それぞれの三つの完全なクローバー型立体交差道路とこれとは別の多くのアンダーパスの導入で、車とバスの交通は、住居地区でも中心部分でもいかなる交差点もなく処理される。トラック交通に対しては、スポーツ地区より上方を除いて、信号のある交差点はあるが前述のシステムとどのような交差あるいは妨害もしない自立した二番目のシステムをつくった。この道路システムは、ならした土地に予定されているアクセス用のガレリアとともに、低い位置にあるシビックセンターを一周して、商業地区の建物群に地階のレベルでアクセスする」(図7)

両枝の枝とは、高速道路・居住軸がモニュメンタル軸によってふたつに分けられた部分のことである。

そうすると、各地区において歩車分離が実践できる。

「8―全体の自動車交通網がこのように定められたことで、住居地区でも中心地区でも、歩行者に地面の自由な使用を保証するために、自立した地域の歩行者交通をネットワークに織り込んだ(図8)。といっても、自動車が、今日、人類と和解できない敵であることをやめ、すでにいわば家族の一部になっていることを忘れてはいないので、こうした分離を系統だった不自然な極端さに近づけてはいない。自動車は、目的がはっきりしない交通のかたまりに入れられた時、歩行者に向かって脅迫的で敵意のある性格を取り戻し、「人間性を失って」しまう。それゆえ、両者を分離することも必要だが、個々のケースをしっかり見据え、そして双方の便利さのために、共存が必要不可欠である。」

図8

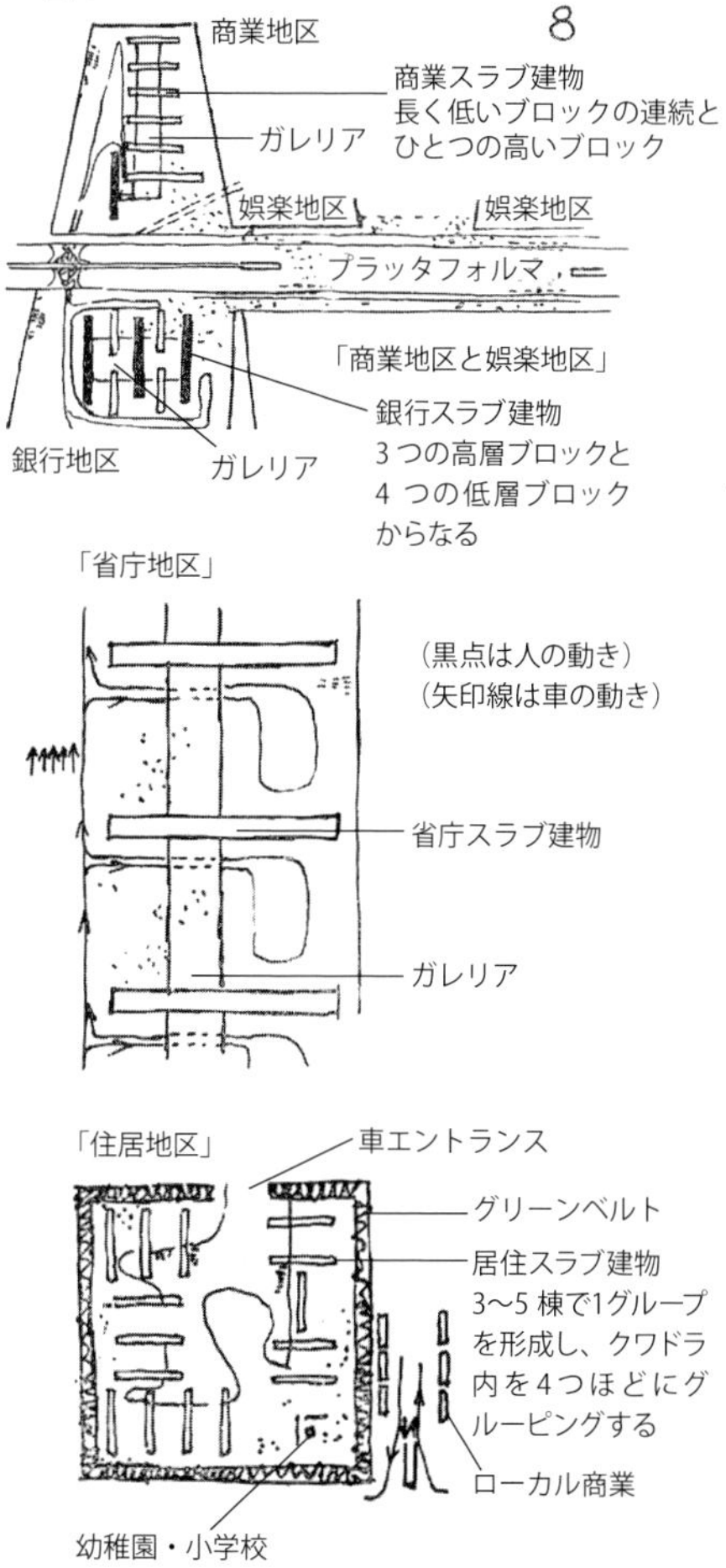

図7

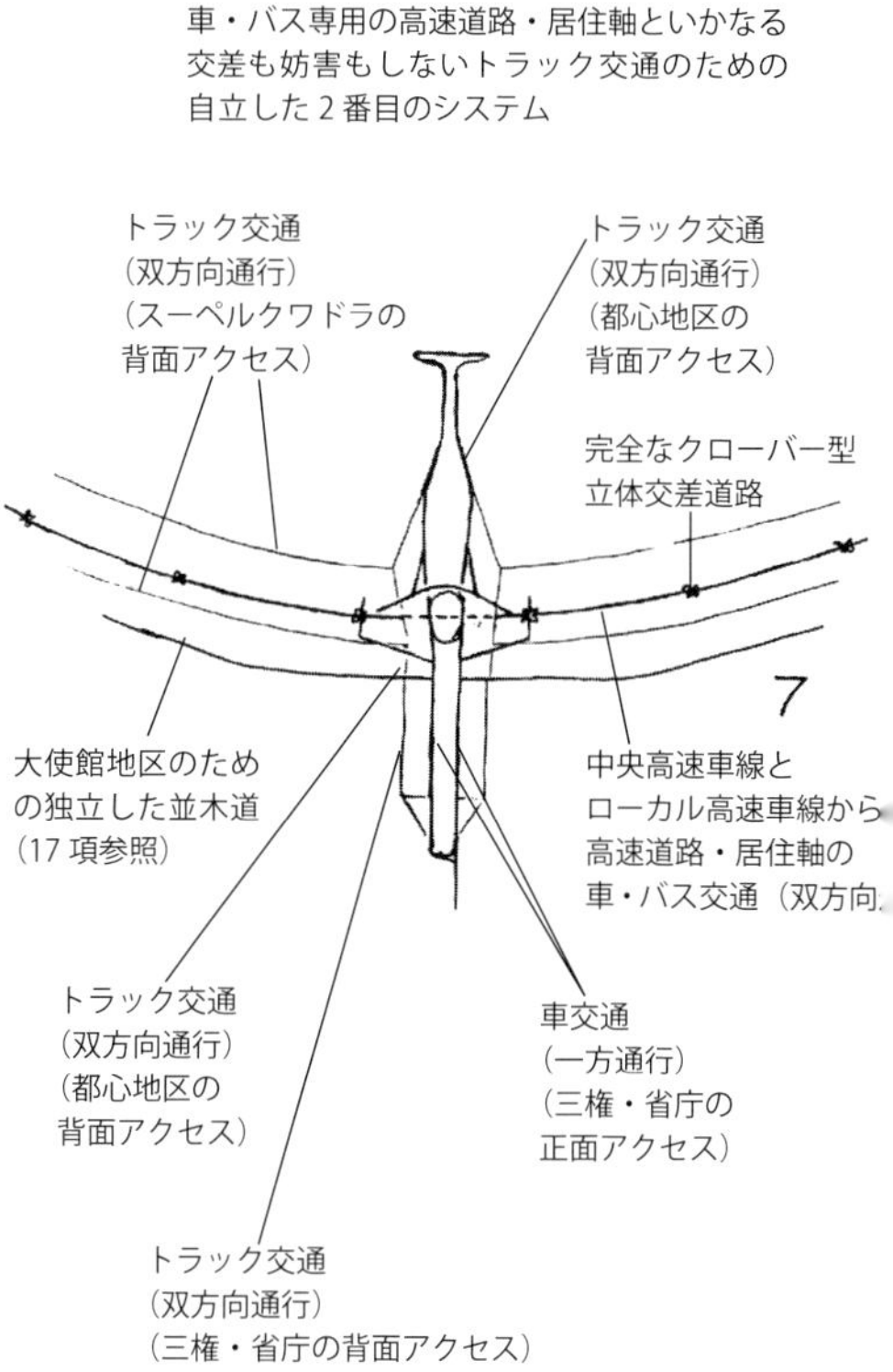

車・バス専用の高速道路・居住軸といかなる
交差も妨害もしないトラック交通のための
自立した2番目のシステム

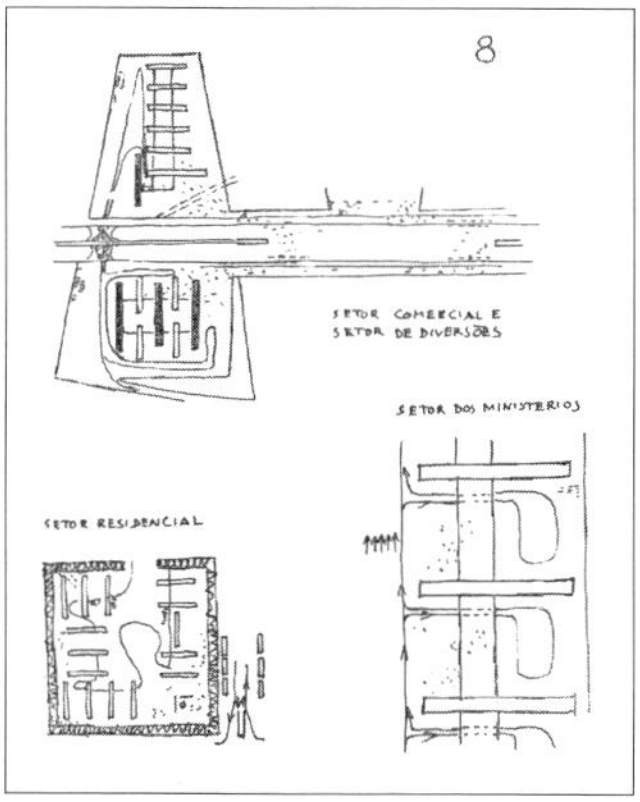

図8　オリジナルスケッチ

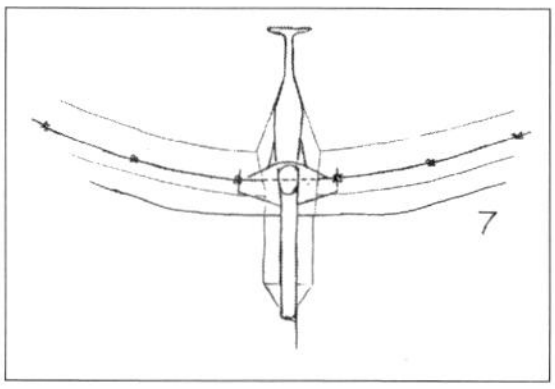

図7　オリジナルスケッチ

かくして、高速道路・居住軸を高速で走ってきた車が、地区内ではそこでの歩車分離のルールにしぜんにしたがって走行するような仕組みができあがった。

モニュメンタル軸の構成

次は、各地区の構成である。

「9―では、秩序だった循環の骨格の中でさまざまな地区がいかに統合され連結されるか、見てみよう」

三権広場

「全体の中で基本的な権力に居を据える建物が際立っている。数は三つでそれぞれ自主独立しており、正三角形の中で出合うことができる。それは、はるか昔の建築に結びつき、それらを取り込むのに適した基本的な形である。そこで、周囲に石を積み重ねた、三角形のならした土地をつくり出した。それは大統領官邸と空港に至る自動車道路のランプからアクセスする周辺の広野の中で一段高くなっている」(図9)

「この広場―「三権広場」―のそれぞれの角にこれらの建物がひとつずつ場所を定め、三角形の底辺に政府と最高裁判所を、頂点に国会議事堂を置いた。この前面には、同様に、その周囲すべてに石を積み重ねた、方形でより高いレベルの二番目のならした土地をこの場所の地形にしたがってつくり、そこに広大なエスプラナードを配置した。土地をならすという東洋の千年の技術を現在の表現で用いることは、全体のまとまりを保証し、それに予想外のモニュメンタルな強調を与える」(図9)

ここにも三角形を使った。国家の三権の具体化、空間化に正三角形を使った。それをならした平らな土地としてつくり出す。この平らな土地の周囲に「石を積み重ね」て、セラードの自然のなかに建つブラジリアを象徴的に浮かび上がらせた。

この一番目の正三角形のならした土地の一部に、「ル・コルビュジエによって一九三六年に提案された皇帝ヤシのフォルム（広場）」と注記をつけて、それをデザインした。ル・コルビュジエは一九三六年に招聘されてルシオ・コスタらの教育保健省の設計に対する助言に携わったが、それに皇帝ヤシのフォルムが提案されている。

省庁のエスプラナード

「歩行者やパレード、縦列行進のための広い見渡す限り芝生が敷き詰められた、このエ

図9

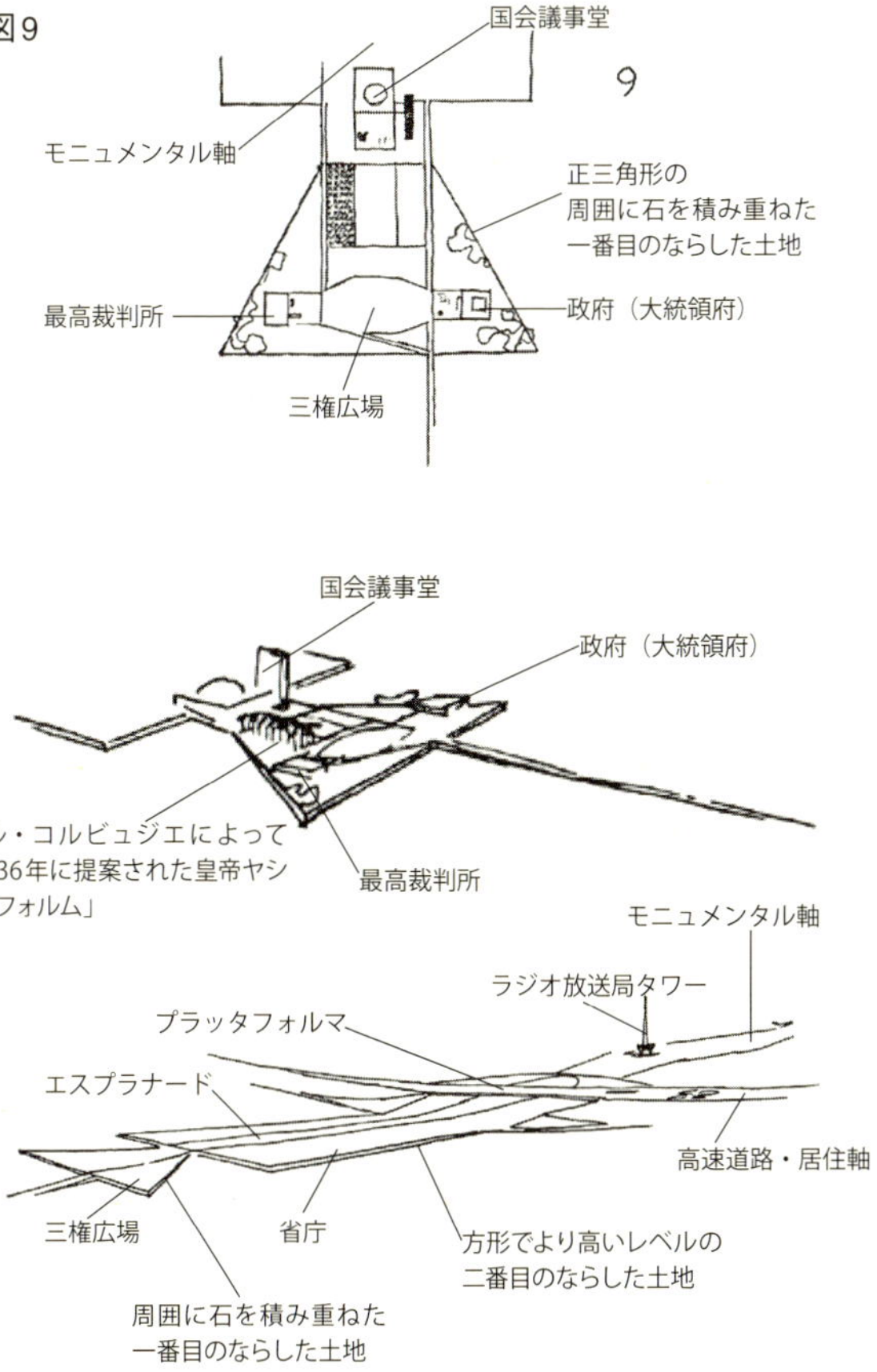

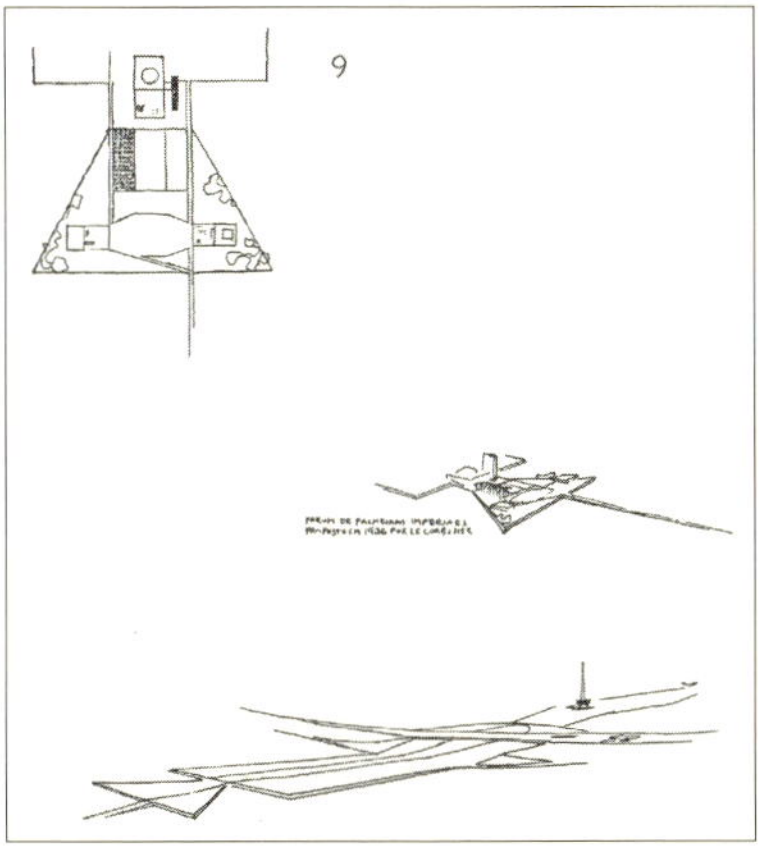

図9　オリジナルスケッチ

スプラナード―イギリスのザ・マル―に沿って、各省庁と独立採算の国営企業が配置された」（図10）

ロンドンのザ・マルは、一九世紀後半から二〇世紀前半にかけて建設された、儀式時のパレード用の道路である。そこに省庁のスラブ*建物を統一して建ち並べた。

「外務省と法務省は、ならした土地の低いところの両角を占め、国会議事堂の建物に隣接し、ふさわしい外構をもつ。陸軍省は、ひとつの独立した広場を形成する。他の省庁は連続して配列される。すべてにそれぞれの駐車場のエリアを設ける。一番最後が教育省であるが、それは文化地区に隣接させるためである。文化地区は博物館や図書館、プラネタリウム、学術機関、研究所等のよりよい環境のために公園のように扱われる。この文化地区はまた、ふさわしい臨床医学の病院が付いた大学都市に当てられる広大なエリアに隣接する。天文台の設置も想定する」

法務省はブラジルで最初にできた省庁である。一番奥に配置した教育省はもっともプラッタフォルマに近い位置になり、それとプラッタフォルマの間が文化地区である。ここには公園群がつくられる。都市の中心に置かれたプラッタフォルマに人びとが集まり、その前に公園が広がり、そこに文化施設が建つように構想し、国家の中枢である三権を首都の中心に置かなかった。

カテドラル

「カテドラルは、同様に、エスプラナードではあるが、エスプラナード横の独立した広場に配置した。議定書の問題ゆえだけではなく、教会は国家から分離されているので、モニュメントの価値を高めるということを考えた規模の問題のためでもある。さらに、これが主だったものだが、建築術から見た配列というもうひとつの理由がある。つまり、

＊スラブとは、ルシオ・コスタが使い始めた用語で、ル・コルビジュエが提案したドミノ型住宅にみられる、鉄筋コンクリートの柱と床と階段による構造方式のことである。

エスプラナード全体のパースペクティブが、都市のふたつの軸が交差する場所にあるプラッタフォルマの向こうまで、何ものにも妨げられることなく続いていかなければならないからである」

このように考えて、コスタは、ブラジリアの主教会カテドラルも、都市の中心に置かなかった。

娯楽地区

この二本の軸が交差するところを中心に、全体が歩車分離された商業地区や事務所地区、銀行地区などからなる、すべて歩行者に開放されるひとつながりの広大な核をつくった。一

図10

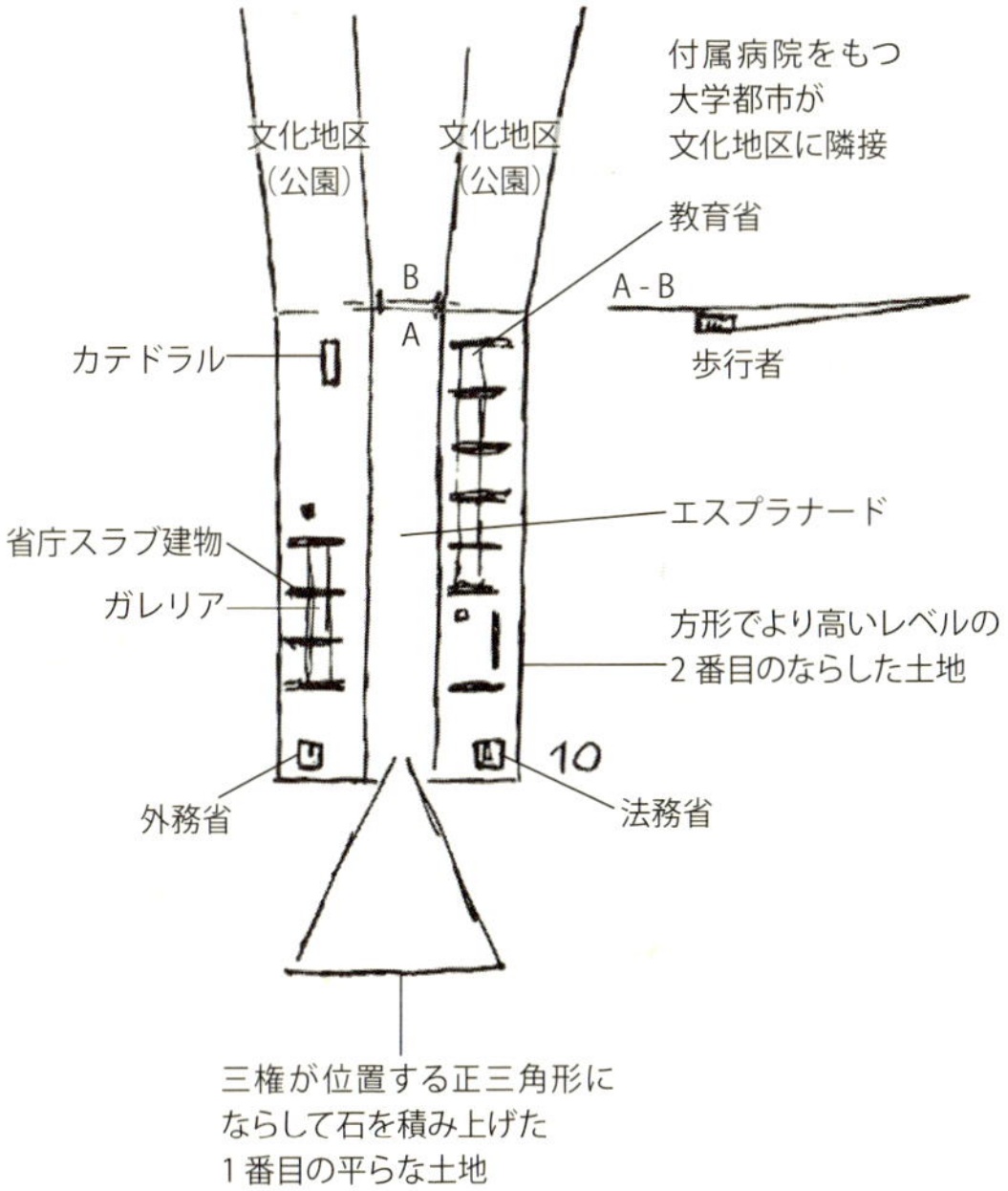

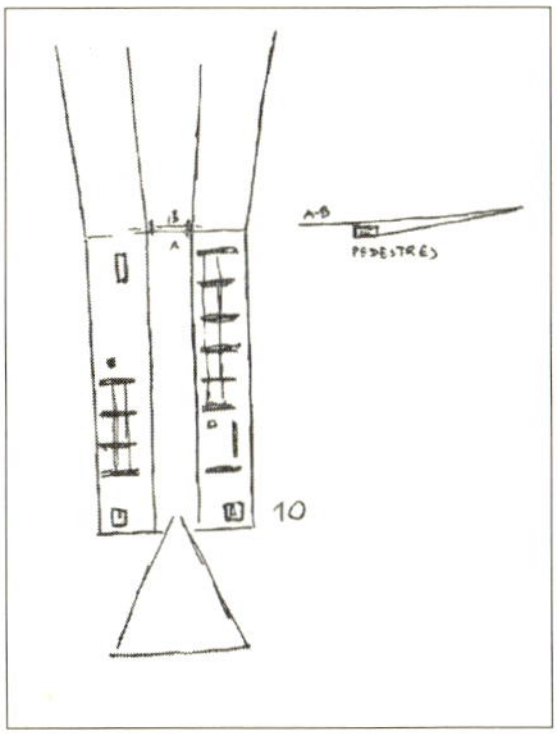

図10　オリジナルスケッチ

大都心である。そして、その真ん中に娯楽地区を配した。この計画にコスタは強い思いを込めた。

「10―このプラッタフォルマには、すでに見てきたように、地域交通だけであり、娯楽地区（ピカデリーサーカスやタイムズスクエアやシャンゼリゼ通りを適度に複合化する）を配置した。文化地区と省庁のエスプラナードを見渡すことができるプラッタフォルマの正面は、オペラハウスと不確定な喫茶店を除いては、何も建てられることはなかった。それらへのアクセスは、隣接している文化地区からも娯楽地区からも、下の平面につくられる。プラッタフォルマの反対側の正面には映画館と劇場を集中させたが、建築規準は低い高さで同型にして、それらすべてを歩廊、広い敷石道、テラス、そしてカフェーが連続することでつないでひとつの建築物にした。建物の正面は、宣伝用のイルミネーションパネルを備えつけるために、開放された空間の高さいっぱい使われる」（図11）

「さまざまな興行小屋は、（リオの）オウビドール通り、ヴェネチアの路地あるいは屋根付きガレリア（アーケード）といった伝統様式の小路によってお互いに結び付けられ、軽飲食のバールやカフェーのある小さなパティオ、後ろに公園を見渡せるところにある「ロッジア」に接続されることになる。これらはすべて、親交とその進展にふさわしい雰囲気を容易にするためである」（図11）

大通りあるいは広場にあたるプラッタフォルマ（プラットフォーム）には、コロニアル建物に必ずといってよいほどあったロッジアがある。社交のカフェーがそこここにある。夜になればイルミネーションで華やかさを増し、そこから一歩内に入れば、そこには劇場や映画館がある路地が広がる。

「この劇場や映画館がある建物の中央地区の地上階は、連続したパースペクティブを保証するために、上階へアクセスする核を除いて、すべて空隙にした。さらに、各階は二面をガラス張りに想定して、レストランやクラブ、喫茶店などが、一方ではグランドレベルのエスプラナードへの眺めを、もう一方ではモニュメンタル軸の延長上にある公園の斜面と商業用および旅行者用のホテルが置かれたところへの眺めを、さらにその上方の、全体の構成の中に加えられた造形的な要素として使われたラジオ・テレビ放送局のモニュメンタルなタワーへの眺めを手に入れることができるようにした」（図9）（図11）

図11

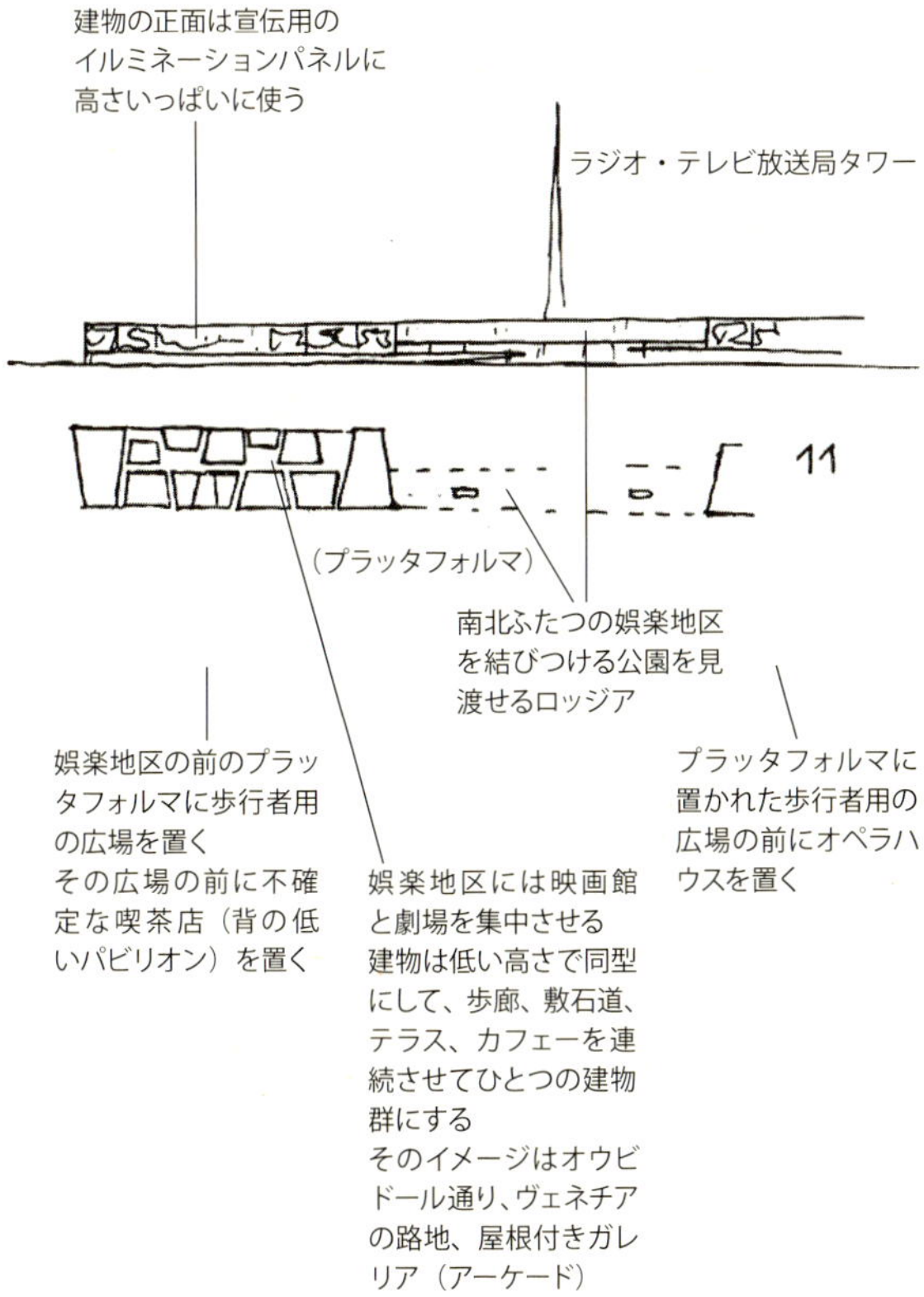
建物の正面は宣伝用のイルミネーションパネルに高さいっぱいに使う
ラジオ・テレビ放送局タワー
11
（プラッタフォルマ）
南北ふたつの娯楽地区を結びつける公園を見渡せるロッジア
娯楽地区の前のプラッタフォルマに歩行者用の広場を置く
その広場の前に不確定な喫茶店（背の低いパビリオン）を置く
娯楽地区には映画館と劇場を集中させる
建物は低い高さで同型にして、歩廊、敷石道、テラス、カフェーを連続させてひとつの建物群にする
そのイメージはオウビドール通り、ヴェネチアの路地、屋根付きガレリア（アーケード）
プラッタフォルマに置かれた歩行者用の広場の前にオペラハウスを置く

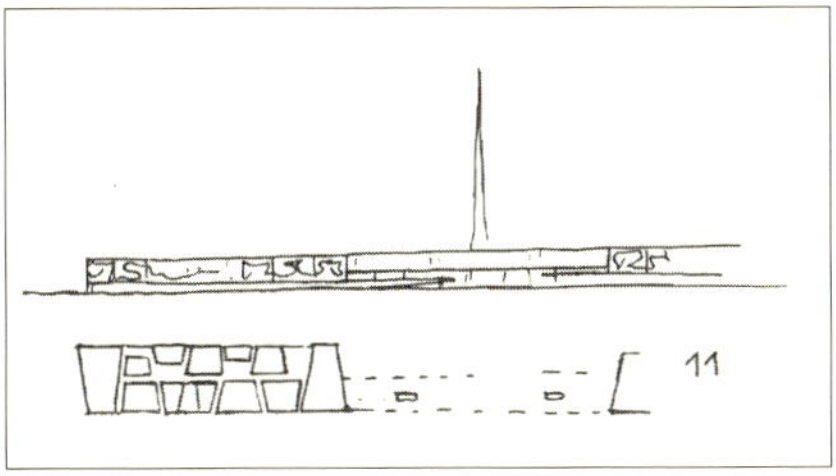
11

図11　オリジナルスケッチ

（図12）

この前に位置するプラッタフォルマの設計も、詳細に語った。

「プラッタフォルマの中央部分には、横向きに配置されるが、切符売り場、軽飲食のバール、レストランなどが設置されたバスターミナルのロビーがあり、背の低い構造で、発着場とはガラス張りにすることで分けられた下の出発用の「ホール」にエスカレーターで結ばれる。一方通行の交通システムはバスが出発する時に、プラッタフォルマで覆われたエリアから外へ出て、どちらかの方向に一巡りすることを義務づけるが、それは、高速道路・居住軸に入る前に、旅客に都市のモニュメンタル軸の最後の眺めを許すことになる。心理学的に望ましい別れである」

「まるで地上床であるかのように、自動車の駐車場に主に予定されたこの広々としたプラッタフォルマには、歩行者用のふたつの広い広場も想定した。ひとつはオペラハウスと向かい合って、もうひとつは、文化地区の庭園に身をかがめ、レストランや軽飲食のバール、喫茶店用に予定された背の低いパビリオンの前に対称的に配置する。これらの広場では、ロータリー車線の床は、つねに一方通行で、歩行者がいずれの方向にも自由に横断できるように、広範囲に少し高くなっており、銀行地区と事務所地区にも小売商業地区にも自由かつ直接にアクセスすることができる」（図8）

ふたつの商業核とふたつの業務地区

「11―この中央の娯楽地区の横に、それに連結して、小売店とショッピングセンターの商業にもっぱら割り当てられたふたつの大きな核と、銀行・商業地区および自由業や代理店そして企業のための事務所地区の、異なるふたつの地区がある。ふたつの地区にはそれぞれブラジル銀行、中央郵便・電話局が配置された。これらの核と地区は、自動車ではそれぞれの車線から直接に、歩行者も交差点のない歩道によって近づくことができる（図8）、二層の駐車場のためのカーポートと、中央のプラッタフォルマの下の床にあたる地階にサービス用のアクセスをもつ」

「銀行地区には、事務所地区と同様に、三つの高層ブロックと四つの低層ブロックを想定し、銀行の支店、企業の代理店、カフェー、レストランなどを設置するための覆われた相互往来と広い空間を許すように、中二階を持つ長い地上の翼でそれらをつないだ。それぞれの商業核には、長く低いブロックでまとめられた連続と、前述と同じ高さのひとつの高いブロックを計画し、すべて店舗と中二階とガレリアをもつ広い地上空間によって相互に結ばれるようにする。車線の床を高くした周囲を巡るふたつの枝道は、ここでも、歩行者に自由なアクセスを許す」

都市の中心たることを、居住軸とモニュメンタル軸の端正さと対照させて、建物のさまざまな高さで演出するようにした。

スポーツ地区、競技場、競馬場、植物園、動物園

モニュメンタル軸の省庁のエスプラナードの反対側、西側に、

「12―スポーツ地区は、自動車の駐車場に使われる非常に大きなエリアをもち、市の広場とラジオ放送局タワーとの間に設置した」

ラジオ放送局タワーのデザインを次のように定めた。

「そのタワーは、「スタジオ」その他の設備のある階までの打ち放しコンクリートのモニュメンタルな土台と、中間の高さに展望台が付いた鉄骨の上部構造からなる三角形のプランを想定する」（図12）

タワーの土台をコスタは正三角形とした。ここでも三角形が使われている。都市の重要な

ものに対してコスタは三角形を浮かび上がらせた。
そして、その両側には、

「一方側には、競技場と多くの付属建造物があり、その背後には植物園が広がる。もう一方側には、観覧席と厩舎が付いた競馬場があり、動物園が隣接している。これらが、ふたつの計り知れないほどの広大な緑地を構成し、モニュメンタル軸に対して左右対象に配置されて、まさに肺である」

都市の「肺」である植え込みには、図4に示すように、まるで人間の肺であるかのように、大きい面積を与えた。この説明書には記されていないが、全体計画図をみると、その近くに露天商・サーカス等予定地もある。

市の広場

図12

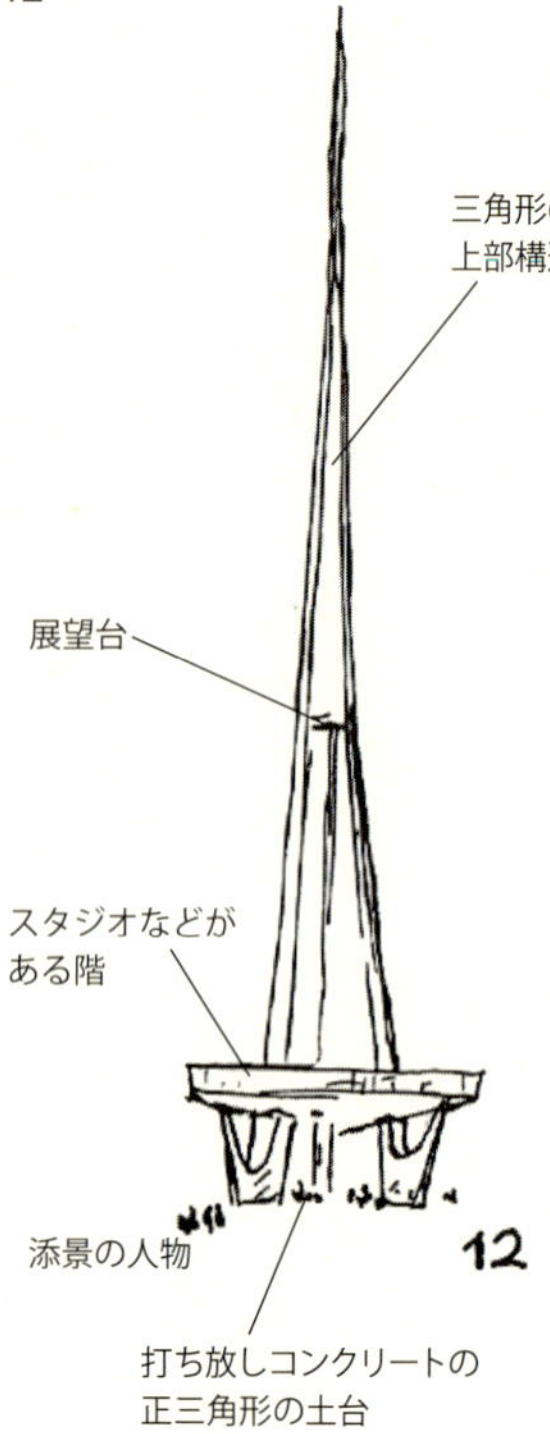

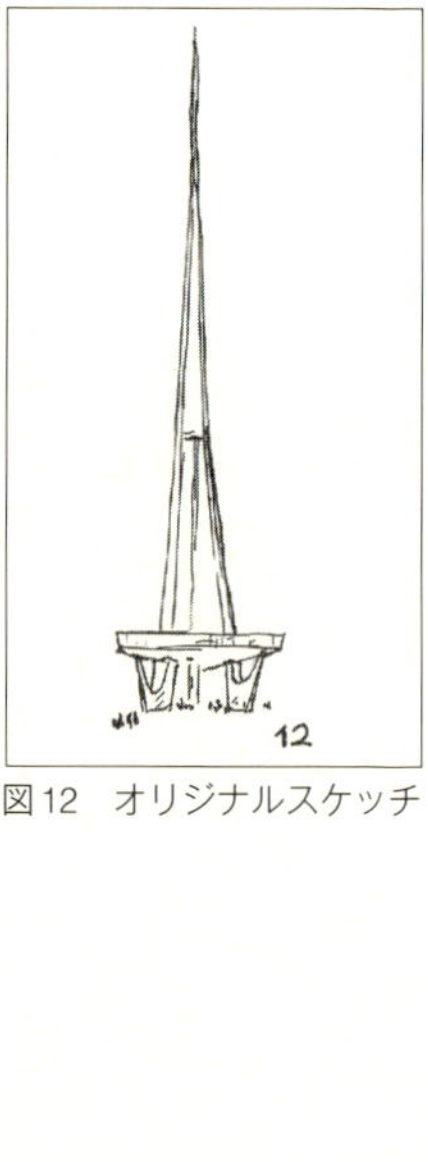

図12　オリジナルスケッチ

その上方に、市の広場を設けた。

「13—市の広場には、市役所、警察本部、消防本部、そして公共福祉施設が設置される。刑務所と保護収容所は、都心から離れているが、同様にこの地区の一部につくる」

供給と安全

その先は、動物園や植物園などからなる都市の「肺」を介して、中心からかなり離れたところになる。都市のもっとも高いところ、ブラジリアの建設にあたり木の十字架が建てられたあたりである。

「14—市の行政地区の上方には、都市交通機関の車庫、続いて一方と他方に兵舎、横に広がった広い細長い土地には独自の住居地区をもつ倉庫貯蔵と地域関連の小工業のための地区が配置され、このゾーンは鉄道駅でつきあたりになり、トラックのための高速道路の枝道にもつながっている」

そして、このモニュメンタル軸のあり方をあらためて大いなる自信と感嘆をもって語った。

「15—上述のこのモニュメンタル軸を端から端までを見て回ると、このレイアウトの流動性と統一性（図9）が、政府の広場から市の広場まで多様性を排除していないこと、それぞれの地区がいわば全体の構成の中で造形的に自律した有機体として有効であることがわかる。この自律が人間尺度に合致した空間をつくり出し、すべてにわたる都市計画の調和のとれた統合の中で、各地区の建築術の履行を犠牲にすることなく、モニュメンタルな対話を許している」

スーペルクワドラの住居地区

高速道路・居住軸に沿って配置されるプラーノピロットで働き住む人びとの住居地区には、

図13　スーペルクワドラの3列目にあたる帯状地は花卉園芸、菜園、果樹園のためにとっておく

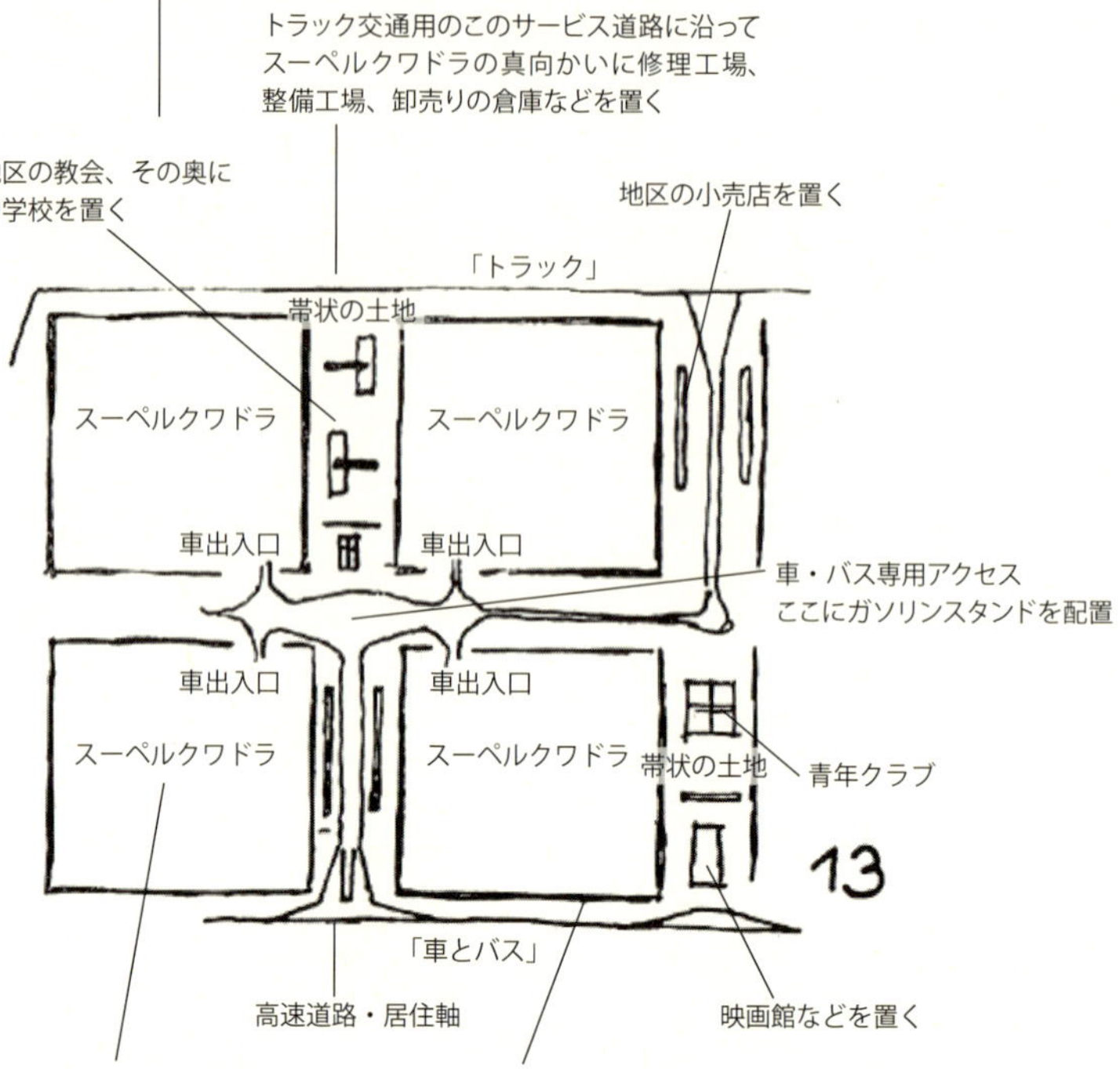

スーペルクワドラ内の居住ブロックは、ふたつの一般原則にしたがって計画する。ひとつは、ピロティが付いた6階くらいの建物、もうひとつは、自動車交通と歩行者交通の分離で、特に小学校へのアクセスと各ブロックに存在する快適さへのアクセス

密に植えられた樹木の広いベルトによって縁取られた大きな方形街区
樹木は方形街区ごとに特定の種類が優位に立つ
方形街区の内部の風景を保護する
クワドラ内の建築の秩序を保証するとともに、散策等の土地を住民に提供することができる

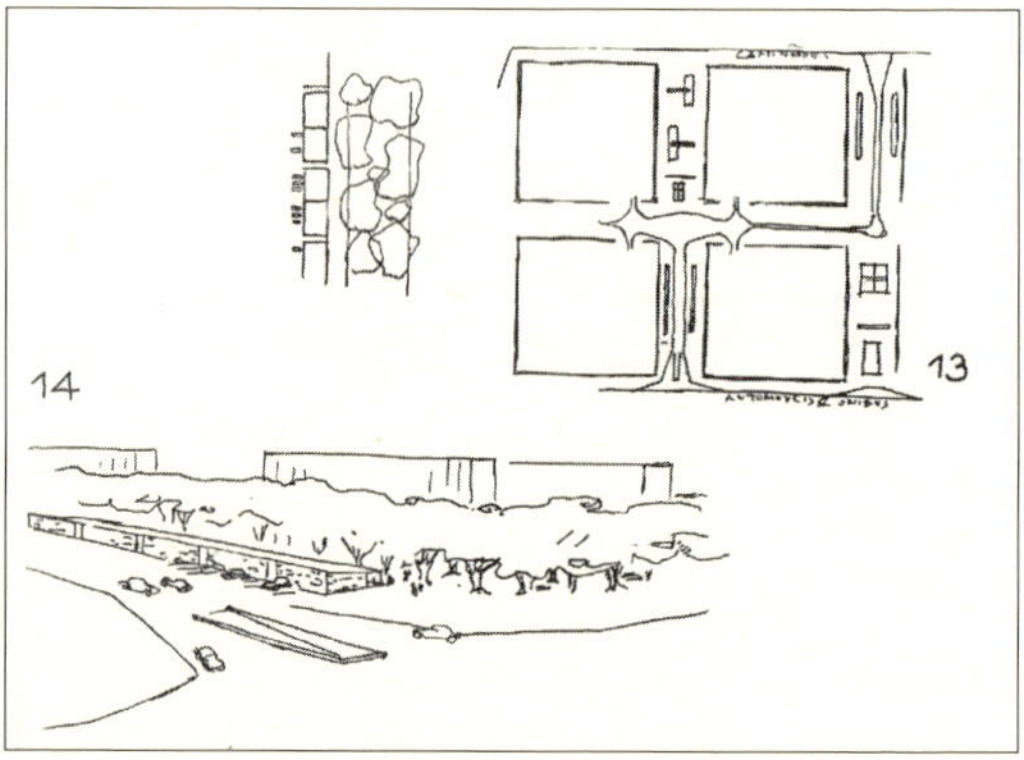

図13、14　オリジナルスケッチ

図14

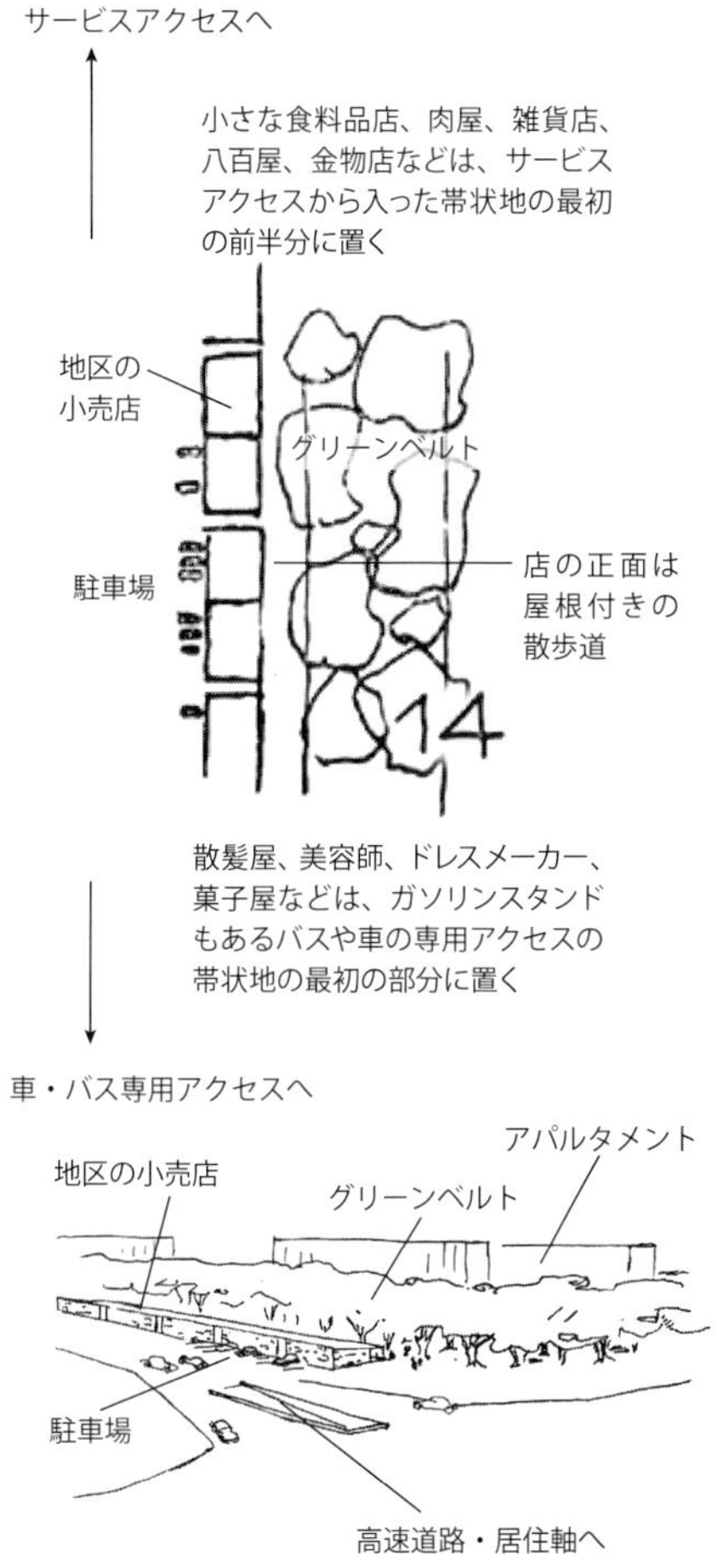

サービスアクセスへ
小さな食料品店、肉屋、雑貨店、八百屋、金物店などは、サービスアクセスから入った帯状地の最初の前半分に置く
地区の小売店
グリーンベルト
駐車場
店の正面は屋根付きの散歩道
14
散髪屋、美容師、ドレスメーカー、菓子屋などは、ガソリンスタンドもあるバスや車の専用アクセスの帯状地の最初の部分に置く
車・バス専用アクセスへ
アパルタメント
地区の小売店
グリーンベルト
駐車場
高速道路・居住軸へ

緑で囲まれたスーペルクワドラ（スーパーブロック）方式を採った。

「16—居住問題に関しては、高速道路帯の両側に二列あるいは一列に配置された大きな方形街区の切れ目のない連続をつくり出すという解決を考えた。そして、大きな木の、密に植えられたひとつの広いベルトで方形街区を縁取った。方形街区ごとに特定の種類の植物が優先するこの広いベルトは、地面を芝生でおおい、灌木の茂みと樹木の葉の繁りのカーテンを断続的に補足し、見る者がどこにいても、つねに後景にあって風景の中に和らげられるようにみえることで、方形街区の中をよりよく保護するようにした」（図13）

通常のブロックは一〇〇メートル×一〇〇メートル程度であるが、スーパーブロックはその数倍の規模をもつ街区である。緑豊かな歩行自由な住居地区である。

スーペルクワドラのまわりにグリーンベルトを配置するという方式を採用した理由である。

「この配置には、二重の利点がある。ひとつは、密度、種類、規格あるいは建物の建築的質がたとえ変化しても、いつも同じ都市計画の秩序を保証するということ、もうひとつは、方形街区自体の内部に規定されている空地とは別に、散策したり余暇を楽しんだりするために日陰になる広大な帯状の土地を住民たちに提供することである」

そして、このスーペルクワドラの守るべき原則を次のように定めた。

「この「スーペルクワドラ」内の居住ブロックは、いろいろと計画することができるが、ふたつの一般原則にしたがって計画する。すなわち、一律の絶対規準で、ひとつはピロティが付いた六階くらいの建物、もうひとつは自動車交通と歩行者交通の分離で、特に小学校へのアクセスと各ブロック内部に存在する快適さへのアクセスである」（図8）

ピロティの上に持ち上げられたアパルタメント（アパートメント）とさらりと触れているが、スーペルクワドラ内のすべてのアパルタメントをピロティの上に持ち上げることで、地上レベルはすべて建物から解放されることになる。このピロティでスーペルクワドラ内はまったく開放的になった。アパルタメントの高さについては、六階とするだけで、数値には触れなかった。

この二列の方形街区を突き進んでいくと、

「方形街区の背後にはトラック交通のためのサービス道路が長く伸び、そのサービス道路に沿って、方形街区の真向かいに、修理工場、整備工場、卸売りの倉庫などの立地を予定する。方形街区の三列目に相当する帯状の土地は、花卉園芸、菜園、果樹園のためにとっておく」

三列目は、住居から徒歩で行くことができる田園である。

もう一度、方形街区のほうに戻る。

「このサービス道路と高速道路・居住軸の道路の間の閉じこめられたところに、ひとつはサービス道路から、もうひとつは高速道路・居住軸から、交互にアクセスが付いた広く長い帯状の土地を加えた」

つまり、方形街区の間に帯状の土地をとり、サービス道路と高速道路・居住軸の道路から、方形街区ひとつおきに、進入路を設けた。そして、その帯状の土地の用途を次のように定めた。

「そこには、教会、中学校、映画館、地区の小売りが場所を定め、その種類あるいは性質にしたがって配置した」(図13)

具体的には、

「小さな食料品店、肉屋、雑貨店、八百屋、金物店などは、サービスアクセスに対応する帯状地の最初の半分にあり、散髪屋、美容師、ドレスメーカー、菓子屋などは、バスや車の交通路の専用アクセスである帯状地の最初のセクションにある。その専用のアクセスにはガソリンスタンドもある。店舗は列状に配置し、ショーウインドーと街区を縁取る歩行者専用の植樹帯との境目に屋根付きの散歩道を設ける。グリーンベルト側とは反対側の駐車場は、自動車でのアクセス道路に接しており、一方の側からもう一方の側の商店へつなげるために横断路を予定する。店舗は二戸連棟でつくるが、全体で一棟とする」(図14)

「四つの方形街区が合流したところに、地区の教会を置き、その奥に中学校を配置した。その一方で、高速道路に面したサービス帯の一部に、別の地区からやって来る誰もが近づきやすくするように映画館を予定し、中間の広大なオープンスペースには、試合やレクリエーションのためのフィールドをもつ青年クラブを予定した」

完全に囲い込まれたいわゆるスーパーブロックとは異なる、都市のなかでの行き来の自由度のきわめて高いスーパーブロック、すなわちスーペルクワドラである。コスタは、このスーペルクワドラに強い思いを込めて計画した。

かくして、花卉園芸、菜園、果樹園のエリアを伴う自立的な住居地区ができあがった。仕事から帰った居住者は、スポーツで力を回復し、野菜づくりに、果樹園作業に精を出すというイメージがそこにはある。

住居地区にスーパーブロック方式を採用することで、モニュメンタル軸の大スケールに比べてどうしても小スケールになってしまう住居地区を大スケールにし、モニュメンタル軸と高速道路・居住軸からなるブラジリアを全体として壮大なものにすることを可能にした。そして、ブラジリアに欠かせない首都機能の壮大さを獲得するとともに、便利に、能率的に、快適に、そして健康に住まうことも獲得した。

居住を考えるときに必ずといってよいほど突き当たるのが、ファヴェーラ(スラム)である。都市の内外に往々にして発生する。それは排除しなければならない。その一方で、家事手伝いや運転手のような下支えがないと、ブラジリアの都市を動かす人びとの生活は成り立ちがたい。ブラジルの宿命ともいうべき部分である。彼らもプラーノピロットに住むべき人たちである。このことにいかに対処するか。

そこで、次に、この方形街区の配置方式を考えた。

「17—社会的な漸次的推移は、特定の方形街区により高い価値を付加することで、たやすく分量を決めることができよう」

「たとえば、大使館地区に隣接する一列の方形街区には高い価値が容易につくだろう。大使館地区は高速道路・居住軸に平行して主軸の両サイドに広がっており、独立したアクセスの並木道と居住用の方形街区と共有し合うトラック交通のためのサービス道路がある。この並木道は、いってみれば、大使館・公使館地区への専用道で、この地区の中の都市の中心に近いところに配置されるメインホテルを除いて、一方の側にだけ建物を建て、もう一方の側は風景をさえぎらない眺めがあるままにしておくことを想定する」

「高速道路・居住軸の方形街区のもう一方の側においては、高速道路に隣接する方形街区の方が内側の方形街区よりもおのずとより高く評価され、それは現行体制の漸次的推移そのものを許すことになる。しかし、それらのグループ化、つまり四つでひとつのグループにすることは、不当で望ましくない社会成層を避けて、ある程度社会的共存を容易にする。そして、どうであろうと、ある方形街区から別の方形街区を分ける規準の差異は、提案された都市計画の仲介によって無力化され、すべての人が権利をもつ社会的な快適性に影響を与えるようなものにはならないだろう。それらの相違は、密度の多少や、個々人や家族それぞれに割り当てられる空間の大小、材料の選択、仕上げの程度と洗練から生じるだけだろう。このようにして、都市周辺でも田舎でも、ファヴェーラをはめ込ませないようにしなければならない。都市公社は、提案計画の範囲内で全人口に清潔で経済的な住居を用意しなければならない」

こうすることによってはじめて、ブラジリアの全居住者に住居が提供できることになる。それをコスタはプラーノピロットに組み込んだ。

これらの住居はアパートメントハウスであるが、戸建て住宅もパラノア湖畔に予定した。

「18―個人の家用の区画割のために、木立と広野に囲まれた、島のように独立した地区も想定した。頂点の区画地に建てられる家々が、ひとつひとつ離れていて、風景の中で際立つように、歯車の歯板に歯を付けたような配置を提案した。全区画地へのサービス用の独立したアクセスがついた配置となっている」(図15)

「そして、高建築水準—大きいということを意味するものではない—の独立してバラバラに建つ家の予測できない建設も認めたが、これらの場合、ルールとして、家から家まで最低限一キロメートル離れていることと定め、このような許可の例外的な性格を強調した」

ただ、どのような人びとがここに居を構えるのかは示さなかった。

図15

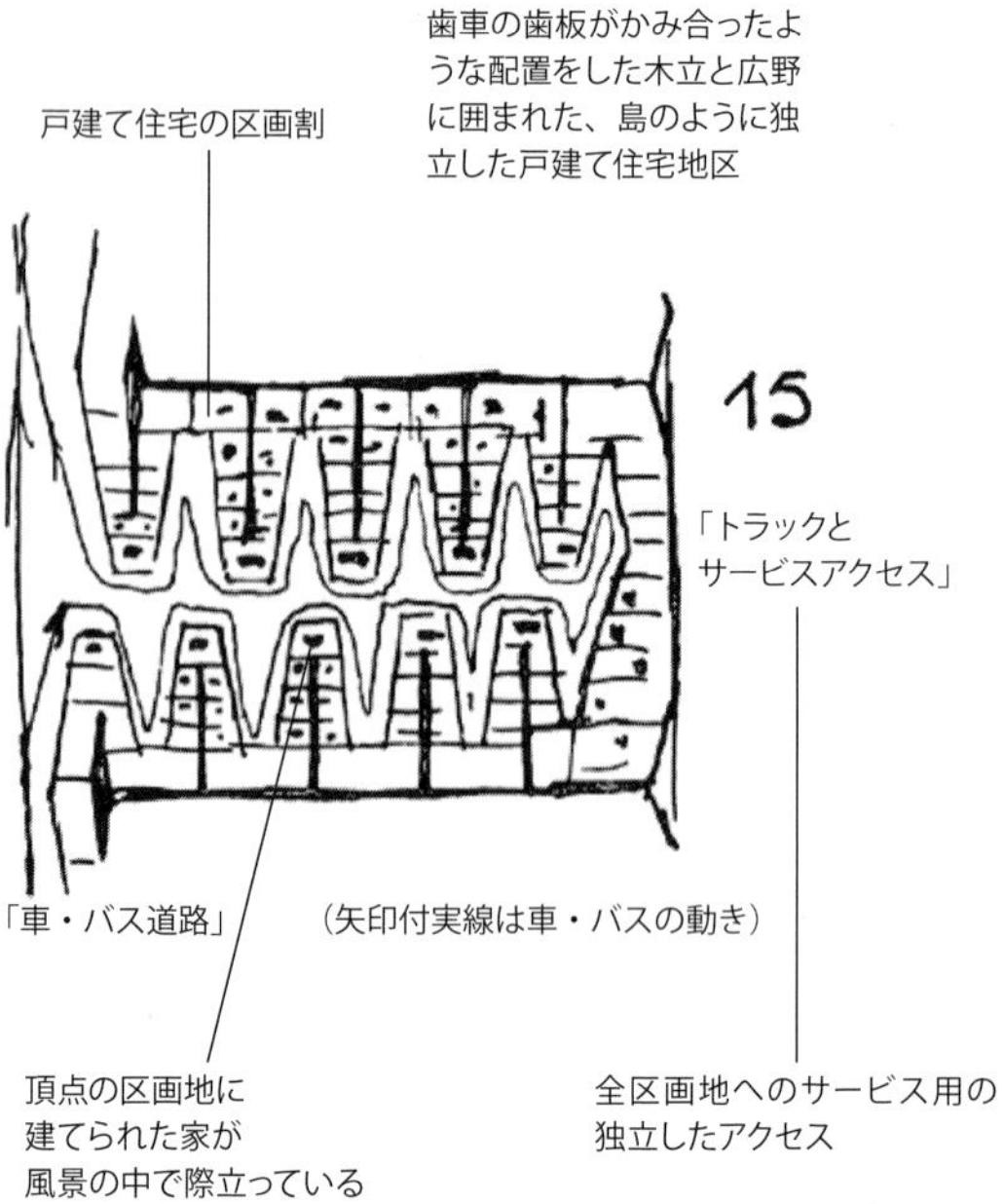

歯車の歯板がかみ合ったような配置をした木立と広野に囲まれた、島のように独立した戸建て住宅地区
戸建て住宅の区画割
15
「トラックとサービスアクセス」
「車・バス道路」
(矢印付実線は車・バスの動き)
頂点の区画地に建てられた家が風景の中で際立っている
全区画地へのサービス用の独立したアクセス

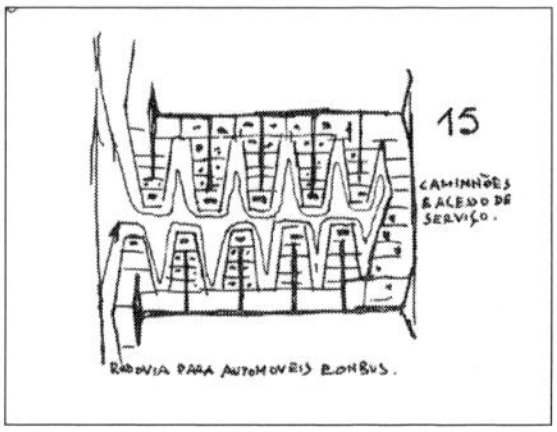

15

図15　オリジナルスケッチ

最後に、墓地である。

「19—高速道路・居住軸の両端に配置された墓地は、葬式の行列が都市の中心を横切ることを避けている。墓地は、地面が芝で覆われ、ふさわしく植樹され、墓はほとんどなくて簡素な墓石があり、英国様式で、華美なものはまったくない」

どっしりした墓石がところ狭しと横たわる通常の墓地とはじつに対照的である。

湖岸

ドン・ボスコが預言的夢であらわにした湖は、ダムを築いて本来の湖となった。その人工湖のパラノア湖の湖岸の活用は、次のように頭に浮かんだ。

「20—湖岸をもとのままで残すために、都市のあらゆる人びとの散歩や牧歌的な快適さのために自然主義で田園風のよそおいをもった森や広野にして、湖岸に住居地区を配置することを避けた。スポーツクラブ、レストラン、レクリエーション施設、水浴場、そして釣り場だけが水辺に達することができる。ゴルフクラブは東端に建築中の大統領官邸とホテルに隣接して、ヨットクラブは近くの入り江に配置した。それらには人工湖の岸までひろがる深い森が入りこんでいる。このあたりでは、花が咲く木立が点在するようになることであろう広野が湖岸を隠すので、断続的に湖岸から解放された外縁の並木道がジグザグに走る。この道は高速道路・居住軸にも、空港からシビックセンターへ直接アクセスする独立した車道にも接続し、それぞれの出口が高速道路・居住軸それ自身によって処理されるという利点があるので、著名な訪問者はここを通って都市へ入ることになろう。また、最終的な空港の位置は、横断とか回り道を避けるために、人工湖が深く入り込んだ場所に定めることを提案する」

湖岸は特定の利用に供するのではなく、都市に住むすべての人びとが心身ともに健康を増進する場にしようとした。また、空港はこの時点ですでに建設されているが、それを知ってか知らぬか、コスタは、湖岸沿いの道路を利用をするべく、湖岸近くに建設することを強く提案した。

都市の番号表示と土地の売却

残る課題のひとつは、都市の番号表示方式であった。

「21―都市の番号表示については、基準はモニュメンタル軸であるべきで、都市を北半分と南半分に分ける。また、方形街区は数字で、居住ブロックは文字で、最後にアパルタメントの番号はいつものように表示される。たとえばN―Q3-L-ap.201（北の第3方形街区、Lブロックの201号）のように表示される。方形街区の入口におけるブロックの表示は、標準通りに、左から右に向かって書かれるべきである」

抽象的な記号による都市の番号表示を提示した。これも階層を意識させないでおこうという配慮である。

もうひとつの課題は、土地の売却であった。

「22―いかに土地を処分し、それを個人の財産になりやすくするかという問題が残っている。方形街区の内部のアウトラインの現在の計画と将来の改造の可能性を妨げないために、方形街区は区画割りするべきではないと理解しており、土地区画の売却の代わりに、土地の割り当ての売却を提案する。その価格は問題の地区と規準に関係する。その計画はむしろ土地の割り当ての売却に先行するべきであったとも理解しているが、かなりの数の割り当ての購入者がひとつの特定の方形街区の都市化にふさわしい計画を都市公社の承認に委ねること、また都市公社自身が、開発者が割り当てを購入しやすくなるようにすることに加え、大部分において開発者として機能することを妨げるものは、何もない。また、割り当ての価格は、需要に応じて変動するが、計画の費用を賄うために、都市公社の建築部によって計画されない方形街区の都市化と建築化のための特定の建築家の招聘やコンクールの開催を容易にすることを意図して、税込みの少額を含むべきだとも理解している。また、事前に選択できて建設の質をよりいっそう管理することを意図して、計画の許可がふたつの段階、すなわち草案の段階と最終的な段階で審理されることをさらに提案する」

スーペルクワドラのなかのアパートメントがすべてピロティの上に建てられるのであるから、地上はすべて建物の占有から解放される。ピロティの上に建物をつくる権利を保証しさえすれば、スーペルクワドラの土地はすべて公とすることができる。すると、土地を区画割りするという考えは成立しなくなる。そこで、土地の割り当てという考えが生まれた。

「同様に、小売商業地区、銀行地区、企業や自由業の事務所地区に関しては、建築の整合性を犠牲にすることなく、サブ地区と独立した単位に分割できるように前もって計画されるべきで、したがって区分して不動産市場での売却にゆだね、建設それ自体あるいはその一部は、当事者あるいは都市公社の責任によって、あるいは両者が一緒におこなうことになろう」

シダージ・パルケを

自らの提案の素晴らしさを、その原形と首都のあり方、そしてここで必要となった計画の技法を総括しながら今一度、コスタは語りかけた。

「23―要約すると、提示した結論は理解しやすいものである。というのは、もともとの構想図の単純さと明快さによって自らを特徴づけているからである。それは、みてきたように、各部分の取り扱いでの多様性を排除しておらず、おのおのの機能の固有性に応じて構想されているどの部分も、そこから、いっけん相反するようにみえる諸要求の調和をつくりあげている。そして、都市はモニュメンタルであると同時に快適であり、能率的であり、もてなしと親密さがある。そして、光を放つと同時に簡潔であり、田園風であって都会的であり、叙情詩的であって機能的である。自動車交通は交差点なしで処理されており、地面は理にかなった方法で歩行者に返還されている。そして、非常にはっきりと定義づけられた骨格をもつことで、ふたつの軸、ふたつのならされた土地、ひとつのプラッタフォルマ（プラットホーム）、ある意味で広々としたふたつの車線、別の意味でひとつの高速道路、これらが容易に実現される。高速道路は少しずつ建設すればよい。最初は、それぞれの側のクローバー型立体交差道路をもつ帯状の中央車線、その次は両サイドの車線というように。都市の正常な発展に伴って高速道路は伸びていく。それらの高速道路施設には車線に隣接する緑地の帯がつねに確保されている。方形街区は、芝生が敷かれ、そのときから樹木が植えられたそれぞれのベルトをもつが、いかなる種類の舗装もなく、歩道の縁石もなく、どこも平らで風景画風に設定される。一方では、高速道路の技術。もう一方では、公園と庭園のある風景画の技法」

そして、一息おいて、こう締めくくった。

「ブラジリア、大気と高速道路の首都　シダージ・パルケ

パトリアルカが見た一〇〇年に一度の夢」

これが、このプロポーザルの冒頭の添え書きへの答えであるとともに、サレジオ会の開祖

ドン・ボスコの預言的夢が現実のものになった都市のあるべき姿だというのである。
するると、この解は、実は、ひとりの夢ではなく、聖人の預言的夢も含めた、ブラジルの国民すべての夢が、今、ここに実現するのだという、ルシオ・コスタの強いメッセージにほかならない。

ブラジルが「発見」されてのち、多くの人がブラジリアを夢見て、過ぎ去っていった。ブラジルがひとつにまとまるということ、気候的に健康であること、衛生的であること、地理的に中心であること、夢であらわになった約束の地であること、政治的にも経済的にも国をリードしていくものであること、そして何よりもブラジルの中心として人びとのなかで光り輝くこと等など。そうした人びとの夢と希望をすべて読み込んだメッセージである。

それを将来にも語り継ぐ叙事詩として、コスタは十字のしるしに始まり、開拓し、そしてシダージ・パルケとなっていくブラジリアをうたい上げた。

じつにさまざまな人種と民族の人びとがともに暮らす「人種デモクラシー」の国ブラジルの、その首都のあり方。それは、人種と民族にこだわることのない、人種と民族を超えたルーツを首都に定めた、ルシオ・コスタのモダニズム理論—それはもうブラジルのモダニズム理論といっていいのだが—すなわち「モデルニズモ」がもたらした。

コスタのこのプロポーザルに素直にしたがえば、コロニアルの伝統を手本として、まず十字を大地に置き、それに血と肉を与えていったところ、それがシダージ・パルケになった、ということである。シダージ・パルケとはガーデンシティのポルトガル語であるが、シダージ・パルケはガーデンシティからもたらされたものではない。国のルーツであるコロニアルの風景を現代に翻訳していったところ、インターナショナルのモダニズムのガーデンシティと同じようなものになったのである。それが、コスタの言う「シダージ・パルケ」である。「モ

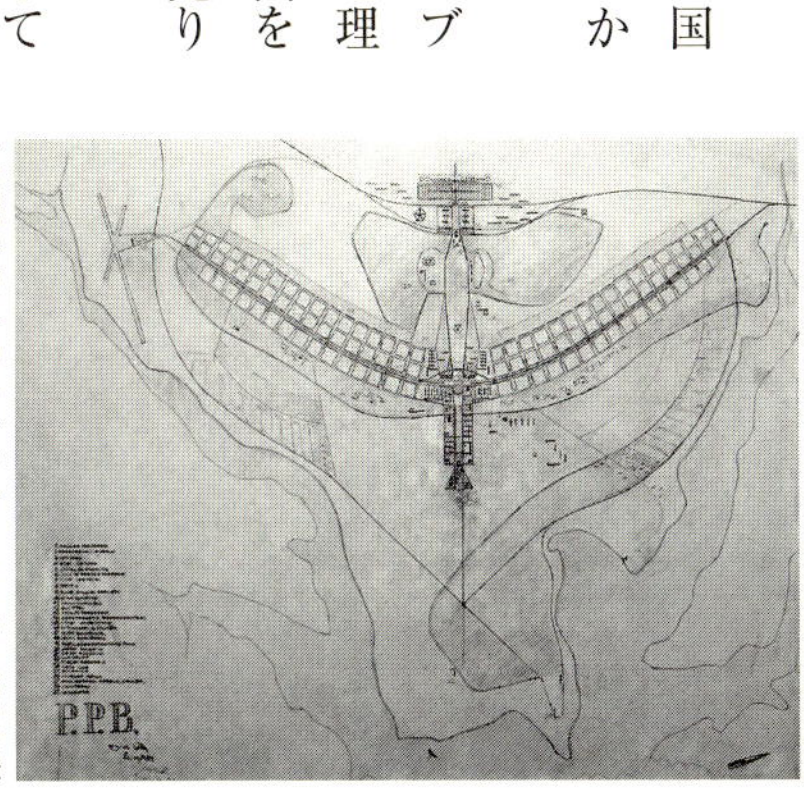

三権広場にあるルシオ・コスタ館に展示されている、ルシオ・コスタの全体計画図

デルニズモ都市」というほかない。これをコスタは国の首都として提示したのだ。ただ、それをコスタのプロポーザルのみから読み取ることは難しい。その基礎をなすコスタの考え方とともに明らかにしていかねばなるまい。

そのブラジリアは、今、素晴らしい生活の質を保証して、ブラジルを代表する都市のひとつになっている。

とすると、ブラジルの文化は、現代にも大いに通用するものではないか。さらには、あまねく世界にも提示できるものといってよいのではないか。

そしてまた、いわゆるモダニズム都市が実現しようとした生活がそこにあるのではないか。

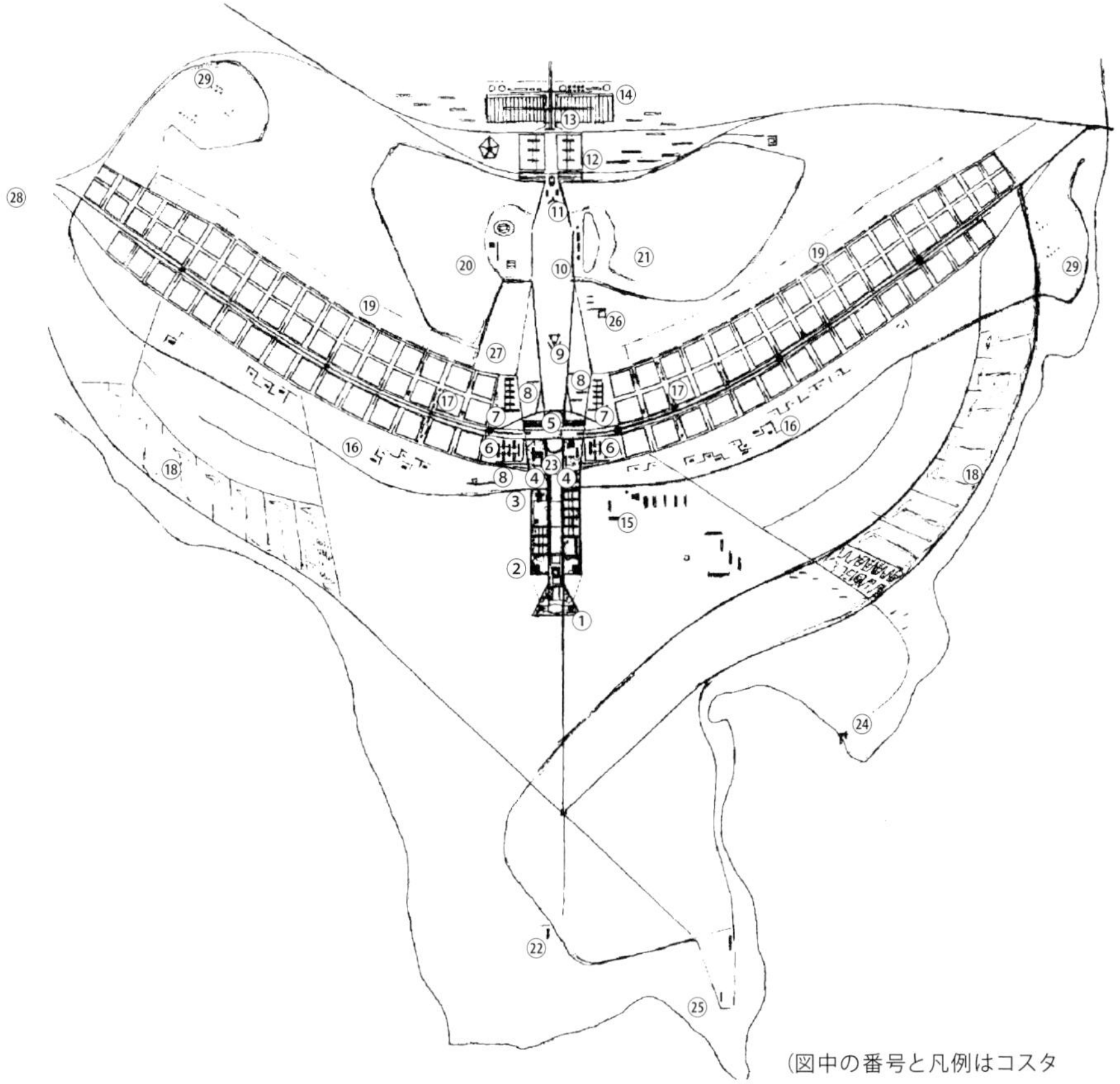

（図中の番号と凡例はコスタの技師のギラマンイスが書いたもので、説明書の記述と違っている箇所がある）

P.P.B.（プラーノピロット・デ・ブラジリアの略）

1 三権広場
2 省庁のエスプラナード
3 カテドラル
4 文化地区
5 娯楽中心地区
6 銀行・事務所地区
7 商業地区
8 ホテル
9 ラジオ・TV 放送タワー
10 スポーツ地区
11 市の広場
12 兵舎
13 鉄道駅
14 備蓄倉庫・小工業
15 大学都市
16 大使館・公使館
17 住宅地区
18 戸建て住宅
19 園芸・花卉栽培・果樹園
20 植物園
21 動物園
22 ゴルフクラブ
23 バスターミナル
24 ヨットクラブ
25 大統領官邸
26 乗馬クラブ
27 露天商・サーカス等予定地
28 空港
29 墓地

第4章

ブラジリアへのルシオ・コスタの道のり

モダニズムからモデルニズモへ

ルシオ・マルサウ・フェレイラ・リベイロ・デ・リマ・イ・コスタ

ルシオ・コスタは一九〇二年二月二七日、フランス南東部、地中海の軍港の町トゥーロンで生まれた。本名ルシオ・マルサウ・フェレイラ・リベイロ・デ・リマ・イ・コスタ。長い名前は由緒正しい家柄であることを示している。

父親はブラジルのサルヴァドール生まれの海軍技師、母親はベレン生まれの企業家の娘であった。軍からポルトガルへの異動が命じられ、フランスのル・アーヴル、次いでマルセイユに赴き、コスタの兄と姉はそこで生まれた。

コスタが八歳の時、一家はブラジルに一時帰国したが、すぐに家族とともにイギリスのニューキャッスルに向かった。コスタはそのイギリスではじめて学校に通い、友人たちとラグビーをして過ごしたり、パリのシャンゼリゼ地区に家族とともに滞在したりもした。そののち、スイスのモントルーの学校に通うことになったが、おりしも、ヨーロッパは戦争の渦に巻き込まれようとしていた。コスタ一家はイギリスの貨客船でなんとかブラジルに帰国した。

一四歳でブラジルに戻ったコスタを迎えたのは、驚くほどに美しい景色をもつリオデジャネイロの町であった。中でも彼を強く印象付けたのは、ペドラダガーヴェア、浅瀬のポンジアスーカル、そして入江のコルコバードの三つのそそり立つ岩山であった。通りや公園にはヤシの木が植えられ、道路に沿って建つ住宅の周りは鉄の高い格子によって守られ、門には「金の雨」のアカシアが咲き乱れ、広々とした庭の中央に家があり、大気は光を反射し、あずまやにはジャスミンの強い香りが漂っていた。

しかし、コスタが見た美しいリオの町は表の顔であった。町にはさまざまな出自の人びとがあふれ、町の中に点在する小高い丘《モッホ》には、肩を寄せ合って暮らす貧民層の人びとがいた。

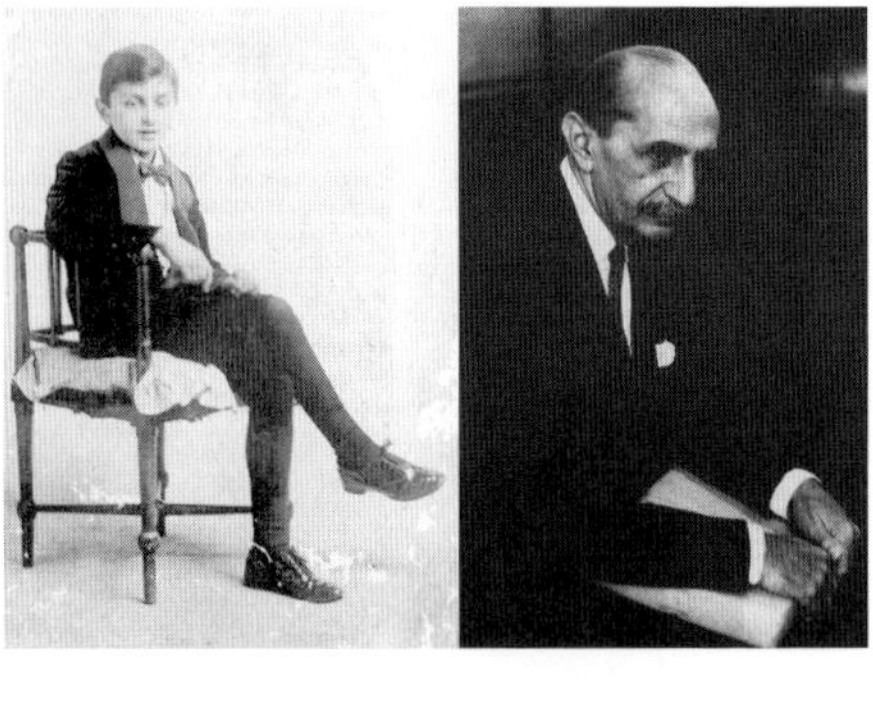

ルシオ・コスタ Lúcio Marçal Ferreira Ribeiro de Lima e Costa (1902-98). (Costa, Lúcio. *Registro de uma Vivência*, São Paulo: Empresa das Artes, 1995)

ブラジルでは、奴隷解放令がアメリカ大陸でもっとも遅く一八八八年に出された。奴隷たちが解放された時、彼らにその経済的基盤となる土地や財産は分配されなかった。そのため、彼らは、住居と食べ物を保証してもらうことと引き換えに元々の雇い主のもとで無給で働くか、都市に出て何らかの仕事を探すしかほかに方法はなかった。

一九世紀、帝政になってから、リオには工場が建ち並び、多くの労働者を必要とした。雇い主たちは労働者住宅として集合住宅コルチソを建て始めるが、不衛生と感染症の根源となっていった。リオの市長のパッソスは一九〇二年からリオの都市計画をおこない、町は整備された。* 貧困層の労働者層を町から追い出すだけではなく労働者住宅も準備したが、その数はわずかであった。しかたなく、彼らはリオの街中に点在する小高い丘《モッホ》に住むことを選んだ。そこには、かつて港湾労働者としてバイーアから強制移住させられた黒人奴隷たちがすでに暮らしていた。このような都市計画は、結果的に、現在のリオが抱える都市問題となっているファヴェーラ（スラム）を生み出すひとつのきっかけとなった。

コスタは、パッソスの都市計画が美しい大通りと劇場や庭園をつくり出すことにはなったが、上流階級の人たち（ペソーア）と彼らの生活と経済活動を支える人たち（スブペソーア）とを住み分ける計画でしかなかったことに、気づいたのである。*

リオのアカデミズムの中で

息子を芸術家にしたいという彼の父親の望みにより、コスタは一五歳の時、国立美術学校ENBAに入学した。七年間にわたってここで建築を学んだコスタは、のちに、校長として赴任する。

国立美術学校は、ドン・ジョアン六世による王立技術工芸職業学校として始まり、その後

* 市長フランシスコ・ペレイラ・パッソスは、パリのオーギュスト・ペレに倣い、不衛生なコルチソを取り壊し、庭園の開設、公共広場の改善、セントラル大通り（現在のリオブランコ大通り）などの開削、市立劇場や展覧会のための宮殿（後のモンロー宮殿）の建設、港の改良工事、公衆衛生、都市の水供給の改善、運河の開削などをおこなった。

* Costa, Maria Elisa. *Com a palavra Lucio Costa, roteiro e seleção de textos Maria Elisa Costa*. Rio de Janeiro: Aeroplano, 2001.

ドン・ペドロ二世により帝国美術アカデミーＡＩＢＡとなり、共和制の樹立にともない、国立美術学校に改称されたものである。学校はパリのエコールデボザールのシステムを踏襲し、基礎学習ではデッサンの練習と偉大な名匠の作品の模写、アトリエでは名匠が実践的な知識と自らのやり方を伝授していた。コンクールが実施され、スケッチ段階と発展的な段階のふたつで審査し、毎年、展覧会に展示されたプロジェクトから受賞者を決定し、受賞者には賞金、メダル、旅行が授与された。

コスタが入学する少し前から、ブラジルでは国のルーツを探求する「ネオコロニアル運動」が始まった。サンパウロでは、ポルトガルの建築家リカルド・セヴェロにより、ブラジルの建築の近代化のための新たな基盤としてネオコロニアル建築が提案された。

アカデミックな折衷主義が支配的であったリオでも、そこから脱し、ブラジルの建築として「ネオコロニアル建築」の普及活動を新聞や雑誌を通して広め、さまざまな建築コンクールを奨励し、主催した人物がいた。芸術家でも建築家でもない医師のジョゼ・マリアーノ・フィーリョである。

彼は、「ブラジルの住宅は、広い庇の瓦屋根が付いた我々の昔の家父長たちの住宅を除いてありえない」と考え、自らネオコロニアル様式の大邸宅「ソラール・モンジョピ」に暮らしていた。重厚な家具が置かれた床は白と黒の御影石、豪華なシャンデリアが輝く部屋、屋根の四隅にはコンポートが飾られ、外壁にはアズレージョ（ポルトガルのタイル）のベンチを配し、階下の窓には「センザーラ（奴隷小屋）の鉄格子」を入れ、閉じられたバルコニーには「ムシャラビ（モーロ人を起源とする木製トレリス）」が使われている。

この邸宅を頻繁に訪問していた学生のコスタは、マリアーノが主催した「ベンチ《バンコ》のプロジェクト」で第一位を、「門のプロジェクト」では第二位を獲得した。また、「ブラジルの大邸宅《ソラールブラジレイロ》」

ネオコロニアル様式のソラール・モンジョピ Solar Monjope、左はバルコニーのムシャラビ。一九七〇年代に解体 (Costa, Angyone. *A inquietação das abelhas*. Rio de Janeiro: Pimenta de Mello & Cia, 1927)

のプロジェクトでは、「ロールスロイス（仮名）」と名付けた邸宅で、ヘイトール・デ・メロ賞を受賞した。

コスタは、入学して三年目ごろから仕事に就くことを考え始めた。* まず、レベッキ社で設計の仕事に就き、その後、名匠ヘイトール・デ・メロの事務所に移った。事務所では前方に建築家が座り、後方にデッサンを描く者が座るというスタイルで設計が進められた。

メロの事務所でコスタがはじめて署名設計することになったプロジェクトが「シャンベランド邸」である。画家であり、美術学校の教授でもあったロドルホ・シャンベランドの住宅とアトリエは、「イギリススタイル」で建設された。コスタが一八歳の時にはじめて手掛けたこの邸宅は、彼に一種の緊張感と初心を思い出させる設計となった。しかし、地区の変貌とともに一九七八年に取り壊された。

コスタは、学校を卒業すると、学友のフェルナンド・ヴァレンチムと事務所を開設した。ふたりの連名による最初のプロジェクトが、一九二四年の、ペトロポリスに計画された「ヴァスコンセロス男爵の城《カステーロ》」（イタイパーヴァの城）である。リオの夏の暑さを避けるために、ポルトガル王室の宮殿や貴族たちの邸宅が建てられた町である。

当時、男爵はコパカバーナ海岸の大通りに、名匠アントニオ・ヴィルジの設計によるアールヌーボーの瀟洒な小宮殿《パラセッチ》に暮らしていた。そこで、コスタは、このファンタジックな小宮殿とは正反対の軌道を逸した「中世の城」と、海軍将官アルヴァロ・アルベルトの「ミッションスタイル」のふたつを提案している。

「中世の城」の設計は雑誌『ドミンゴ』に掲載され、一九二四年の美術学校の展覧会ではコスタとヴァレンチムふたりに銀賞が与えられた。コスタは、後に、この時の賞金でヨーロッパ行きの船に乗ることになる。

＊ルシオ・コスタの作品の解説等については、Costa, Lúcio. *Registro de uma Vivência*, 1995 および Costa, Maria Elisa. *Com a palavra Lucio Costa*, 2001 を参照。

門のプロジェクト（一九二〇年）(Costa, Lúcio. *Registro de uma Vivência*, 1995)

シャンベランド邸（一九二〇年）(Costa, Lúcio. *Registro de uma Vivência*, 1995)

コスタにとって、七年間の学生時代は、古典建築の処方箋を文字通り翻訳し、具現化する時代であった。折衷主義の時代は、歴史的な様式を課題の種類に対応させてあっさりと張り付けてきた。教会を扱う場合はロマネスク、ゴシックあるいはバロックの処方箋に頼っていた。公共建造物や小宮殿《パラセッチ》を扱う場合はルイ一五世あるいはルイ一六世様式に、ベンチの場合はイタリアのルネッサンスに、住宅を扱う場合はバスク人のノルマンディー様式やコロニアル様式に頼っていた*のである。

コロニアル時代の追体験

一九二四年にブラジル美術協会を主催することとなったマリアーノ・フィーリョは、ブラジルの伝統的な建築の研究と同時に、伝統的な建築資料の収集のため、ブラジル美術協会の助成金を若い建築家や建築専攻の学生に授与し、ミナスジェライス州の鉱山の町に派遣した。そのときディアマンチーナの調査を任されたのが、この年に美術学校を卒業したコスタであった。

ディアマンチーナ（ダイヤモンドのように輝くという意味）は、州の北東部、一八世紀初めから一九世紀半ばにかけてダイヤモンドの採掘で栄えた、標高一、二〇〇メートルの傾斜地に形成された町である。しかし、南アフリカでダイヤモンドの大規模な鉱脈が発見されると、この町の鉱山は衰退していき、以後はすっかり忘れられた町となった。

リオから列車で三〇時間余りもかかって町に到着したコスタが目にしたのは、板石で舗装されたコロニアル時代の面影の残る町の通りと、教会前広場の、ツタでぐるぐる巻きにされて立っていた木の十字架であった*。木の十字架は、ブラジル発見時のミサに用いられ、ブラジルでの都市建設の際に必ず立てられるものである。

＊ Costa, Maria Elisa. *Com a palavra Lucio Costa*, 2001.

＊ Costa, Maria Elisa. *Com a palavra Lucio Costa*, 2001.

この町で、コスタは、カルモの教会の内部、ふたつの建物をつなぐ青い渡り廊下《パッソジッソ》と地上階のトレリスの窓ムシャラビを描いている。

ムシャラビとはモーロ人を起源とする木製のトレリスのことである。このタイプのバルコニーは、特に女性にとって、通行人に気づかれることなく通りを見ることができるという当時の道徳主義的かつ保守的な習慣の多くを反映している建築様式である。しかし、陰謀と暗殺行為を容易にするという理由から一九世紀の初めにリオでは使用が禁止された。その背景には、イギリスで製造されたガラスの購入義務を負わせようとした王国の意図が垣間見える。ところが、このような奥地のディアマンチーナまでその禁止令は及ぶことはなく、コロニアル時代のままムシャラビは残っていた。

コスタがこの町で心惹かれた住宅がある。シッカ・ダ・シルヴァ邸である。

邸宅の壁は耐火性、調湿性のあるパウアピケ(ブラジルの伝統的な泥壁で、細い円筒状の材木を垂直と水平に組み、ツル性植物などでしっかりと縛り、その間に粘土を塗りつけていく)、サイドに設けられたベランダは長いムシャラビで保護され、ベランダと室内の床は耐久性と耐水性のあるイッペータバコ材、天井には竹の網代が使われていた。

また、一八三五年に建設されたラバの荷馬車隊《トロペイロ》の品物を売るメルカード(市場の意。現在は伝統的な手工芸品と飲み物や食べ物の定期市が開かれている)の建物は、屋根を支えるために中央に二本の太い木の丸柱、その周囲に二六本余りの細い角柱を配し、ピロティの広々とした空間を生み出していた。そして、床には道路と同じ板石が敷き詰められていた。

ディアマンチーナは、ブラジルの遺物「孤立した植民地」として生き続けてきた。高低差のある丘陵地に形成された町が「端正さ《ブレーザ》」を思いがけなくもたらしていることにコスタは感嘆するとともに、その「端正さ」が「建物の規準がひとつしかない」ことに起因しているこ

ルシオ・コスタの鉱山都市ディアマンチーナDiamantinaの水彩画(1924年)(右)渡り廊下がついた学校、(左)カルモ教会の内部(Costa, Lúcio. *Registro de uma Vivência*, 1995)

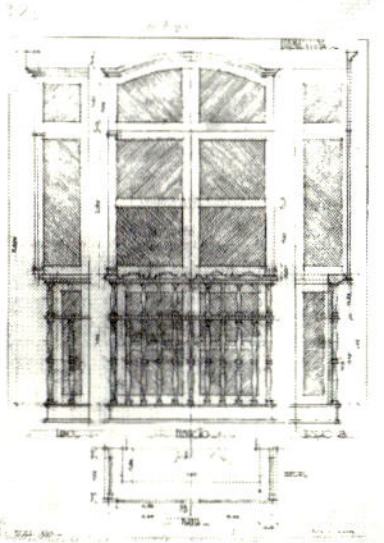
ルシオ・コスタのディアマンチーナのムシャラビmuxarabiのデッサン(一九二四年)(Costa, Lúcio. *Registro de uma Vivência*, 1995)

と、「それらの建物が地形に沿って建設されていったため、絵画のような町が形成されていった」ことをコスタは発見したのである。*

この発見は、後に彼が手掛ける都市計画のコンセプトとなっていく。三〇年余り後に、この町出身の、しかもコスタと同年齢の第二一代大統領ジュセリーノ・クビチェッキのために、ブラジルの新首都ブラジリアを計画することになろうとは、コスタ自身も思ってもみなかったであろう。

ディアマンチーナの調査後、その足で金鉱の町オウロプレット、サバラー、マリアーナにも立ち寄り、リオに戻ったコスタは、コロニアル建築におけるブラジルの流儀とスタイルについて考察した「我々のカマドの魂」という記事を、一九二四年三月九日のリオの新聞『ア・ノイチ』に発表している。その中で、異常な暑さのコロニアル都市での「最終的な建築スタイル」を見つけたと言う。

> 大地にそのルーツをもった本格的な地域の建築は、経済的、物理的、社会的環境の必要性と利便性からの自然発生的な産物である。そして、初期から技術が洗練されるまでの時間で、住民の個性と創意工夫を互いにまねて開発した。……ここで建築がすばやく準備されてくるにしたがって、入植者のアフリカや東洋の経験の恩恵を受けてきたにもかからず、新しい土地の体に適応させなければならなかった。……
>
> 我々が自国の建築をすぐに持たなければならない、というような極端な考えを言うつもりはない。確かに、我々は国際色豊かな国民である。しかし、人種混淆が進み、最終的にはひとつの民族（ブラジル国民の意）となる。そこで理にかなった我々の建築を獲得するためには、糸口を見つけなければならない。その糸口とは、過去である。つまり、ブラジルのコロニアル時代である。*

シッカ・ダ・シルヴァ邸Casa de Chica da Silva (Telles, Augusto Carlos da Silva. *Atlas dos monumentos históricos e artísticos do Brasil.* Rio de Janeiro: FENAME/DAC, 1975)

* Costa, Lúcio. *Registro de uma Vivência,* 1995.

* Costa, Lúcio. *Registro de uma Vivência,* 1995.

ネオコロニアル建築の実践者であり支持者であったコスタは、これらの調査を通して、どのような建築様式の場合でも、民衆が適切な建築技術を用いて、土地に適合させていくという彼らの「知的な解決」があることを明らかにしたのである。

一九二四年の調査を通して、ブラジルの「真実の過去」を知ったコスタは、さまざまな批判を受けながらも、一九四三年にブラジル国立歴史芸術遺産事業ＳＰＨＡＮの会長となり、その座を娘に引き継いで引退する一九七六年まで、ブラジルの真に伝統的なものの観察者であり、鑑定者であり続けた。ブラジル各地で置き去りにされてきた歴史的遺産が修復され、現在、我々が目にすることができるのは、コスタの功績によるものであるといっても過言ではない。

コスタは、マリアーノ・フィーリョ邸に象徴されるように、教会に使われるアズレージョ、民衆の建築に見られるムシャラビや奴隷小屋の鉄格子などのコロニアル時代の建築様式や技術を何のコンテクストもなしに大邸宅にはめ込むという嘆かわしい混合を避けなければならないと感じ始めたが、一九二四年から二八年の住宅プロジェクトにおいて、コスタはネオコロニアル建築家であり続けた。

「ラウル＆オルガ・ペドローザ邸」（一九二四年）、「二世代住宅《コンジュント・デ・ドゥアス・カーザス》」（一九二五年）、「ペルー大使館プロジェクト」（一九二七年～二八年）、「アルゼンチ大使館プロジェクト」（一九二七年～二八年）は、いずれもリオデジャネイロにおけるこの時期の作品である。コスタが愛情を込めて「レレタ」と呼んだジュリエット・ギマランイスと結婚して二年間住んだ「ギマランイス邸」は、レレタの両親が避暑の家として使っていたネオコロニアル建築の平屋建ての住宅で、それをコスタが一九二八年に改築したものである。コスタはここからリオ市内に電車で通っていた。現在、コスタの次女エレナが所有している。

コスタが「端正」というディアマンチーナの町並み。一九三八年、歴史芸術遺産事業ＳＰＨＡＮによってブラジル歴史遺産として最初に登録、保存された。一九九九年にユネスコの世界遺産に登録された。(Foto: Leandro Neumann Ciuffo)

モダニズムとの出合い

一九二六年から一年間過ごしたヨーロッパは、コスタ自身のルーツとブラジル建築のルーツを探す旅でもあった。帰国してすぐ病気になった彼は、再びコロニアル時代の面影の残る鉱山都市を訪れ、調査をしているうちに、徐々に健康を取り戻していった。

ヨーロッパに滞在中に、モダニズム運動の現実化を身近に検証する機会を得ることができたが、それらに対し「少し反発を感じた」とコスタは述べている。ル・コルビュジエはすでにさまざまなことを提案し、『エスプリ・ヌーボー』を刊行していた。ヨーロッパにほぼ一年間暮らしたが、「完全に私は疎外されていた」と告白している。*

そのル・コルビュジエが南米にはじめてやって来たのは、一九二九年である。春にアルゼンチンを訪れ、一〇回の講演をおこなった。ところが、ブラジルのリオではすでにパリのアルフレッド・アガッシュが都市の整備計画案にとりかかっていたため、ル・コルビュジエは訪問を除外していたが、リオの建築家たちによって引っぱり出され、講演することとなった。*それを、コスタは席がなく立って聞いた。

一九三〇年、コスタは母校の美術学校の校長となった。弱冠二八歳の校長は、コースの方向性を決め、カリキュラムを確立しなければならなかった。「ネオコロニアル建築」からの脱却をめざし、バウハウスとル・コルビュジエの機能的アプローチを採用して、学校の古臭くなった方法を現代化しようとした。古い教授陣はすべてそのままにして、若い建築家とエンジニアを教育するために、ウクライナ生まれの新進モダニズム建築家グレゴリ・ワルシャヴィシッキをはじめ、ドイツからやってきたばかりのアレクサンダー・バデウスなどを招聘し、機能主義のカリキュラムへの改変をおこなった。それまでのブラジルのエンジニアは独学の石工であったし、建築の規制は一九三〇年まではないに等しかった。それに対し、バウ

*Costa, Lúcio. *Registro de uma Vivência*, 1995.

*ル・コルビュジエ『プレシジョン』井田安弘・芝優子訳、鹿島出版会、一九八四年

ハウスに影響を受けたバデウスは新たな語彙を導入した。

当時、ブラジルの建設会社はドイツか北欧によって経営されていたが、コスタによる学校改革はこれらのスポンサーの間に緊張を引き起こし、一年半にわたって校長の職を辞するように仕向けられた。しかし、学生たちは六か月にわたるストライキでこれに抵抗し、コスタが提案した新しいカリキュラムを勝ち取ることができた。

結局、コスタは辞職することになるが、この時の学生がオスカー・ニーマイヤーをはじめ、後に教育保健省本部ビルを設計するチームのメンバーとなり、一九四三年のニューヨークでの展覧会「ブラジル《ブラジル》は建築する《ビルズ》」においてブラジルを代表する建築家世代を形成することとなった。そして、彼らは後にブラジリアにおける建築の多くを担うことになる。

コスタは学校の職を去った直後から、ル・コルビュジエ、ミース・ファン・デル・ローエ、ワルター・グロピウスの作品を徹底的に研究した。それは、彼らの作品が社会的、技術的、芸術的な課題に取り組もうとしているからだった。

一九二四年にディアマンチーナで「ネオコロニアル建築」から覚醒したコスタは、ル・コルビュジエの本で発見した「完全な教義」と、コスタが信じていることとが呼応していることに気づいた。つまり、「近代建築の五原則」のひとつである「ピロティ」は、一八世紀のコロニアルの民衆の建築の中にすでに使われていたことを確認するとともに、住宅のベランダにはめ込まれた長い連続したムシャラビは、まさしく五原則の「水平の連続窓」そのものだと理解した。ブラジルの異常に暑い内陸部の鉱山都市における連続したムシャラビは、風の通り道を確保するための民衆の「知的な解決法」であった。

（上）メンドンサのカンポの家Casa de campo Fábio Carneiro de Mendonça（1930年）
（左）フォンチス邸Casa de E. G. Fontes 第1プロジェクト（1930年）（Costa, Lúcio. *Registro de uma Vivência*, 1995）

モデルニズモへの試行

ワルシャヴィシッキと一緒ならすべてうまくいくと考えたコスタは、週に何日間かリオに来ることに対して分担金を出すということで合意し、校長を辞職した後に、リオで二年間のパートナーシップを組んで、C&W協会を設立し、一九三六年まで個人的なプロジェクトに従事するとともに、労働者村プロジェクトを手掛けることとなる。

1「メンドンサのカンポの家」（一九三〇年）

リオデジャネイロ州、ベレーザ山脈のふたつの川の間のカンポ（広野）に建設した。いくつかの変更はあるものの、現存している。カンポの家は、ブラジルの地方の民家にモダニズム的表現を統合し始めた最初のプロジェクトである。ピロティ付きのベランダからの眺めと風の方向を考え、ベランダのコンクリートの上に木製の床を敷き、居間の丸天井の横軸には伝統的な竹を使っている。

2「フォンチス邸・第1プロジェクト」（一九三〇年）

コスタはこのネオコロニアル様式の提案を実行したくなかったが、依頼人は気に入り、コスタの監督なしでアルトダボアヴィスタに建設された。コスタの「アカデミックな折衷主義の最終の表明」であった。現在もフォンチス家が所有しているが、その外観はコスタのプロジェクトに忠実である。

3「フォンチス邸・第2プロジェクト」（一九三〇年）

依頼人に拒否されたが、コスタの「モデルニズモ感覚の最初の提案」である。かつては建物を壁によって支えていたので、分厚い壁によって部屋の仕切り方が決められていたが、構造上必要な壁がなくなったため、自由な部屋の形をつくることができるようになった。「伝統的なものとモダニズム的表現を統合し始めた」時期の作品である。ディアマンチーナのシッ

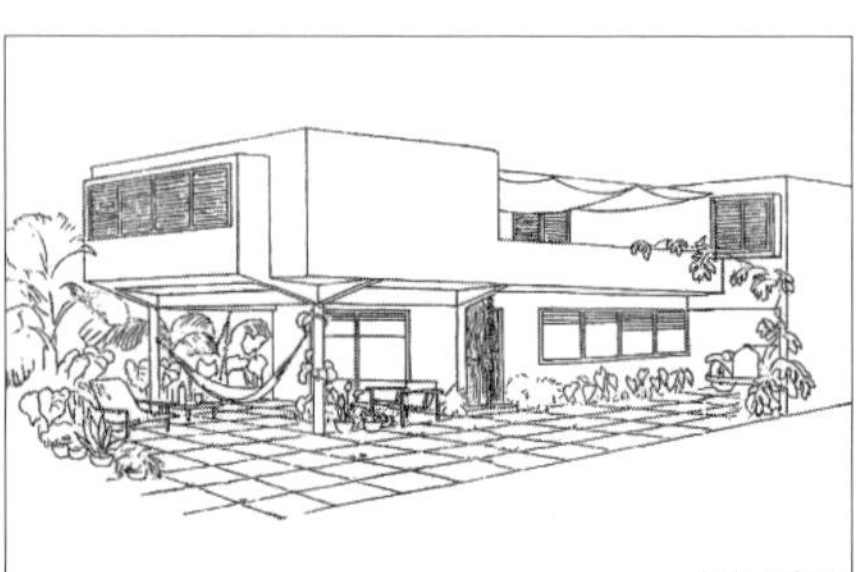

無主の家1

フォンチス邸・第2プロジェクト模型（Expo. Lucio Costa, Museu Nacional da República de 13 de Maio a 8 de Agosto de 2010, Brasília. DF）

カ・ダ・シルヴァ邸の二階の通路は木の細い柱で支えられ、階下の一部は木の細い柱で支えられたピロティを生み出しているが、それからヒントを得たようである。

4「アトラーンチカ大通り700」の邸宅（一九三〇年）

コスタの従兄夫妻の三階建ての住宅計画である。コパカバーナのアトラーンチカ大通り700番地の並外れた広大な土地にC&W協会によって建設されたが、一九五〇年代に取り壊された。海岸の方向に向けたバルコニーにガラスを入れて閉鎖した「冬の庭《ジャルディンディヴェルノ》」をはじめて提案した。

5「無主の家1・2・3」（一九三二〜三六年）

このシリーズは、コスタにとって「ショマージュ（フランス語で失業の意）」の時期にデザインしたモデルニズモ住宅である。顧客はまだ家のスタイルとしてフランスやイギリス、ネオコロニアルのスタイルを望んでいたが、現代建築の「標準サイズの家のシリーズ」を設計し、新聞スタンド《バンカ》で草案を売ろうとした。この設計プロジェクトの青写真は、黒いカバーのついたアルバムにして一万五、〇〇〇レイスで販売された。しかし、スタンドでの販売は成功しなかった。なぜなら、アルバムを買ったのは友人たちだけだったからである。

「無主の家1」は一階の一部がピロティであるが、「無主の家2・3」は、一階部分のすべてがピロティになり、ピロティの上が住居となっている。細い独立柱によって構成されたピロティにはハンモックやアームチェア、植木鉢が置かれ、休養や楽しみの場となるとともに、車のガレージになっている。また、風や陽光などを遮断したり透過したりすることができる木製の水平ルーバーが窓に外付けされている。

6「シュワルツ邸」（一九三二年）

コパカバーナにC&W協会で建設されたが、後に取り壊された。この住宅は、「無主の家」

無主の家3

無主の家2

無主の家 Casas sem dono1・2・3（Costa, Lúcio. *Registro de uma Vivência*, 1995）

がそのベースにある。コスタの「モデルニズモ建築第一段階の作品」である。外部塗装はピンクサーモンとハババナ色(茶色)とし、造園家のブルレ・マルクスによって最初の屋上庭園がつくられた。

7「労働者村《ヴィラ・オペラリア》ガンボア」(一九三二～三三年)

リオの港湾地区(現在のガンボア地区)にC&W協会によって建設された。友人である医師で企業家のメンドンサ(「カンポの家」の所有者)がガンボアに所有する、限られた狭い土地での、「港湾労働者のための経済的アパルタメント(アパートメント)」プロジェクトである。ガンボアとは植物の名前でもあるが、「浅瀬の入り江」「海のそばの生けす」という意味もあり、コスタが名付けた。

ブラジルで産業活動が盛んになった一九世紀後半から二〇世紀初頭にかけて、特にサンパウロとリオでは「労働者村」が起業家によって開発されるようになった。労働者が仕事と余暇の習慣を釣り合わせることを意図したものだが、最終的にはブラジルの都市化の進展の手法として使われた。ワルシャヴィシッキは、すでにサンパウロの労働者村計画にも携わっていた。

当初、船と同様の形状をした住宅の屋根は、防水性の高いコンクリート舗装が提示されたが、技術的な難しさから波型のセメント瓦に変更された。一二ユニットの住戸は、リビングルーム、ふたつの寝室、小さなバルコニーが付いたサービス(キッチン、バス・トイレ、小さな洗濯場)の四部屋から構成されている。舟形の先端の狭くなった場所には、寝室とサービスの二部屋からなる単身用住戸を配置した。そして、鉄枠の窓にはハンドルで開閉できるガラスのルーバーをつけた。

コスタはこれを「シュワルツ邸」と同様に「モデルニズモ建築の第一段階の作品」と称して

シュワルツ邸 Casa Schwartz (Costa, Lúcio. *Registro de uma Vivência*, 1995)

いる。二階の共用通路を細い独立柱で支え、階下を共用通路にしている。これは、ディアマンチーナのシッカ・ダ・シルヴァ邸からヒントを得たものであろう。

さらに、コンクリート住宅の共用廊下の床に、ブラジルのコロニアル時代から続く伝統的な建築材料のひとつ、耐久性、耐水性があるイッペータバコ材を用いた。コーティングされた合板の茶色のドアには金属のドアノブを付け、二階の通路には白く塗った金属メッシュを用い、外壁は対照的な緑とハバナ色(茶色)に塗った。非常に洗練させたが、いろいろな改造がなされ、「今では、認識できないくらい形相が変わってしまった」と後にコスタは嘆いた。二〇〇八年から、リオの州立大学が中心となり、復元に向けて動き出している。

8「ドゥアルチ邸」(一九三三年)

コスタの義弟(妻の妹の夫)の父が所有する小農場《シャカラ》で、三つの住宅を建設するプロジェクトである。「無主の家」をベースに、ピロティ上の住宅とし、外階段が付いたバルコニーに「冬の庭《ジャルディンディンヴェルノ》」を提案した。レブロンのサンバイーバ通りに面した二住宅のみC&W協会によって建設されたが、後に取り壊された。あと一つは建設されなかった。

9「労働者村モンレヴァーデ」(一九三四年)

ミナスジェライス州の金の枯渇後、一九二一年に創設されたベルゴ・ミネイラ製鉄会社主催の労働者村プロジェクトのコンクール応募案である。コスタの案は採用されず、勝者ウラジミール・ソウザの案が採用されて、一九四〇年に完成した。ここから現在のジョアン・モンレヴァーデ市が生まれた。

コスタが確立しようとしたのは、「都心部の結合」というコンセプトの原則を明確にすることであった。共同広場の周りに教会、食料雑貨店、クラブ、学校をまとめて配置して浮き彫りにすることに価値があると考えた。コスタは、下層階級の、三階級ぐらい低い階層の労働

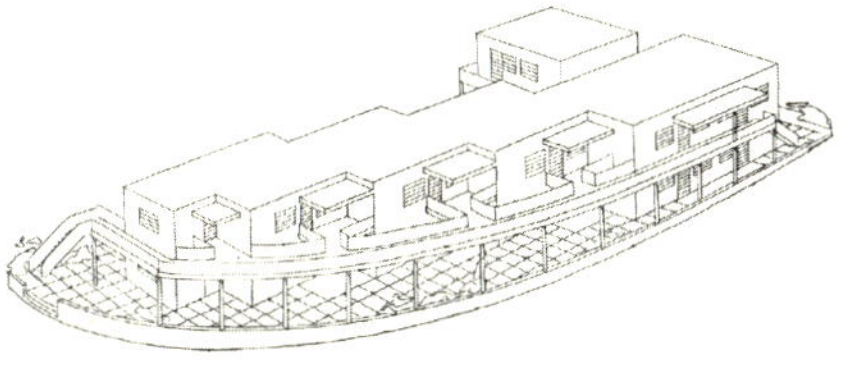

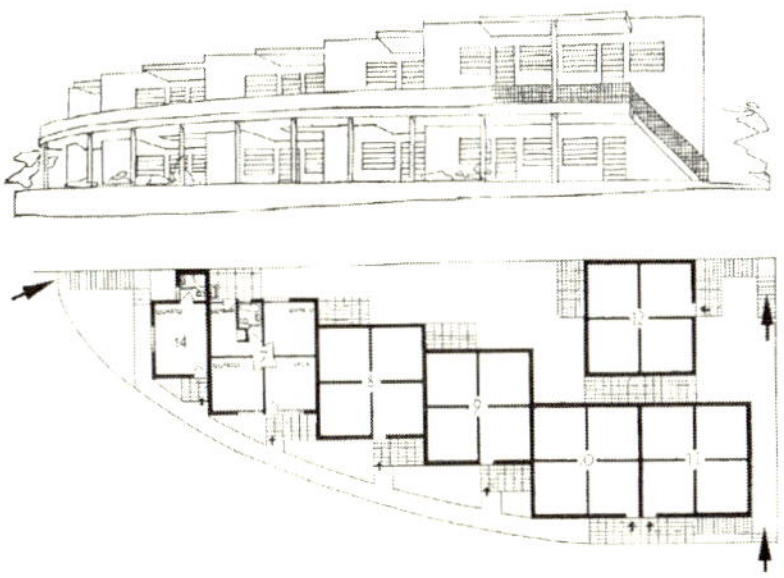

労働者村ガンボア Vila Operário da Gamboa(1932年)
(Costa, Lúcio. *Registro de uma Vivência*, 1995)

者が共生することをめざし、彼らの生活のすべてを保証しようとした。仕事だけに明け暮れるのではなく、映画館やダンスクラブで楽しむ生活と休養ができ、家族とくつろげる住宅の提供であった。

コスタは、コンクールのために、ピラシカバ川に排水する斜面に点在する「ピロティ付きの住居ブロック」という異例のデザインを提案することで、競合する他のプロジェクトとは異なることを強調した。住居の建築規準をひとつにするというディアマンチーナで学んだ「端正さ《ブレーザ》」を、一〇年あまり経ってから新しい形で投入するとともに、ブラジルの内陸全体で今日まで存続されてきた「伝統的な技術」の解放であった。住宅の壁に「パウアピケ」を用い、ピロティの床にはコンクリート板の上に「丹精込めた、平らにした木製の長靴」を用いた。ヨーロッパやブラジルの工場や鉱山労働者によって使用されていた木製の長靴は固くて耐水性もあり丈夫であったので、安全靴として、また湿気を吸うという木の性質から、暑い夏でも快適に履くことができる靴として、労働者にとってはなくてはならない靴であった。その労働者の木靴と同じ素材を使用する計画である。

コロニアル時代の異常な暑さの内陸部の鉱山で熟考された確かな要素を、現代建築に合体させるという最初のブラジルのモダニズム、つまり「モデルニズモ」のプロジェクトである。この全体計画には、ブラジリアのスーペルクワドラ（スーパーブロック）との近さを感じることができる。

この時期に、10「カルメン・サントス邸」、11「ディオネシア邸」、12「アルメイダ邸」、13「ロンドレス邸」、14「ハーマン邸」の五つの住宅プロジェクトを手掛けているが、それらのほとんどをコスタは「忘れたプロジェクトのひとつ」と言う。確かな記憶にはないようである。

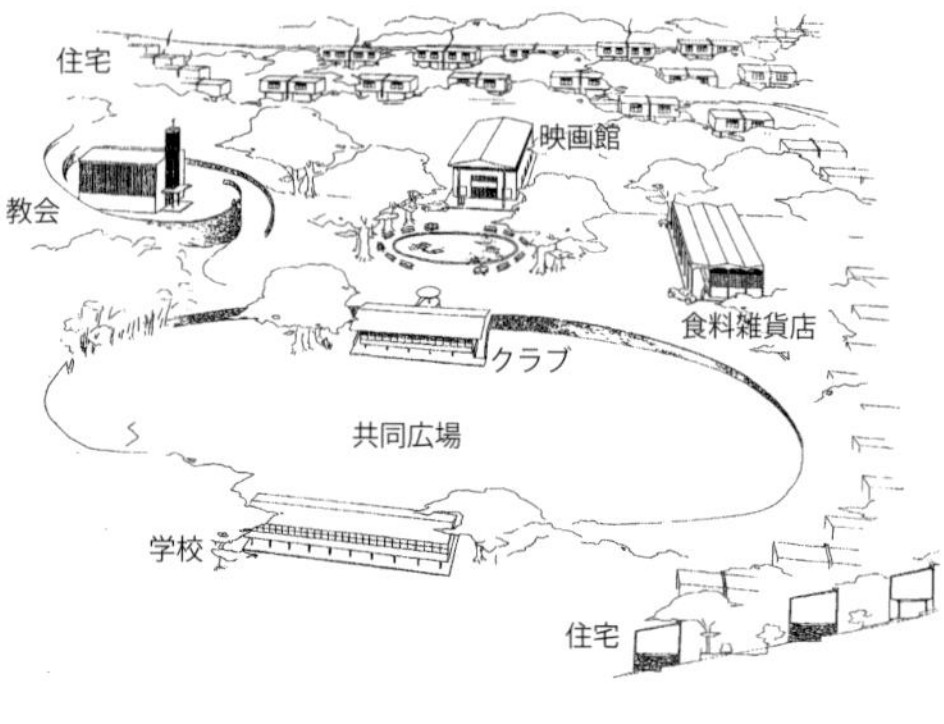

モデルニズモ理論の確立

一九三〇年の革命により権力を手にしたジェトゥリオ・ヴァルガスは、ナショナリストの中産階級の代表であった。彼は革命以前には存在していなかった省庁の設置、国立大学システムの確立とブラジル連邦大学都市の創設をめざすとともに、国家の責任の下での平等教育を提唱し、国の文化遺産を保存しようとした。教育保健省が提案されたのはそのためであった。

一九三四年、三三歳の若さで教育保健相に指名されたのが、ミナスジェライス州の内務長官グスタヴォ・カパネマであった。彼の行政は一一年間続き、芸術家と教育者との対話をいつでもする用意があるという「開かれた扉」スタイルを貫いた。

新政権の下で創設された他の省庁と同様に、教育保健省は本部ビルがなく、大臣はコンクールの開催を決定し、一九三五年三月二三日に公告を出した。当初よりカパネマが望んだのは、ル・コルビュジエの新しい教養の原理と調和させたモダニズム建築を建設するという、まるで最初の国際化の機会を扱うようなプロジェクトであった。審査によりコンクールの応募者七六名から三名まで絞られたが、この公告の二六項目には、カパネマ自身が受け入れることができないと判断した場合は、プロジェクトを実行する必要はない、という内容が組み込まれていた。

そこで、カパネマはコンクールの結果を破棄し、個人的にコスタにプロジェクトを依頼した。建築家チームの編成は、コスタのイニシアチブで行われた。カパネマはル・コルビュジエに設計を依頼したかったのだが、ブラジルにおける建築設計はブラジル人によってしかおこなうことができなかった。そこで、コスタの主張によって、コルビュジエは意見を述べる助言者として招聘された。

15 「教育保健省本部ビル」(一九三六〜四五年)

グスタヴォ・カパネマGustavo Capanema、ベロオリゾンテの執務室で(1932年)

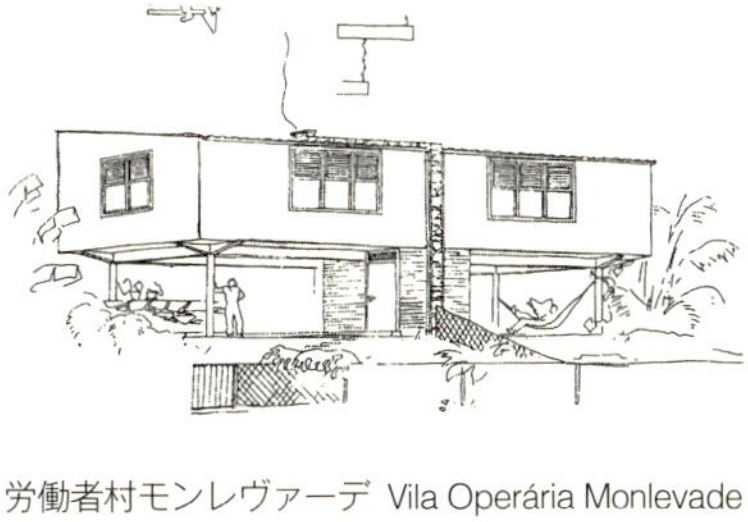

労働者村モンレヴァーデ Vila Operária Monlevade計画(1934年)(右頁)全体計画、(上)住宅(Costa, Lúcio. *Registro de uma Vivência*, 1995)

場所―リオデジャネイロ、旧市街のエスプラナードカステロ
設計―ルシオ・コスタと建築家チーム（アフォンソ・エドアルド・レイディ、ジョルジ・モレイラ、カルロス・レオン、のちにチームに参加したのが、オスカー・ニーマイヤーとエルナニ・ヴァスコンセロス）
助言―ル・コルビュジエ
造園―ロベルト・ブルレ・マルクス
壁画とタイル―カンジド・ポルチナリ
彫刻―ブルノ・ジオルジ、セルソ・アントニオ
構造―バウム・ガルト
日照計画―パウロ・サー

コスタは、美術学校で実施することができなかった建築改革を五年後にここでおこなった。鉄筋コンクリートの新しい技術に建築を適合させ、ガラスのファサードを装着した。「このような建築は世界でここだけで、ニューヨークでもいまだ達成していない。カーテンウォールはすべてこの建築の後に現れた」*と自負している。そして、ブラジルの特質である細い独立柱によってピロティを生み出し、北側には青色の水平ルーバーのケブラソウ（日除けルーバー）を装着したことにより、「この建築は象徴的な存在になった。理想主義の卓越した瞬間の標識であり、明白な標識である」とも語っている。

再訪したル・コルビュジエは、海に近いサンタルジア海岸での計画案(1)を示した。この最初の提案は、海岸に近接した場所に、連続したガラスの「横長の窓」を配し、事務室、大臣の執務室などから海とポンジアスーカルを望むことができるというものであった。しかし、ブラジルチームは、コルビュジエの提案した場所では実現できないとして、この設計を参考にしながら、旧市街のエスプラナードカステロと呼ばれる場所（エスプラナードとは「空地・遊歩

* Costa, Lúcio. *Registro de uma Vivência*, 1995.

道」の意）でゼロから再スタートした。すると、コルビュジエもまた、計画案(2)を示した。
リオの町は最初カラデカンの丘（ポンジアスーカルに隣接）に礎石が置かれたが、フランスによる植民地「南極フランス」を玉砕後、デスカンソの丘（後にカステロの丘と呼ばれる）に都市を移した。しかし、ポルトガルのポンバル侯爵によりブラジルからイエズス会が追放されると、丘は衰退しはじめる。

一九二〇年、市長となったサンパイオは、プロレタリアートの空間を排除するとして、古い家やほとんどファヴェーラ化していたコルチソ（貧民層の集合住宅）を取り壊し、カステロの丘を開削した。平地は「エスプラナードカステロ」と名付けられ、そこで一九二二年にブラジル独立百周年記念の国際博覧会が開催された後、フランス人の都市計画家アルフレッド・アガッシュによるエスプラナード街路区画整理がおこなわれた。

コスタをはじめメンバーにとっては、平等教育と健康分野を担う教育保健省本部ビルの建設場所はエスプラナードカステロでなければならなかったし、また、ル・コルビュジエが提案したような横長の建物ではなく、丘のように高さのある建物でなければならなかった。丘は、リオの町の創設時に、占有のしるしとして木の十字架が立てられた場所である。つまり、リオの起源の場である。カステロの丘は消え去ってしまい、丘に上ることも見上げることもできないが、その場所に、ブラジル固有の青色のケブラソウ（日除けルーバー）と現代建築のガラスのファサードをもつ、高層の教育保健省ビルを建設することがひとつの使命と考えていた。

結局、教育保健省本部ビルは、どんな名匠の関与もなしに建設するというプロジェクトを現実化した。当時、ヨーロッパは戦争状態であった。ブラジルの特徴と現代建築の技術を併せもつ、非常に重要なモデルニズモ建築は少しずつ建設され、完成したのは、第二次世界大

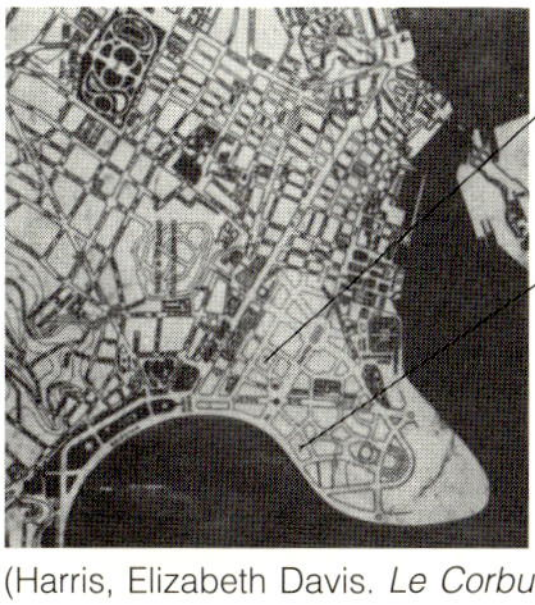

(Harris, Elizabeth Davis. *Le Corbusier-Riscos Brasileiros*. São Paulo: Nobel, 1987)

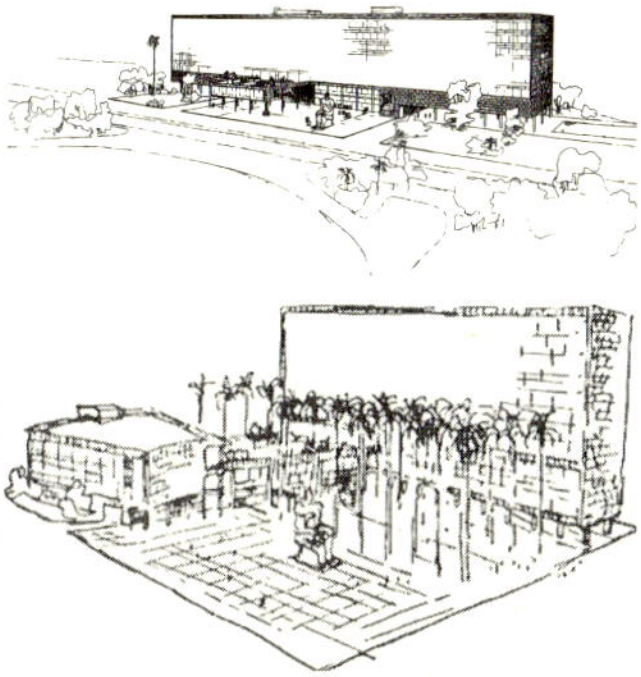
ル・コルビュジエによる教育保健省本部ビル計画案（上）サンタルジア海岸(1)における計画（Costa, Lúcio. *Registro de uma Vivência*, 1995）、（下）エスプラナードカステロ(2)における計画（Andrade, Carlos Fernando de Souza Leão. *Palácio Capanema: uma das 7 maravilhas do Brasil?* Vitruvius Minha Cidade086.02 Rio de Janeiro, set. 2007）

戦が終了する一九四五年であった。現在は「カパネマ宮殿」としてブラジル国立歴史芸術遺産研究所ＩＰＨＡＮによって保存、管理されている。

一方、ル・コルビュジエは、後になって、この建築に関して、最大の屈辱を受けたと感じたようである。それは、ニューヨークでおこなわれた展覧会「ブラジル《ブラジル》は建築する《ビルズ》」の後、国を駆り立てた大衆性のうねりのなかで、一九四九年、パリのブラジル大使館はエコールデボザールでブラジルの建築の展覧会を計画準備した。コルビュジエはその開幕に招待されず、フランス建築家協会経由で展覧会のことを知った。そこで展覧会の周回案内を担当したブラジル人スピーカーが、ピロティとケブラソウ（日除けルーバー）からなるあの建築を「ブラジル人の発明」と断言したからである。

1957年時点の教育保健省本部ビル Ministério da Educação e Saúde. (Estado Novo Memórias e riquezas de um palácio legendário. Reportagem de Marcelo Bortoloti, publicada na edição impressa de VEJA, 2012. 7. 28)

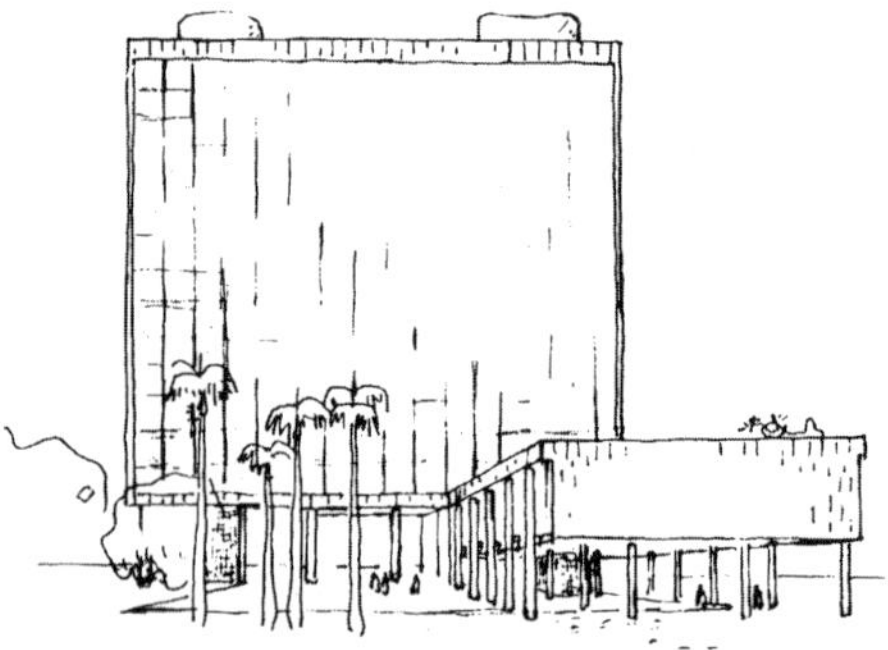

ルシオ・コスタによる教育保健省本部ビルのエスキス
(Costa, Lúcio. *Registro de uma Vivência*, 1995)

教育保健省の建物のホールの銘文には、このプロジェクトがル・コルビュジエの手になるスケッチから変化したものであると刻まれている。これもまた、彼の不満の基礎となったが、ブラジル人たちは決して譲らなかった。

のちのインタビューで、コスタは答えている。

ヨーロッパは戦争中であったので、ル・コルビュジエと直接連絡をとることを休止せざるを得なかった。*L'ARCHITECTURE MODERNE AU BRESIL*（『ブラジルの現代建築』）という雑誌を見て本部ビルの完成を知った彼は、当然自分の著作になると信じていたデザインを奪われたと思い込んだ。この心の状態が、コルビュジエに報復を決意させた。つまり、彼は教育保健省のビルがあたかも自分のオリジナルのデザインだったかのように、『全集 1934 ~ 1938』にそのデッサンを掲載した。しかし、ブラジルに彼が残したデッサンとは明らかに異なっている。彼が全集に載せたデッサンは、戦争が始まるかなり前に、私がコルビュジエに送った「本部ビルの模型の写真」をベースにしたデッサンである。彼が全集に載せたこのデッサンには日付もないし、信頼できるものはない。戦争が終わってから、私はパリでワルター・グロピウスに会った時、彼はコルビュジエの行動に非常に驚いていた。[*]

ル・コルビュジェは『全集』に発表する前に、このプロジェクトの草案に対する規定報酬をブラジル政府に要求してきた。彼は、リオでの六回の講演に対して、当時のアメリカ合衆国の中流階級の家庭の一年分の給料にひとしい、過度の報酬（五、三三三ドル）を受け取っている。

ブラジル政府は、外国の建築家が我が国で働くことを許可しないというブラジルの法律に沿って、講演の支払いは助言に対する報酬を含むものとみなしたため、結局、コルビュジエの要望は認められなかった。すると今度は、イタリア生まれの芸術作品コレクターのピエト

* Entrevista Lúcio Costa: com o grande mestre da arquitetura, Palácio Gustavo Capanema, Rio de Janeiro, 1986. In: O Artigo Ministério da Educação e Saúde no Relato Pessoal de Lúcio Costa, Rio de Janeiro, Casa de Lúcio Costa, 2012.

（右上）南側ファサード（Foto: imagens AMB）
（右下）ピロティ（Foto: Marcos Leite Almeida）
（左上）ケブラソウ（Costa, Lúcio. *Registro de uma Vivência*, 1995）
（左中）北側ファサード（Foto: imagens AMB）
（左下）ブラジルの風景を描いたポルチナリのホール（Costa, Lúcio. *Registro de uma Vivência*, 1995）

現在の旧教育保健省本部ビル　現グスタヴォ・カパネマ宮殿

1 多目的ホール
2 サービス室
3 展示場
4 デポジット
5 受付

1 職員ホール

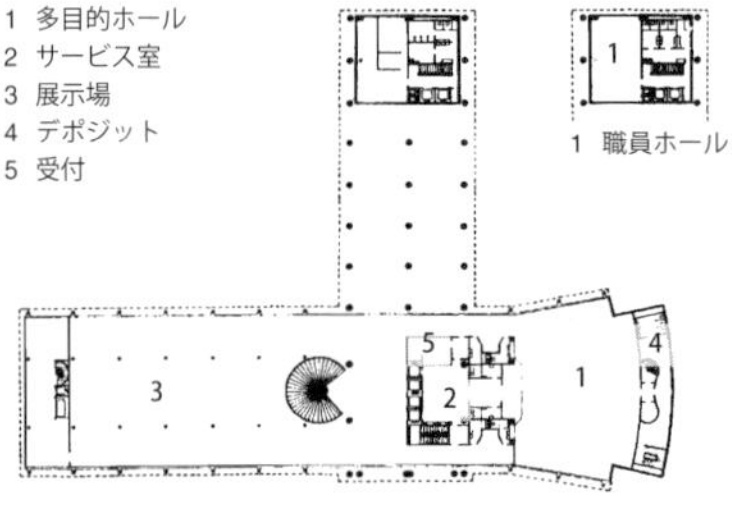

中2階

1-3 事務室

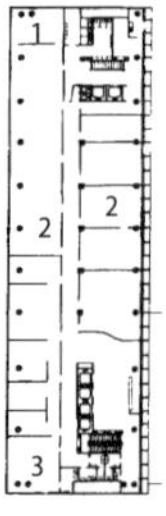

標準階

1 ポルチナリのホール
2 大臣執務室
3 大臣専用スペース
4 職員ホール

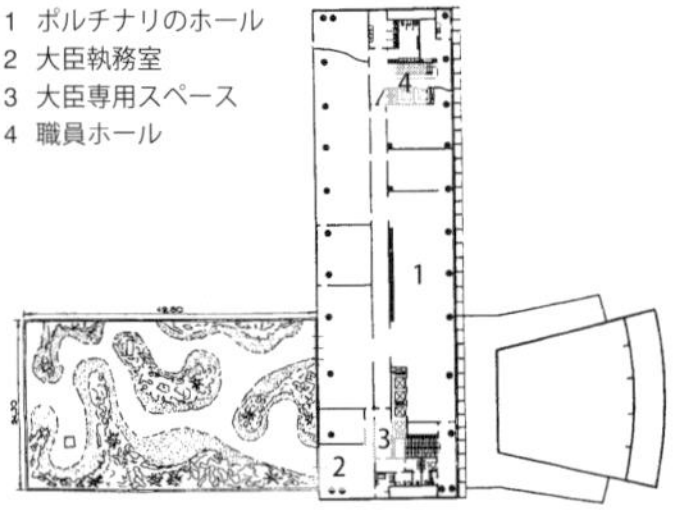

2階

ロ・マリア・バルディに対して、六回の講演と図版を含む出版の権利を売ることで報酬を幾分か取り戻そうとした。しかし、コルビュジエが著者の権利を保持することを主張したので結局、図版だけを買い取ることにした、と後のインタビューでバルディは答えている。*

それでもコスタは、直後に、ル・コルビュジエとの友情を回復し、フランス人の師に対する彼の尊敬を示そうと、彼をノーベル平和賞の候補者として紹介することをバルディに提案した。そして、ブラジル人たちとル・コルビュジエの友情は明らかに表面上は修復されたが、平和賞の獲得は実現しなかった。

一九六二年のクリスマスに、新首都ブラジリアでのフランス大使館の設計のために、ル・コルビュジエは再度ブラジルを訪れた。できあがったこの建物をはじめて目にした彼は、「世界が狂って、最高の精度を使って破壊し、消滅させ、殺すために、先端の技術を洗練させている時に、いまだ発展途上の未発達の国において、経験の浅い若い建築家たちによってではあるが、確かな情熱と信条をもってつくりあげた」という言葉をコスタに贈った。*

16「リオデジャネイロの大学都市計画」（一九三六～三七年）

場所―リオデジャネイロ、ボアヴィスタ農場（現在の動物園の場所）

設計―ルシオ・コスタとアフォンソ・エドアルド・レイディ

備考―建設されなかった

プロジェクトは、教育保健省本部ビルのプロジェクトと並行して行われた。最初の計画はイタリアの建築家でローマ大学の計画をしたマルセロ・ピアセンチニによって、二回目はル・コルビュジエによる計画、最終案はコスタとレイディがおこなった。コルビュジエの計画はふたりの大学教授によっていとも簡単に拒否されてしまった。そこで、コスタは、まず、大学全体とそれぞれの校舎の向きと太陽との関係を調べて方角を決め、大学のさまざまなユ

* Harris, Elizabeth Davis. *Le Corbusier-Riscos Brasileiros*, 1987.

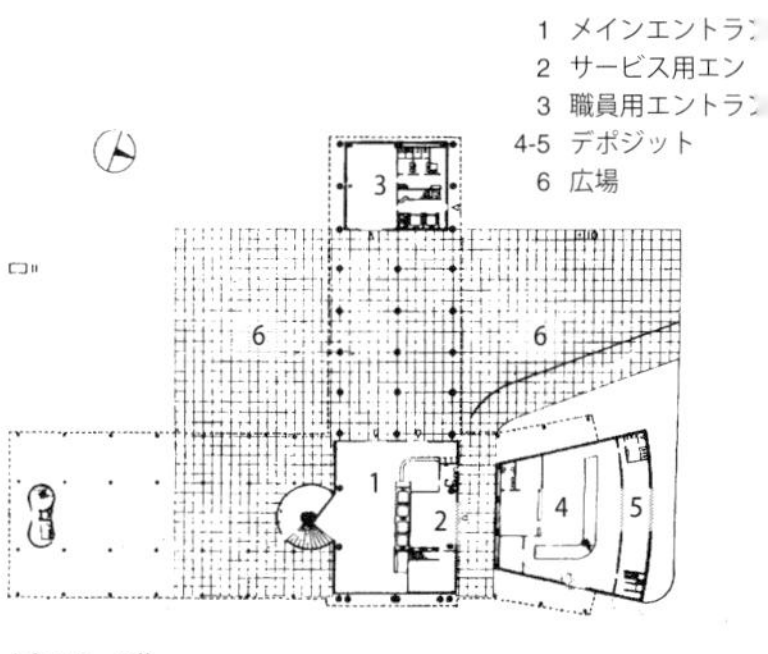

ピロティ階
(Costa, Lúcio. *Registro de uma Vivência*, 1995)

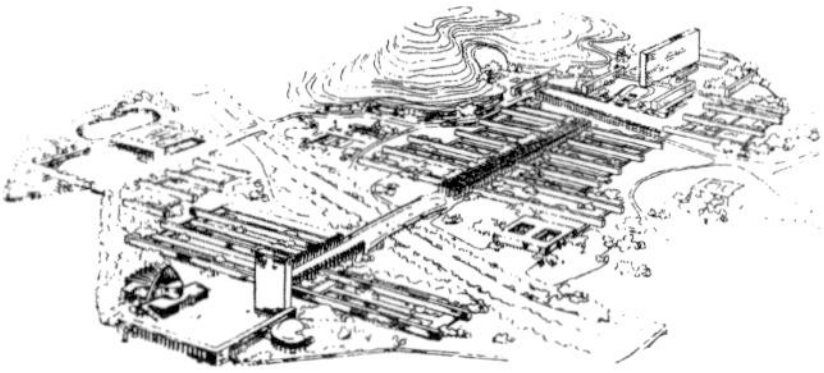

全体パース

アラメダセントラル　学校の連続

ポルチコ

アウラマンガーオーディトリウム

リオデジャネイロの大学都市　Cidade Universitária
コスタのどのプロジェクトも同じだが、計画はじつに詳細にわたっている。コスタの描いたスケッチをオスカー・ニーマイヤーが反転映写機を用いて清書した。それをコスタが修正して本に掲載した。
(Costa, Lúcio. *Registro de uma Vivência*, 1995)

ニットからのアクセスと連結、中心となる建物の配置についての解決策を提示し、皇帝ヤシが立ち並ぶ大学都市の中心軸を計画している。これは、レブロンの自宅へ戻る途中に立ち寄った植物園の皇帝ヤシの並木道で、垂直に降りてきた太陽の光がコルビュジエの計画が拒否されたという嫌悪感と幻滅を解決したからだと説明し、「このアラメダセントラルは、ブラジリアのプラーノピロットのモニュメンタル軸の前兆」であると記している。*

17「サンミゲル教化集落博物館」（一九三七年）

場所―リオグランデドスル州のサンミゲルアラカンジョ

設計―ルシオ・コスタ

備考―建設され、現在、博物館はＩＰＨＡＮによって文化財に指定され保存されている。一九八三年にユネスコによって教化集落群全体が世界遺産に登録された。

＊Costa, Lúcio. *Registro de uma Vivência*, 1995.

国立歴史芸術遺産事業ＳＰＨＡＮによる最初の遺産保存の一環として、廃墟となったイエズス会の教化集落でのプロジェクトである。これもまた、教育保健省ビルの設計と同じ時期であった。

コスタにとって、廃墟は廃墟として保存しなければならないものであった。明らかに何かを与えることをしない、ということを再解釈したいと考えた。妻のレレタとともに七つの教化集落を訪れたコスタは、カンポに点在する多くの彫刻の遺物を発見した。

当時の人びとも見たであろう彫刻にガラスの壁を入れて、我々もそこで生まれた教会の廃墟をそばで見られるように、宣教師が管理していたインディオの小さな教化集落のモジュールを再建するという革新的なプロジェクトである。博物館を建設することについては悩んだが、与えられた廃墟を博物館という宝石に変えることにした。しかし、キラキラ輝くイメージではない。家族の宝石である。非常に良い形をしたブラジルのシンプルな家、コロニアルの鉱山の家、調和がとれ、協調性のある家である。しかし、植え付けるだけでは十分でない。管理して維持していかなければならない。……公開することによって責任感のある非常に洗練された上品さが理解できる。

と、コスタは述べている。

コスタは、ＳＰＨＡＮの活動の中で地域に現れた純粋のブラジル芸術を識別した最初のプロフェッショナルである。このプロジェクトの時期に、ＳＰＨＡＮによってサンパウロ州で発見されたサントアントニオ農園の大邸宅《カーザ・グランデ》と礼拝堂《カッペラ》の建物（１４９頁参照）は、一部崩壊していたが、伝統的な特徴のある規準を確認できるだけのコンディションを保っていた。タイパの壁、瓦屋根、ドアと窓には月桂樹が使われ、長い庇を細い柱で支えたロッジア（涼み廊）を生み出していた。

（上）ルシオ・コスタによるサンミゲル教化集落博物館Museu das Missõesのスケッチ
（右）サンミゲル教化集落を訪れたルシオ・コスタと妻のレレタ（1936年）（Costa, Lúcio. *Registro de uma Vivência*, 1995）

そこで、コスタは、このコロニアル建築のロッジアを周囲に巡らし、内側にガラスをはめ込み、瓦屋根で覆った寄棟造りとした。彼は、労働者村モンレヴァーデとは逆のことをおこなった。教化集落博物館では、教育保健省本部ビルのガラスのフレームをつけたモダニズムを伝統的なものに挿入した。つまり、ブラジルの伝統的なものにモダニズム的なものを同化させて祖国をあらわにしたのである。

博物館から廃墟の教会を望む(Costa, Lúcio. *Registro de uma Vivência*, 1995)

博物館の彫刻展示場(Foto: Halley Pacheco de Oliveira)

18「ニューヨーク万国博覧会ブラジルパビリオン」(一九三八〜三九年)

設計―ルシオ・コスタ&オスカー・ニーマイヤー

場所―アメリカ合衆国ニューヨーク

備考―建設されたが、博覧会後に取り壊された

一九三九年のニューヨークで開催される万国博覧会のブラジルパビリオンのために催され

一九三八年四月、ニューヨーク万国博覧会のブラジルパビリオンのプロジェクトのためにニューヨークに到着。左から、ニーマイヤー、コスタ、レレタ、マリア・エリーザ、アニタ、アナ・マリア(Costa, Lúcio. *Registro de uma Vivência*,1995)

たコンクールにおいて、第一位を獲得したのはコスタであった。次席はコスタの教え子であり、教育保健省プロジェクトメンバーのニーマイヤーの作品であった。コスタは、ニーマイヤーと一緒に最終案をつくるために、ニーマイヤーを招いた。

パビリオンの階下と内部には、ブラジルのコロニアル建築特有のロッジア（涼み廊）が使われている。ファサードは、アメリカで発刊された写真集には、「ブリーズソレイユ」と説明されているが、そうではない。ブラジルの北東部の町レシフェで一九二九年に発明され、発明者の三人の名前が付けられた「コボゴー（穴あきブロック）」の再現である。住宅の壁にはめ込むことによって、太陽の光と風の流れを制御することができる。

モダニズムにブラジルの建築文化を挿入するというコスタの「モデルニズモ建築」は、ニー

1 レストラン
2 バー
3 厨房
4 カフェテリア
5 展示エリア
6 案内カウンター
7 鳥小屋
8 デポジット
9 魚の池
10 ランの展示
11 ヘビの展示
12 事務所
13 多目的ホール
14 ジオラマ
15 テラス

ニューヨーク万国博覧会ブラジルパビリオン

Pavilhão do Brasil. Feira Mundial de Nova York de 1939（1939年）（Costa, Lúcio. *Registro de uma Vivência*, 1995）

マイヤーもまた、十分理解した上でのことである。なぜなら、ニーマイヤーは、コスタに勧められ、以前からブラジル・コロニアルのディアマンチーナやオウロプレットなどの鉱山都市を何度も訪れていたからである。そして、ニーマイヤーもディアマンチーナのラバの荷馬車隊の市場から多くのヒントを得た、と言っている。*

19「パークホテル」（一九四〇〜四四年）

場所―リオデジャネイロ州ノーヴァフリブルゴのサンクレメンテ公園

設計―ルシオ・コスタ

備考―建設され、IPHANによって文化財として保存されているが、現在、保存状態が良くない

ホテルの建設地は、コーヒー貴族のアントニオ・クレメント・ピント男爵の住居〈スイス風シャレー（田舎家）〉と造園家オーギュスト・グラシオウに依頼した広大な〈イギリス庭園〉からなるサンクレメンテ公園と呼ばれる場所である。

一九一二年にこの土地を買い取ったのは、サンパウロ州サントスでの貸倉庫業により巨万の富を築いたエドワルド・ギンレであった。相続した息子のセザール・ギンレは、この公園エリアに区画した土地を販売するため、購入者たちを一時的に宿泊させるホテルの設計をコスタに依頼した。

まず、コスタが考えたのは、「無主の家」や「労働者村モンレヴァーデの住宅」の現代建築と広大な公園の景色とを調和させたポウサーダ（民宿）の雰囲気をもつホテルである。

コスタは鉄筋コンクリートではなく、木造と石造りの現代建築を目指した。外壁はパウアピケと石壁、一階には石を多用し、セザール・ギンレと共にサンパウロまで出かけて収集したユーカリ材は柱・天井・床材・壁材などに使われ、ベランダはコロニアル建築特有のロッ

* Niemeyer, Oacar. *As curvas do tempo é o livro de memórias de Oscar Niemeyre*. Rio de Janeiro: Revan, 1998.

ジアの空間となり、二階テラスの木製トレリスはコロニアル建築の青色に塗った。

この町は、一九世紀の初め、スイスのフリブール（ポルトガル語のフルブリゴ）からの移民の入植地として始まった。このような土地のルーツを織り込むためにコスタはスイスのホテルを研究した。

スイスのホテルのように光を取り入れ、景色が見渡せるようにした。二階の廊下にはコロニアル建築のムシャラビのような連続したハネ上げ式のガラス窓を配し、客室ドアの上には明り取り窓をつくり、フロアスタンドもデザインした。そして、一階のレストランとリビングにはガラスのパネルをはめ込み、ベランダにガラスを入れて閉鎖した「冬の庭《ジャルディンディンヴェルノ》」をつくった。

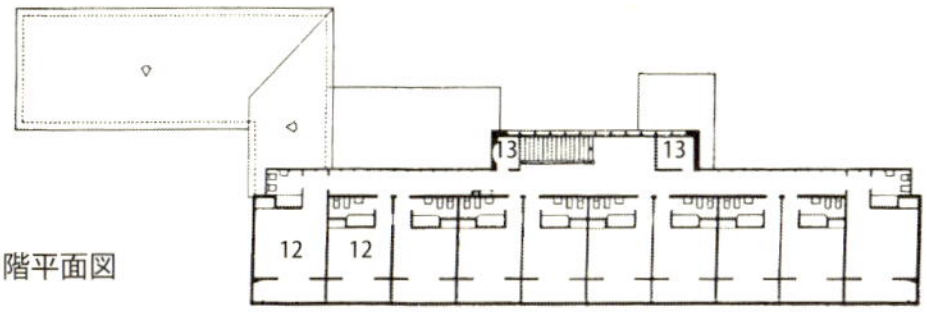

2階平面図

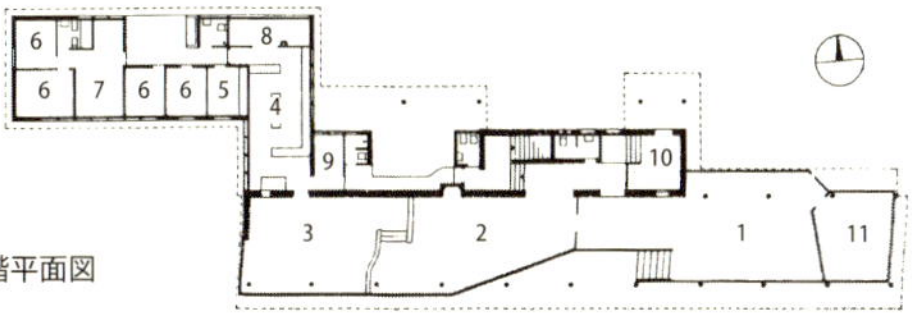

1階平面図

1 ベランダ
2 リビング
3 レストラン
4 厨房
5-9 サービス関連（従業員の寝室＆デポジット）
10 エントランス
11「冬の庭」
12 客室
13 サービス（リネン室）

客室

パークホテル
Park Hotel（1944年）（Costa, Lúcio. *Registro de uma Vivência*, 1995）

その結果、わずか一〇室だけの木造二階建ての小さなホテルは、シンプルでありながら公園を見渡せる心地よい空間となった。リオの広大なギンレ公園のランジェイラス宮殿《パラッセ》（一九四〇年に州政府に所有権を譲渡）で育ったセザール・ギンレに、コスタはコロニアル建築とリンクしたブラジルの現代建築つまり「モデルニズモ建築」の機能性と快適さを伝えたかった。

このプロジェクトで、コスタは自然の中に建つコロニアル時代の建築を広大な公園の中に建つ現代建築として再創造したのである。

20「フングリア・マシャード邸」（一九四二年）

場所―リオデジャネイロ、レブロン地区

設計―ルシオ・コスタ

備考―建設されたが、その後改築され、現在は、ロシア領事館となっている

建物を通りに接して配置してオープンスペースを確保し、コロニアル建築と現代建築とを統合した住宅とカンポのような庭園をつくり出した。庭園はブルレ・マルクスが手掛けた。一九六〇年代（あるいは七〇年代）に旧ソヴィエト大使館に売却された。後に、旧ソヴィエト商業使節団受け入れのために、ソヴィエト大使館により別館を依頼されたコスタは、セルジオ・ポルトとともに、庭園を保存した形で計画した。

21「サーヴェドラ邸」（一九四二年）

場所―リオデジャネイロ州、コヘイアス

設計―ルシオ・コスタ

備考―建設され、IPHANによって文化財に指定され保存されている。現在もなおサーヴェドラ家が所有しているが、販売中である。

コスタが新婚当時暮らしていたコヘイアスでの、サーヴェドラ男爵夫妻の避暑の家プロ

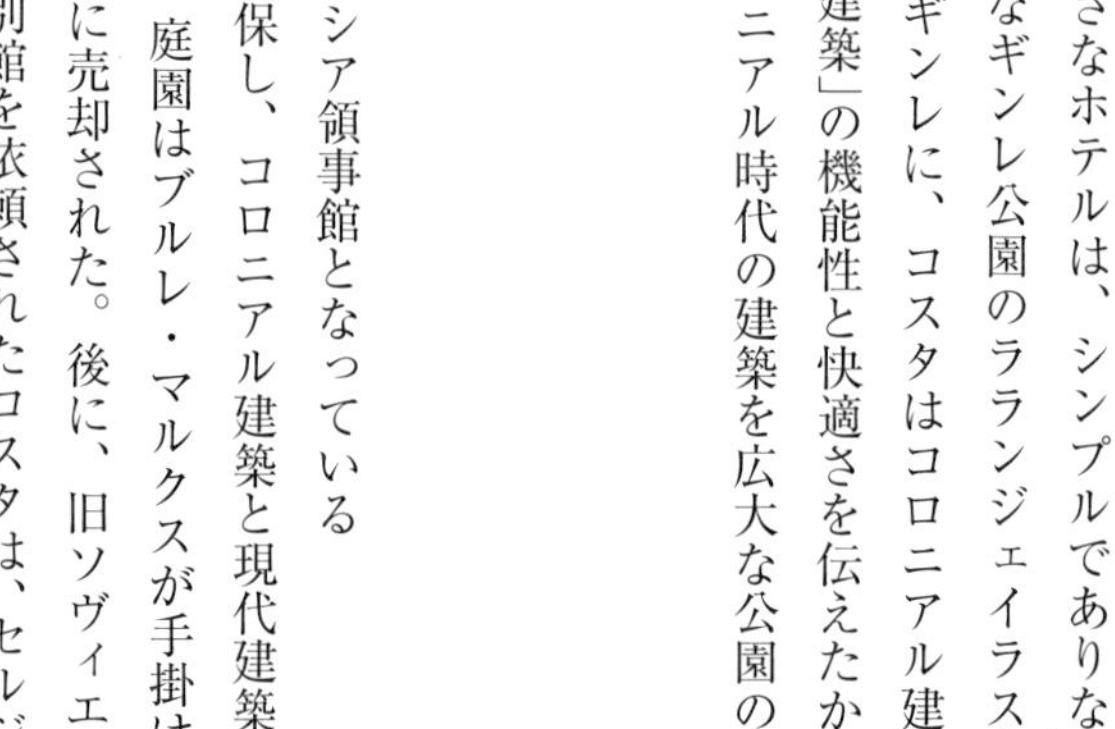

フングリア・マシャード邸 Casa Hungria Machado (Costa, Lúcio. *Registro de uma Vivência*, 1995)

ジェクトである。男爵は、リオ－ペトロポリス間道路の両側に、それぞれ約五万平方メートルの土地を所有し、片方にはすでに牧場、牛馬の厩舎、使用人の住宅が建っていたため、もう片方の土地に邸宅と庭園をつくる計画である。

コスタは、パークホテルで実践したコロニアル建築に由来したモデルニズモ建築を目指した。ブラジルの貴族の邸宅に使われてきた東欧原産の水や湿気に強いリガ松を使用し、ピロティにガラス張りのエントランスを設け、車で乗り付けられるようにした。ピロティ上を住宅とし、閉じたベランダの「冬の庭《ジャルディンディンヴェルノ》」と居間とポルチナリの壁画のある夕食の部屋を繋げた。また、二階には青色のムシャラビを使って日差しを和らげて風を通し、住宅からは自然の風景と一体になったブルレ・マルクス設計の庭園が見渡せるデザインを提示した。このコスタの考えは男爵により受け入れられた。

ブルレ・マルクスは画家、音楽家、舞台美術家、宝石・カーペット・庭園デザイナーとい

サーヴェドラ邸 Casa Saavedra の冬の庭
(Costa, Lúcio. *Registro de uma Vivência*, 1995)

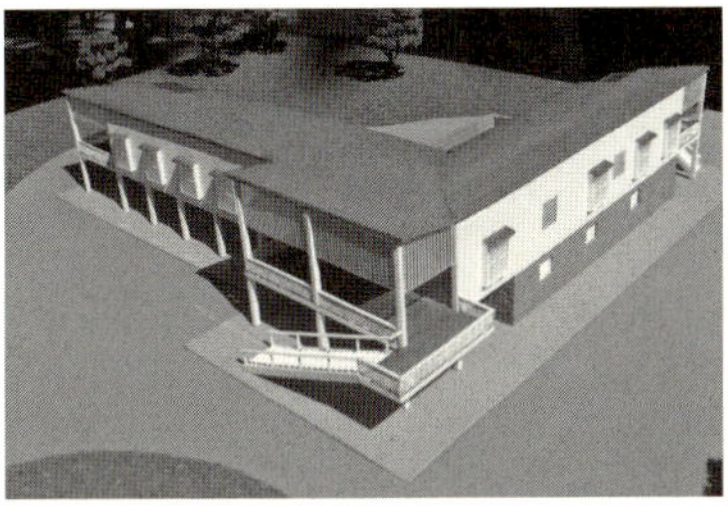

サーヴェドラ邸の模型（Expo. Lucio Costa, Museu Nacional da República de 13 de Meio a 8 de Agosto de 2010, Brasília. DF）

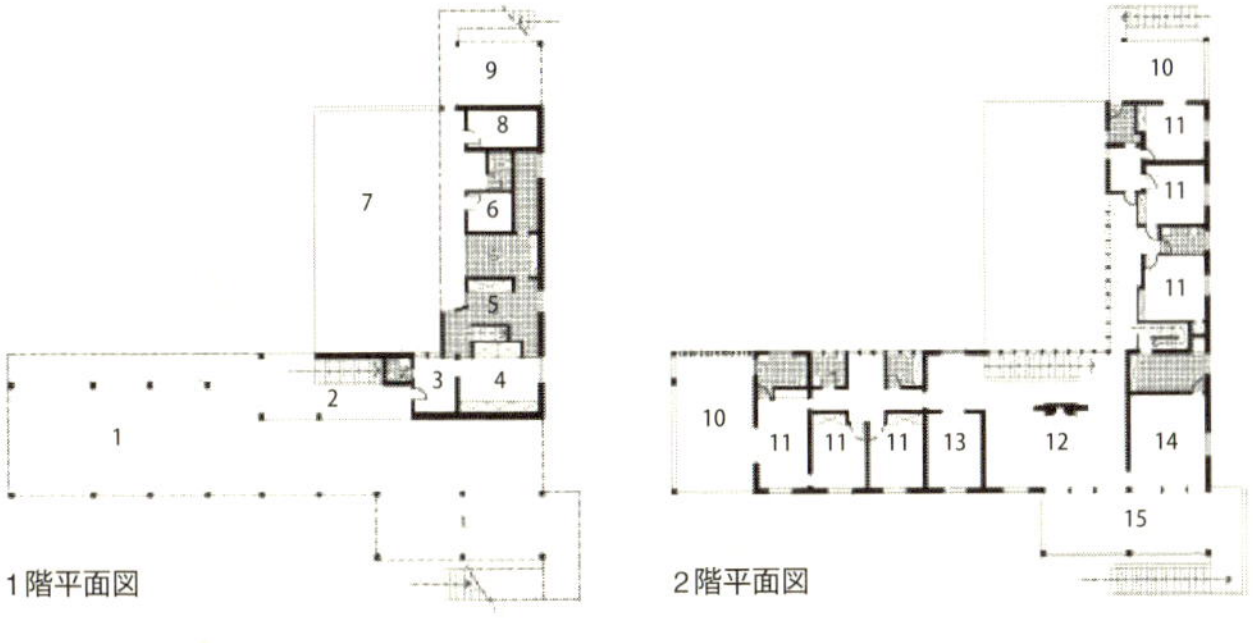

1 ピロティ
2 エントランス
3 玄関ホール
4 衣類保管室
5 食器保管室
6 キッチン
7 裏庭
8 使用人の寝室
9 サービス用入口
10 屋根付きのベランダ
11 寝室
12 映画室
13 居間
14 夕食の部屋
15「冬の庭」

サーヴェドラ邸平面図

う多くの肩書を持つ。企業家の父親は息子の教育に非常に熱心であったし、オペラ歌手でピアニストの母は園芸家でもあった。目の治療を兼ねた家族との一年余りのドイツ旅行からリオに戻った時、近所の友人でもあったコスタの勧めにより、休学していた国立美術学校の絵画コースに復学した。その時がまさに、校長のコスタがおこなおうとしていた学校の改革の時であった。その改革がブラジルのモダニズムとして際立つであろうことを理解した同級生のオスカー・ニーマイヤーやミルトン・ロベルト（MMMロベルト社をつくった三兄弟の一人）らと共にコスタの改革を支援した。後に、彼はブラジリアのモニュメンタル軸の造園プロジェクトを手がけることになる。

ブルレ・マルクスは、庭園をコロニアルのカンポにみたて、芝生を植え、そこにブラジルの生活に密着した果樹を多く植えることにした。

その後の改築により、「冬の庭《ジャルディンディンヴェルノ》」はガラスで閉鎖され、コロニアル建築特有のアクセスの外階段はスロープに置き換えられ、庭にはプールが設置された。しかし、コスタによって快適にしかも機能的に設計されたモデルニズモ住宅は、サーヴェドラ家に愛され、長年にわたって使用されてきた。

22「パルケ・ギンレ」（一九四八〜五四年）

場所—リオデジャネイロ、ラランジェラス地区

備考—ルシオ・コスタによる三棟のみが建設された

「パルケ・ギンレ（ギンレ公園）」は、一九二〇年代に新古典主義のラランジェイラス宮殿《パラッセ》（エドアルド・ギンレ邸）の庭園として、フランス人の造園家ジェラルド・コシェにより独創的に構想された。宮殿と庭園は、父親の死後、コスタにパークホテルの設計依頼をしたセザール・ギンレが相続した。

一九四〇年に宮殿と公園はリオの州政府に譲渡され、その後、国立歴史芸術遺産事業の会長であったコスタに、アッパーミドルクラスに割り当てる住宅用建物群を計画するよう求めた。

そこで、コスタは、公園に六棟の高層住宅群を提案し、すべて共通の視覚言語を維持することを決定した。地形の高低差を処理するためにピロティを使用すること、地面を床で覆わないこと、主としてセラミックのコボゴー（穴あきブロック）と木製の垂直ルーバーを使用すること、公園に面したファサードは、カレドーニアではピンク、ブリストルでは明るいブルーの彩色をすることとした。つまり、全体の統一性と基礎的な特徴を生み出すことをめざした。

コスタは三棟にそれぞれ名前を付けている。名前は、パルケ・ギンレの所有者だったフランス系ブラジル人のギンレ・ファミリーの過去とリンクしてつけたと考えられる。パークホテルを建設したノヴァフリブルゴのもっとも高い山はカレドーニア。サンパウロ州サントスの高い丘はノヴァシントラ。この山や丘からは町が一望できる。ブリストルはパリのシャンゼリゼ通りからほど近いホテル「ル・ブリストル」ではないだろうか。美しい中庭に面した客室は陽光が差し込み、広々として上質感にあふれ、上階からはパリの町並が見えるホテルである。

結局、ノヴァシントラ（一九四八年）、ブリストル（一九五〇年）、カレドーニア（一九五四年）のピロティ付き六階の三棟が建設された。ブルレ・マルクスによって手直しされた森のような公園を望む集合住宅《アパルタメント》は、現在も、カリオカたちに人気のある物件であるが、三〇〇平方メートル余りの面積を持つ住宅で価格が高いことと、プールがないことが、若い層には不満のようである。三棟の建物を建設中に、コスタはエンジニアのアウグスト・ギマランイス・フィーリョを知ることとなった。ブラジリアのプラーノピロットの全体図を作成し、後に、コスタ

パルケ・ギンレの全体計画（Costa, Lúcio. *Registro de uma Vivência*, 1995）

がブラジリアの発展を託す人物である。

　この住宅で、コスタはコロニアル建築のエッセンスをよみがえらせようとした。結果として、鉄筋コンクリートの高層住宅でありながら、リオの暑さを感じさせない快適さを備えた建物となった。そして、その快適さがより一層確かなものになったのは、パークホテルやサーヴェドラ邸と同様、広大な緑の公園の中に展開されたことであった。

　このパルケ・ギンレは、ブラジリアのスーペルクワドラとそのアパルタメント（ア

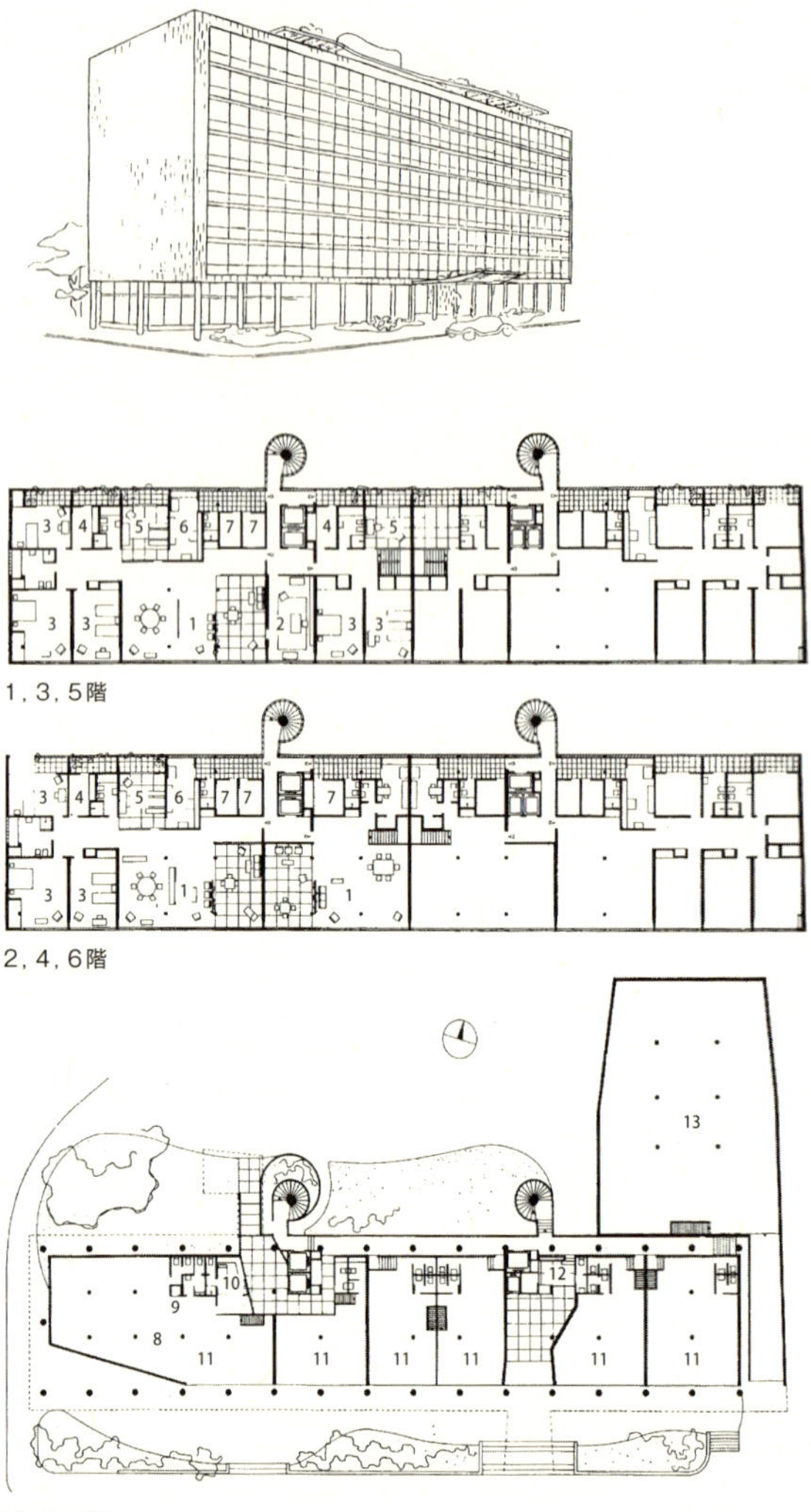

1 リビング・ダイニング
2 書斎
3 寝室
4 デポジット
5 私的なベランダ
6 キッチン
7 使用人の寝室
8-11 店舗スペース
12 居住者用エントランス
13 駐車場

ノヴァシントラ平面図
（Costa, Lúcio. *Registro de uma Vivência*, 1995）

パルケ・ギンレ Parque Guinle

パートメント)の構想へとつながっていくのである。

建築から都市へ

娘のマリア・エリザ・コスタは、父ルシオ・コスタのことを次のように語っている。

父が学生時代にしたがっていたネオコロニアル建築は、コロニアル建築様式を大邸宅に過剰にはめ込むだけのもので、先の見えない建築になりかねないと懸念した。そこで、真実のコロニアルとのリンクを取り戻すために、ネオコロニアルを粉々に破壊した。それは、コロニアルという過去との間の非常にたくさんのリンクを復旧させることにつながった。また、現代的なもの、つまりモダニズムが成功し始めた時期にも、父は先行きを心配した。なぜなら、モダニズム主義者たちは「斬新さ」を良いとみなす傾向があったことと、世界中が競ってモダニズムを取り入れると、世界中すべてがモダニズムという同じ現代の顔をもつようになってしまうからである。父はそのようなことを避けなければならないと考えた。そこで、ブラジルの過去と現在と未来の間をつなぐ不滅のリンクをもつ、ブラジル独自のモダニズムの「モデルニズモ」をつくり上げるための歩みが始まった。それはブラジルという歴史も浅く世界的に知られていない国だったから可能だった。ブラジルは新たなアイデンティティを構築しようとしていたからである。

ルシオ・コスタは、「労働者村モンレヴァーデ」と「リオデジャネイロの大学都市」と「パルケ・ギンレ」におけるモデルニズモがブラジリアをもたらしたと語っている。しかし、あらためてコスタの歩みを追ってみると、それだけではない。「教育保健省本部ビル」、「サンミゲル教化集落博物館」、「パークホテル」、「サーヴェドラ邸」もまた、ブラジリアのベースにあったと考えられる。

マリア・エリザ・コスタ Maria Elisa Costa ブラジリアにて(1984年)(Costa, Lúcio. *Registro de uma Vivência*, 1995)

コスタがコロニアル都市ディアマンチーナで発見したのは、町の起源を示す古い「木の十字架」であり、木製の独立柱によって生み出された「ロッジア」や「ピロティ」の空間であり、青く塗られた木製の「ムシャラビ」であった。そして、ひとつしかない建物の規準によって「端正さ」が生まれ、自然の風景と一体化した町は美しかった。住宅の「快適さ」は自然素材と土地に適応させた建築技術を用いた結果であり、高い教会の塔からは美しい町が一望できた。これこそ、ブラジルのルーツだ、とコスタは感じ取った。

教育保健省本部ビルは、世界で最初のガラスのファサードをもち、北側には日差しを和らげ風を通すケブラソウがコロニアル建築特有の青色に塗られた。そして、その建設場所は、リオの町の創設時に木の十字架が立てられてミサが行われたカステロの丘の跡地でなければならなかった。過去と現在とをリンクさせるというコスタの考え方を、プロジェクトに参加したブラジル人建築家チーム全員が理解していた。このようなリンクをつくることが、ブラジル独自の「モデルニズモ」になると確信していた。

サンミゲル教化集落をコスタが訪れた時、そこにはすでに、かつての集落の人びとによって切り開かれた広々としたカンポがあった。そこに計画する博物館は、カンポの風景と一体化したものでなければならなかった。また、そこで暮らした人びとがかつて見たであろう風景をそのまま保存し、我々もその風景を見ることができるようにすることが、過去と現在のリンクであると考えた。彼は、廃墟に散乱していた素材を使って「家族の家」を再現した。そして、壁にはパウアピケではなく、ガラスをはめ込み、カンポに点在していたインディオのグアラニー族特有の彫刻とイエズス会の司祭たちの個性あふれる彫刻を展示した。

パークホテルとサーヴェドラ邸でもコスタは過去と現在のリンクを図ろうとした。パークホテルで使われたガラス窓はムシャラビから転じたデザインであり、ガラスパネルは光を取

インディオの住まいだけが初期のブラジルの住居に影響を及ぼした、それは広い差し掛け小屋であったとコスタは言う。デバイJean Baptiste Debret (1768-1848) が描いた「祝祭の準備をするカマカン族の首長とその家族」

り入れるだけでなく、居ながらにして緑が広がる広大な公園の風景を一望できるようにするためであった。そして、ベランダには、人びとが集うロッジアの空間を再現した。

サーヴェドラ邸では、ブラジルの一九世紀の郊外の住宅のように、居間《サラ》と夕食用の部屋と「冬の庭」をつなぎ、「冬の庭」には庭園へのアクセスの階段を付けた。それは、ブラジルの住宅が歴史の中で獲得したものであった。また、ブラジルをルーツとする細い木の柱によるピロティは車の乗り入れができる広さとなった。

パルケ・ギンレにおいては、サーヴェドラ邸で提案した過去とリンクしたリビングとダイニングへとつながる「冬の庭」をつくろうとしたが、結局できなかった。しかし、鉄筋コンクリートの柱によって生み出されたピロティは、ブリストルでは非常に広い「解放された空間」になり、サーヴェドラ邸で試みたような車が出入りできる「駐車場」となったのはカレドーニアであり、住民のための商業用「店舗」の空間となったのはノヴァシントラである。ムシャラビは、コボゴー(穴あきブロック)と木製の垂直ルーバーに取って代わったが、「快適さ」は十分確保できた。

そして、パークホテル、サーヴェドラ邸、パルケ・ギンレの三つのプロジェクトの注目すべき点は、造園家によってつくられた「人工的な庭園(後に公園)」の中で展開されたことであった。このことは、過去と現在のリンクだけでなく、さらに未来との間のリンクを示してくれたといえよう。つまり、建築を越えて都市を考える上で大きなヒントとなった。

伝統的なものや過去のものと絶縁するのではなく、どのようにすればそれらのものを現在に生かすことができるのか。さらに、どうすれば未来につなげることができるのか。その試行錯誤の結果、コスタが到達したのが「モデルニズモ」であった。

しかし、ル・コルビュジエによって提案されたモデルニズムも過去と現在と未来をリンクさ

サントアントニオ農園のカーザ・グランデ(大邸宅)とカッペラ(礼拝堂)。サンロッケ。このような建物はコロニアル建築にごくふつうに見られた。(Telles, Augusto Carlos da Silva. *Atlas dos monumentos históricos e artísticos do Brasil*. Rio de Janeiro: FENAME/DAC, 1975)

せていることに、早くからコスタは気づいていた。そこから、彼のモデルニズモへの道が始まったともいえよう。

コスタは、世界中を同じモダニズムの顔にするのではなく、それぞれの国の過去と現在と未来のリンクを図って、その国独自のモダニズムをつくり出しなさい、と言いたかったにちがいない。

この彼の「モデルニズモ」は、やがてブラジルの新首都ブラジリアのプラーノピロットへとつながっていくのである。

そして、もうひとつ、都市を考えていくとき、ペソーアとスブペソーアが都市の中で不条理に住み分けていることがコスタの脳裏につねにあった。このブラジルの積年の問題に対する解決策の提示はまず新首都でこそなされるべきだと考えた。そうすれば、そのモデルが全国の都市に広がっていくことにならないか。それがブラジリアのスーペルクワドラとウニダージ・デ・ヴィジニャンサ（近隣単位）につながっていく。コスタが提案した社会的共存は実現されなかったが、それでもプラーノピロットの周辺に展開するシダージサテリテ（サテライトタウン）で、彼らは自分の家と生活を得ることができたのである。

第5章

モデルニズモ都市の誕生

モダニズムは過去から続く

モデルニズモがシダージ・パルケをもたらした

プラナルト・セントラル高原

ルシオ・コスタは、ブラジリアは「シダージ・パルケ」だと言った。直訳すれば「公園の都市」「公園のような都市」ということになるが、どんなものなのだろうか。そして、「シダージ・パルケ」とは、何なのだろうか。

サンパウロから、リオデジャネイロから、飛行機で二時間ほど。もうしばらくするとブラジリアに着くかなと思うころ、飛行機の少しひずんだ窓の外を眺めやる。

ちょっと変わった光景に出くわす。

ぽっかり雲だ……。

普通の雲が途切れ始めるあたりに、小さな塊の雲が少しだけ、ほんとうにぽっかりと浮かんでいる。

それが次第に数を増し、やがて空全体がぽっかり雲ばかりになる。

下は一面、農地だ。緑の農地もあれば、茶色の農地もある。それは、まだ成育中のところもあれば、収穫が終わったところもあることを示している。土の色も濃い。じつに豊かな農地だ。農地の形もさまざまだ。まるでパッチワークのように続く四角く耕した農地にも驚かされる。その中に丸い形の農地もある。丸い形はスプリンクラーで水をやるのに適していることから生まれた農地だ。ブラジル全体の農業からみれば、決して豊かな一帯ではないが、それでもブラジルの農業の大きさが垣間見えるような気がする。そんな地面に写る影も、ぽっかり雲のそれだ。あちこちに影ができている。ところどころにある森は、森を一定割合で残すように法律で定められてはいるが、農地にすることができない川沿いなどである。

一九五五年、新首都の場所の選定にあたり、候補地は緑、茶、赤、青、黄と色で表示されて

ブラジリアに向かう飛行機から見た、ぽっかり雲が浮かぶ空と農地が続く地上。

いた。ブラジリアは茶色の地、栗色の地であった。

ブラジルを何度も訪れていると、このような風景を見るとどことなく懐かしい気分になる。サンパウロやリオデジャネイロなどに住む人びとのなかには、車で数時間ほどのところに農場をもっていて、週末をそこで過ごす人も決して少なくない。

ルシオ・コスタもオスカー・ニーマイヤーも、ジュセリーノ・クビチェッキも、ジョゼ・ペソーアもエルネスト・シウヴァも、皆、これをその目で見たことだろう。

これを最初に記録したのはおそらくジョアン・クラードであろう。彼は、共和国になった新生ブラジルが首都の移転を憲法に盛り込んで調査を実施したとき、派遣されたクルルス調査団の一員として、一九八五年の一年間、現在のクルゼイロ行政区に設置されたばかりの気象観測所で観測を続けた。彼は、サンパウロは標高八〇〇メートルほどの海岸山脈の上にあるが、それよりも高いところにあるブラジリアは決して暑くないと言う。確かに、暑さよりも日差しの強さのほうが気になる。スモークフィルムを貼って走る車も多い。

そして、報告書に次のように記した[*]。


空気の清澄さと乾燥はこの気候の特筆すべき事実で……我々の空は、きわめて美しく、朝は東に雲が重くたれこめ、正午から午後には雲は天頂近くを通って西に積層し、最後ははほぼ全体的に消える。雲量がほぼゼロであることもある。そして、太陽とともに出てくるようである。八月近くと八月の間のみ、大量の煙のような乾いた濃霧が現れて、空気をかき乱して、いかなる観察をも妨げるが、幸いなことに天をすっぽりと覆い隠すことは常ではない。

ブラジリアの空はほんとうに澄み切っている。そこに生じる雲。すべてクラードが書き留めたまさにこの通りだ。今も変わりはない。このような天空の変化を見ているだけで飽きる

*Comissão de Estudo da Nova Capital da União, *Relatório Parecial*, apresentado ao Exmo. Sr. Dr. António Olynto dos Santos Pires, digníssimo Ministro da Indústria, Viação e Obras Públicos por L. Cruls, Tipolitografia Carlos Schmit, sucessor de H. Lombaerts- Assembléia, 76, 1896.

ことがない。

　最高気温はほぼ常時二五度を超え、最低気温も一五度前後とちょっと暑めだが、大西洋岸に位置するリオデジャネイロのあのどうしようもないほどの蒸し暑さとは比べようのないほどの快適さだ。標高およそ八〇〇メートルの海岸山脈の上に位置するサンパウロは、寒暖の差がかなり大きく、冬には暖房がほしい時もあるほどだ。加えてサンパウロはけっこうな坂の町だから、歩きまわるにはかなりの体力を要する。それに比べると、ブラジリアは、起伏はほとんどないに等しい。いくらでも歩きまわることができる。確かに地形的にもすぐれたところだ。

　このような気候と地形の、標高一、一〇〇メートルほどのプラナルト・セントラル高原。そこにブラジリアは位置する。

　ブラジルの国土を流れる主要三大河川サンフランシスコ川、アマゾン川、そしてパラナ川の源流に当たるところ、ほんとうにまるでブラジルの国土の心臓のような場所、そして国土のほぼ中心に、プラナルト・セントラル高原はある。まさにブラジルの国の中心ともいうべきところである。

　大河川の水源に当たるところだから、水量に不足はない。それに、この高さになると、町や農牧地などはこれ以上高いところにはないから、よほどのことがない限り、腸チフスがセーヌ川を通じてパリに広がったような汚染にさらされるなど、公衆衛生面も問題ない。

　このような場所に位置するプラナルト・セントラル高原が古くから首都の座として注目されてきた。

ブラジリアの夕暮れ。夕方になるにつれて雲量は次第に下がっていき、澄み渡った天空となることが多い。シルエットは国旗掲揚ポストと国会議事堂別館。

便利な、快適な都市

飛行機が高度を下げ始める。一面の農地の中に、町が見えてくる。そして、ブラジリア国際空港に着陸する。正式名ジュセリーノ・クビチェッキ大統領ブラジリア国際空港。こぢんまりとした空港だ。以前は、離陸するときに、プラーノピロットが機上から見えたが、今はルートが変わったのか、見ることができなくなってしまった。プラーノピロット、正確には

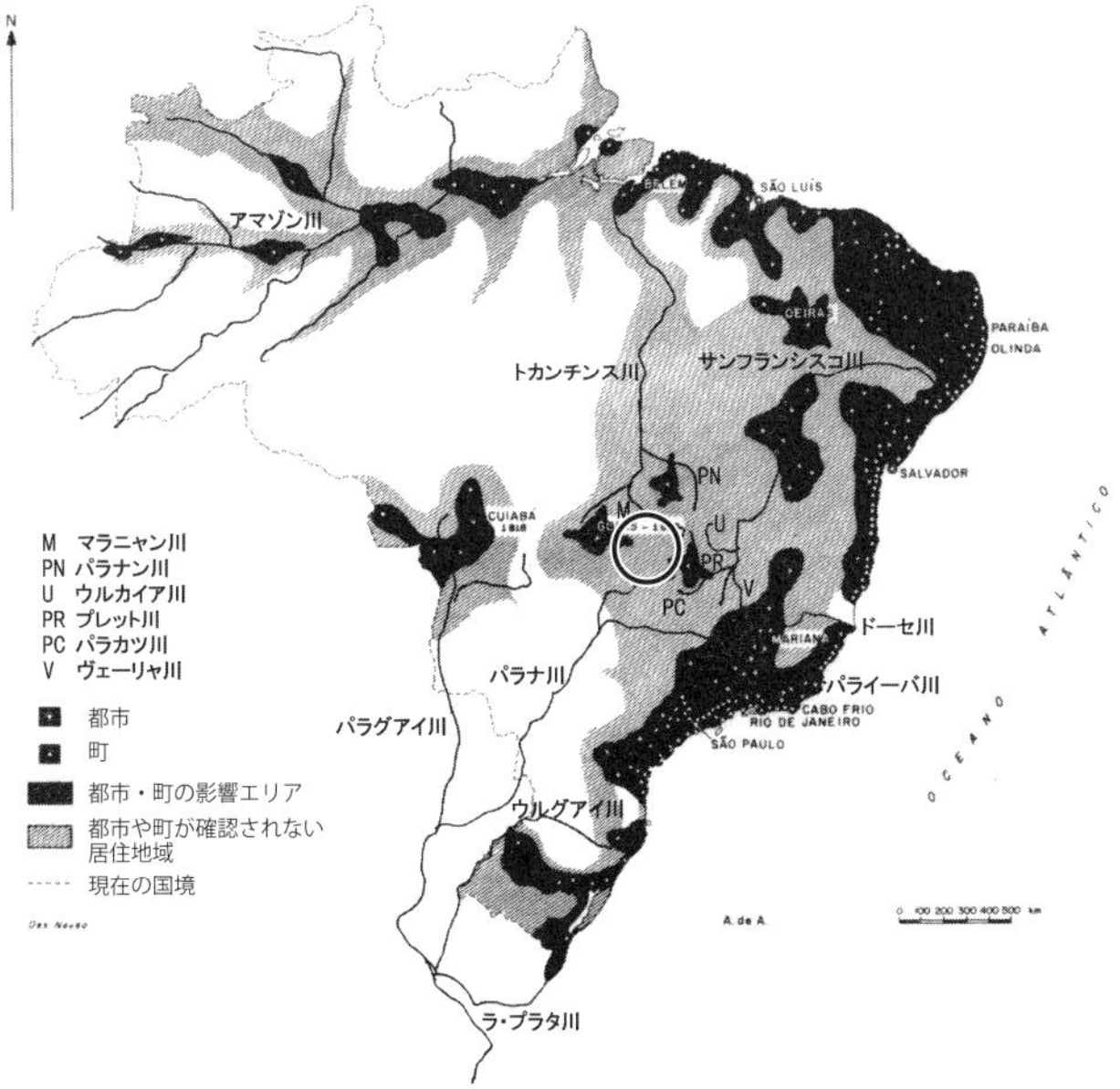

ブラジリアが位置するプラナルト・セントラル高原（○印）
ブラジルの国土を流れる主要三大河川サンフランシスコ川、アマゾン川、パラナ川の源流、国土のほぼ中心にあたる。標高は1,100メートルで、内陸部のなかではかなり高い。19世紀はじめにはすでにこの地域近くまで開拓が進んでいた。原図は19世紀はじめのブラジルの国土開発の状況。Aroldo de Azevedo, *BRASIL: a Terra e o Homen*. São Paulo: Cia.Ed. Nacional, 1970をもとに作成。

プラーノピロット・デ・ブラジリアとは、ブラジリアの中心の都市化区域のことで、ブラジリアとは通常このプラーノピロットのことを指す。

この空港を、コスタは「最終的な空港の位置は、横断とか回り道を避けるために、人工湖が深く入り込んだ場所にすることを提案する」といって、高速道路・居住軸の南端のすぐそばに置いた。実際にはそこからもう少し離れた場所に建設されたが、上空に飛行機が見えてから車を出して空港に向かっても、プラーノピロットを貫通する高速道路を突っ走れば、出迎えに間に合うくらいだ。

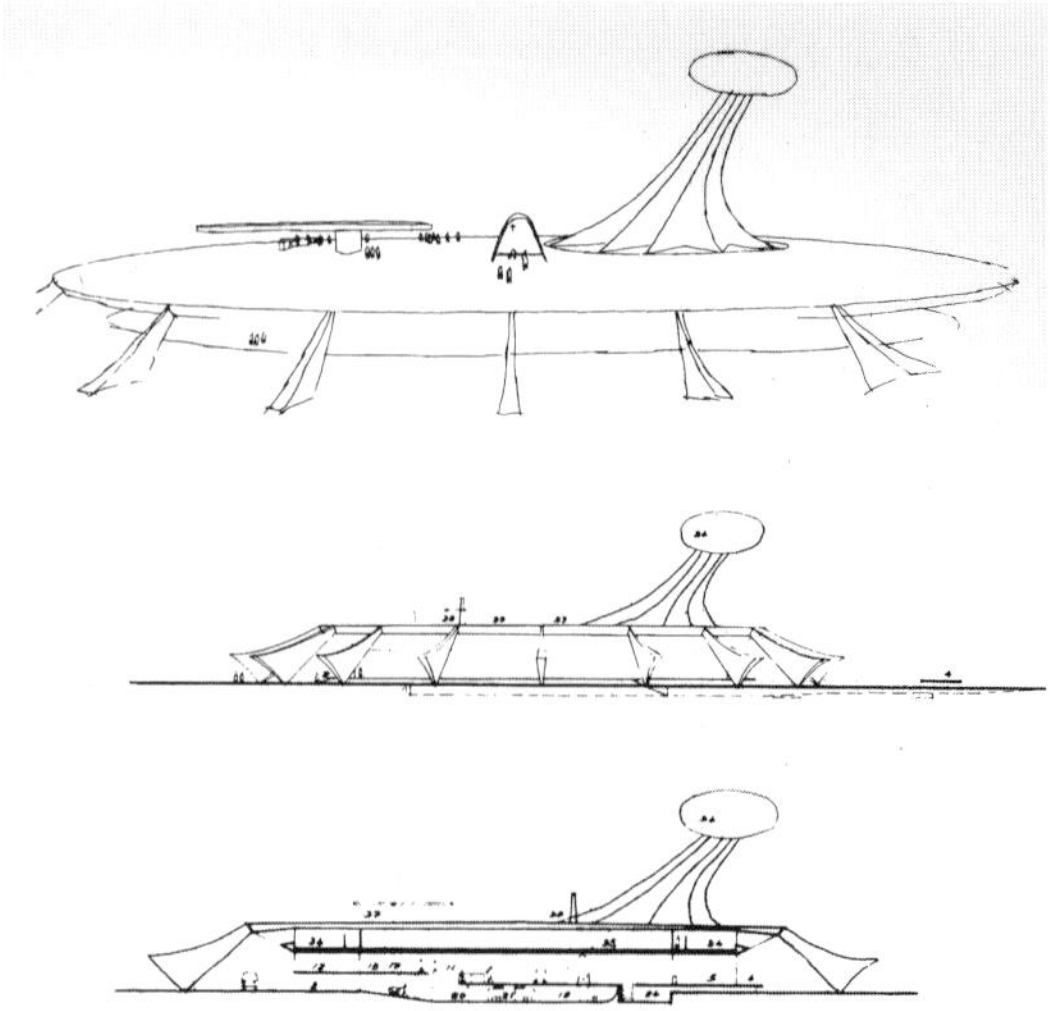

ブラジリア国際空港に対するオスカー・ニーマイヤーのターミナル改修案。同空港は1956年11月建設開始、57年5月木造ターミナルで運用開始。同時に軍港として供用開始。1965年、政府はオスカー・ニーマイヤーのターミナル改修案ではなく、空軍省建築家テルシオ・フォンターナ・パシェキ Tércio Fontana Pachec案を採用。1971年オープン。1990年、建築家セルジオ・パラダ Sérgio Paradaの設計による現在の空港に拡張改修開始。ブラジリアの公共建築の中で、オスカー・ニーマイヤーの設計によらない数少ない建築である。(Katinsky, Julio. *Brasília em três tempos*. Rio de Janeiro: Editora Revan, 1991)

改修中のブラジリア国際空港。1991年

だから、とても便利な空港なのだ。

空港からは車でプラーノピロットに向かう。高速道路・居住軸の中央車線にすぐに入る。両側に木立を眺めながら車は高速で突き抜けていくが、風景はゆっくりと変化していく。それだけ両側にグリーンベルトとローカル車線をもつこの道路帯は広いということだ。信号はまったくない。あっという間に、高速道路・居住軸とモニュメンタル軸とが交差する地点に設けられたプラッタフォルマ（プラットフォーム）に着く。一五分ほどだ。プラーノピロットに入って真っ先に着くのが、通常セントロと呼ばれる都心である。プラッタフォルマはその中心をなす施設である。

コスタは、「高速道路・居住軸に与えた力強さは、ブラジリアのもうひとつの特徴である。通常は自動車道路の堂々たるスケールと完璧なテクニックは都市のゲートで終わり、大街路と小街路とが交差するシートに溶け込んでいく。ブラジリアでは、自動車道路は都市の中心部に導き、勢いを失うことなく、南北と東西の両方向に端から端まで続いている」*ようにした。高速道路の技術を用いて、プラーノピロットにはその中心部セントロから入っていくようにしたのだ。

旅行者なら、セントロにあるホテル地区に向かう。プラーノピロットの居住者は、途中で中央車線からその両側に設けられたローカル車線に乗り換えて自分が住むスーペルクワドラに入っていく。

空港に到着してからごくわずかの時間で、それも木々の中を快適に通り抜けて、都市の中の自分の居所でくつろぐことができる。じつに便利で快適そのものの町だ。こういうことが快適というのだと思い知らされる。モダニズム都市が提示した都市とはこのようなものだったのではないか、と感じ入る。

＊Costa, Lúcio. *O urbanista defende sua cidade*, 1967, publicado no Architecture Formes Fonctions, vol.14. Lausanne, 1968.

カンポの都市風景

ホテル地区の近くにテレビ塔がある。モニュメンタル軸の中でも高いところに設けられ、コスタが強く思い入れて、自ら設計した建築である。彼のプロポーザルに書かれたとおり、正三角形の平面をもち、下部は鉄筋コンクリートで施工し、その上に鉄骨のタワーを設けたものだ。

コスタが設計したこのテレビ塔に上るのは気持ちがよい。快活な気分になる。展望台からは天空に大きく開かれたプラーノピロットを地平三六〇度見ることができる。

この光景はここにもともとからあったものだ。ブラジリアの建設候補予定地のひとつとしてここを訪れた新首都位置決定委員会委員長ジョゼ・ペソーアは一九五五年二月、ジープでこの地に入ってこの光景を目の当たりにした。

> ……間もなくここに新首都が建設される敷地のもっとも高いところに立った。三六〇度すべての地平線が遠くに見えた。興奮が我々をおそった。周囲すべて青く、無限に続く地平線。マリオ・タラヴァッソス元帥は感嘆を抑えることができず、首都の建設にかくも適した素晴らしいところは他にはないと断言した。数十分の間、皆、うっとりとしたままだった。魅力的なプラナルト・セントラル高原の青い空の広大さの前に、ほどなくそこに建てられるであろう現代都市の予見の前に、私たちを非常に小さな存在に感じさせた。……二か月後、都市の建設にもっとも適した地として、我々が居た場所（中略）が選ばれるのだが、そのとき、はてしなく続く地平線、うっとりするほどの青い空、あの場所の波打つ高原、こうした記憶に私たちを引き戻した。*

同行したエルネスト・シウヴァは、そのときのことをこう述懐したが、それと同じ光景が今もここにある。コスタはこの光景をそのままブラジリアに取り込んだ。「都市構想そのも

ジョゼ・ペソーアたちを乗せた7台の車がプラナルチーナを出発して、プラナルト・セントラル高原に入った。現在「木の十字架」が建っているあたりに到着。（Silva, Ernesto. *História de Brasília*. Brasília: Linha Gráfica Editora, 1999）

＊Silva, Ernesto. *História de Brasília*, 1999.

のの全体を構成しあまねく存在する部分として、プラナルトの広大な天空の都市への編入が生じた。「空隙」は天空によって埋められており、都市は取り囲む地平線の三六〇度に意図的に開かれている」*のだ。プラーノピロットのどこにいても天空を見ることができるようにした。

このテレビ塔の足元には、ブラジルの工芸品の露店市フェイラが開かれている。コスタはここでのフェイラにこだわった。地元の人も手編みのテーブルクロスやドライフラワーなどの手づくりの工芸品を求めて車でここにやってくる。細い鉄パイプの風鈴は、家を通り抜けるブラジリアの風を受けて、軽やかな音色を響かせてくれる。

展望台はいつもにぎわっている。

(上)テレビ塔からモニュメンタル軸の東を望む。向こうにパラノア湖が見える。
(下)テレビ塔からモニュメンタル軸の西を望む。密に植えられた木々が芝生地に点在する風景が地平までひろがる。

* Costa, Maria Elisa; Lima, Aleildo Viegas. *Brasilia 57-85, do plano-piloto ao Plano Piloto*. Brasília: TERRACAP, 1985.

展望台で意識せずとも目が向くのは、パラノア湖の方角だ。広々とした芝生地がゆるやかに下がっていくなかに、真正面すぐ手前にテレビ塔広場のイルミネーション噴水、その両側にホテル地区をはじめとする建物群が見える。芝生につけられた踏み分け道が生々しい。それを越えて広大に延びる芝生地のなかほどには、それをカットするかのように横たわる高速道路・居住軸のプラッタフォルマ、その両側に娯楽地区がある。さらにその奥に続く芝生地の両側は国の省庁の建物が連なる省庁のエスプラナード。はるか遠くに、小さく国会議事堂の上下院と別棟が芝生地の真ん中に見える。プラーノピロットを構成するモニュメンタル軸の東半分である。そしてその先にパラノア湖が見える。壮大である。この風景は、いつ見ても、変わることがない。芝生の色が夏と冬の季節を教えてくれるだけだ。

このパノラマの左右には、都心セントロの高層建物などが建ち並ぶが、その建物群も、決して建て詰まっていない。その後方に、木々に見え隠れしながらスーペルクワドラ（スーパーブロック）が小さく連なってみえる。空港から車でわずか一五分ほどのテレビ塔だが、空港から突き抜けてきた高速道路・居住軸沿いのスーペルクワドラが決して小さな規模のものではないことを教えてくれる。

モニュメンタル軸の反対側に回る。モニュメンタル軸の西部分だ。さきほどよりも密に植えられた木々が芝生地に点在する風景が地平までひろがって見える。そのなかにブリチ広場《プラサドブリチ》や市役所《パラシオドブリチ》、ジュセリーノ・クビチェッキ記念館《メモリアルJK》、十字架の広場《プラサドクルゼイロ》などがあるが、木々が点在する風景の中にすっかり入り込んでいて、なかなか確認できない。東部分とはあまりにも違う光景に驚かされる。

このモニュメンタル軸の両側にはブラジリア都市公園《パルケダシダージ》や、スポーツ地区、キャンプ場などがひろがっているから、この風景は野原というか、田園というか、あるいは広野というか、どことなくそんな空間を想像させてくれる。手つかずの自然、原野ではない。人間の手が入った自然である。彼らのいうカンポである。そこに建つ建物は、カンポに埋没することなく、しっかりと自己の存在を誇示している。そんな風景が三六〇度の地平に広がっている。その中でこの都市の人びとは暮らしている。

これがブラジリアの都市の風景なのだが、これこそが「シダージ・パルケ」の具現化された、プラーノピロットの全体風景なのである。いわゆる田園都市、ガーデンシティとは違うのだ。だから、「シダージ・パルケ」と呼んだのだ。そんなコスタの意図が伝わってくるようである。

芝生というか地面の緑は特徴的に目立つが、木々の緑は決して多くない。植えても植えても枯れていくという酸性土壌のセラード。赤茶けた地面に立つ木々に水やりをする作業員の姿がプラーノピロットのそこここで見られる。セラードは草原にまばらに低木の茂る植生だ。その一部がプラーノピロットの西北に接して国立ブラジリア自然公園として保存されている。そこはミネラルウオーターの採取と天然水をせき止めてつくったプールでブラジリアとその周辺に住む庶民のかっこうのレクリエーション場として人気を博している。その公園にはひょろひょろとした木々が生えているばかりだ。しかし、コスタはこのような緑をイメージしていたかもしれない。あまり育ちすぎて、自然の森林のようになってもだめなのだ。

コロニアルの風景を現代に

この風景は、いったい何なのだろうか。コスタがプロポーザルで描いたプラーノピロットの全体イメージは、どこからきているのだろうか。

コスタは、プロポーザルの冒頭で、「ここで必要なのは、コロニアルの伝統を手本として、占有という熟考された行為、まだ開拓者であるという意味の行為」と提示した。そして、「計

セラードの保存を目的に設けられた国立ブラジリア自然公園Parque Nacional de Brasília　その中に天然の水をせき止めてつくったプールがあり、庶民でにぎわっている。

画された全体に望ましいモニュメンタルな特質を与える都市でなければならない。モニュメンタルとは、華美ということではなく、価値があり何かのしるしを表象しているものをはっきり知覚できる、それを意識する表現のことで、国の文化がもっとも輝き、それを感じ取れる中心となることができる都市でなければならない」と続けた。

この言葉にコスタがプラーノピロットに仕組んだ重要なものがいくつか暗示されているのを感じ取ることができる。そのひとつに、立場こそ異なれブラジルの人びとが共通して経験してきたコロニアル時代の開拓の風景がある。ブラジリアは、この地域の今後の計画的発展を引き起こす役割を担っているのだから、コロニアル時代の開拓と重なり合う。それはブラジル「発見」までさかのぼる。そこで、コロニアル時代の開拓の風景に国の文化を認め、それを現代に翻訳したのである。それが「シダージ・パルケ」である。

コスタは、無人のブラジリアでは風景はつくらねばならないのだと、次のように言う。

> 通常、都市化するということは、時とともに、そして加わっていく意外性とともに、都市が生じるための諸条件をつくり出すことからなる。しかしながら、ブラジリアでは、場所を占有し、首都の挿入を短い期間でおこなうことができる都市構造を—征服者のあるいはルイ一四世の方法で—自らに課すことが課題であった。風景に自らを一致、調和させる都市とは違って、無人のセラードでは、海におけると同様に、広大な空に対して、この都市は風景をつくり出したのだ。*

その風景をいかにつくり出したのか。コスタは言う。

> 1—都市は、コンタクト、コミュニケーション、組織、および交換という人間にとって必要なことのはっきりと知覚できる表現である—ある特定の物的社会的環境のなかで、そして歴史的文脈のなかで。

*Costa, Lúcio. *O urbanista defende sua cidade*, 1967.

2—都市化することは、少しの都市をカンポにもっていくことと、少しのカンポを都市のなかにもってくることからなる。
3—エンジニアの仕事では、人間は集団として、つまり「数」として主に考えられており、量の基準が優位に立っている。しかしながら、建築家の仕事では、人間は何よりもまず個人として、つまり「人」として向き合われており、質の基準が優位を占めている。
他方、個人としての人間の利害は常に集団としての利害と一致しない。この根本的な矛盾を可能な限り解決しようとすることは都市計画家のすることである。*

この「都市化することは少しの都市をカンポにもっていくこと」は、一九三〇年代から開拓が始まった北パラナの広大な穀倉地帯などで今も生き生きとしたその姿をみることができる。コスタが一九三七年に手掛けた、リオグランデドスル州西部の一七世紀のイエズス会のインディオ教化集落を今に伝える遺跡博物館の光景は、その当時の姿である。それは、コロニアル時代のごく一般的な風景であった。それはまた、ブラジリアに至る機上から眼下に見たあの豊かな農地の光景でもある。今もブラジルのそこここに、ごく身近なところに、その風景はある。そこに、首都をもっていった。それも、少しの都市として。

そして、都市化することのもうひとつの要素である「少しのカンポを都市のなかにもってくる」と、

記念碑性は親密さと相いれないものではなかった。そこに木々と茂みを加えよう。現代都市計画の概念を特徴づける自然を補完する広野は、都市から郊外そして農村地域に広がっていくから、モニュメンタルなものにブコリコ（広野の意）の存在を効果的に取り込んでいけば、記念碑性が「絵画」にとどまることは間違いなく取り払われる。*

となる。

*Costa, Lúcio. *Registro de uma vivência, 1986-94.* São Paulo: Empresa das Artes, 1995.

北パラナのロランジャの田園風景。今もコロニアル時代の風景をほうふつとさせてくれる。

*Costa, Lúcio. *Considerações sobre arte contemporâneo*, anos 40.

このようにして、コロニアルの風景を現代に翻訳したのである。いや、翻訳とあえて言わずとも、ずっと続いている風景である。

そうであれば、ブラジリアに来た人びとは知らず知らずにこのことを知覚し、そして気づくはずである。この開拓の風景こそが、このコロニアルの風景こそが、国を感じ取れる文化だ、と。そして、彼らの国ブラジルを感じ取る。このようにコスタはブラジリアを構想した。「モニュメントは、首都の場合、放っておいたらのちに勝手にできるものではない。ブラジリアのモニュメントは全体がそのものである」と、コスタは断じている。*

それは、はからずも、いわゆるモダニズム都市が提示したものともなった。コスタはモダニズムを研究しているうちに、それと同じようなものがブラジルのコロニアルの空間にあることに気づいていた。そのコスタの言葉を借りるなら、「トーキー映画の最初の試みを思い出す―しゃべった唇とともに声がついてきたときのことを」*ということになる。ナショナルなブラジルの文化とインターナショナルなモダニズム都市とが重なり合ったのだ。それはインターナショナルなモダニズム都市を模倣したものではない。コロニアル時代を手本にしてそれを現代に翻訳していったところ、インターナショナルなモダニズムと合致したのだ。とすれば、それはブラジル独自のモダニズム、彼らの言うところの「モデルニズモ」ということになる。彼らの「モデルニズモ」は古くから続いているもので、これからも生き続けるものである。ブラジリアは、いわゆるモダニズム都市ではなく、「モデルニズモ都市」なのである。

* Costa, Lúcio. *Registro de uma vivência*, 1995.

* Costa, Lúcio. *Sobre Arquitetura*, Alberto Xaiver (org.). CEUA, 1962.

都市は大人として生まれた

変わることのないシダージ・パルケ

ブラジリアのコンクールが求めたものはブラジルの首都としてのコンセプトであり、その基本的なスケッチであり、その具体化については勝者がノヴァカップとともに担当することになっていたから、彼のプロポーザルが大きく変えられても不思議ではなかった。しかし、実行プランづくりにあたり、コスタのプロポーザルの全体が強く尊重された。それにはクビチェッキ大統領の思慮深さが大きく働いていた。

コスタは、開都までわずか三年しかないことを考えて、ふたつの軸が交差するところに位置するプラッタフォルマ（プラットフォーム）とアザノルチ（ブラジリアの北半分）の建設を延期することを大統領に提案した。プロポーザルに提示したように、「高速道路は少しずつ建設すればよい。最初は両側にクローバー型をもつ中央帯（これは実行プランで「ハサミムシ方式」に変更された）を、そののちに両サイドのローカル車線をつくるというように、高速道路は都市の正常な発展に伴って前に進んでいくだろう。そのために交通の流れの車線に隣接する緑の帯状の空地がつねに確保されている」と考えていたからだ。それに、シダージサテリテ（サテライトタウン）はプラーノピロットがいっぱいになってからつくられるというのがコスタのプロポーザルであったから、プラッタフォルマの下部につくられる大規模バスターミナルもすぐに必要ではないと考えたのだろう。

ところが、そのコスタを前にして、クビチェッキはこう答えた。

いや、セニョール、私はこのプラッタフォルマをつくることを主張しているのだ。七〇〇メートルだ。というのは、もしそれをつくらないと、将来つくられないか、不適切に延期されてしまうかもしれず、あなたのプランの構想を危うくしてしまう。このプ

協議中の（左から）ルシオ・コスタ、イスラエル・ピニェイロ、ジュセリーノ・クビチェッキ、オスカー・ニーマイヤー。(Brasília, a Cidade planejada)

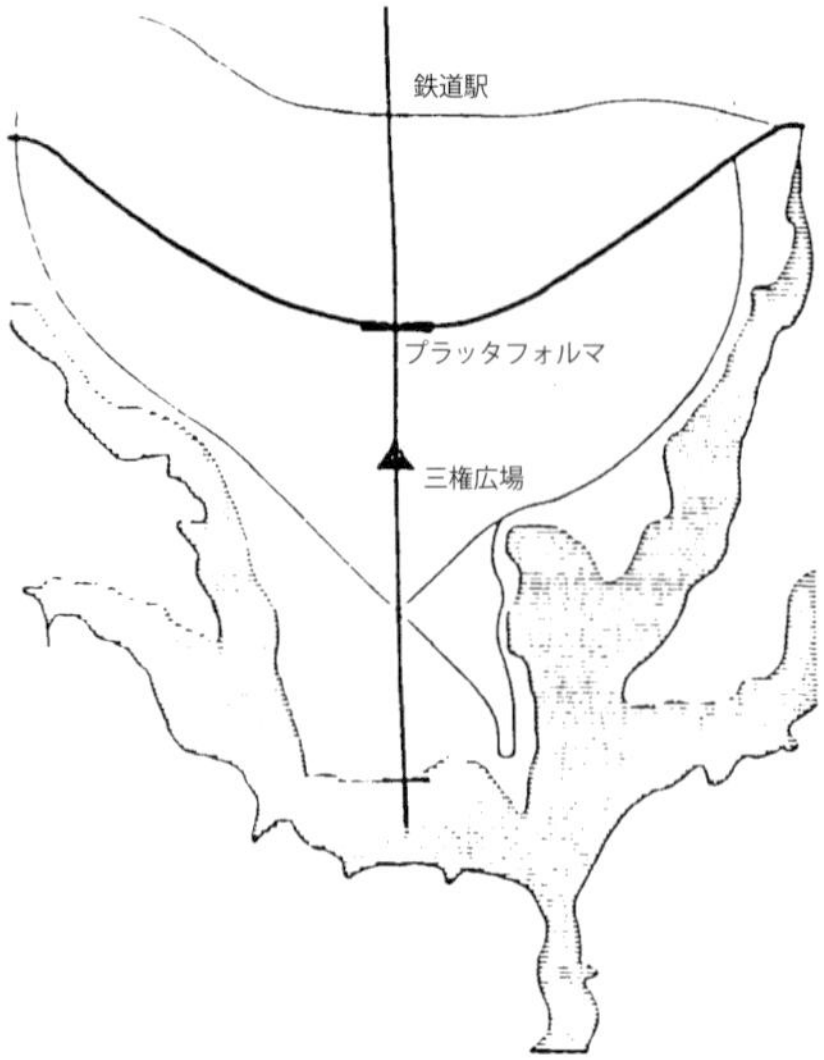

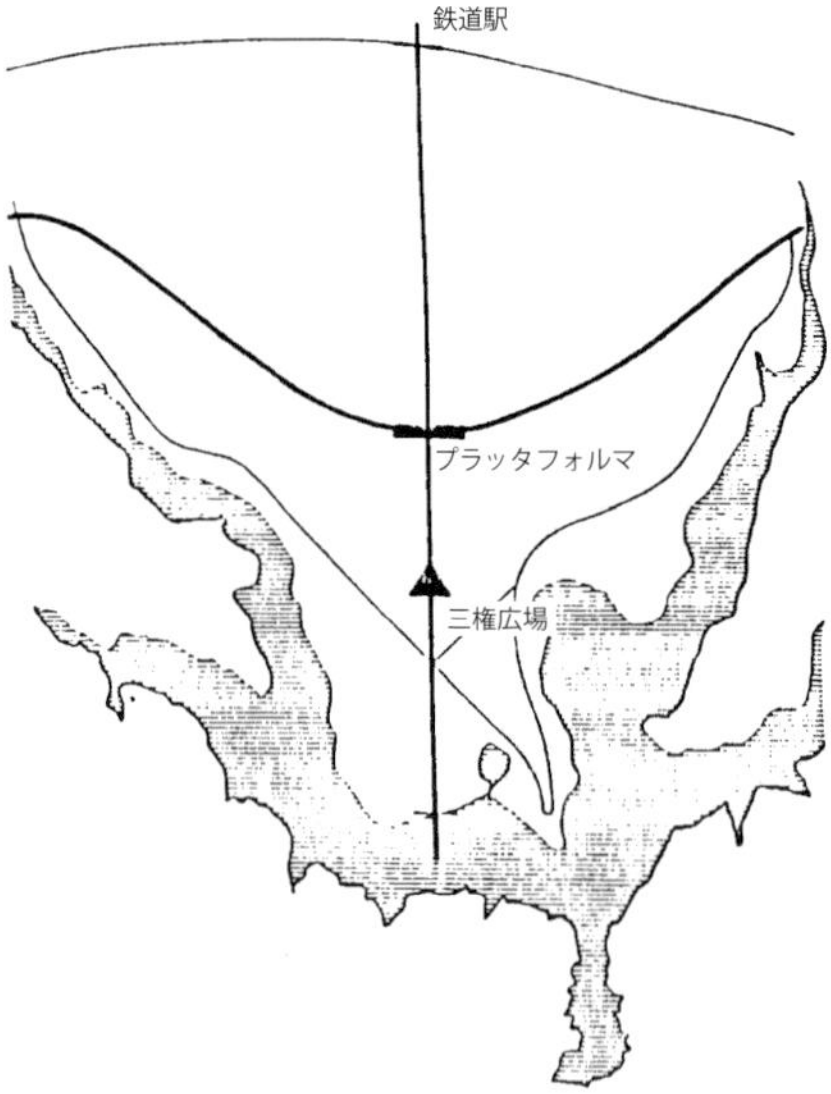

(上)オリジナルのプラーノピロット
(下)変更後のプラーノピロット　全体が湖側に下げられ、最上方にあった鉄道駅がさらに上方に上げられた。
(Costa, Maria Elisa; Lima, Aleildo Viegas. *Brasilia 57-85*, 1985)

(上)コスタが提案した十字架のしるし。モニュメンタル軸と高速道路・居住軸とのクロスポイント。
(下)モニュメンタル軸と高速道路・居住軸とのクロスポイント、マルコゼロ。Zeroと記された標識が立てられている。
(Acervo Fundação Oscar Niemeyer)

ランの構想は、さまざまなレベルで、軸がクロスすることに基礎を置いている。プラッタフォルマがなければ、たとえ都市の初期の利用にとって実際のところ必要ないとしても、それは機能しない。余分なものをつくることは必要だ、必要なものはどんな方法でもつくられるだろうからね。余分なものは、明日必要になるだろうから、今つくる必要があるのだ。それに、もし今つくらなければ、この都市は委縮し、あなたの完全さを自ら実現しない危険を冒すことになってしまう。私は、端から端まで構造をつくりたい、すでに組み立てられ、明らかにされたこの都市の骨格を残したい*。

これで最初からブラジリアの根本的な全体が形づくられることになった。クビチェッキが見通したとおり、十字のしるしから出発したこの都市は最初から全体がつくられなければ、意味をなさないのだ。「ブラジリアがまったく特別な都市の経験であることを忘れてはいけない―子どもをはらんだだけでなく、最初から大人として生まれた都市であるということである。子どもは自分にとっては大きすぎる洋服のなかで育って」*いく都市なのである。

これを受けて、直ちにプロジェクトのプログラムの確定作業、デザインの検討、そして実行がほぼ同時に進められた。コスタがプロポーザルにいう「場所をしるしたり、そこを占有したりするときに人がみせる最初のしぐさ、すなわち直角に交わったふたつの軸、まさしく十字架のしるしから生まれた」ブラジリアは、その言葉通りに、二本の軸が交わった地点から建設が始まった。そこはマルコゼロ、すなわちブラジリアの起点としてブラジリアの中でひとつの特別な地点となった。プラッタフォルマが設けられた地点である。

ただ、この段階でひとつの修正がコスタのプロポーザルに施された*。

それは、実行プランの検討に先行して、プラーノピロットコンクールの審査員団のメンバーのひとりウイリアム・ホルフォード卿が審査段階で示唆したものであった。すなわち、都市

*Depoimento de Lúcio Costa no Seminário, Brasília, 1974.

*Costa, Maria Elisa; Lima, Aleildo Viegas. *Brasília 57-85*, 1985.

旗を持ってマルコゼロを示すルシオ・コスタ。一九五七年(Brasília Completa 50 anos)

*Costa, Maria Elisa; Lima, Aleildo Viegas. *Brasília 57-85*, 1985.

全体を東のほうに移動させ、湖岸に設ける予定だった戸建て住宅地区をパラノア湖の対岸の半島にもっていくこととなった。彼の見解によると、都市と湖面の間の空地の広がりは不法占拠のような圧力に弱いので、空地を少なくしたほうがよいということであった。

プラーノピロットの三角形の先端近くに位置する大統領官邸のアルヴォラーダ宮殿とブラジリアパレスホテルは都市の建設とは切り離されて早々に建設に着手され、その技術者や労働者の飯場があちこちに建設されていたが、その一部が長らく公認されず地図上で空白になっていたヴィラプラナルトである。それは確かに、このような場所にある。

戸建て住宅地区が移ったパラノア湖の対岸の半島は、コスタのプロポーザルでは、プラーノピロットが充足したのちの拡張エリアとしてシダージサテリテ（サテライトタウン）とともに予定されていたところであった。それが早々と埋められてしまうことになった。

この東への移動に伴って、スーペルクワドラ（スーパーブロック）のもっとも中央寄りの南北各一区画（これは非居住街区に変更された）の幅を圧縮して高速道路・居住軸をもっと弓なりに短くすることとなった。また、こうした修正の結果、アザノルチ（ブラジリアの北半分）の商業・銀行地区がプラッタフォルマよりも低い標高に置かれることとなった。コスタは、地形を詳細に読み取って、ブラジリアの都心であるふたつの軸のクロスポイント一帯をできる限り平坦に利用できるように計画していたのだが、このために南北の商業・銀行地区などがはっきりと低い標高におかれることとなった。

さらに、別の理由で鉄道駅をもっとも高い地点を越えてもっと西に移動したので、モニュメンタル軸の西の部分はオリジナルプランのおよそ二倍に延伸されることとなった。

コスタは、プロポーザルとは別のものになってしまったと言うが、彼のシダージ・パルケが変更されることはなかった。

あらわになる十字のしるし

次に、ノヴァカップの都市計画部によって住居街区に対して変更がなされた。コスタは、ブラジリアで働く人はすべてブラジリアに住むのが当然だと考えた。いわゆる公務員はいうまでもなく、運転手も雑役係もいる。さまざまなレベルの人びとがプラーノピロットで働いている。そうしたさまざまな階層の人びとが集まって住むことができるよう、四つのスーペルクワドラからなるウニダージ・デ・ヴィジニャンサ（近隣単位）を考え出した。ところが、これとは裏腹に、より低い所得階層用に、スーペルクワドラ共通のピロティ付き六階ではなくピロティ付き三階の住棟からなる、長方形の経済街区の列が東側に追加された。現在の４００番台のスーペルクワドラである。プロポーザルの大使館地区にあたる場

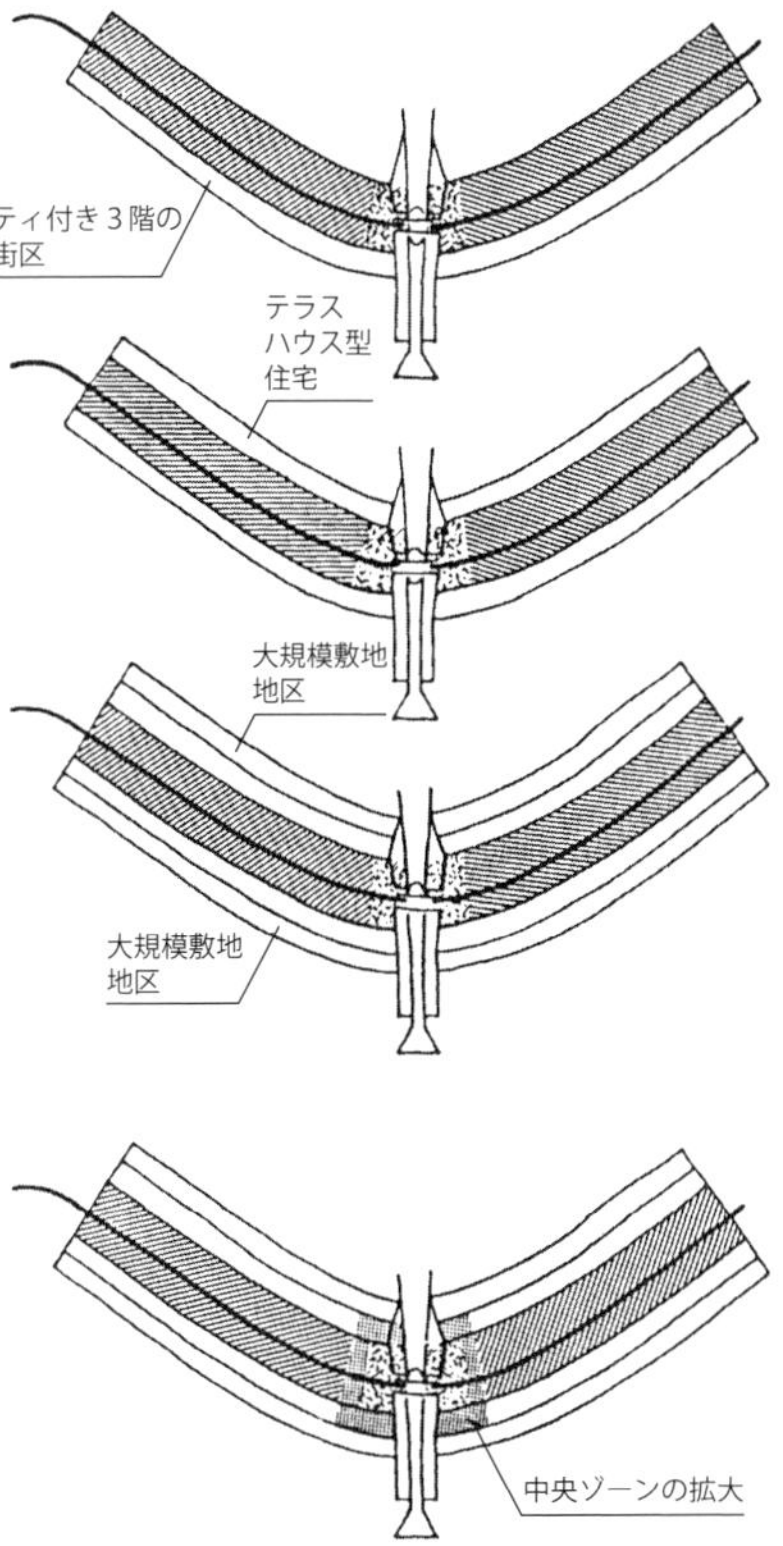

地区の追加と修正
（Costa, Maria Elisa; Lima, Aleildo Viegas. *Brasilia 57-85,* 1985）

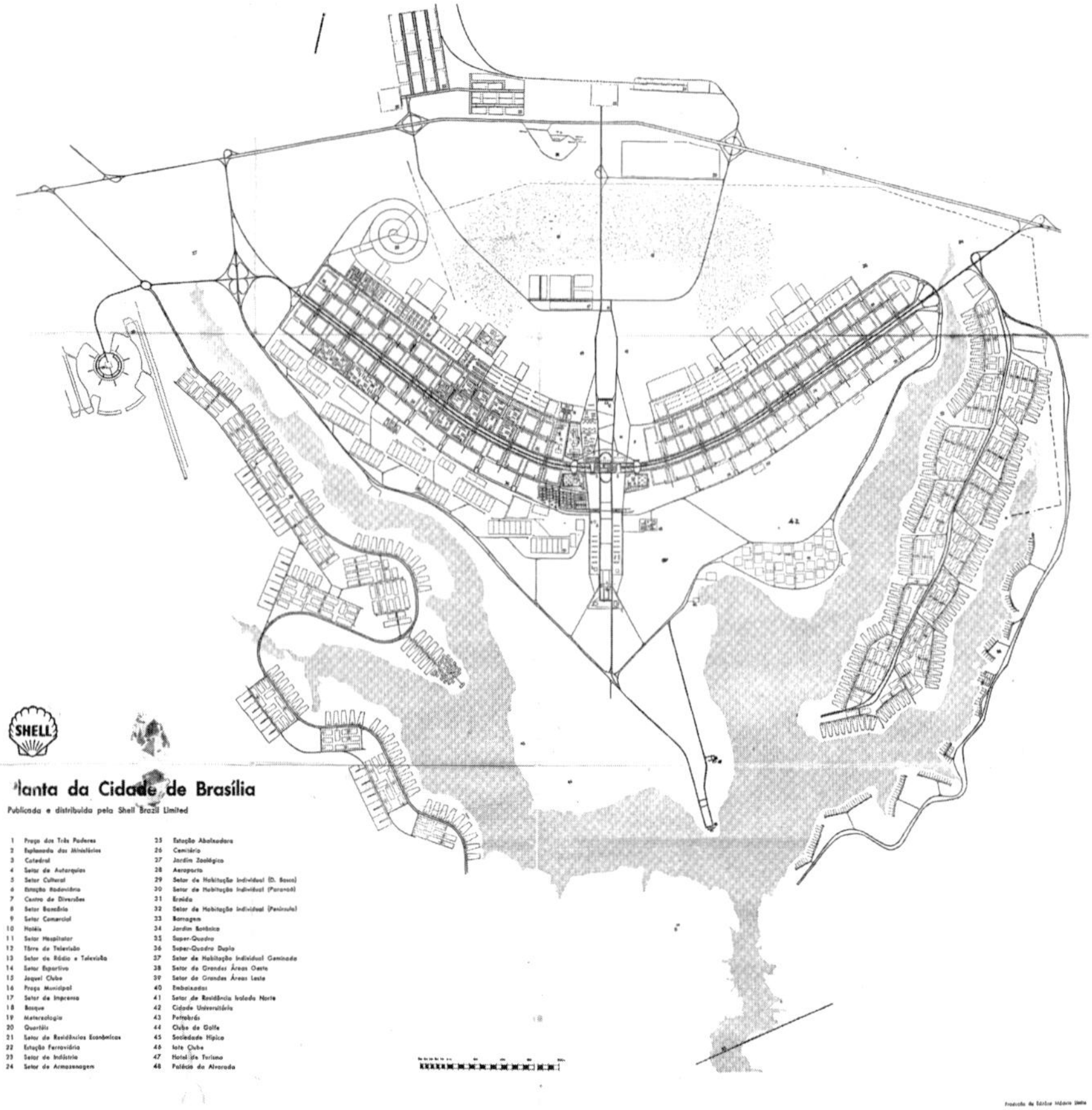

コスタのプロポーザルに修正と追加が施されて確定された実行プラン。パラノア湖の半島等に移動された戸建て住宅地区には橋が架けられるまでは、高速道路を使って大きく迂回しなければならなかった。(Planta da Cidade de Brasília publicada e distribuída pela Shell Brasil Limited)

建設中のプラーノピロット。1958年（*Brasília Ano X*, 1969）

所である。三階であれば建設費が少なくて済むから、低所得者でも入居することができると判断されたのだが、彼らの多くは結局そこにも居を定めることはなかった。この400番台のスーペルクワドラの追加に伴って、L2道路は東に移動し、銀行地区に直接にサービスすることができなくなった。

一方、これとは反対側の、コスタがプロポーザルで「花卉栽培、菜園、果樹園」として提示した帯は、最初の専門家たちを家族とともにブラジリアに移住させるためにテラスハウス型住宅が緊急につくられることになった。一九五八年にはアザスル（ブラジリアの南半分）の真ん中で始められ、後日700番台（181頁参照）のすべてに広がり、花卉栽培、菜園、果樹園はなくなった。

さらに、ブラジリアではさまざまな宗教や宗派を認めたので、そのための敷地を確保する必要があった。加えて、教育の公的ネットワークづくりを中心とするブラジリアではあったが、私立学校の開設の要求もあった。いずれも大規模な用地を必要とするものである。そこで、これらのさらなる外側に大規模敷地地区が設けられた。それらは今、900番台（西側）と600番台（東側）になっている。

さらに今ひとつの修正が施された。都市の中央ゾーンの拡大である。

プロポーザルに提示された商業地区、銀行地区に加えて、南北のスーペルクワドラの最初の部分と、南北400番台と700番台それぞれの最初の部分を取り込んで商業・銀行地区を拡大し、病院地区、国営企業地区、裁判所地区、ラジオ・テレビ地区がつくられた。国営企業地区が加えられたのは、ブラジリアに移動する公務員の数はコンクールの公告に提示されたが、それを上回ることが予想されたからである。

ところが、こうした地区の追加修正は、全体の道路システムに注視することなく個々にお

花卉栽培・菜園・果樹園のための帯を変更して建てられたテラスハウス型住宅。現在の700番台（181頁参照）
（左）1964年（Arquivo de DF）、（右）1958年（*Brasilia Ano X*, 1969）

こなわれたため、道路システムに不具合が生まれることとなった。
テラスハウス型住宅の７００番台と大規模敷地地区が加えられたことから、東のＬ２道路と西のＷ３道路は国営企業地区と連邦裁判所地区を含む新しい地区に対する直接的なアクセスとなり、サービス道路という当初の役割分担は必然的に失われてしまった。また、中央ゾーンの拡大は、道路システムへの結合に配慮せずにおこなわれた。さらに、西の大規模敷地地区のために考えられた道路は、大量交通の発生と駐車場の必要性を十分に理解せずに、線引きされた。

都市の道路構造に注視しなかったことは、のちになって南と北のホテル地区を結ぶような形でＷ３道路のクローバー型立体交差道路をもたらしたし、ブラジリア大学のそれは都市の中央ゾーンに隣接するべきことをすっかり忘れさせてしまった。パラノア湖の南湖へのアクセスの橋（コスタ・イ・シウヴァ橋）は大使館南地区を分断するかのように貫通している。高速道路・居住軸の中央車線がその能力を発揮できないでいるのも適切な結合を欠いているためである。

このように変更に伴う問題がなかったわけではないが、コスタのプロポーザルそれ自体は最大限に尊重されて、実行プランが確定された。修正が加えられたのは十字のしるしであった。といってもそれ自体が別のものになったわけではない。何か事があるときには、いつもは見えない十字のしるしがあらわになってくるようである。

そして、建設が始まった。

「提案が価値あるものなら」

コスタは、プロポーザルに、単なる助言者として参加する、と書いた。

それがどういうことであったのかは、晩年になって、彼の口から明かされた。一九八四年一一月の『ジョルナール・ド・ブラジル』紙のインタビューで、「プラーノピロットの説明書で言っているように、私はプランの発展に参加するつもりはなく、助言役で。……私の性格からして、私のプランをさらに発展させていく状況にないということを私は知っていた。当時、私は、三年前にレレタを亡くしていた。もしそれができたなら、彼女はとても喜んだだろう……」*と答えたのだ。レレタとはコスタの最愛の妻の愛称である。コスタが運転する車が事故を起こし、レレタが亡くなってしまったのだ。そして、コスタはその言葉通りに最後まで助言者に徹した。

計画実施は、一九五七年から一九六〇年までは、ノヴァカップの建築・都市計画部の都市計画部門が、ルシオ・コスタが指導を託した技師のアウグスト・ギマランイス・フィーリョの監督のもと、リオデジャネイロでもっぱらおこなった。ギマランイスは模範的な献身で難しい仕事を成し遂げた。一九六〇年から一九六四年までは、一九六〇年に建築家チームのひとりがブラジリアにやってきて、同じ図式が維持された。一九六四年に、都市計画部門は最終的にブラジリアに移転し、リオの事務所はその機能を終えた。その年に、経済不況と政権の急進化が引き金となって軍事クーデターが起こり、一九八五年まで軍政が続くこととなった。ルシオ・コスタは、一九六四年から一九六六年まで、建築・都市計画会議生え抜きのメンバーとして、つねにリオで、規則的に働いた。しかし、一九六六年以降は、イニシアティヴを発揮することが制限されるなど、プランの立案者として定期的に意見を言うことはなかった。

この間のことをコスタは、一九六七年に、「都市計画家は自らの都市を守る」と題して、次のように書いた。*

＊Lúcio Costa, Entrevista ao Jornal do Brasil, novembro de 1984.

ルシオ・コスタ(右)の右腕の技師アウグスト・ギマランイス・フィーリョ Augusto Guimarães Filho (左)。彼はコスタがコンクールの勝者になったことを新聞で知った。(Foto: Casa de Lúcio Costa)

＊Costa, Lúcio. *O urbanisita defende seu cidade*, 1967.

意志と命令の熟考された行為の果実ではあるが、ブラジリアは、ルネッサンス風の、個人的あるいは政治的な虚栄心から発した偉業ではなく、国の発展―工業、石油、ダム、自動車道、自動車産業の発展のための、集団の力の戴冠である。（ブラジリアは）このようにヴォールト天井のかなめ石となり、その都市計画のコンセプトとその建築的表現を実現するという稀有な行為によって、それを思い描く人民の、つまり新しいブラジルの建設を強いられ、未来に向かい合わされた人民の、そしてその目的の主人公となった人民の知的成熟を目撃している。

このように、リオデジャネイロから一、〇〇〇キロメートル、標高一、〇〇〇メートルのところに、ブラジル人たちは、自分勝手で不精な人間という評判にもかかわらず、三年間で、その新しい首都を建設した。そして、きわめて短期間に建設されたのは、間違いなく、行政と政府の移転をしたからにはもうもとに戻ることができないことを確認するためであった。そして、七年間が過ぎたが、そのすばらしい都市構成のおかげで、四人の新しい大統領とさまざまな市長、そして予期せぬ政治的、軍事的秩序の出来事に、確かに抵抗したのだ。

しかし、ブラジリアに、実際、奴隷主義の農業経済と非計画的な緩慢な工業化が貧困をもたらしたことからくる諸問題が残っていることは、当然のことである。発展途上にある国の矛盾と問題である。この「長期にわたる異常」ともいうべき状況が、この都市の周囲でもやはり生じてしまっているが、首都を単に移転したぐらいでは、これらの根本的な矛盾を解決できなかった。

このような政治的、経済的、社会的秩序の問題―それらに今日、制度上の性質がくっつくようになった―があるにもかかわらず、数年前は砂漠と孤独ばかりであったところにブラジリアがあるということは、事実である。この都市が国の端からアクセスすることがすでに可能であるということは、事実である。ブラジリアがその機会を与えている新しい生活様式にその居住者たちが適応していること、子どもたちが幸せであること、彼らに永久に生活を約束するであろう記憶は、事実である。周囲の異常な条件のなかで暮らしていた同じあの人たちがそこで昔よりも良いと感じていることは、事実である。むき出しでやや抽象的ではあるが、その建築に個人的、行政的な毎日の生活のなかでしぜんに根をおろしていること、人を引きつけ魅力的であることが空想的で独特の性格を都市に与えていることは、事実である。最後に、そのスケールと意図によって、ブラジリアが、現実にいろいろと欠陥を持ってはいるが、すでに偉大さに合致し国の目的に合致しているのだから、ブラジリアが本当に首都であって州の都市ではないことは、事実である。

ブラジリアは国の発展のために考えられたもので、決して個人の政治的な虚栄心からつくられたものではない。そのブラジリアはブラジルの人民がつくり上げたもので、そのことによって人びとも成熟していった。不退転の決意をもって遷都したブラジリアはその意志の強さによってさまざまな事態にも耐えることができた。ブラジリアではブラジルの他の都市で生じているようなファヴェーラ（スラム）が生じないように熟考して構想したが、積年のこの問題を首都の移転だけで解決することはやはり無理だった。それでも、ブラジリアではブラジルの他地域では考えられないようなよい生活を得ることができている。コスタが発明し、人民がつくり上げた最初から大人として生まれた都市は、人民とともに首都としてしっかり育っているというのである。

そしてまた、開都から一〇年たった一九七〇年、コスタはエンジニアリングクラブからイ

ンタビューを受けているが、[＊] インタビュアーは前置きとして、

　この都市が、わずかな時間で、心の中に描いたシンプルなアイデアを生き生きとした活動的な現実としてすでに具現化していることは、稀有のことだと思う。

　一〇年そこそこで、あそこを砂漠でも原野でもないようにしたことを考えると、稀有のことだと思う。

　アクセスの道路もない遠く離れた僻地のこの場所に、たった三年間で、我々ブラジル人が我々の首都を誰の助けも借りずに建設したことは、稀有のことだと思う。

　少しの時間が過ぎただけだが、ブラジリアが、この奥深く浸透していった先々で芽生えた生活をもって、高速道路によって国の隅々まですでに結合されているのは、稀有のことだと思う。

　いろいろと嫌がらせを受けているが、生まれたばかりのときから、かくも多くの変更に抵抗することができていることは、稀有のことだと思う。

　この都市―われわれの首都―が、これらの変遷にもかかわらず、一部は、最初の美しさをいまだ保持していることは、稀有のことだと思う。

　かくも多くの威厳のあるブラジル人が、いつまでもこれらすべてに無関心を装ったままでいることは、稀有のことだと思う。

とまとめたうえで、

　ブラジリアの最初の一〇年間は、何かプラーノピロットの欠陥を示しましたか？　別の言い方をすれば、あなたのプランは、もし今日あなたが構想するとしたならば、まったく同じものになったでしょうか？

と、切り出した。コスタの答えは、

＊Lúcio Costa, entrevista à Revista Clube de Engenharia, 1970.

一九六八年のブラジリア。最下端に白く見えるのが大統領官邸アルヴォラーダ宮殿。上部斜めに省庁のエスプラナードが見えるが、その両側にアザノルチとアザスルが広がる。北半分のアザノルチ（写真右側）のスーペルクワドラにはアパルタメントがほとんど建っていない。ホテル地区や商業核にもほとんど建物が建っていない。（*Brasília Ano X*, 1969）

まったく同じになっただろう。なぜなら、「欠陥」はこのプランから生じたものではないからだ。そうではなく、逆に、このプランの真の意図を守らないこととそれに伴う歪みから生じた。

と、すこぶる明白なものだった。

実際、コスタはプロポーザルで、「もし提案が価値あるものなら、これらの与件は、外見上は要約したものであっても、直ちに満足のいくものになるだろう。なぜならば、提案のもとの自然さにもかかわらず、後になって、それが熟考され解決されたものであることがわかってくるからである」と自信のほどをのぞかせたのだが、その後の時間はコスタをしてブラジリアがどのようになったか、詳細に直接に関わらせることはなかったし、コスタも都市計画のマキたることを貫いた。しかし、ブラジリアはコスタのプロポーザルにしたがって成長していった。

古くから存在して永遠に生きる都市

コスタがブラジリアとの接触を再開したのは、一九七四年になってからである。ブラジリアの計画を管理する連邦地区委員会の委員長の上院議員カテチ・ピニェイロが、なぜブラジリアの計画が進まないのか、それを検討する場を設けた。そのセミナーにプラーノピロットの立案者のコスタが呼ばれたのだ。

事実は奇異です。この衝撃。並外れた、密度の濃い、巨大な、生き生きとしたこの都市に移した私の頭のなかの単純な考えであったあれをみてください。それが今日のブラジリアです。皆さん、私は感動しているので、少しの時間をください。

コスタは、セミナーでこう話し始めた。*

* Costa, Lúcio. *Ciderações em torno de Plano Piloto de Brasília.* In: Seminário do Estudos das Problemas Urbanas de Brasília: Estudos e Debates. Brasília: Senado Federal, 1974.

ブラジリアは「古い」都市では決してなくて、完成したのちにそして時が経つとともに、古くから存在する都市でありましょう。違うのは、古くから存在しているが、永久に生きるということです。

ブラジルは大きく、新しい建築家や計画家に新しい都市をつくる機会を欠かせることはないでしょう。ブラジリアは、落ち着いていて、美しく、そしてただひとつのものであるべきとして構想されたように成長することができるのです。

カテチ・ピニェイロへの手紙で、

ブラジリアの都市を変えようとする勢力は、主として、反対の目標をめざしながら―つまり逆説的に出合うふたつのセクターからなっています。私は、定型の増加というやつものやり方でこの都市を高密にすることに関心がある不動産業者のことを言っているのです。また、私は、新しい首都のコンセプトとその固有の建築規律をもたらした原則を「古いもの」と考えて、すでにつくられた定型の原則を壊すことを好み、いま世界で流行している経験風にブラジリアをより奇抜で集中した、そしてダイナミックな形の都市にすることを切望して、スーペルクワドラで異なる高さの建物をつくることを好む建築家・都市計画家のことを言っているのです。要するに、彼らは、この都市が今あるものではなく、そう、別のものにしてほしかったのでしょう。[*]

と、ブラジリアの真の問題を指摘した。

また、別の機会を捉えて、

人が何と言おうと、ブラジリアは奇跡である。私がそこにはじめて立ったとき、あれはすべて見失うほど無人だった。一本の赤茶けた細い道と、クルゼイロの丘から遠くに、基礎がちらっと見え始めたアルヴォラーダ宮殿まで下がっていく直線道路だけであった。

＊Carta ao Senador Catete Pinheiro, 1974.

ブラジリアとアマゾン河口近くの都市ベレンを結ぶ道路の開削工事に従事する労働者たち。(Foto: Jean Manzon)

セラードと無限の天空、そして私の頭から出たひとつの考え。天空は続いているが、その考えが魔法のように地面から湧き出て、その都市が今、姿を現し、濃くなっている。そして、都市すべてが、機械類を使用しているけれども、手でつくられていることを考えている―インフラストラクチュア、芝生地、道路、高架道、建物、すべて手である。白い手、黒い手、浅黒い手。じっと耐え忍ぶ―しかし憤慨はしていない―これらの集団の手、それがこの国の土台なのだ。

と、ブラジリアが国民の、国民による、国民のためのものであることを繰り返し強調した*。

このコスタのブラジリア訪問で、ようやくにして高速道路・居住軸の中央とローカルの車線のクローバー型立体交差道路のプロジェクトと、北の商業地区と湖岸のコンシャアクースチカ*近くの公共公園に対する提案、中央のプラッタフォルマの歩行者広場とテレビ塔近くの噴水のプロジェクトが実行された。

次にコスタがプラーノピロットとシダージサテリテ（サテライトタウン）との接触を再開するのは、一九八四年一一月のことである。この時、コスタは、娘のマリア・エリザらとともにプロポーザルを軸にその総点検をおこなった。それは、コスタが発明したプラーノピロットで本質的であること、したがって変更できないことと、そこでのコミュニティの切望と要求に対する対処で行政府が提案しなければならない解決策との間のバランスを見つけることであった。コスタは、「この都市計画のチェックは、オリジナルの構想が回復したことを、また、元からある欠点とプランの真の意図を理解しないことから生じた解釈の誤りはあるけれども、提案された都市理論の壮健な組織的・構造的構成と、そこに含まれている強い考え方が特異性と永久の生命を都市に保証したことを明らかにしている」と報告書に書いて、この作業を評価した。この総点検は、ブラジリアの保全の根幹となった*。

＊Lúcio Costa, Manchete, 1974.

＊コンシャアクースチカ Concha Acústica 野外劇場で、一九六九年にパラノア湖岸、大統領官邸の近く、スポーツクラブ北地区に完成。ブラジリアで最初の大きな劇場。オスカー・ニーマイヤー設計。

＊そのときの報告書が Costa, Maria Elisa; Lima, Aleildo Viegas. *Brasília 57-85; do plano-piloto ao Plano Piloto*. Brasília: TERRACAP, 1985 としてまとめられた。

都市の文法が永続性と推進力をもたらす

シンプルな都市構造

ルシオ・コスタがいかにしてブラジリアを構造づけたか。それは、「都市化することは、少しの都市をカンポにもっていくことと、少しのカンポを都市のなかにもってくることからなる」というコスタの言葉とともにプロポーザルを読み解けば容易にわかる。

まず、コスタは、カンポ(広野)に少しの都市、すなわち「場所をしるしたり占有したりするときに人がみせる最初のしぐさ」である十字をもってきた。そして、その十字を、少しのカンポを取り込みながら、発展させていった。これがブラジリアの基本構造である。じつにシンプルである。その発展があまりにも壮大なので、それに目を奪われて、そのシンプルな都市構造をついつい見過ごしてしまうのだ。

実際、プロポーザルで、コスタは都市計画のマキとしてブラジリアの設計に参加することを表明したうえで、「このように純真にふるまうのは、変わることのないシンプルな推論に身を置いているからである」と、彼が構想したブラジリアの構造のシンプルさを大きな自信とともに強調している。さらに、一九七四年の上院セミナーでも、頭のなかに浮かんだ単純な考えをブラジリアに移したのだと言っている。

プロポーザルから実行プランを作成する段階で、この十字をそのまま東に移動させただけで、十字そのものには変更が加えられなかったから、このシンプルさはまったく失われなかった。

そして、まず、排水も考慮したうえで、湖に向かって緩やかに下がっていく地形に沿うように配置した十字の横棒に、高速道路の循環機能をもった居住機能すなわち居住軸を配置した。そうすると、ブラジリアの中心機能である首都機能は必然的にもう一方の縦棒に位置す

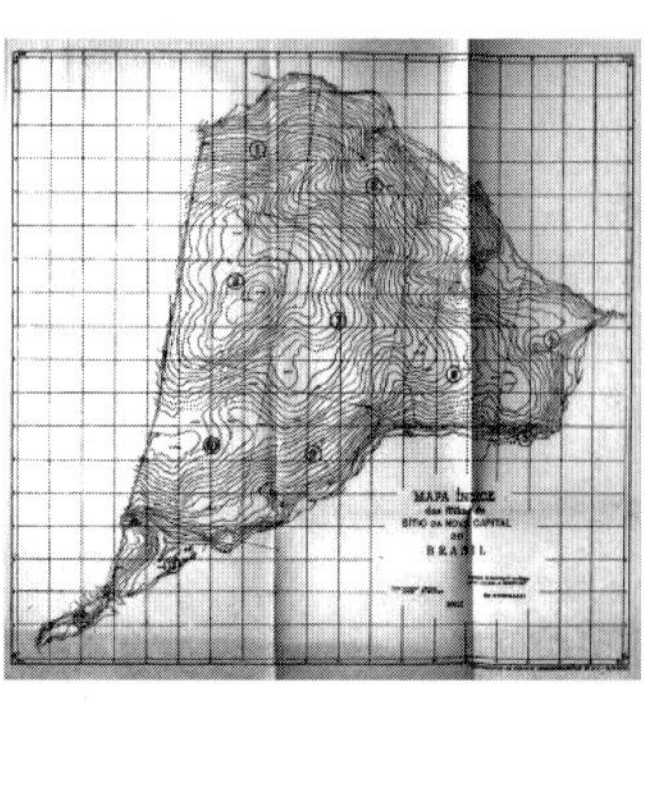

プラーノピロット地形図

(左頁) 現在のプラーノピロット・デ・ブラジリア(略してブラジリア)。(原図は、Álbum de Plantas do Distrito Federal, Brasília, CODEPLAN, 1986で、当時の計画も含まれており、現状と異なるところもある)

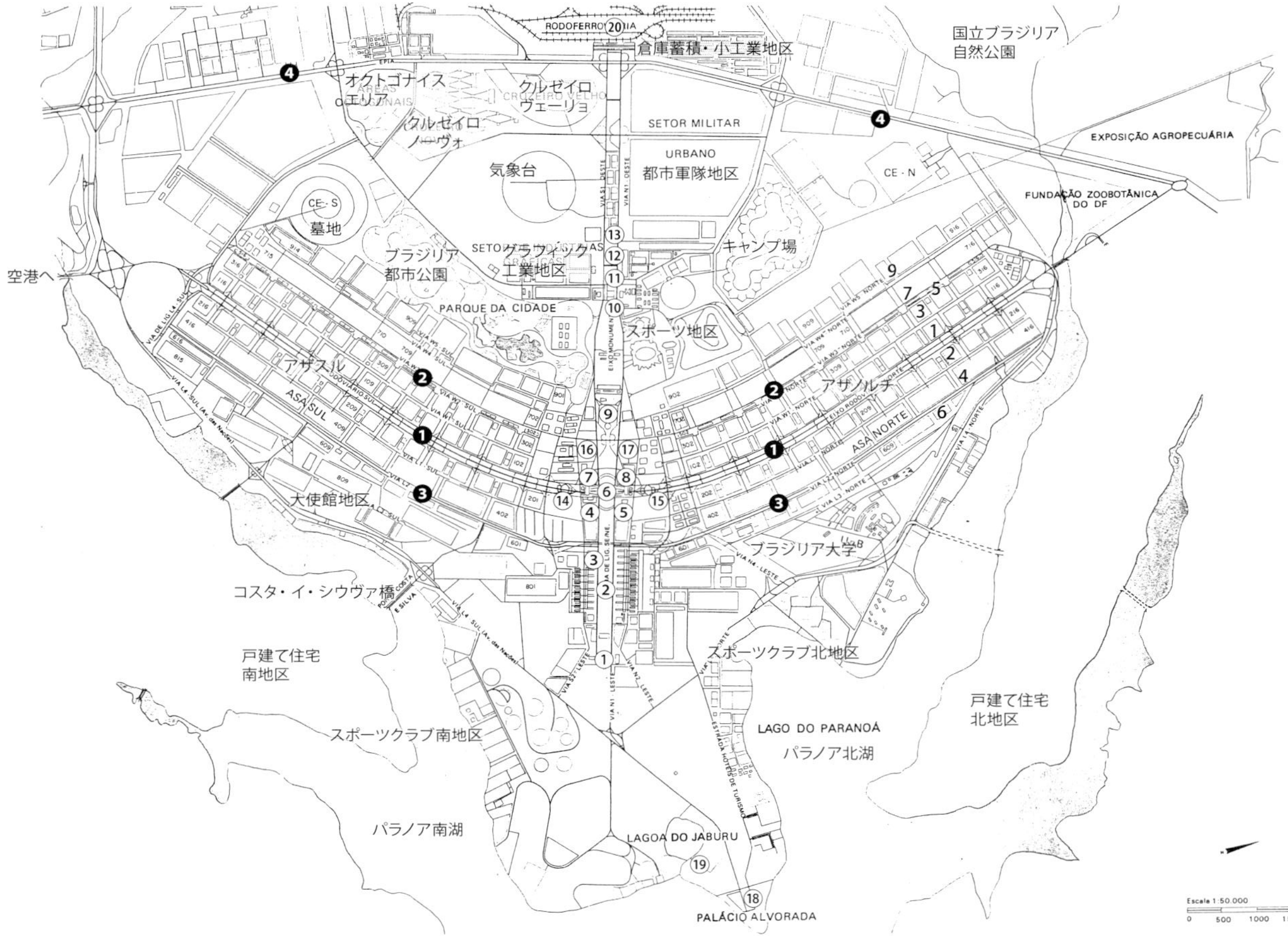

スーペルクワドラ
1 100番台
2 200番台
3 300番台
4 400番台

5 500番台
6 600番台
7 700番台
9 900番台

① 三権広場
② 省庁のエスプラナード
③ カテドラル
④ 文化南地区
⑤ 文化北地区
⑥ プラッタフォルマ・ホドヴィアリア
⑦ 娯楽南地区
⑧ 娯楽北地区
⑨ テレビ塔
⑩ 市の広場
⑪ 文化活動地区
⑫ ジュセリーノ・クビチェッキ記念館
⑬ 十字架の広場
⑭ 商業南地区・銀行南地区・事務所南地区等
⑮ 商業北地区・銀行北地区・事務所北地区等
⑯ ホテル南地区
⑰ ホテル北地区
⑱ 大統領官邸
⑲ 副大統領官邸
⑳ 鉄道・長距離バスターミナル

❶ 高速道路
❷ W3道路
❸ L2道路
❹ エピアEPIA街道

ることとなった。モニュメンタル軸である。これで、両者は十字によってしっかりと関係づけられたものとなった。

残るは一般的都市機能、すなわち商業業務などの機能である。十字のクロスポイント部分は都市のちょうど中心にあたる。居住軸からもモニュメンタル軸からも中心となる地点である。そこを人びとが集まる場所にすることができないか。地形的には少し低くなっている。それを利用してそこにプラッタフォルマ（プラットフォーム）を架ければよい。つまり、そこを車とバスのたまり場にするのである。車は主として都市に住む人びとが利用する。バスは、都市内の移動だけでなく、都市外からやってきた人びとがまずこの都市に入るところに案内してくれる。それをプラッタフォルマが可能にした。その上階は車の、下階はバスのたまり場にしたのである。

ここに人びとが集まることを誘発することによって、まさに都市の物理的中心の場所に、都市の中心地区セントロがおのずと形成されることになる。これもまた、十字によってしっかりと関係づけられ、意味づけられたものとなった。

かくして、居住軸とモニュメンタル軸、そして都市の中心地区は十字によって構造づけられ、都市をつくり出すこととなった。そして、それ以外の部分は、カンポなのである。

都市構成の「原材料」

コスタは、ブラジリアの都市空間のもとになったものを「原材料」と称して、1―オリジナルで、ネイティブで、ブラジル人の創造であるのだが、ブラジリア―軸、パースペクティブ、オルドノンスをもつ*―は、フランス人の知的つながりでできている。意識していなかったが、パリの愛情のこもった記憶はつねに存在していた。

*オルドノンス ordonnance というフランス語は「命令・法令」「秩序・規則正しい」という意味をもつ。古典主義の建築家たちの間ではオルドノンスを使うことは「真の美」であるという考え方があったことから、コスタはこのフランス語を用いたのであろう。建築でいうオーダーのことである。

2―イギリスの広大な芝生、私の幼年期の芝生―そこからブラジリアの緑は供給された。

3―二〇年代の遠く離れたディアマンチーナの端正さは、永遠に私に焼きついた。

4―今世紀の初め（一九〇四年前後）の中国の素晴らしい写真をある時知ったという事実―地ならしをした土地、積み重ね、図面のついたパビリオン。名前は忘れてしまったが、ドイツ語の二冊*にあった。

5―ニューヨークのパーソンズデザインスクールの記念式を祝うパーティーに、私の娘たちと一緒に招待され、その時、「グレイハウンド」で高速道路と都市の周辺の美しい高架規格横断道を見て回ることができた事実。

6―都市計画の偏見とタブーから解放されて、プログラムの絶対的な威厳を吹き込むこと。つまり、国の決定的な首都を発明すること。

を挙げている*。

コスタがブラジリアの最初のプロジェクトに取り掛かっていたとき、中国の建築に関するドイツ人写真家の二冊の著作―間違っていなければ一九〇四年の―を手にした。その写真に驚かされた。そこには長い城壁、平らにならした土地、そしてあの昔からの建築が写っていて、すべて、さまざまな建物などの入念に描かれた図面と測量が添えられていた。おそらくその写真集から、外城から内城の皇城を貫く南北の軸はヴィスタが確保されていること、その軸の先にある紫禁城の謁見殿や城外にある皇帝が天と交信する天壇の建物は漢白玉石を三段に積み重ねた基壇の上に建てられていること、縦横に走る胡同には庶民の住宅が街路とほぼ変わらない高さに建てられていることなどが読み取れたのであろう。

それが彼に印象を残し、延長七〇〇メートルのプラットフォルマにおいて三つのレベルで軸が交わるようにするべく大量の土を取り除くことになったので、平らにならした土地のこ

*ドイツ語の二冊の本については、アルフォンス・フォン・ムンムの『写真で綴る日記』、エルンスト・ベシューマンの『中国の建築と風土―中国十二省の旅』ではないかと思われる。

*Costa, Lúcio. *Registro de uma Vivência*. São Paulo: Empresa das Artes, 1995.

の千年の解決策を再創造してそれを活用するアイデアをもたらし、異なるレベルで連続する水平面からなる地面の段差をつくりだしたのだ。すなわち、最初のならした土地は、セラードから生じた自然の土地から五メートル上にある三権広場である。石を積み重ねた基壇の上にあるが、これは決して権力者の広場ではない、人民の広場である。そして、もうひとつの方形の平らにならした土地が、省庁のエスプラナードである。そのエスプラナードは文化地区で自然の地面となり、七〜八メートル上にプラッタフォルマを置き、最後に、さらに前方に、傾斜のついた地面に、ラジオ・テレビ塔の土台を置いた。

これが、パリの一七、一八、一九世紀の知的な都市化、つまり分別よく中心に置かれたその軸と美しいパースペクティヴ──いわゆる「古典的バロック」の伝統と、コスタの幼年期のイギリスの芝生と混じり合った、とコスタは言う。

一七世紀から一八世紀にかけて、フランスの王の命令によって展開されてきた都市化といえば、チュイルリー宮殿・庭園と並木道（現シャンゼリゼ通り）、ヴェルサイユの宮殿と庭園、オテル・デ・ザンヴァリッド（通称アンヴァリッド、廃兵院）と前面広場のエスプラナード・デ・ザンヴァリッド*、エコール・ミリテール（陸軍士官学校）とシャン・ド・マルス練兵場（現公園）が挙げられる。これらの施設はオーダーを用いて正面を強調し、主軸を中心として左右対称に配置され、庭園や広場や公園もまたその主軸を基本に整備され、さらに主軸は果てしなく広がるパースペクティブにつながっていた。このような広場や公園は、一九世紀から、パリ万国博覧会の会場として利用されていった。また、ナポレオン三世の時代、ジョルジュ・オスマンによるパリ大改造は不衛生なパリを美化するだけでなく、インフラ整備を実施して、統一感の取れた町並みを実現させた。このことがコスタの脳裏にあったのであろう。

コスタの幼年期のイギリスの芝生とは、イギリスの小学校でラグビーに興じた時のグラン

＊エスプラナード・デ・ザンヴァリッドでは、一八四〇年にはナポレオン一世の遺体がセントヘレナ島から帰還した際に国葬が営まれ、一九二五年には現代装飾美術・産業美術国際博覧会（パリ万国博覧会）の会場となり、アール・デコ様式のパビリオンと並んで、ル・コルビュジエの「レスプリ・ヌーヴォー館」が展示された。

ドに敷き詰められた広大な芝生のことであろう。それは、彼が手掛けたイギリス庭園のサンクレメンテ公園の中に建てたパークホテルでもよみがえったことだろう。イギリス庭園はパリの庭園とは異なり、庭園美と自然風景美とを一体として捉え、広大な敷地は起伏に富んで、緑の芝生が地面を覆い、そこには花が咲いて実となる樹木が点在して植えられ、だれもが散策できる小道が付いていた。

こうしたものがモニュメンタル軸を形づくっていった、とコスタは言う。

ディアマンチーナの「端正さ」は、それがひとつしかない建物の規準によって生み出されたことをそこで発見したコスタは、集合住宅プロジェクトの「パルケ・ギンレ」では、いくつかの「共通の視覚言語」を用いることで「端正さ」を生み出した。そして、プラーノピロットのスーペルクワドラ内の居住ブロックでは、「ピロティが付いた六階くらいの建物」という一律の絶対基準を提示した。

一九五六年、パーソンズデザインスクールの表彰をクリスチャン・ディオールとならんで受けるために、コスタはアメリカに娘たちと一緒に行った。彼は、愛妻のレレタを自身の交通事故で亡くしてからは、いつも旅行には二人の娘（マリア・エリザとエレナ）を伴った。彼らはバスの車体にグレイハウンド犬が描かれたグレイハウンドラインズに乗り、信号機も交差点もない、インターチェンジを使うことでアクセス可能な道路と繋がるインターステイトハイウェイを体験し、高速道路のプラットホームといわれる切符売り場、飲食店や売店、駐車場が完備されたバスターミナルにも降り立った。

これが高速道路・居住軸となり、プラッタフォルマになった。

そして、アメリカから帰国するリオジャッシャウ号の船上で、ブラジリアの三権広場と省庁のエスプラナードの最初のデザインを描いた。

コスタがニューヨークからの帰途、一二日間の船旅の間に書いた三権広場と省庁のエスプラナードのスタディエスキス。

コスタは、タブーを気にせず、「流行」に関心を払うことなく、これらをもとに、首都に威厳を吹き込むことに純真に取り組んだのである。
これらの「原材料」が、十字のしるしにスケールを与えていった。

四つの都市スケールの相互作用

このようなブラジリアの空間構造は、コンクールから四年後の一九六一年のインタビューではじめてコスタの口から説明された。

ブラジリアを特徴づけ意味づけるようになる三つのスケールのセット…レジデンシャルスケールすなわち日常スケール……モニュメンタルスケール、そこでは人間は集団のディメンジョン、またこの新しい気高さの概念の都市化の表現を取得する…。最後に、社交のスケール、そこではディメンジョンと空間は、グループ化に良好な環境を生み出すために、意図的に減じられ凝縮される……。また、もうひとつのスケール、湖あるいは田園など週末のためのオープンエリアのブコリコスケールを追加することができる。*

ブコリコとは、カンポを想起すればよいであろう。
さらに、彼は、一〇年後の一九六七年に、次のように書き記した。

この都市は、集団スケールすなわちモニュメンタルスケール、日常スケールすなわちレジデンシャルスケール、そして集中スケールすなわち社交スケールの三つのスケールに応じて構想された。そして、この都市に最終的な性格を与えるのはこれらの三つのスケール一式である。*

このように、コスタはモニュメンタルスケール、レジデンシャルスケール、そして社交スケールの三つのスケールを基本として挙げ、そのうえでブコリコスケールの追加を認めてい

*Costa, Lúcio. entrevista a Cláudius Ceccon, Jornal do Brasil, 8 de novembro 1961.

*Costa, Lúcio. *O urbanista defende sua cidade*, 1968.

る。あくまでも三つのスケールが基本だというのである。

ところが、一九七四年にブラジリアの都市問題をテーマに開催された上院におけるセミナーで、コスタは、ブラジリアは四つのスケールからなっていると、断言した。ブラジリアの歴史遺産登録にかかわったイタロ・カンポフィオリトは、そのときのことを述懐して、（ブラジリアの保全の）最終的な手掛かりは、一九六八年以来、ルシオ・コスタの繰り返された表明にあった。すなわち、都市は三つのスケール―ひとつは市民と共同の、もうひとつは日常の、そして三番目は集中あるいは社交のスケールによって考えられたことである。一九七四年、私は共和国の上院におけるユーモアのある良い修正を思い出す。三銃士よろしく、ブラジリアのスケールは四つであった。すなわち、モニュメンタル、レジデンシャル、社交的、そしてブコリコの四つであった。

首都であることのこの第四の手法は、ブラジルのプラナルト・セントラル高原の文明の征服のシンボルとして、人工と原生との間の「無愛想なコントラスト」がなくなったりすることがないよう、スポーツクラブの出現、そしてセラードの自然植生に対する増加する不敬によって、あきらかに申し立てられた*。

と、コスタが四番目のスケールとしてブコリコスケールを正式に取り上げたことを紹介している。

そして、コスタはブラジリアの保全方策を検討するために一九八四年にブラジリアを訪問した。それをコスタは「ブラジリア再訪*」としてまとめた。

このような熟考する機会を与えてくれたジョゼ・アパレシード・オリヴェイラ連邦区知事および交通・事業省長官カルロス・マガランイスに感謝をささげる。

ブラジリアは今日、決定的瞬間を生きている。国の最終的な首都として確立した都市

* Ítalo Campofiorito, *Brasília revisitada.*

* *Brasília revisitada - Lúcio Costa, 85/87.*

を設置するための提案を選択する国際審査員にプラーノピロットを提示(一九五七年三月一〇日)して以来、三〇年が経った。

いま、ブラジリアを見て、変化以上に驚くことは、現状とオリジナルの概念との正確なる類似である。

二五年少し前に開幕したひとつの都市がその始まりで、統合の局面を経て、都市の活力が、特に今日、ブラジリアが生んだ民力の回復を伴って、顕著であり増加していることは明らかである—ブラジリアがまだ占有されていないエリアを埋め、広がろうとしている。

あらゆる理由で—首都が生まれながらにして歴史的であるという事実、それを正当化するだけでなく、将来の世代のために、それを独特のものにする基本的な特徴を保全することを必要とすることは、少なからず明らかである。

ブラジリアが今日特異で重大な時間に生きているのは、間違いなくこのふたつの偶然性の共存においてである。すなわち、一方で、オリジナルの提案の証言の永続性をいかに確保して成長するか。他方で、かくも若い都市に不可分の活力ある推進力をいかに止めることなくそれを保全するか。

こう述べたうえで、コスタは、ブラジリアの基本的特徴として、四つの都市スケールの相互作用、道路構造、住宅問題、湖岸、風景描写の重要性、天空の存在、非郊外化の七項目を挙げた。はっきりと、四つの都市スケールの相互作用がブラジリアをつくり上げている、と断言したのである。ブラジリアの都市の文法である。

ブラジリアを構成する四つの都市スケールをはじめ、ブラジリアのこれらの特徴は、「補完と保全」「プラーノピロットの高密度化と都市の拡張」の項目とともに、ブラジリアの保全を定めた法令に全面的に取り入れられ、コスタの「ブラジリア再訪」はその添付資料として収録された。

七つの特徴

「ブラジリア再訪」でまとめた七つの基本的特徴を、コスタは次のように解説している。

1　四つの都市スケールの相互作用

ブラジリアの都市構想は、異なる四つのスケール、すなわちモニュメンタル、レジデンシャル、社交、ブコリコの各スケールに表れている。

モニュメンタルスケールの存在―モニュメンタルというのは、華美ということではなく、価値があり何かのしるしを表象しているものをはっきり知覚できる、いわばそれを意識する表現のことである―は、その開都以来、国の本当の首都の欠くべからざるしるしを生まれつつある都市に与えた。

レジデンシャルスケールは、スーペルクワドラという革新的な提案、六階という均一な規準によって確保された都市の平穏、ピロティの自由な利用によって皆が利用できる自由な地面、そして緑の明白な優位性とともに、ブラジルの他の都市とはまったく違う、ブラジリアに固有の新しい生活様式の萌芽を自らもたらした。

社交スケールは、都市の中心部セントロに規定された―今日まだ占有されていない大きな部分がある―が、出会いに好都合なより高密度に利用される都市空間をつくり出すことを意図した。広大な空地は、密に植樹されあるいは自然植生を保護し、建物エリアにじかに接する、ブコリコスケールの存在をしるしている。

モニュメンタルスケールは直線軸―モニュメンタル軸―を管理し、「平らにならされた土地の千年の技術」(三権広場、省庁のエスプラナード)の適用と、建物のマスの統制のとれた、しかし豊かな配置と、国会議事堂とテレビ塔の垂直の言及と、都市を東西に横切る芝生敷きでオープンの中央の壇によって導入された。

居住用のスーペルクワドラ(スーパーブロック)は、エントレクワドラ(スーペルクワドラの間のクワドラのことで、ローカル商業、レクリエーション施設、共同利用施設を置く)が挿入されて、弓なりの軸すなわち高速道路・居住軸のそれぞれの枝六キロメートルにわたって規則正しく線状に配置されて続いている。このシークエンスによって規定されるスケールは、クワドラ(ブロック)を境界し都市の「中庭」のくさびをクワドラに与えるグリーンベルトの密な植樹によって、建物の規準によってのみならず、それぞれのクワドラのテリトリーの幾何学的規定によっても、モニュメンタルスケールとなじんでいる。

社交スケールは、論理的に二本の軸の交点の周りに、都市構想のきわめて重要な要素である大規模バスターミナルを生み出し、それがさらにブラジリアをシダージサテリテ(サテライトタウン)と結ぶ接続点となった。都心では、ふたつの娯楽地区を除いて、占有の密度は最大を想定し、規準はもっとも高くした。

そして、都市空間のリズムと調和へのブコリコスケールの介入は、占有されたところから占有されていないところへの変わり目のない通行で感じるようになっている。壁の代わりに、都市は植樹されたオープンスペースで境界を画定することが提案された。

2 道路構造

ブラジリアのプランは、高速道路の交通の流れそのものを都心までもっていくという明白な意図をもっていた。たとえば、当時のリオデジャネイロの交通の状況を知る者は、おそらく道路の緩和の意志を、交通渋滞から解き放たれて端から端まで都市を横切ることができるという考えをよく理解することだろう。(中略)都市の道路システムは、さまざまな都市のスケールを統合する骨格として機能する。

3　住宅問題

プラーノピロットは、集合住宅だけを認める近隣地域の創造によって、中心付近(高速道路・居住軸)に人口を集中することを選んだ。

しかし、集合住宅は、一般的に起こっているような、不適切な土地に建てられ、近隣の住居の居住者を圧迫するアパルタメント(アパートメント)形式ではない。

ブラジリアの提案は、「アパルタメントに住む」というイメージを変えた。スーペルクワドラに住むことは、通常の個々の区画が提供の可能性をもたないスケールで、「家」に隣接した惜しみないオープンな芝生敷きの土地をもつことを意味するからである。

そして、アパルタメント(スーペルクワドラ)および戸建て住宅—これは中心部セントロからかなり離れている—に「アプリオに」決定されたエリアに居住の占有を配するという考えがまさった。

4　湖岸

プラーノピロットは水沿いに立ち上げられた障壁というブラジルの伝統的なイメージを捨てた。湖岸は、クラブの場合は私有化されるだけで、すべてに対して自由なアクセスを試みた。ブコリコスケールがまさっている場所である。

5　風景描写の重要性

「一方で、高速道路の技法。他方で、公園と庭園の風景画の技法」と、プラーノピロットの説明書で、都市の四つの都市スケールの相互作用における風景ボリュームの重要性を明らかにした。芝生敷きのエスプラナードの中央の壇、スーペルクワドラの緑の縁取り、文化地区に規定

される密に植樹されたマス（これは今日まで植生を欠いている）である。（後略）

6　天空の存在

プラーノピロットの提案から、都市構想全体を構成しあまねく存在する部分として、プラナルトの広大な天空の都市への編入が生じた。「空隙」は天空によって埋められ、都市は取り囲む地平線の三六〇度に意図的に開かれている。

7　非郊外化

ブラジリアの設置は、その拡張がシダージサテリテ（サテライトタウン）によっておこなわれるということを前提として始まったのであって、オリジナルの核に隣接するエリアの漸進的な都市的占有からではない。都市エリアと農村エリアの定められた交替―大規模で地を這う郊外の拡大の考えとは反対の提案―を想定した。

したがって、シダージサテリテの早めのそして間に合わせの出現以来、農村的利用に取っておく、これらの核と首都の間に大きな緑の帯を維持するという意図は、今日までまさった。この着手は、積極的な結果として、これらのすべての年をとおして、ブラジリアのオリジナルの形態の維持をもたらした。しかし、他方、シダージサテリテと「プラーノピロット」との大きな距離は、公共交通に対する費用の問題を生む以外に、首都圏人口の三分の二におよぶ周辺核に住む人びとをプラーノピロットから切り離してしまった。

このように記された七つの特徴は、法的に保護されて、今日にも引き継がれている。

第6章

都市の文法を歩く

ブラジリアの都市と建築

モニュメンタルスケールをめぐる

人びとを引きつけるキヴィタスの風景

ブラジリアの都市を組み立てる文法のひとつ、モニュメンタルスケール。ゆるやかにパラノア湖になだれ込む傾斜地の中央を東西に一直線に貫く。その長さも幅も、じつに壮大なスケールである。

コスタのプロポーザルは「ブラジルの行政上の首都の唯一のプラン」と評されてコンクールの勝者となったが、それは「どのような現代都市にも適した生命に不可欠な機能を満足に、

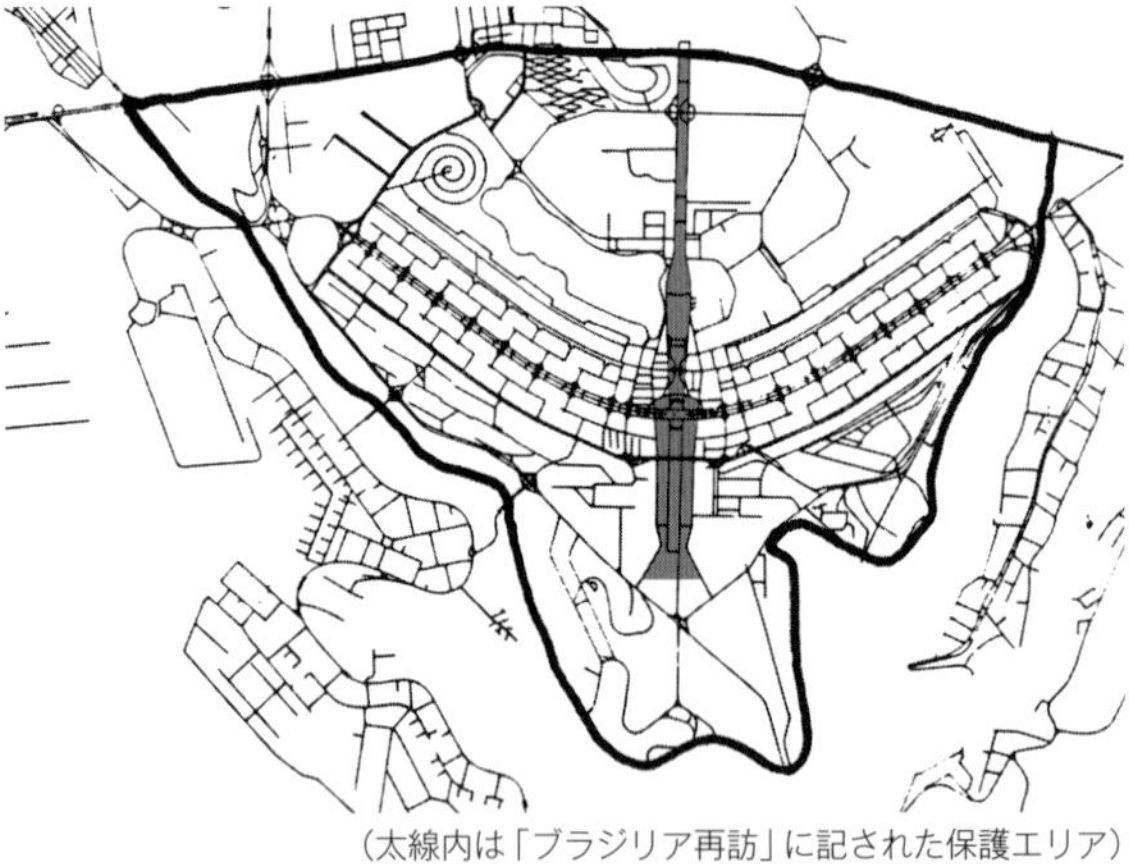

（太線内は「ブラジリア再訪」に記された保護エリア）

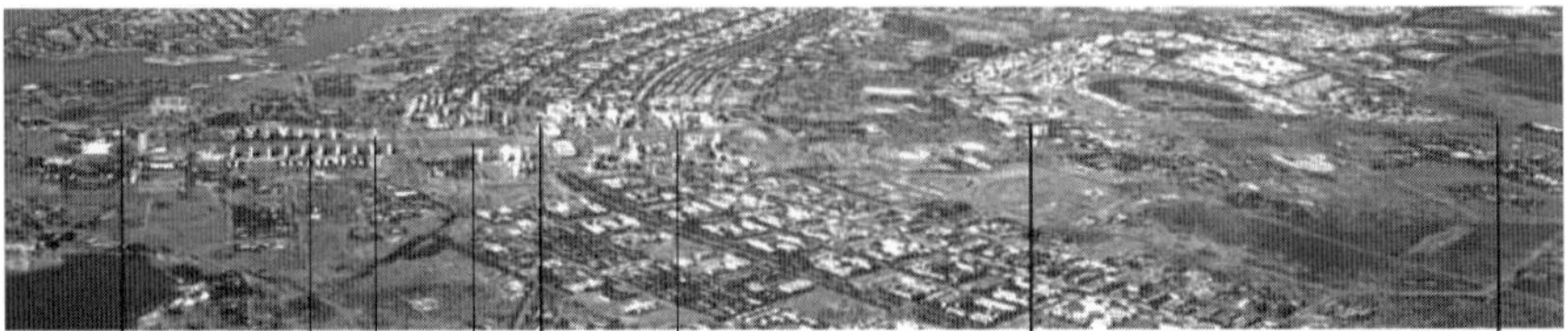

難なく履行できる単なる有機体のウルブスとしてではなく、首都固有の特質の所有者である「キヴィタス」であった。そのキヴィタスをもっとも直接的に具現化したのが、このモニュメンタルスケールである。

東端の三権広場から西端の鉄道・長距離バスターミナルまで、全長およそ九キロメートル、ところどころに潅木が植えられた芝生敷きの壇をもつ空間である。芝生敷きの壇の幅は、モニュメンタル軸の両端はおよそ二〇〇メートル、それに挟まれたプラッタフォルマから市の広場までは次第にふくらませられて、もっとも広いところで四〇〇メートルほどになる。その中そしてその周囲に都市の主要な建物が配置されている。

リオやサンパウロに住む彼らですら、ブラジリアに到着したとき、自分たちの首都にいるという感覚をほんとうにすでに持っている。穏やかな威厳の意図がそこにあるということである。街区の幾何学的な配置とモニュメンタル軸の空間の広さは、輝く都市のル・コルビュジエの「古くからある」諸原則とパリの美しいパースペクティヴの記憶を、有機的に結ばれた全体の中に組み込むことをもたらした*。

とコスタをして言わしめたが、そのモニュメンタル軸がモニュメンタルスケールを構成する。モニュメンタル軸の両側に一方通行の六車線道路がまったくシンメトリックにめぐらされている。決して通行量の多くないこの道を、まるで高速道路であるかのように人びとは車を疾走させる。そうでないと、いつまでたっても走り終わらないように感じる。車社会がつくり出す幾何学的な人工的大スケールである。その車線に挟まれた広大な芝生敷きの壇には、人びとが歩くうちにしぜんについた踏みわけ道が、一直線に、時にはゆるやかに蛇行して、しかしくっきりとついている。ヒューマンな小スケールである。スケールがまったく違うこの両者がここで共存しているところがいろいろと想像をかきたててくれる。

(右頁)モニュメンタル軸全景。右から左に向かってゆるやかな傾斜があり、左端のパラノア湖に向かう。東の三権広場から西の鉄道・長距離バスターミナルまでがモニュメンタル軸。市の広場から鉄道・長距離バスターミナルの間が延伸された主要部分。(Leitão, Francisco (org.). *Brasília 1960-2010*. Brasília: SEDUMA, 2009 をもとに作成)

*Costa, Lúcio. *O urbanista defende sua cidade, 1967*, publicado no Architecture Formes Fonctions, vol.14. Lausanne, 1968.

このモニュメンタルスケールのなかで際立っているのが、テレビ塔とプラッタフォルマ、そして省庁のエスプラナードと三権広場だ。いずれもコスタがプロポーザルでスケッチを描いてヴォリュームを指示したものばかりだ。

その間に、文化北地区に建つブラジリア国立劇場（プロポーザルのオペラハウス）と文化南地区の国立図書館と国立博物館、カテドラル、そして省庁のエスプラナードを構成するけれど建築としては特別の扱いを受けている外務省と法務省の宮殿が異彩を放つ。いずれもオスカー・ニーマイヤーの手になるものだ。また、市の広場（ブリチ広場）とブリチ宮殿（連邦地区政庁）、ジュセリーノ・クビチェッキ記念館、十字架の広場もある。

それらのなかでも、ガラスウォールとケブラソウ（日除けルーバー）のファサードをもつスラブ建築が規則正しく並ぶ省庁のエスプラナードと三権広場からなる風景は、人びとの目をくぎ付けにするようだ。これだけでも幅二〇〇メートル、長さ一、六〇〇メートルである。

ずっと前のことだが、この撮影フィルムをサンパウロで現像と焼き付けに出したところ、他の写真は撮影順になって戻ってきたが、これだけはばらばらになっていた。国土の中心に建設されたブラジリアは確かにブラジル各地から等しく行くことができるのだが、誰でも気安く行ける距離ではない。サンパウロからも同じである。彼らはこの写真ではじめてブラジリアの風景に出くわし、見入ったのだろう。ブラジルの中枢を担う三権広場と省庁のエスプラナードの写真に過ぎないのだが、中央の芝生敷きの壇とその両側に並ぶ省庁の建築群、そして三権の建築群からなる実際の風景には、ブラジルの人びとを引きつけるものがあるということなのだろう。

それは、都市空間のヴォリュームとか建築のデザインではなく、それらが集まって醸し出す全体の雰囲気に、何か感じるものがあるということなのではなかろうか。とすれば、それはコロニアルの風景に他ならないはずである。コスタがブラジリアに埋め込んだのはそれだったからである。だからこそ、コスタは、リオやサンパウロの彼らも、ブラジリアに来ると、ここはブラジルだ、自分たちの首都だという感覚をすぐにもつ、と言ったのだ。何もモニュメンタルスケールの大きさだけではない、そこに国の中枢の建築があるということだけではないのである。

コスタはコロニアルの風景を現代に翻訳したシダージ・パルケとしてブラジリア全体をつくり出した。それはテレビ塔に上れば、実感することができるのだが、この翻訳を、コスタはこの国の中枢機能を集めたモニュメンタルスケールでも実践したのだ。翻訳を二重にかぶせたのだ。

とすると、こうした個々の建築あるいは都市空間もさることながら、より重要なことは、コスタがどのようにして、このようなモニュメンタルスケールをつくり出したかということである。

階段状に連続する高原

コスタは、モニュメンタル軸を異なるレベル、すなわち、

1　野の土地

2　民主主義の自主独立の三権が座を占める三角形の平らにならした土地。「人民のヴェルサイユ」の広さと洗練で処理された空間

3　省庁のエスプラナードと文化地区

4　都市の中心となる、都市の軸の三つのレベルで交差する大プラッタフォルマ

5　テレビ塔の広い平地

の階段状にすることで特徴づけている。この連続する階段状は、さまざまなレベルで広範囲に切断したことによる土地の動きから生じており、東洋の千年の技法、つまり中国の北京の都市空間技法を現代の都市計画に再び用いた、とコスタは言っている。*

要するに、パラノア湖からゆるやかに傾斜してのぼっていくセラードのもっとも低いところに、周囲に石を積み重ねて周囲の広野より高くし、平らにならした三角形の土地に三権広場を置き、それに続けて、同じく周囲に石を積み重ね、平らにならした方形の土地に省庁のエスプラナード、文化地区を置く。さらにその上は大きな段差のある地形となっているので、

千年の伝統を用いた、階段状に連続する高原のモニュメンタルスケール
(上)三権広場のルシオ・コスタ館Espaço Lúcio Costa にあるブラジリアの模型の東から見たモニュメンタルスケール。手前のオープンスペースはコスタが言う「野の土地」。
(下)コスタのプロポーザルのスケッチには起伏が的確に記されている。

*Costa, Lúcio. *O urbanista defende sua cidade*, 1968.

そこには人工大地プラッタフォルマを架ける。そこからはこのあたりでもっとも高い地形になっていくが、そこにテレビ塔のエスプラナードを置く。全体として地形的にはひとつながりになっているが、それをそのまま使うのではなく、そこに基壇ともいうべきものなどを築いた上で使っていくのである。

中央の芝生敷きの壇をもち、その両側に先の六車線の道路を配し、その外側に省庁の建築群を配した省庁のエスプラナードは、省庁の本館部分だけで幅およそ六五〇メートル、長さおよそ一、一〇〇メートルに及ぶ。石積み（実際はコンクリートの擁壁）を周りにめぐらした基壇はあまりにも壮大で、一目ではそれと気づかされない。そこまでしてもコスタは基壇にこだわっている。それらがモニュメンタルスケールのベースを築く。壮大な都市整備である。

これはもう、軸状になってはいるが、コスタが発明した、都市の真ん中に置いた首都の広場だといってよかろう。

広大な水平のなかのふたつの垂直

モニュメンタルスケールは地形の起伏を可能なかぎりそのまま使ったので、そのシンメトリックな形も基壇も、まったく人工的なものが、風景というか自然というか、その中にみごとに溶け込んでいる。

そのモニュメンタルスケールがつくり出す広大な水平性に対して、コスタは東端の三権広場の正三角形の頂点に位置する立法府の建築（国会議事堂）と、西側のもっとも高い地形が続く先端あたりに位置するテレビ塔の二か所だけに垂直性を付与した。

テレビ塔の立地は、もっとも高い地形の先端ということを考えれば、容易に理解されよう。ここに高い塔をつくれば、そこからブラジリアが一望できる。こうした場所には、植民都市では例外なく教会や政庁を建てた。それに対し、ブラジリアでは、ここを特別な場所にするのではなく、誰もが自由にブラジリアを楽しむことができるようにしたのだ。誰もが等しく浸ることができる天空に開いたブラジリアがそこにある。

それに対して三権広場の一角に高い建築を置いた理由は、地図を見れば、これもまた容易に理解される。三権広場の周囲には基本的に建築はない。周りは、コスタの言う「野の土地」である。野の土地つまりカンポ（広野）に三権広場つまり少しの都市をもってきたのだ。その目印としてそこに高い建築を一棟だけつくることを提案したのだが、それが議会という人民の代表の場であるところに、コスタの意図が込められている。教会や権力の建築ではなく、

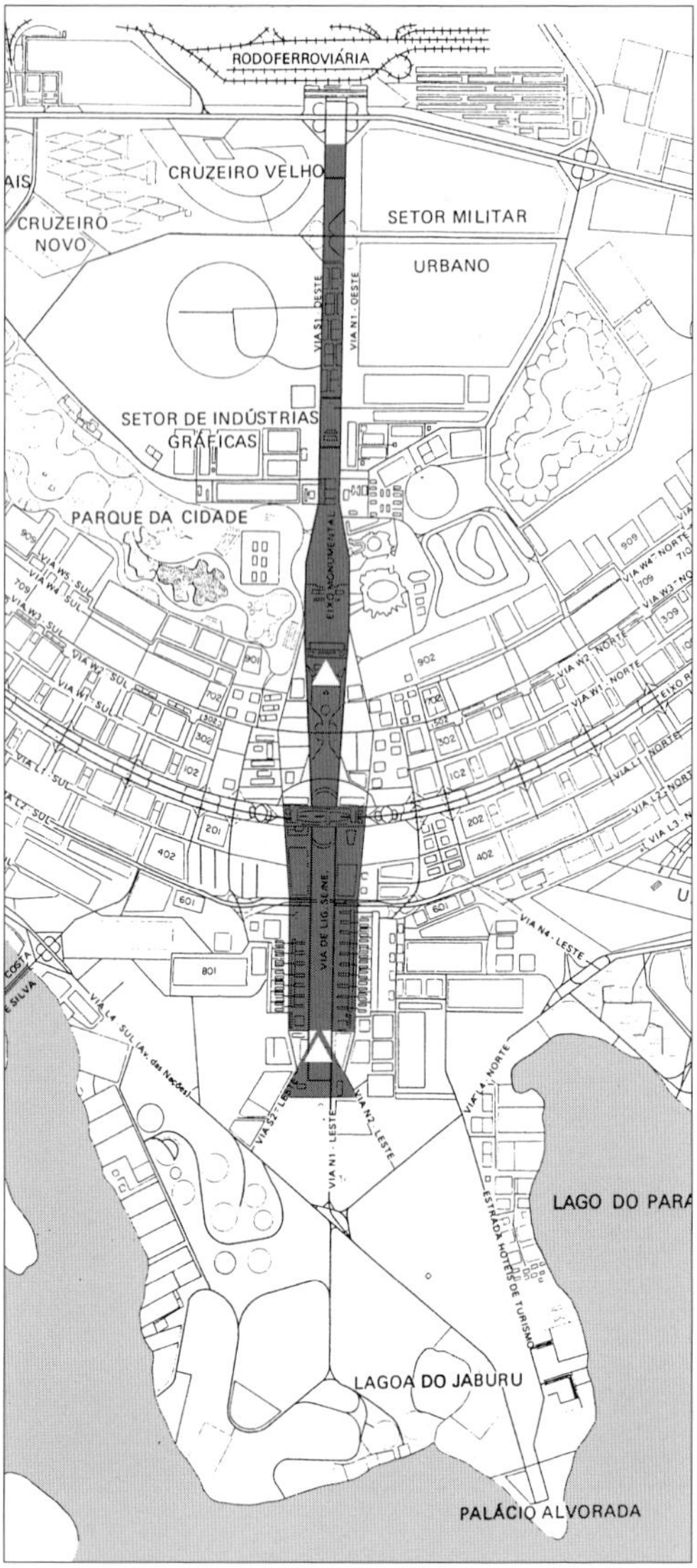

モニュメンタルスケールを規定する連続するひとつの水平性とふたつの垂直性、テレビ塔（上）と立法府の建築（下）。
（原図はAlbum de Plantas Urbanas do Distrito Federal, Brasília, CODEPLAN, 1986）

人民の建築を高くしたのである。

コスタはプロポーザルでスケッチしたテレビ塔そのままを自ら設計して建築し、立法府の建築はコスタのプロポーザルのスケッチをもとにオスカー・ニーマイヤーが設計したから、このふたつの垂直性とその意図はしっかりと保持された。

この広大な連続するひとつの水平性とふたつの垂直性によってモニュメンタルスケールは規定されているといってよかろう。モニュメンタルスケールを構成する建築は、この規定の中でおこなわれるのである。

周囲の「野の土地」より高く持ち上げられた、平らにならした三角形の土地と方形の土地。(*Brasília Ano X*, 1969)

文明化のしるしとしての基壇

水平性を構成する石を積み上げた基壇とは何なのだろうか。これに対するコスタの思いはじつに強い。

コスタは、プロポーザルで、「この都市の創建が地域の今後の計画的発展を引き起こすから、ここで必要なことはコロニアルの伝統を手本として、占有という熟考された行為、まだ開拓者であるという意味の行為である」と言っている。実際、ブラジリアが建設された時代はそういう時代であった、

コスタは、この時代のことを芸術批評家たちに対して次のように言った。一九五九年、ブラジリアの建設の真っ只中のことである。

あなたたちが見ているこれが、この休みなく一生懸命働いていることが、この献身が、この努力が―魔法のしぐさで虚空から出たこの創建が―狂人の仕事であることはすでに言った。これが狂気なら、幸いだ。あなたたちは芸術と戦う、あなたたちは私を理解することができる。我々は意識して「威厳」の茶番劇を拒否するように、不運を拒否する。

なぜならば、一八二二年の歴史的な抗議の叫び*に与えられた状況と同じ戦い—「工業化か死か！」を新たに受け入れなければならないとき、発展途上の人びとの経済的な上昇の瞬間が—ブラジルが通過している今のように—あるからだ。たとえ価格がインフレでも、たとえ通貨の発行を自らに課しても、高い生産、より多くの富、高い購買力をもつプランで坂道を克服し、切望する安定性を達成するために、工業化すること。代案は希望のない貧しさと停滞であったであろう*。

まさに現代の開拓の時代である。その開拓の起因となる首都ブラジリアは、開拓という行為を何らかの形で表現しなければならない。自然を征服し、そこを文明化する。文明化が使命である。その文明化のしるしが、石を積み重ねた基壇である。そして、それを国家の象徴ともいうべき三権が座を占める三権広場と、国の省庁が連なる省庁のエスプラナードに用いて、この首都こそが現代の開拓の先頭を切ることを表したのである。

都市の中心にない国家機能

この三権広場を、そして省庁のエスプラナードを、コスタは都市の中心に置かなかった。このことを同じく芸術批評家たちに対して、次のように言った。

さまざまなものが、わずか二年でブラジルの主要三大河川の源流となる国土の心臓のような場所に自らを置いたこの都市で、私を喜ばせている。すなわち、高速道路と都市の時代にたいする概念の単純さとその異なる性格、国と我々の野心にふさわしいそのスケール。このモニュメンタルスケールは、全体の統一性を壊すことなく、居住ブロックの人間スケールとかみ合っている。都市核の中心ではなく、その端っこに位置する、平らにならされた三角形の上に、まるで省庁が整列しているエスプラナードの伸ばされた

*ブラジルがポルトガルから独立する一八二二年、サンパウロ郊外のイピランガの丘で、本国への即時帰国命令と独立を勧める手紙を同時に受け取った摂政王子ドン・ペドロがどちらを選ぶか、「独立か死か」と叫んだことを指す。

*Costa, Lúcio. *Saudação aos críticos de arte*, 1959.

腕の向こうに開かれた手のひらのように、根本的な三権の座を配置することを選択した。高く持ち上げて周囲の野の自然とは対照的に威厳と建築の洗練がほどこされて、それらが人民に自らをシンボリックにみせているゆえに、特に私を感動させるといった仕方。すなわち、権力があなたがたのものであることを示している。線引きをそこに導き、かくも深くアンドレ・マルローに近づいた意向の威厳ははっきりと知覚でき、皆の手の届く範囲にある。三権広場は人民のベルサイユである。

確かに、司法、行政、立法の国家三権の座である三権広場は、モニュメンタル軸と高速道路・居住軸のクロスポイント、つまり都市の中心から伸ばされた腕の先の手のひらのような位置にある。それは偶然にそうなったのではない、とコスタは言う。それは、セラードの自

(上)建設中の省庁のエスプラナード。上方ではH形のプラッタフォルマが建設中、下方では国会議事堂が建設開始直前である。1958年(*Brasília Ano X*, 1969)
(中)完成した三権広場。持ち上げられた三角形の土地がよくわかる。広場にはすでにオス・カンダンゴスの彫像が完成し、鳩舎ポンバルが建設中である。オス・カンダンゴスの正式名称はオス・ゲヘイロス。戦士の意味だが、ここでは労働戦士のことをさすので、ブラジル東北部からやってきた建設労働者のことを意味するオス・カンダンゴと呼び慣わされている。植えられたばかりの皇帝ヤシもみえる。(Instituto Mareira Salles)
(下)整地中の三角形のならした土地と省庁のエスプラナード。(*Brasília, cidade que inventei*, 1969)

然を開墾した空間であることとともに、権力は国家に開いたものであって、首都の中に閉じ込められているものではない、ということを示すことからもたらされた、と。[*]

それだからこそ、三権広場の周りの「野の土地」は、いつまでも野の土地のままでなければならない。現代の開拓の風景である。

オスカー・ニーマイヤーと三権広場・省庁のエスプラナード

三権広場と建築は、直ちに実行に移された。

コスタが提示した「外観に石を積み重ねた三角形のならした土地」は、コンクリートの支柱方式の外観に変わったが、周囲の野の土地よりも持ち上げられてつくられた。そして、一辺六五〇メートルほどの正三角形のならした土地の各頂点に建つ、上下院と別館からなる国会議事堂、プラナルト宮殿（大統領府）、そして最高裁判所宮殿が建てられた。いずれも、コスタのプロポーザルをもとに、オスカー・ニーマイヤーが設計した。

この三角形のならした平らな土地は、三角形を視覚的に知覚できるわけではない。三権がそれぞれ独立した広場をもって三角形の各頂点を占めている。立法府のそれはとりわけ大きい。中央の大きなプールを挟んで緑地が取られているが、そのひとつは「ル・コルビュジエが一九三六年に提案した皇帝ヤシのフォルム」とコスタがプロポーザルに書き込んだ緑地である。一列あたり一二本の皇帝ヤシが五列植えられている。行政府のプラナルト宮殿の広場は、今はプールをもったパティオとなったが、ブラジリア開都のセレモニーの場となったところである。司法府の最高裁判所宮殿のそれは、裁判の公平さを象徴する目隠しをした彫像ア・ジュスティッサが置かれた広場である。

これらの広場に囲まれた長方形のスペースにはポルトガルの白い平板が敷き詰められ、正

*Costa, Maria Elisa; Lima, Aleildo Viegas. *Brasília 57-85, do plano-piloto ao Plano Piloto*. Brasília: TERRACAP, 1985.

オスカー・ニーマイヤーの柱のスタディ（一九五八年）（Petit, Jean. *Niemeyer Poeta da Arquitetura*, Lugano: Fidia Edizion d'Arte,1995）

面二二〇メートルと奥行き一二〇メートルほどの大きな広場となっている。ブラジリア開都の日、大衆が集まってさまざまにブラジリアを祝した、コスタの言う「人民のヴェルサイユ」である。三権広場として訪問者が訪れるのがここである。ここに立つと、三権の建築が等しく見える。東端からは「野の土地」が一望できる。この風景を見ると、「コンコルド広場の方式で開いた」とコスタが言うことが理解できよう。この広場に、コスタのプロポーザルにはなかったいくつかのものがつくられた。ニーマイヤー設計のブラジリア都市博物館も、開都までにつくられた。ブラジリアの建設の歴史を展示する博物館である。広場に突き刺した鍵のような形をし、クビチェッキ大統領の顔の立体彫刻が側面に施されている。ブラジリアの

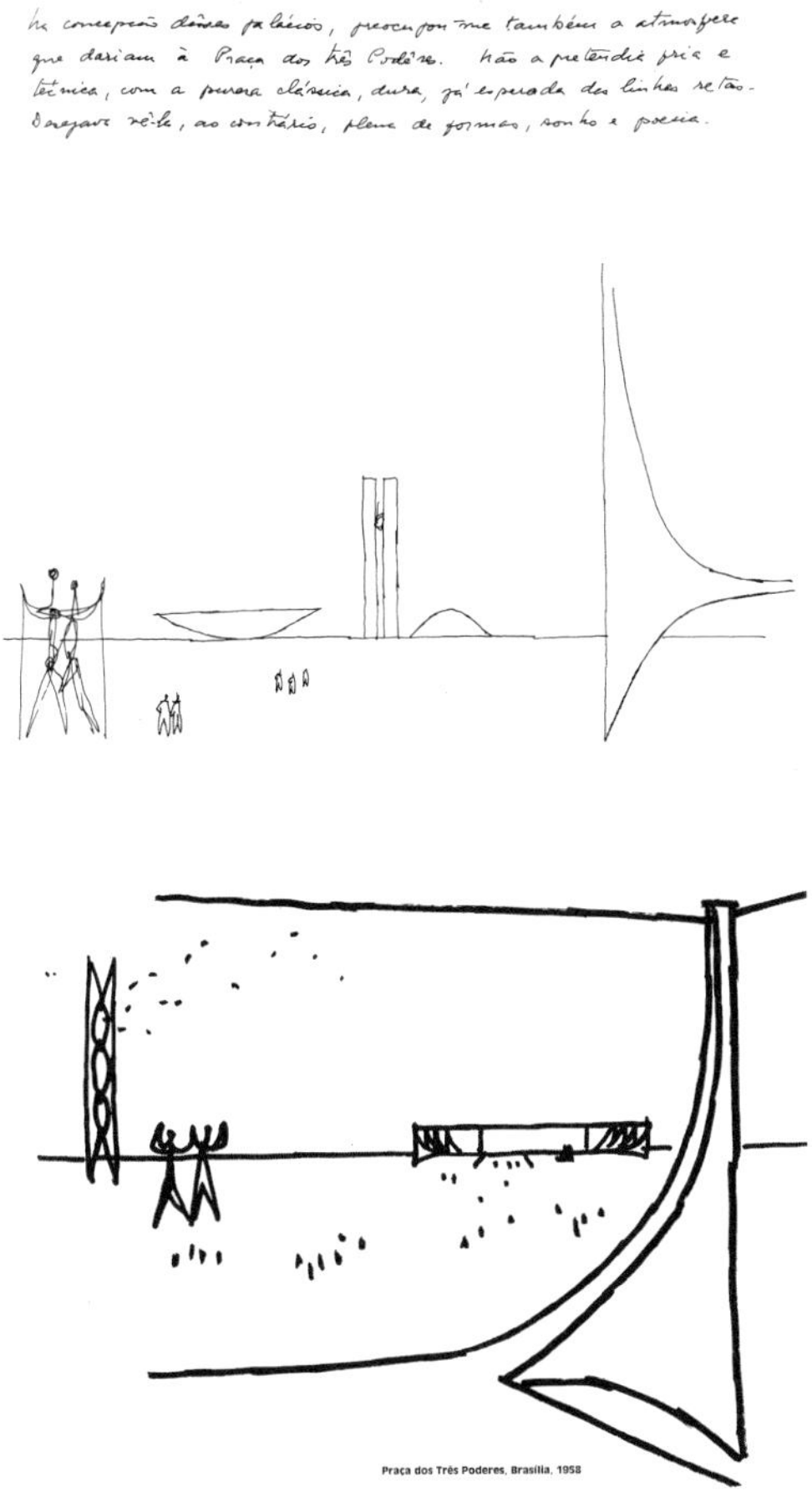

三権広場Praça dos Três Poderesのエスキス
（オスカー・ニーマイヤー）

（上）右手にプラナルト宮殿（大統領府）の柱、中央のふたつの球体が上下院議事堂、塔が別館。左手の彫像がオス・カンダンゴス。

（下）手前がプラナルト宮殿。右奥が最高裁判所宮殿。左にオス・カンダンゴス。その奥に鳩舎ポンバル。

（Petit, Jean. *Niemeyer Poeta da Arquitetura*, 1995）

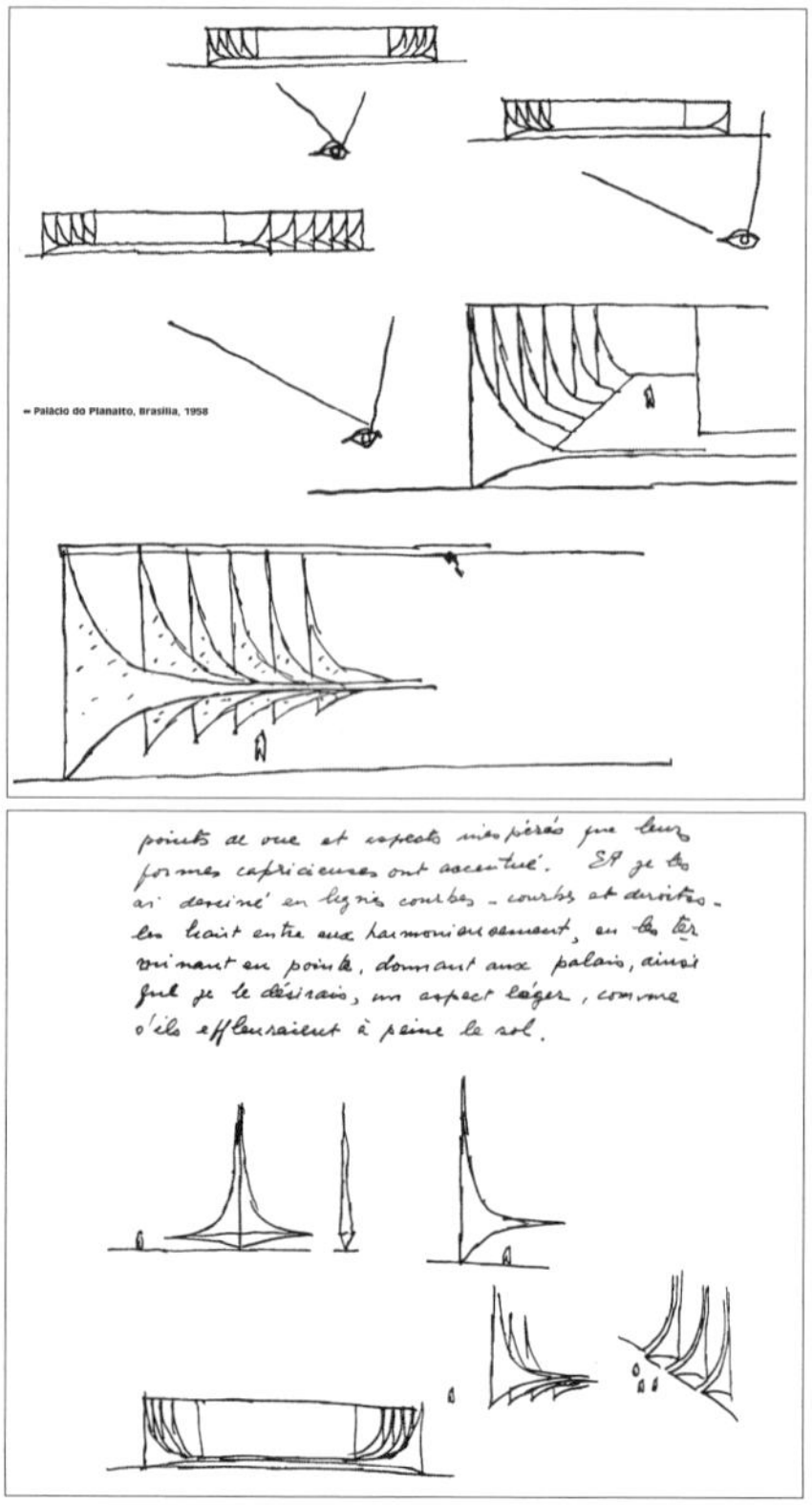

プラナルト宮殿Palácio do Planalto（上）と最高裁判所宮殿Palácio de Supremo Tribunal Federal（下）のエスキス（オスカー・ニーマイヤー）（Petit, Jean. *Niemeyer Poeta da Arquitetura*, 1995）

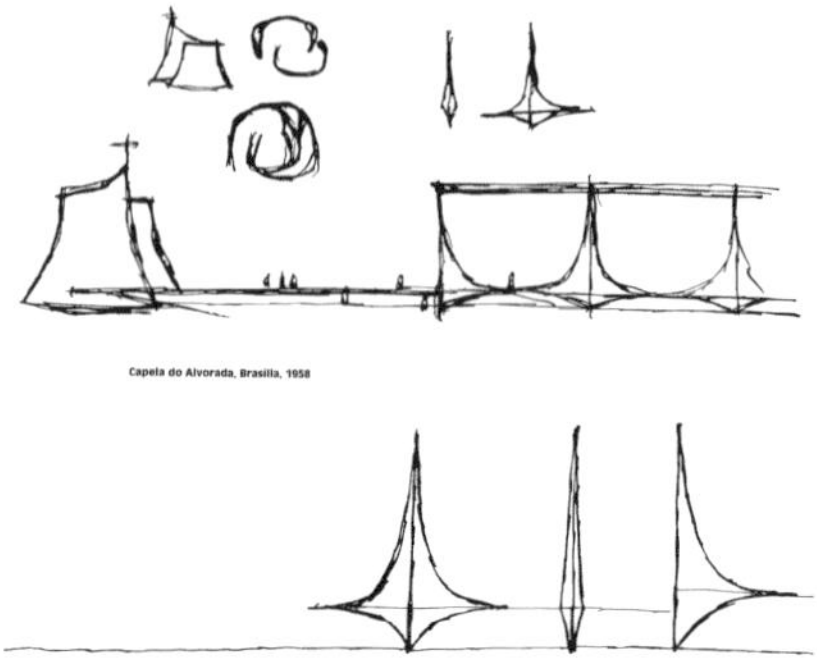

（上）大統領官邸（通称アルヴォラーダ宮殿Palácio da Alvorada）。オスカー・ニーマイヤー設計
（下）大統領官邸のエスキス。スタディはもっぱら柱に当てられている。左上は付設教会。コスタはこれをブラジルのヴァナキュラーな住宅だと評している。（149頁 参 照）（Petit, Jean. *Niemeyer Poeta da Arquitetura*, 1995）

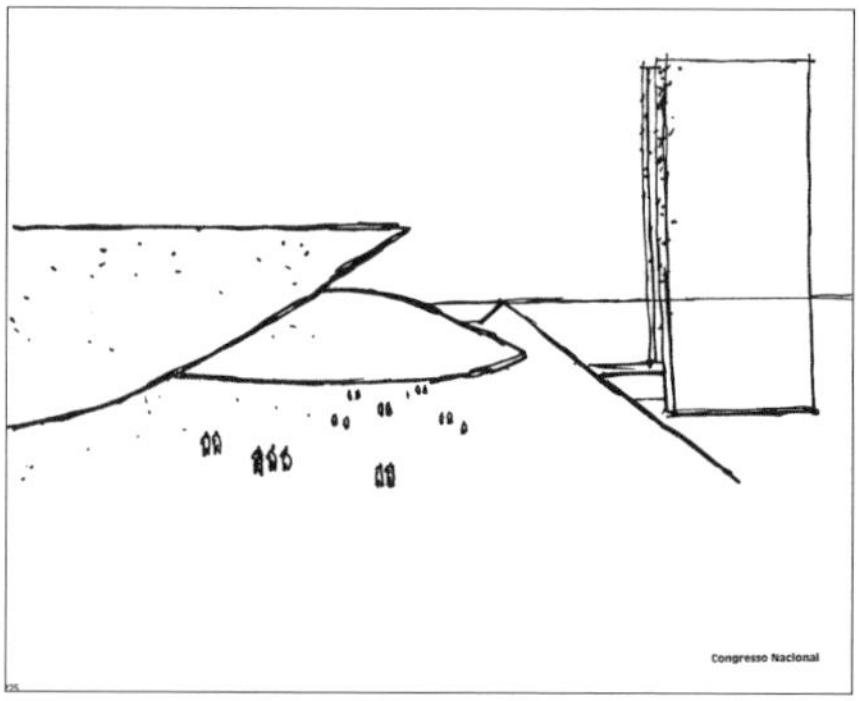

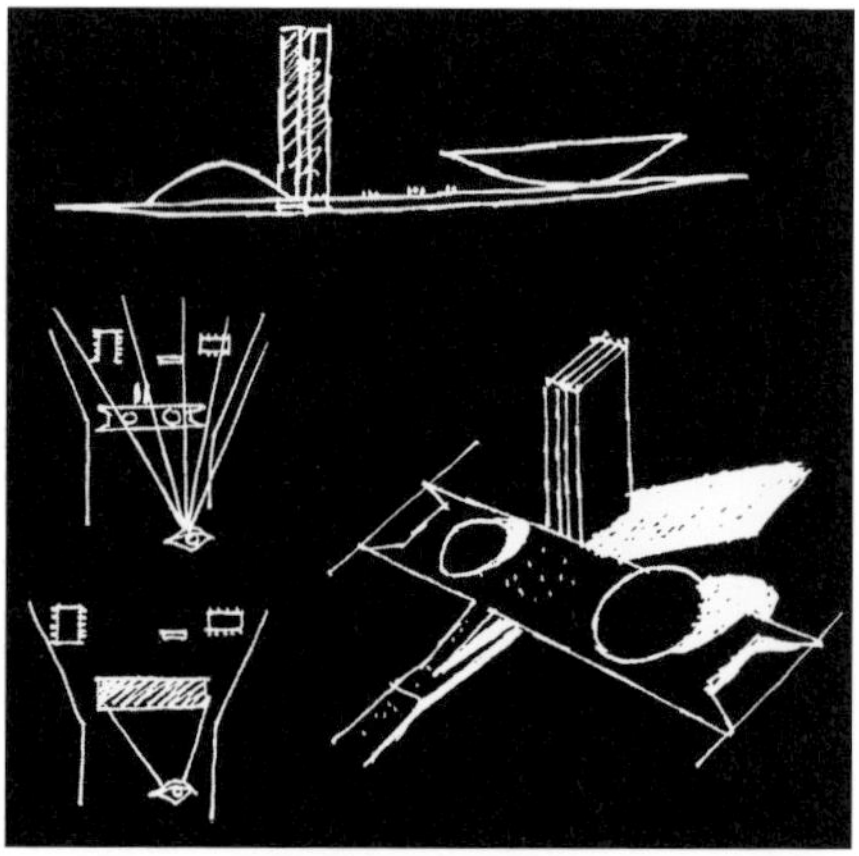

国会議事堂Congresso Nacionalのエスキス（オスカー・ニーマイヤー）（Petit, Jean. *Niemeyer Poeta da Arquitetura*, 1995）

建設にかかわった労働者たちを顕彰した彫像オス・カンダンゴスも立てられた。その少し後の一九六一年に、コンクリート柱の鳩舎・ポンバルがニーマイヤーの設計で建てられた。

ニーマイヤーが手掛けた三権の建築はほぼコスタがプロポーザルで示したとおりだが、立法府の建築には多少の修正が加えられた。その設計が検討された結果、中央の芝生敷きの壇に南北にプラットフォームがすっぽり架けられ、壇の幅が広げられることとなった。

大統領府のプラナルト宮殿と最高裁判所宮殿には、一九五七年四月から建設が始まって翌年の六月に完成した大統領官邸、通称アルヴォラーダ宮殿と同じデザインが用いられた。周りに独特の柱のロッジアをめぐらした建築だが、コスタはこれを、ブラジルの地方に一般的にみられた、教会も備えたヴァナキュラーな住宅だと評した。つまり、ニーマイヤーはそこからこのデザインソースを得て、それを現代に翻訳したのだというのである。それらはまるで、野の土地に点在して建つヴァナキュラーな建築である。

この三権広場には、開都時にはすでに、一部が半地下になったカーザデシャー(喫茶室の意)がつくられていた。

> 訪問者といかなる商業もないあの地区で働く公務員に、一般的に要求される都市の快適さ―スナック、軽食、アイスクリーム、コーヒー、お茶、電話、お手洗い―の容易さに出合うことができる拠点で、その存在が環境のシンボリックで厳かな威厳を妨害しないように、半地下の建設を考えた*。

とコスタが言う施設である。プロポーザルには記されていないが、コスタは最初からこのことを見越して施設をつくったという。確かに、この広い三権広場にはお手洗いもないから、これがあるとどんなに快適なことだろう。ところが、これが一時期、中華レストランになりかわってしまった、とコスタは怒りをあらわにしている。この種のアメニティ施設の配慮を

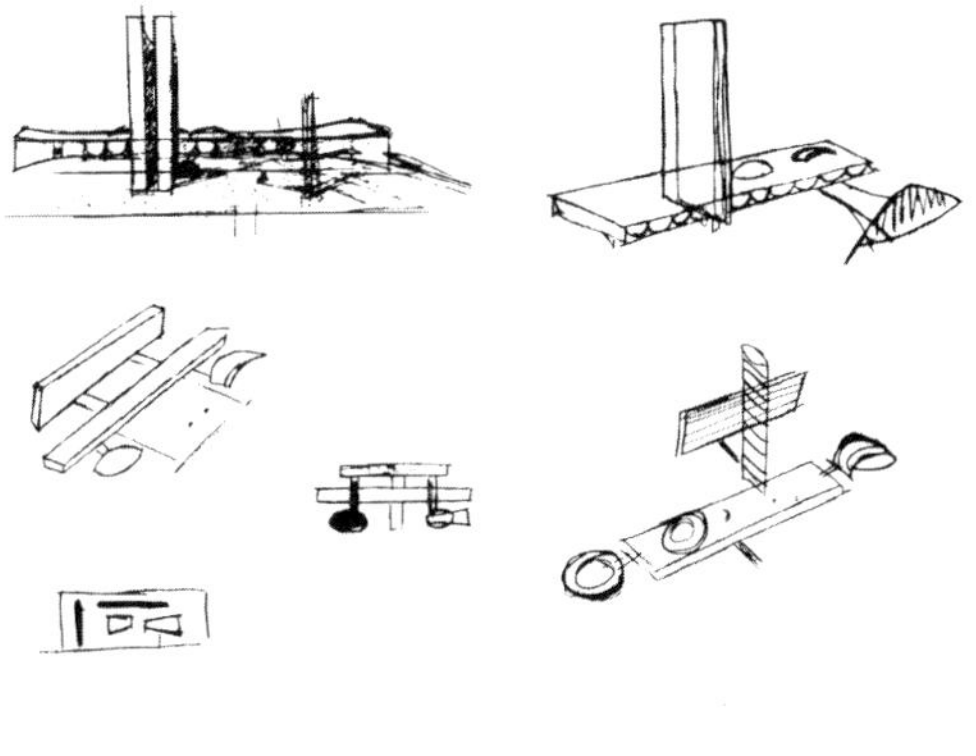

国会議事堂 Congresso Nacionalのスタディエスキス（オスカー・ニーマイヤー）。一九五七年 (Silva, Elcio Gomes da., Sánchez, José Manoel. *Congresso Nacional: da documentação técnica à obra construída*. mdc. revista de arquitetura e urbanismo, 2009. 03. 09)

* Costa, Maria Elisa; Lima, Aleildo Viegas. *Brasília 57-85*, 1985.

コスタはいたるところで提案している。

まだ建設が続くブラジリアを、ブラジルに恋し続けたル・コルビュジエが訪れた。一九六二年一二月のことである。今回の訪問は、ブラジルに仏伯会館を建設するという構想に専念するためであった。新しい首都におけるフランス大使館は、コルビュジエにとって、夢を実現する機会として現れた。ブラジル政府がそれぞれの国が自らの大使館を建設することを認めたので、法的な障害はなくなったのだ。そのプランの作成に取り掛かる前に、敷地をチェックするための訪問であった。旅行は、幸先のよいものであった。というのは、教育保健省のプロジェクトに参加した建築家たちが一堂に会してくれたからである。それに、コルビュジエに教育保健省の建物の完成した姿とブラジルの新しい首都をみる機会を提供してくれた。

この時のコルビュジエの反応は、『ル・コルビュジエ全集』の最終巻の序文に載せた一枚の手紙に要約されている*。

> ブラジリアは、建設が進んでいる。私は新しい都市をみた。創作力と大胆さと楽天主義には大きいものがある。それは心から我々に訴えかける。ふたりの偉大な友人で、何年にもわたる戦いの仲間、ルシオ・コスタとオスカー・ニーマイヤーの仕事。リオには教育保健省がある。エドアルド・レイディーの数々の仕事がある。大戦争で倒れたものの記念碑がある。ほかにたくさんの証人がいる。私の声は世界を旅する者のそれである。ブラジルの友人たち、あなたたちに、とてもありがとう！ということをお許し願いたい。

パリに戻り、コルビュジエは、三階建ての水平な低いふたつの大使居住棟と、八階建ての円形の塔状の大使館事務局棟からなる複合建築を計画した。しかし、一九六五年のコルビュジエの死によって日の目を見ることはなかった。

ル・コルビュジエ(右)とルシオ・コスタ(左)。一九六二年のクリスマスに、リオのガレオン国際空港で。(O Estado de São Paulo)

*Le Corbusier. *Oeuvre Complète, 1957-1965*, Zurique: Les Éditions d'Architecture, 1977.

一方、ブラジリアの建設などの資金は外国企業の進出や国際通貨基金からの融資によってまかなわれたから、対外債務は膨れ上がっていた。加えて、資金の確保のための通貨の発行がおこなわれたから、財政赤字は増大し、悪性のインフレーションが起こった。この社会の混乱は、一九六四年三月三一日、カステロ・ブランコ将軍の軍事クーデターを引き起こした。

軍政令第一号によって、クビチェッキやその後の大統領クワドロス、ゴラールをはじめ州知事など四四〇名が、国家や財政あるいは政治的社会的秩序を乱した犯罪者として一〇年間公民権を停止された。大学総長や公務員三、三〇〇名の解雇なども合わせておこなわれた。軍政は一九八五年まで続いた。

軍事政権となって、三権広場に接する東の野の土地に、国旗を掲げる巨大なマストが立てられた。広場とはまったく無関係のスケールだとコスタは憤慨したが、三権広場と省庁のエスプラナードの建築の中で、これだけがニーマイヤーの設計ではない。

ニーマイヤーは、一九六六年、左翼的な政治思想が問われて設計活動を禁止され、亡命同然にフランスに住み着いて、アルジェリアやフランスなどで設計を手掛けた。一九八〇年代のはじめにブラジルに戻って設計を再開し、ブラジリアに関わり続けた。

一九八六年に、三権広場の東端にパンテオンパトリア（祖国のパンテオン）が建築された。もともとチラデンテス博物館が予定されていたところで、ニーマイヤーはこれをひとつの花のようにからまったなにかとして構想したと語っている。さらに、一年後の八七年に、祖国のシンボルの火のモニュメントとして白大理石を貼り付けたコンクリート製のピラ（薪の山の意）が追加された。この近くに、一九八八年にオスカー・ニーマイヤー館が、そして、ずっと後のことであるが、一九九四年にはイスラエル・ピニェイロ館が建てられた。いずれも、ニーマイヤーの設計である。

国旗掲揚マスト Mastro da Bandeira do Brasil 広場とはまったく無関係のスケールだとコスタは言う。軍事政権期に造られた。

省庁のエスプラナードは、中央の芝生敷きの壇が国会議事堂との関係でその幅が広げられ、省庁の敷地は経済的な理由で縮小され、奥行きが短くなった。この広大な芝生敷きのエスプラナードは歩行者やパレード、縦列行進のためのもので、イギリスの「ザ・マル」だとコスタは言っている。ただ、ここには今も十分な並木がない。

コスタはこのエスプラナードの両側に省庁を並べたのだが、建ち並ぶ省庁はじつに端正である。ひとつだけの建築規準がそれをもたらしている。これは原材料のひとつ、ミナスジェライス州の鉱山都市ディアマンチーナの「端正さ」である。そして、この省庁のエスプラナードのパースペクティヴはパリのシャンゼリゼ通りのそれが重なった、とコスタは示唆する。この端正さが続く省庁の建築のなかで、コスタは、軍事省とカテドラルにそれぞれひとつの独立した広場をあたえた。また、外務省と法務省の二省は国会議事堂に隣接させ、かつ独立した建築とした。省庁の中で外務省は「国の応接間」に当たるから、また法務省は一八二二年のブラジル独立時に最初に生まれた省庁であるからである。このことによって端正な風景にポイントをつくろうとしたのだ。

コスタが考えたのはこれだけではない。細かいところにまで配慮がされている。プロポーザルのスケッチにさりげなく記されているが、省庁街で働く公務員などの快適さを考え、これらの省庁の建築を結ぶガレリアをつくり、そこで軽食堂や喫茶店、新聞売り場ができるように提案した。

これらのうち、軍事省はここにはつくられなかった。三権広場に近かったからであろうとされる。ガレリアもつくられず、それぞれの省庁内に小さな商業が個別に開かれ、あるいは間に合わせのキオスクがつくられた。

こうした変更はあったが、直ちに設計と建設が始まった。このコスタのプロポーザルを受

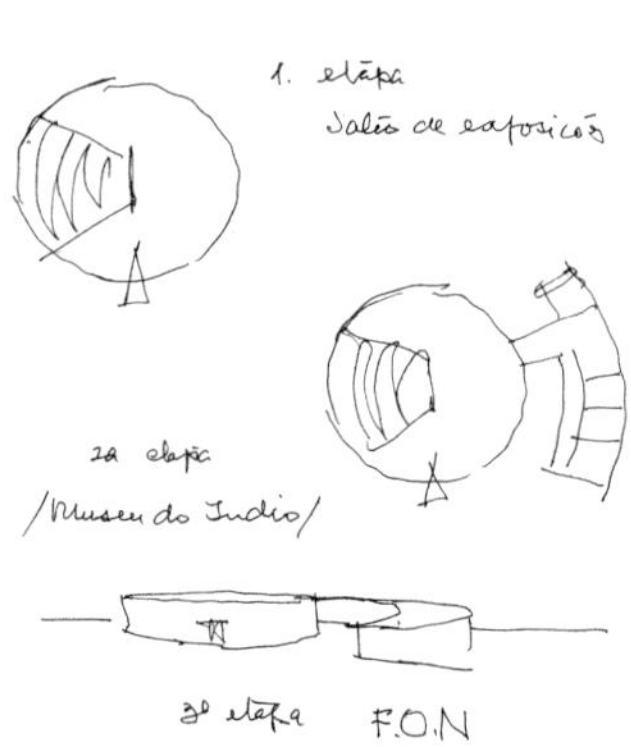

オスカー・ニーマイヤー館Espaço Oscar Niemeyerのエスキス(オスカー・ニーマイヤー)。この建築は当初ブラジリアの建築の展覧会場として計画された(上)。のちに、付属建物を加えて、原住民博物館となった(中)。この博物館が移転したので、この建築はオスカー・ニーマイヤー館となった。(Katinsky, Julio. *Brasília em três tempos*. Rio de Janeiro: Revan, 1991)

（上）カテドラルCatedralのエスキス。（オスカー・ニーマイヤー）「ブラジリアのカテドラルに対して、コンパクトな解決を見いだそうとした。それは、どの角度から見ても、同じ端正さをもつ外観にすることであった」と、ニーマイヤーは書き込んでいる。（Petit, Jean. *Niemeyer Poeta da Arquitetura*, 1995）
（下）建設中のカテドラル（Arquivo Público do DF）

（上）プラッタフォルマ・ホドヴィアリアから見た省庁のエスプラナード。1957年（*Brasília, cidade que inventei*, 1969）
（下）建設中の省庁。1959年（Arquivo Publico do DF）

けて、ニーマイヤーは、一方にガラスウオールの正面と他方にケブラソウ（日除けルーバー）の正面をもつ九階建て、二側面を閉じたスラブ建築の連続として省庁を建てた。内部平面は使途に応じてパーティションで仕切る方式である。この省庁のエスプラナードも、持ち上げられた平らな土地の上に建てられている。この土地もじつに広大で、持ち上げられたようには感じないが、背後のサービス道路からなら、その様子を見ることができる。この本館の背後にニーマイヤーが設計した別館が建ち並ぶ。高さも正面も抑えた控えめな建築で、省庁のエスプラナードのすぐれた美しさを邪魔していないと、コスタは評している。

省庁のエスプラナードについて、コスタは、その中央の壇に対する風景は、連続する芝生地とすでに植えられた側面のパイネイラ（ブラジルの桜といわれる）のマスに限ること、省庁の切妻面近くに一列に並んだ皇帝ヤシを追加すること、と一九八五年にあらためて指示している。とりわけ、皇帝ヤシについては、具体的な数値を挙げて図解している（224頁参照）。ブラジリアに限らずブラジルでは皇帝ヤシに対する思いはとても強いが、このエスプラナードでは皇帝ヤシの緑陰はまだ薄い。

それらの省庁の中で三権広場に接して建てられた外務省（通称イタマラチ宮殿）と法務省には、違ったデザインが施された。いずれもコスタのプロポーザルにしたがってニーマイヤーが設計した。ただ、外務省と法務省の建築がおこなわれたのは一九六二年だし、国の首都であるにもかかわらず外務省が正式に開庁するのは一九七〇年のことである。このふたつの建築は、プラナルト宮殿と最高裁判所宮殿が同じデザインを用いたように、同じデザインに基づいて設計された。

カテドラルは一九五九年に建設が始まったが、工事は遅れに遅れて、正式にオープンしたのは一九七〇年のことである。

ルシオ・コスタ（右）とオスカー・ニーマイヤー（左）(Petit, Jean. *Niemeyer Poeta da Arquitetura*, 1995)

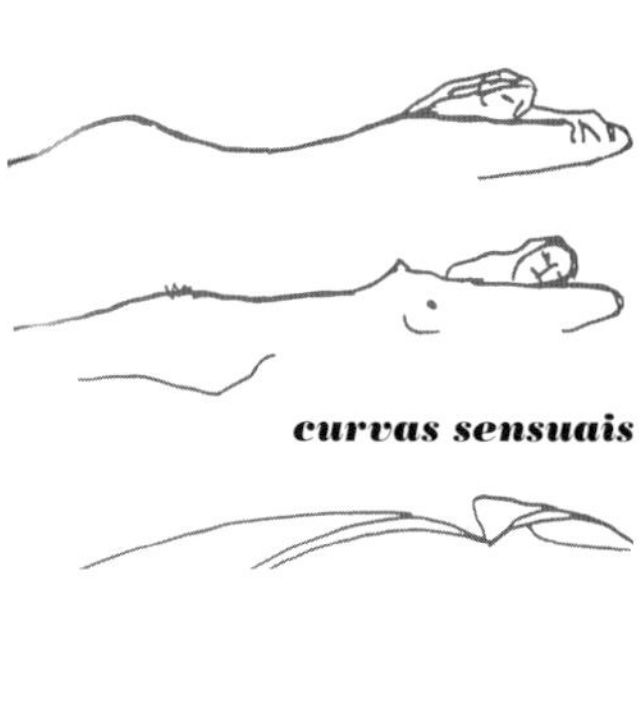

オスカー・ニーマイヤーのカーヴ (Petit, Jean. *Niemeyer Poeta da Arquitetura*, 1995)

省庁のエスプラナードの先は、文化地区である。南北にシンメトリックに分けられた文化北地区では、クラウジオ・サントーロ国立劇場が一九六〇年に建設に着手された。設計はニーマイヤーである。六一年には躯体ができあがったが、六六年まで工事は中断した。

文化南地区は開都以後、長い間放置されたままであった。ルシオ・コスタは、エライネ・ルアスに次のような一九八五年二月一五日付の手紙を送っている。

ブラジリアに「空中サーカス」―この場合はグランシルコラール―を設けるにふさわしい場所に関するあなたの相談にお応えして、都市の中心に位置しなければならないというのが私の意見です。というのは、都心を活気づける意味でなしうるすべてが歓迎されなければならないからです。……

いま……民間に広く普及している文化的基礎の種が……存在していることが必要です。「グランシルコラール」の提案は、時宜を得て刺激的であるばかりではありません。というのは、そこに予想されている文化機関が設置されない間、南の文化地区の空閑地を何らかの形で占めなければならないという緊急の必要性にかなうものであるからです。都市の近郊が大都市の都心と出合う地点となったプラッタフォルマ・ホドヴィアリア*に近いゆえに非常にふさわしい、一種の大衆文化の開始になるでしょう。

ツーリング・パビリオンの足元に位置するサービスポスト近くに、適切なエリアの必要な指示を書いたこの設計図を添付して送ります。……

この提案を受けて、一九八五年、文化南地区にブラジリアの大衆文化芸術のスペースとしてグランシルコラールがつくられた。しかし、共和国文化コンプレックスがここにつくられるというので、取り壊されてしまった。

この文化コンプレックスは、もともとコスタの構想の中にあったもので、文化地区の提案

*ホドヴィアリアは大規模バスターミナルのこと。詳細は274頁参照。

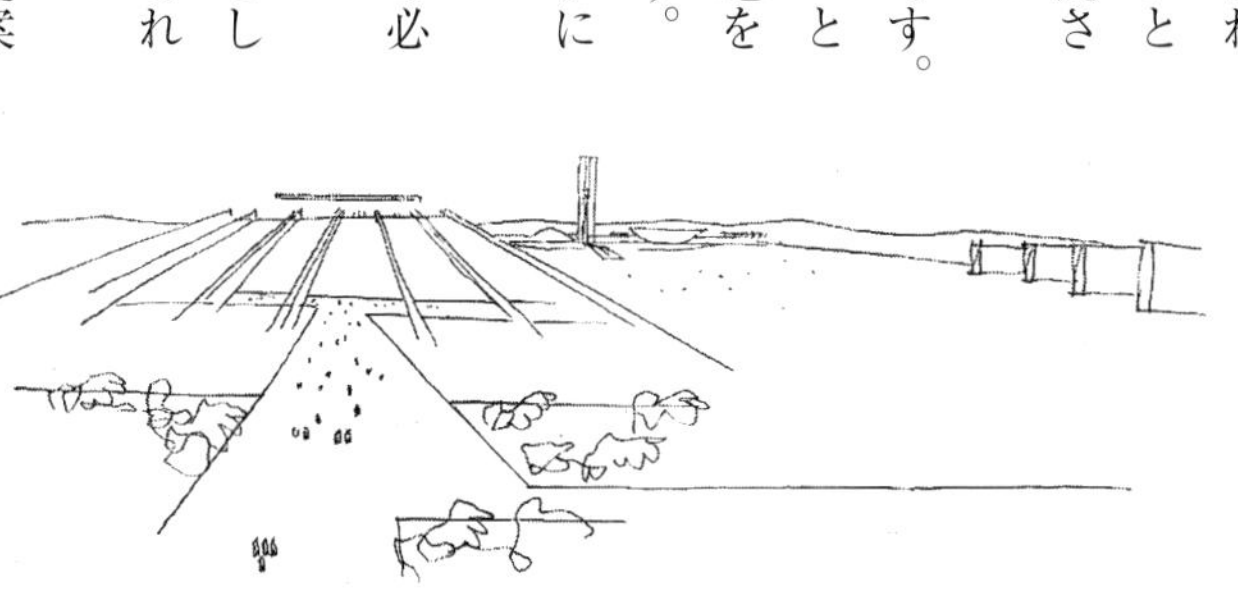

ニーマイヤーによる国立劇場Teatro Nacional Cláudio Santoroのパース(Braga, Andrea da Costa; Falção, Fernando A. R.. *Guia de Urbanismo, Arquitetura e Arte de Brasília*. Fubndção Athos Bulcão, 1997)

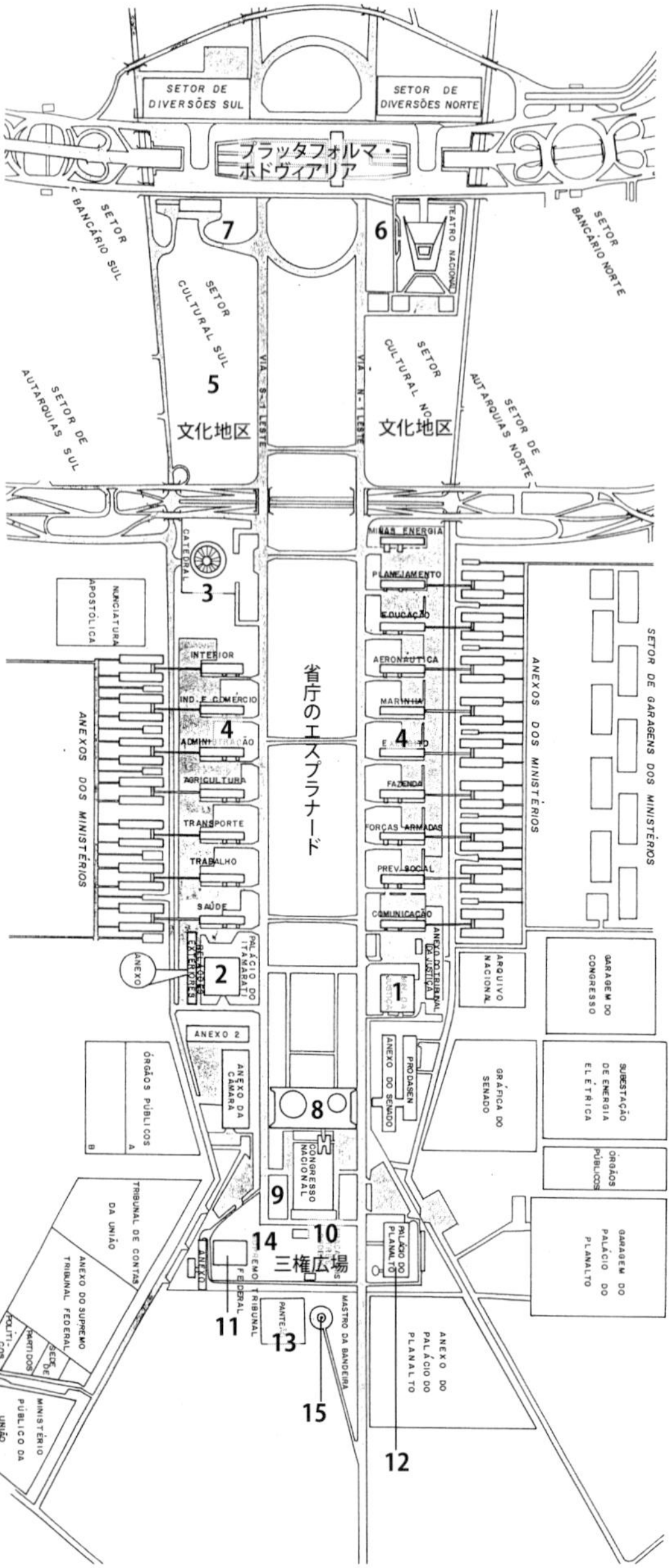

三権広場、省庁のエスプラナード、文化地区

（原図はAlbum de Plantas Urbanas do Distrito Federal, Brasília, CODEPLAN, 1986）

1 法務省宮殿
2 イタマラチ宮殿（外務省宮殿）
3 カテドラル
4 省庁のエスプラナード
5 共和国文化コンプレックス（文化南地区）
6 クラウジオ・サントーロ国立劇場（文化北地区）
7 ツーリングクラブ
8 国会議事堂
9 ル・コルビュジエの皇帝ヤシのフォルム
10 ブラジリア都市博物館
11 最高裁判所宮殿
12 プラナルト宮殿（大統領府）
13 パンテオンパトリア（祖国のパンテオン）
14 ルシオ・コスタ館
15 国旗掲揚マスト

ア・ジュスティッサ A Justiça
最高裁判所宮殿の広場に立つ、裁判の公平さを象徴する目隠し像。アルフレッド・セシアッティ Alfredo Ceschiatti（1918-89）作。1961年（Foto: Morio）

オス・ゲヘイロス Os Querreiros
プラナルト宮殿の広場の前に立つ高さ約8メートルのブロンズの彫像。通称オス・カンダンゴスOs Candangos。ブラジリアの建設に従事した主としてブラジル北東部出身の労働者カンダンゴを顕彰した記念碑で、ブラジリアのシンボルのひとつ。ブルノ・ジオルジBruno Giorgi（1905-93）作。1959年

ポンバル Ponbal
最高裁判所宮殿の広場の前に立つ、ニッチ状に鳩舎を設けた高さ10メートルの打ち放しコンクリート製の柱像。オスカー・ニーマイヤー作。1961年

世界遺産記念像 Marco de Brasília (Monumento UNESCO)
1987年にブラジリアが世界遺産に登録されたことを記念して、三権広場のほぼ中央に建てられた彫像。オスカー・ニーマイヤー作

イタマラチ宮殿 Palácio do Itamaraty
オスカー・ニーマイヤー設計。省庁のエスプラナードの南東端に位置する外務省の庁舎で、その外観デザインから「アーチ宮殿」と呼ばれていたが、リオで呼び慣わされてきたイタマラチ宮殿と呼ばれるようになった。建物にめぐらされたプールは造園家ブルレ・マルクスBurle Marx（1909-94）の設計。1962年着工、1970年竣工。水面に浮かぶモニュメントはブルノ・ジオルジBruno Giorgi作の「メテオロ（流星）」（1967年）（図中番号2）

カテドラル Catedral
オスカー・ニーマイヤー設計。省庁のエスプラナードに位置するが、独立した広場に建てられている。1959年に着工したが、資金難で工事が進まず、先に国の記念物に登録して建設中止を防ぎ、70年に竣工した。スロープで地下の礼拝堂に入る。外から見える構造物は屋根に当たる。アプローチに立つのはマルコス、マテウス、ルーカス、ジョンのプロテスタントの四使徒のブロンズ像（図中番号3）

ふたつの文化地区の南地区に建つ共和国文化コンプレックス Complexo Cultural da República João Herculino
直方体の建築が図書館。球体の建物が博物館。広場にはプールがドット状にちりばめられている。オスカー・ニーマイヤー設計（図中番号5）

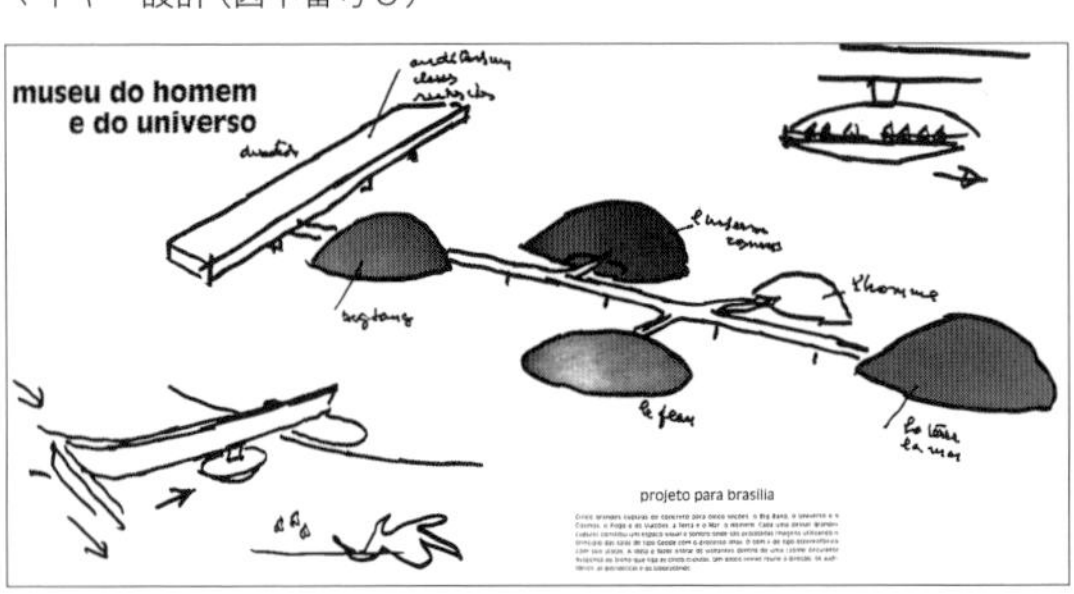

ニーマイヤーのブラジリアのための人間と宇宙博物館プロジェクト。1970年代。ビッグバン、宇宙と全世界、火と火山、地と海、人間の5ゾーンごとに大きなRC造のドームを設け、視覚と音の空間とする。観客はレールに吊り下げられたキャビンに乗って、それらを回る。管理部門、講堂、図書館、研究室を別館としてつくる。このイメージは、現在の共和国文化コンプレックスに引き継がれている。
（Petit, Jean. *Niemeyer Poeta da Arquitetura*, 1995）

法務省宮殿 Ministério da Justiça
オスカー・ニーマイヤー設計。省庁のエスプラナードの北東端、イタマラチ宮殿に対峙する形で配置された。(図中番号1)

省庁のエスプラナード Esplanada dos Ministérios
ガラスウォールの正面とケブラソウ(日除けルーバー)の正面からなる9階建てのスラブ建築はオスカー・ニーマイヤーの設計(図中番号4)

ふたつの文化地区の北地区に建つクラウジオ・サントーロ国立劇場
南地区のツーリングクラブ(図中番号7)と対を成して、北地区に建設された。1960年着工、工事中断などを経て、67年にとりあえずオープン。オスカー・ニーマイヤー設計。側面デザインはアトス・ブウサン Athos Bulcão (1918-2008)によるスーペルクワドラをモチーフにしたもの。(図中番号6)

省庁のエスプラナードを挟んで、右手にカテドラル、左手に国立劇場

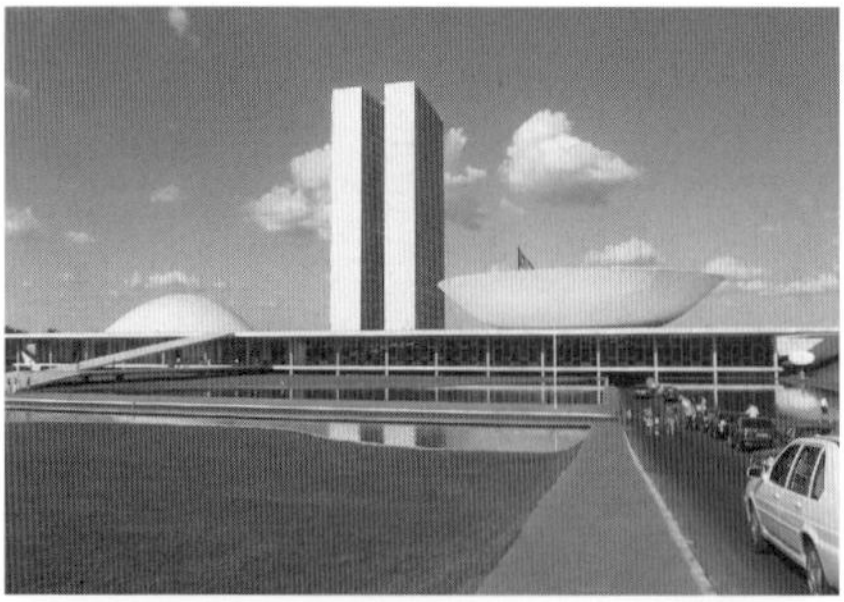

国会議事堂 Congresso Nacional
平らにならした正三角形の土地の頂点に建つ。エスプラナードの中央の芝生敷きの壇にプラットフォームを架け、そこに上下院の本会議場を球体状に配置し、両院それぞれの28階建て別館をテレビ塔に対峙させるように置いた。エントランスは中央の芝生敷きの壇。ニーマイヤーの証言によると、球体を半分ずつにしたのはル・コルビュジエの示唆であったという。オスカー・ニーマイヤー設計。1960年竣工(図中番号8)

ブラジリア都市博物館 Museu da Cidade (Brasília)
ブラジリアの建設の歴史を保存するためにつくられた。西側面にはジョゼ・アルヴェス・ペドローザ José Pedrosa(1915-2002)作のクビチェッキ大統領の巨大な頭部像がはめこまれている。西面には1789年から1960年までの首都の内陸化の年代記が書き込まれている。オスカー・ニーマイヤー設計。1960年竣工(図中番号10)

最高裁判所宮殿 Palácio do Surpremo Tribunal Federal
天地2枚のコンクリートの床スラブが柱列によってささえられる構造。「このプロジェクトの単純さと建築のかなり減じられたプロポーションは、この柱列ゆえに、建築に求められた威厳と高貴を与えることを妨げていない」とニーマイヤーは語っている。オスカー・ニーマイヤー設計。1958年着工、60年竣工(図中番号11)

パンテオンパトリア(祖国のパンテオン) Panteão da Pátria
(右)平らにならした三角形の土地に接して、コスタが言う「野の土地」に建てられた。自由と民主主義に身をささげた人びと、特にブラジルの共和制の最初の闘士チラデンテスと文民政治を再度勝ち取ったタンクレード・ネーヴェス大統領(在任期間 1985年3月~4月)を顕彰した建築。オスカー・ニーマイヤー設計。1985年着工、87年完成。左端のモニュメントは祖国のシンボルの火「ピラ」。(図中番号13)
(左)「ピラ」

ル・コルビュジエの皇帝ヤシのフォルム Forum de Palmeiras Imperiais proposto por Le Corbusier

「ル・コルビュジエが1936年に提案した皇帝ヤシのフォルム」とコスタがプロポーザルに書き込んだ緑地。同年、ル・コルビュジエはリオの教育保健省本部ビルの設計に助言者として招聘されたが、そのときに提案されたもの。1列あたり12本の皇帝ヤシが5列植えられている。(図中番号9)

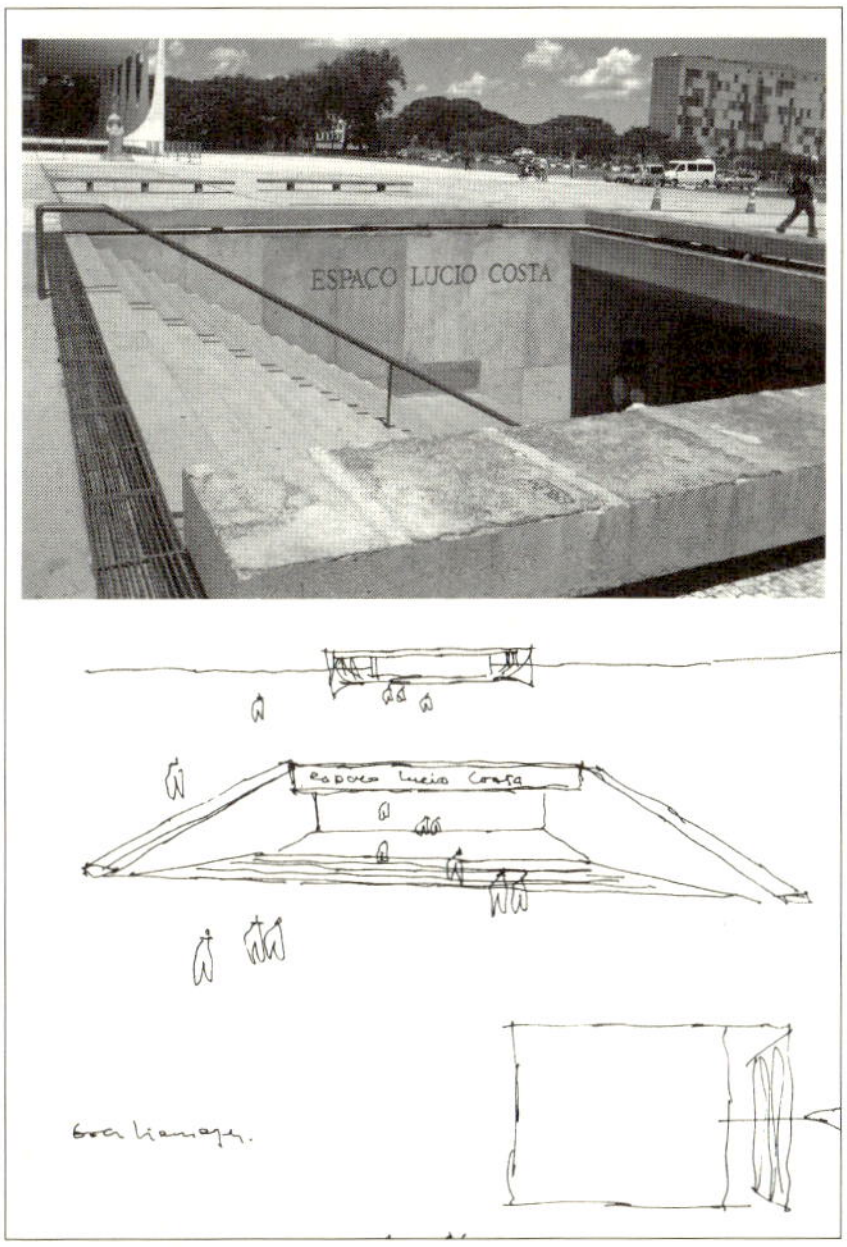

ルシオ・コスタ館 Espaço Lúcio Costa

ブラジリア都市博物館の横、三権広場の地下につくられた。プラーノピロット全体の精巧な模型が展示され、壁面にはルシオ・コスタのプロポーザルが掲示されている。建設当初の写真もある。これらの展示の仕方は、コスタが細かく指示している(80頁参照)。オスカー・ニーマイヤー設計。1992年2月27日、コスタの90歳の誕生日に竣工。右図はニーマイヤーのエスキス。(図中番号14)

プラナルト宮殿 Palácio Planalto

正式名称はブラジル連邦共和国大統領職宮殿。最高裁判所宮殿と同じ手法で建築された。ここでブラジリア開都のセレモニーがおこなわれた(12〜14頁参照)。1956年にオスカー・ニーマイヤーが設計、58年に着工、60年竣工。(図中番号12)

がそれである。ブラジリアの都心に位置する文化地区はコスタが気にかけていたものである。一九七〇年代になってニーマイヤーが具体化に着手し、北側に大地と海と宇宙博物館が計画された。八六年になって南側にブラジリア博物館と文化省が計画された。しかし、九〇年代にこれらが白紙に戻され、南側に図書館、博物館、ホール、レストランが、北側に国立文書館本部ビルとレストランがニーマイヤーによって計画された。このうち南側が二〇〇六年にオープンした。

コスタは、こうした建築をもつこの文化地区を緑豊かな公園群とイメージしたが、それはまだ実現されていない。

植樹について、コスタは文化地区だけでなく、ブラジリアの各所で言及しており、省庁のエスプラナードに対しては、駐車場は車二台あたり一本の植樹を繰り返し求めている。

文化地区がどうなるか、それを見届けるのは、まだ時間がかかりそうである。

プラッタフォルマとテレビ塔

モニュメンタル軸と高速道路・居住軸とが交差する地点の処理は、みごとというほかない。たった一枚のプラッタフォルマ（プラットフォーム）を架けることで地形を処理しただけでなく、その地形差を用いて、自動車交通をうまくそこに集中させることで、都心を形成する基礎をつくり出すことに成功している。地形を仔細に読み取ったコスタのアイデアである。ブラジリアが首都であることを考えれば、ここは、単に都市の中心ということだけでなく、ブラジル国内から人びとがやってくる大きなポイントということになる。そこをプラッタフォルマ・ホドヴィアリアとも呼んでいるが、これについては、都心を構成する社交スケールであらためてみることにする。

高速道路・居住軸を挟んで、三権広場と省庁のエスプラナード、文化地区の反対側のモニュメンタルスケールは、灌木が時に森のようになったり時にまばらになったりする中央の芝生の壇のところどころに施設を配することでつくられている。

全体に高さを抑えた建築の中で、テレビ塔だけが際立っている。モニュメンタルスケールの全体を構成する重要なポイントとして、コスタがプロポーザルで構想し、それを自らの手で実現させた。ブラジリアでコスタが設計した数少ない建築のひとつである。一九六五年から建設が始まって六七年に完成した。

ブラジリアのもっとも小高い地形の先端近くに建つテレビ塔の足元は、コンクリートの打

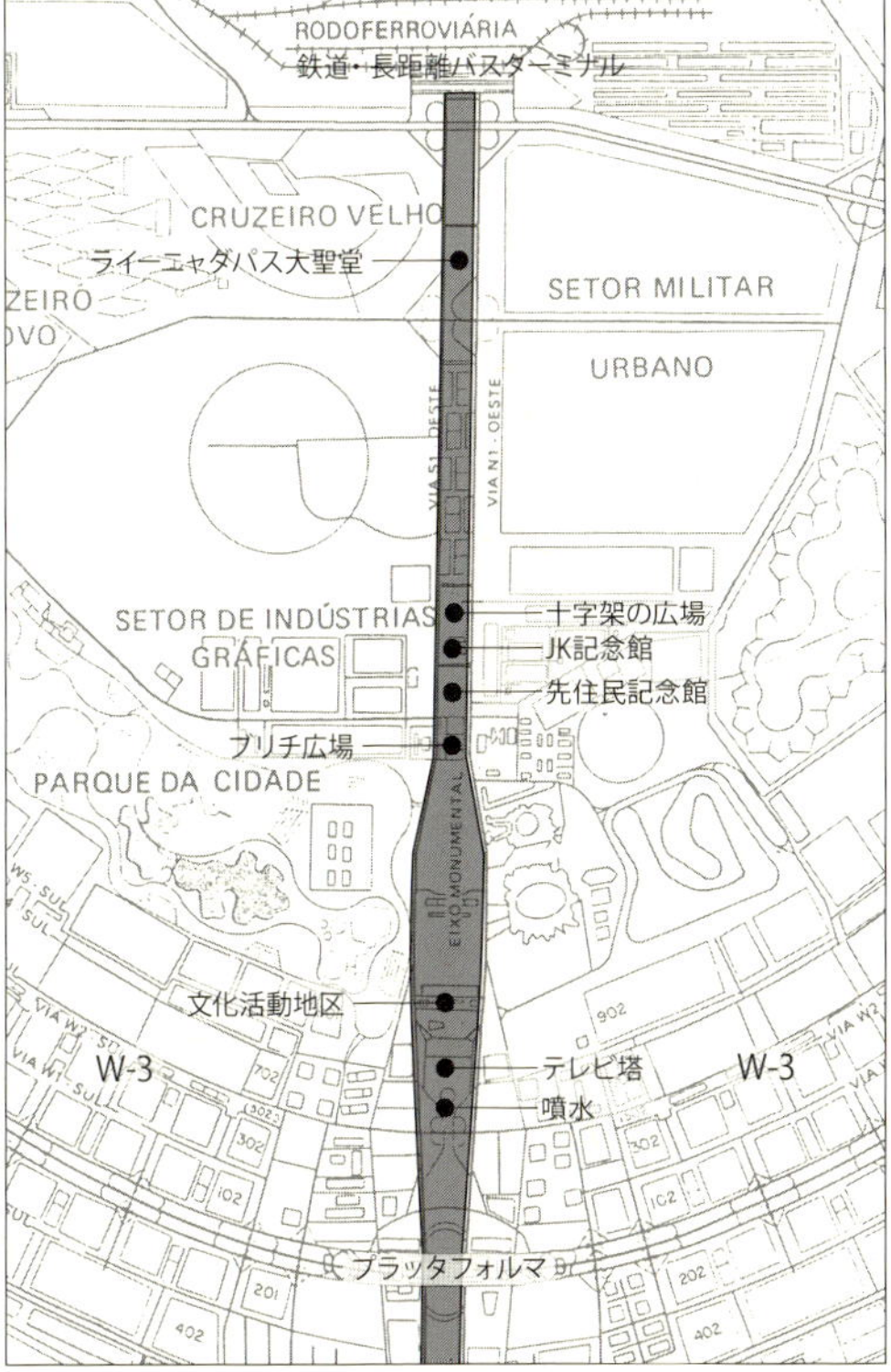

プラッタフォルマと鉄道・長距離バスターミナルの間のモニュメンタルスケール（原図はAlbum de Plantas Urbanas do Distrito Federal, Brasília, CODEPLAN, 1986）

テレビ塔 Torre de TV
ルシオ・コスタ設計
（上）土台の完成（ArPDF）、（中）高さ75メートルの展望台の完成（ArPDF）、（下）全224メートルの完成。塔の足元で手工芸品を売る露店市フェイラ（テント群）が開かれている。

ち放しの巨大な三角形の土台である。プロポーザルでは三角形の頂点が三権広場のほうを向いていたが、建てられた三角形は底辺がそれに置き換えられている。

コスタは、ブラジリアの重要なものに対して、三角形を用いている。ブラジリアの都市化区域を三角形で規定したし、国の根幹の三権を配置する三権広場も平らにならした正三角形を用いた。そして、このテレビ塔である。コスタは若いころの著作でデカルトに触れているので、デカルトの三角形が頭にあったのかもしれない。

このテレビ塔の足元には、一九七〇年代から、自然発生的に手工芸品を売る露店市フェイラが週末に開かれるようになった。これはすでにブラジリアの伝統のひとつになっており、コスタは、この性格とともにそれを維持することが重要で、それを都市化することを考えてはならないと口を酸っぱくして言っている。

また、コスタが計画した照明つきの噴水は、もともと都市のサービス道路として南北それぞれに分けて敷設されることになっていたW３道路がつなぎあわせられたとき、別のものにとって代えられた。

文化活動地区

モニュメンタル軸の中央の芝生敷きの壇は、もともとは、三権広場からブリチ広場（プロポーザルでは市の広場）の間にはテレビ塔以外は何も置かないことになっていた。そこにはすでにごく控えめな小さな施設がつくられていたが、一九七〇年代に、テレビ塔の上方に、巨大なコンベンションセンターが建てられた。

このエリアに対して、ニーマイヤーは、一九六五年から六九年にかけて、文化活動地区として計画をつくりあげた。彼の案では、この地区の西方に位置するブリチ広場に面する側に、模型船操作プールと交通学校、それに接して軽飲食のバールとロッカールームにつながっているダンスとコンサート場、諸活動ゾーン、覆いのついた歩道橋で結ばれたレセプション・ホール・展示場・図書館・ビジュアルコミュニケーション・ツーリズムの施設、そしてテレビ塔に面する側に会議センターを配するというものであった。これがニーマイヤーが考えた文化活動であった。

しかし、そのごく一部しか実行されなかったし、それらにも根本的なところでの修正がほどこされた。模型船操作プールと交通学校が予定されていたところにウリセス・グイマランイス・コンベンションセンターがつくられた。バールとロッカールームの建物は改造されてショーロクラブ*となった。歩道橋で結ばれた建物のうち、ホールと展示場はつくられた。前者は現在サーラ・カッシア・エレール（旧サーラ・フナルチ）となっており、後者はガレリア・ファイガ・オストロウェールとマリア・クラーラ・マシャード書店になっている。歩道橋でつな

＊ブラジルのポピュラー音楽のジャンルのひとつ

ウリセス・グイマランイス・コンベンションセンター
Centro de Convenções Ulysses Guimarães
設計はルシオ・コスタ、オスカー・ニーマイヤーとともに仕事をしたことのあるセルジオ・ベルナルデス Sérgio Wladimir Bernardes（1919-2002）。1973年着工、79年竣工

がっていないが、その近く、図書館がつくられることになっていた場所あたりにニーマイヤーの計画にはなかった別のホール、プリニオ・モスカ劇場（旧アマドール劇場）がつくられた。

この文化活動地区からさらに上方の十字架の広場までの中央の芝生敷きの壇に対して、コスタは、高速道路・居住軸に間違って植えられている皇帝ヤシを取り除くためにも、それらをここに移植するよう、図解して指示している。*

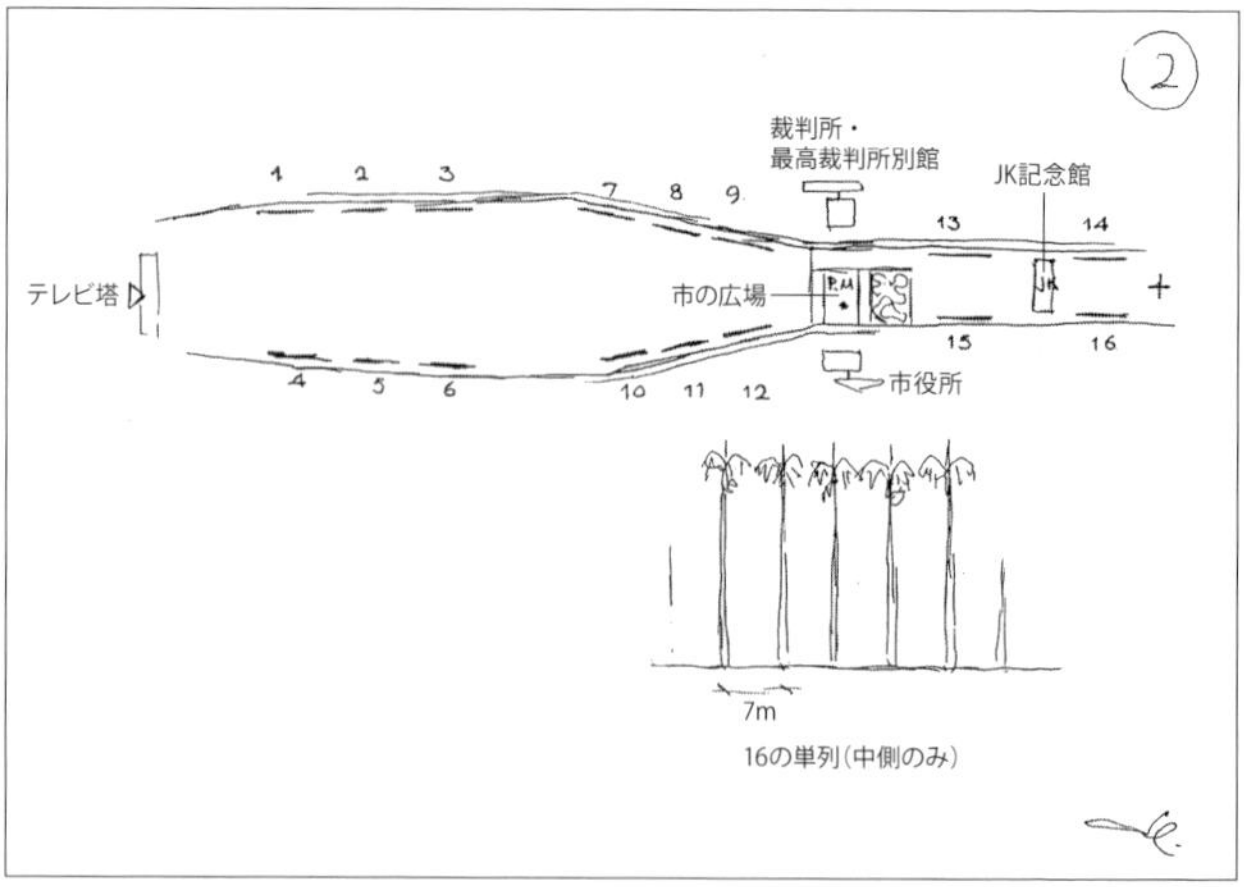

文化活動地区から十字架の広場までの中央の芝生敷きの壇に皇帝ヤシを1列16本単位で植樹することを指示する説明図。（Costa, Maria Elisa; Lima, Aleildo Viegas. *Brasília 57-85*, 1985）

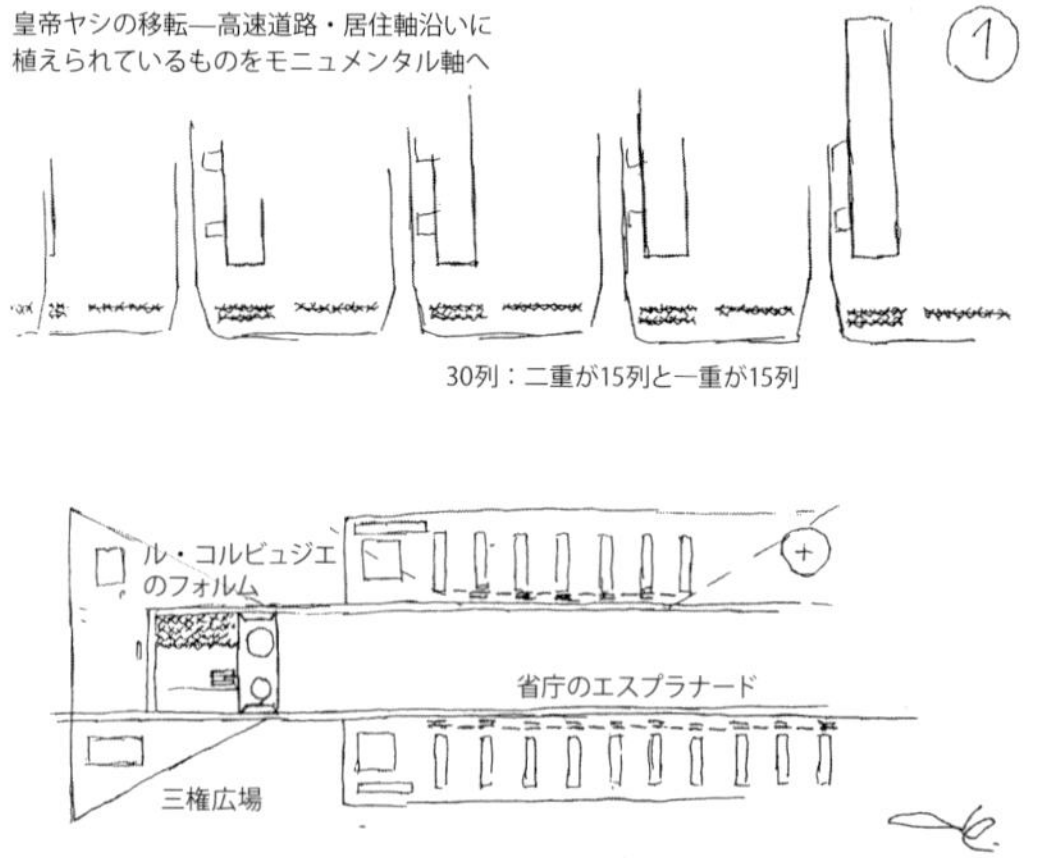

省庁のエスプラナードの側面に樹木があまりにも少ないため、コスタは、1985年に、省庁の切妻面近くに植樹する皇帝ヤシ配列を指示した。（Costa, Maria Elisa; Lima, Aleildo Viegas. *Brasília 57-85*, 1985）

* Costa, Maria Elisa; Lima, Aleildo Viegas. *Brasília 57-85*, 1985.

ブリチ広場

コスタがプロポーザルで市の広場と呼んだところは、現在、中央の芝生敷きの壇を占めるブリチ広場となっている。その両側には連邦地区政府の主要な機関が位置している。

コスタのプロポーザルにしたがえば、モニュメンタルスケールを構成する一方の端が三権広場であり、他方の端がこのブリチ広場である。このブリチ広場に対して、プロポーザルに

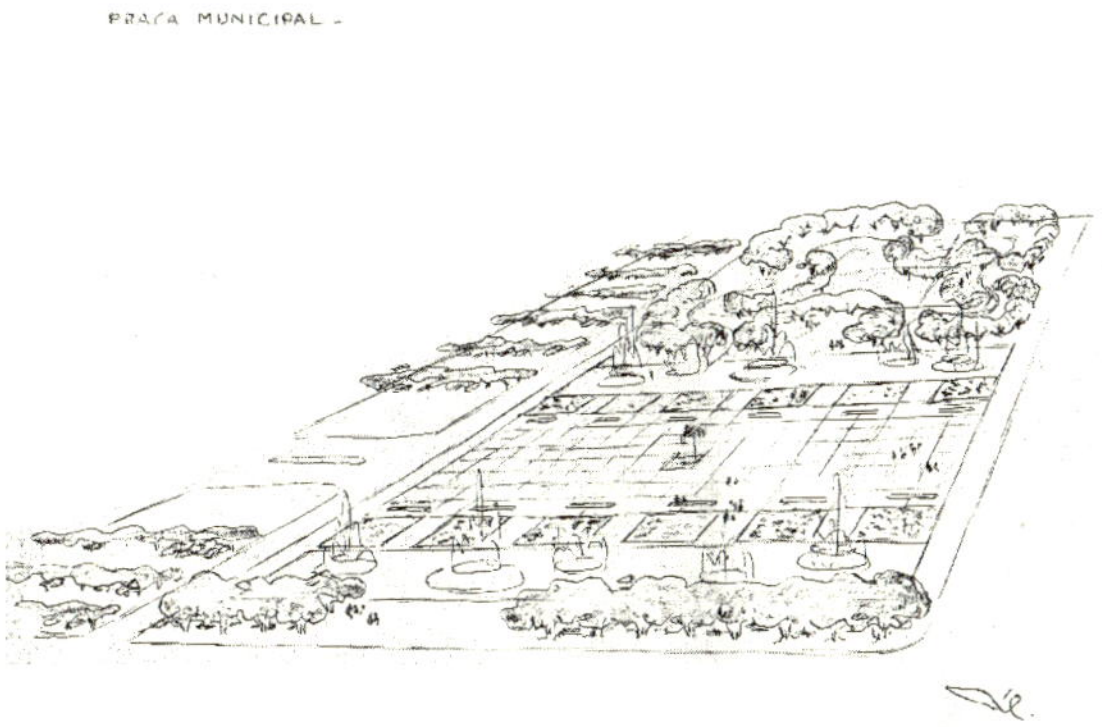

(上) ルシオ・コスタの市の広場 (現ブリチ広場) のエスキス
(下) 中央にブリチの木が保存されている市の広場。そこからブリチ広場と呼ばれるようになった。広場の周り、道路の外側に連邦地区政府の三権の建物が置かれている。広場の右手は連邦地区政府のブリチ宮殿。左手は連邦地区裁判所宮殿。いずれもノヴァカップの建築家ナウロ・エステーヴェス Nauro Jorge Esteves (1923-2007) の設計。1969年竣工。彼はルシオ・コスタのプロポーザルの原則を守った。立法議会は広場の左手奥にある (写真には写っていない)。

は提示されていないが、コスタは詳細なスケッチを作成した。

手前のほうは巨大な照明つき噴水群とそれぞれ種類が異なる植物が植えられた長方形の花壇にはさまれた平板が敷き詰められた広場で、その真ん中に一本のブリチがある。ブリチはヤシの一種である。それがたまたまそこにあったものだから、それを保存したのだが、そこからブリチ広場と呼ばれるようになった。ブリチ広場の奥、つまり西側はマンゴーの木の濃い森になっており、その奥にニーマイヤーが設計した円形の先住民記念館が建っている。

さらにその奥に、ニーマイヤー設計のジュセリーノ・クビチェッキ記念館が建っている。プールに浮かぶような建築にはスロープで地下に降りて入っていく。ニーマイヤーがブラジリアで設計した建築のひとつの雛形である。クビチェッキは、一九七六年八月二二日、ドゥトラ街道での交通事故で亡くなった。葬儀デモには三万人が参列した。彼は、一九八一年に建設されたこの記念館に眠っている。その前には、開都の日に大統領府のバルコニーに立ったときと同じように、右手を挙げてブラジリアを見つめるクビチェッキの彫像が高く持ち上げられて立っている。二〇一四年にブラジルでサッカーのワールドカップが開催されることが決まったとき、この彫像にカナリア色の上着が着せられた。

その西側に、十字架の広場がある。ブラジリアの建設に着手してしばらくたった一九五七年五月三日にブラジリアの最初のミサがおこなわれたあたりだ。つまり、ブラジリアの始まりの場所である。コスタはこのあたりに鉄道駅をもってくるように計画した。ところが、鉄道駅はブラジリアの建設に先立って敷設された仮の空港ヴェラクルス空港のところにつくられた。コスタがプロポーザルで提示したモニュメンタル軸の西端がさらに西に延伸されたのはこのためである。鉄道駅は現在は鉄道・長距離バスターミナルになっているが、その前を貫通する通称エピア街道は奇妙にも一部直線になっている。それはこの滑走路を道路にしたからである。

そうした経緯ゆえか、十字架の広場から鉄道・長距離バスターミナルまでの間は、ただただ一面、木々がまばらに立つ芝生敷きになっているばかりである。この部分はプロポーザルでコスタが提示した都市化区域の外であるかのようである。ここにはニーマイヤーの手になる軍のライーニャダパス大聖堂があるのみである。

十字架の広場。このあたりで最初のミサが挙げられた。

1957年5月3日の最初のミサ（ArPDF）

ジュセリーノ・クビチェッキ記念館 Memorial JK

オスカー・ニーマイヤー設計。1981年竣工。右手を挙げたクビチェッキの像がブラジリアを見つめている。

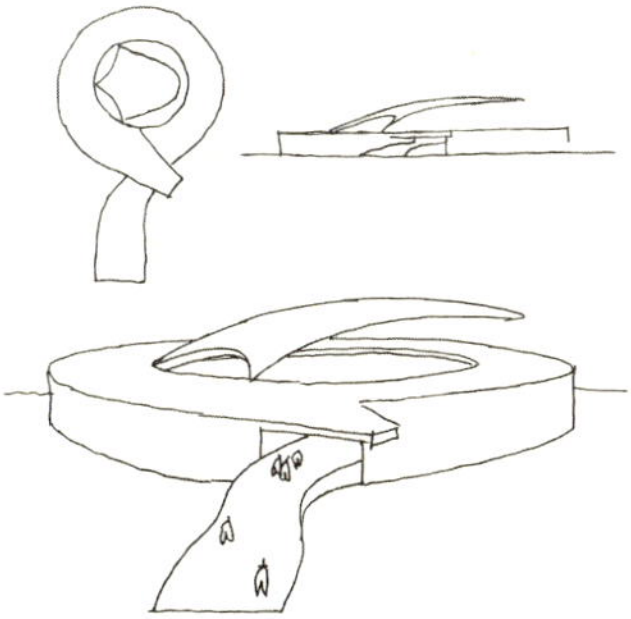

先住民記念館 Memorial dos Povos Indígenas

オスカー・ニーマイヤー設計。1987年竣工。長らく閉鎖されていたが、1999年に再開された。（Petit, Jean. *Niemeyer Poeta da Arquitetura*, 1995）

レジデンシャルスケールに暮らす

高速道路・居住軸に与えた力強さ

スーペルクワドラと高速道路

レジデンシャルスケールは、高速道路と、その両側に南北それぞれに一五ずつ連なる、緑に囲まれた住居用のスーペルクワドラからなる。

一九九〇年一二月のコスタへのインタビューに先立って、ブラジリアにおける彼のもっとも重要な業績を確認したときのことである。コスタはいつものあの曲がりくねった筆跡で、

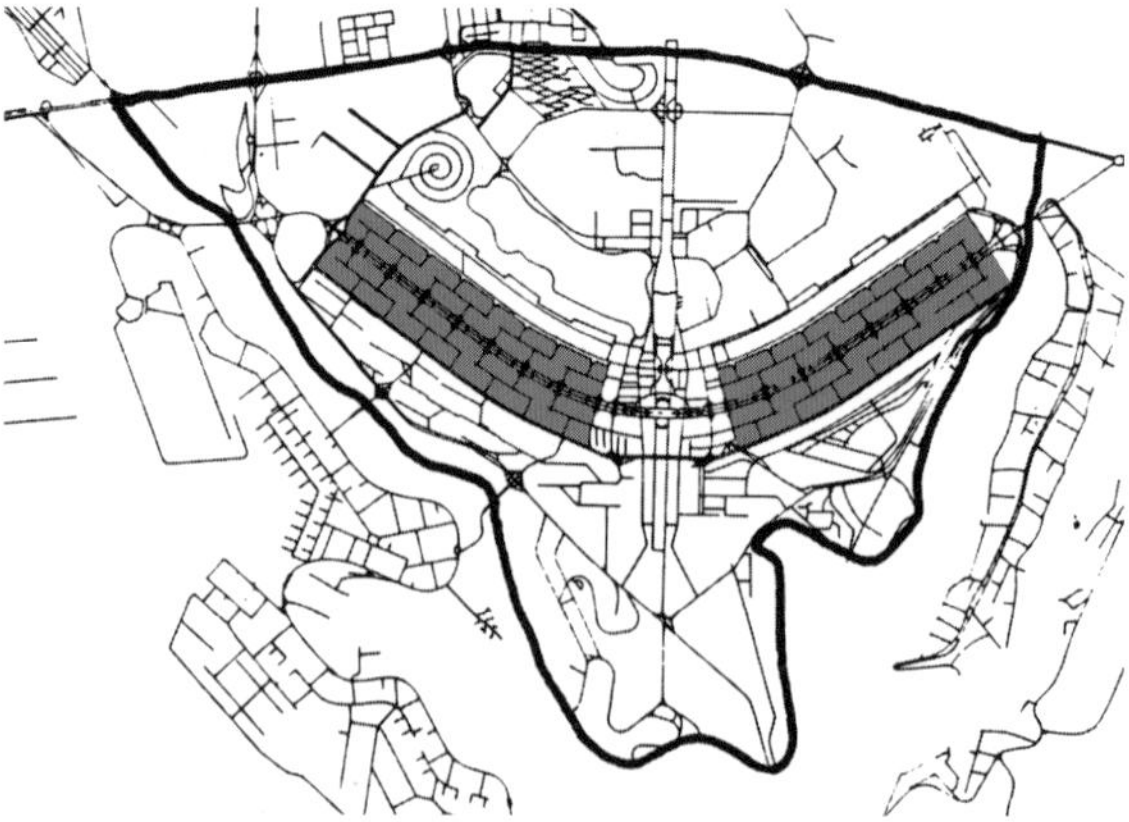

（太線内は「ブラジリア再訪」に記された保護エリア）

「スーペルクワドラ」と回答してきた[*]。スーペルクワドラあってのブラジリアだというのである。

そのブラジリアのスーペルクワドラの暮らしでは、都市内の移動に高速道路をよく使う。もちろん無料だ。「交差点の解消を含んだ高速道路技術の自由原理を都市計画技法に用いることを目的に、弓なりの軸に、アクセスの自然な道に対応させて、地域交通のための高速の中央車線と両サイドの車線をつけた幹の循環機能を与え、この軸に沿って住居地区の大部分を配置した」とコスタがプロポーザルに書いた、ブラジリアの根幹をなす高速道路である。

高速道路は車とバス専用である。貨物車はスーペルクワドラの列の縁につけられたサービス道路のＷ３道路とＬ２道路を使う。そのため、トラックが不用意に住居エリアに入ってくることはない。都市間の輸送には鉄道・長距離バスターミナルの前を南北に貫通する通称エピア街道が用いられ、こうした交通が都市の中に不必要に入り込むこともない。

都市の基軸である高速道路は、中央高速車線とその両側に設けられたローカル高速車線からなる。こういえば、この高速道路のイメージがつかめるだろう。前者は片側三車線、計六車線で都市内の移動に主として使う。後者はそれぞれ片側二車線、計四車線で主としてスーペルクワドラ間の移動に使う。それをクローバー型立体交差道路とアンダーウエイでスーペルクワドラと結ぶ。中央車線とローカル車線の間には四五メートルほどの緑地帯が設けられているから、高速道路全体の幅員はかなり広い。しかし、車で走ってみると、まったく違和感を感じない。ちょうどいいスケールである。まったくもって快適である。爽快な気分にすらなる。それがブラジリアの高速道路である。

この高速道路、じつは、コスタのプロポーザルとちょっと異なる。コスタは中央車線にフルサイズのクローバー型立体交差道路を想定したが、実際はローカル車線に少し変則のそれ

＊El-Dahdah, Farès (ed.). *Lucio Costa Brasilia's Superquadra*. Prestel, 2005.

模型でスーペルクワドラをミース・ファン・デル・ローエ（右）に説明するルシオ・コスタ（左）。（Costa, Lúcio. *Registro de uma Vivência*. São Paulo: Empresa das Artes, 1995）

を設け、中央車線とローカル車線の間はハサミムシ型Uターン道路で結んだものとなった。そのため、中央高速車線を使ってスーペルクワドラに行くときは、あらかじめイメージトレーニングをしておいたほうがよい。目的のスーペルクワドラの立体交差をいったんやり過ごしてUターンし、目的のスーペルクワドラにつながっている立体交差に入るのだが、立体交差の回り方を事前にしっかりと頭に入れておかなければならないからだ。

高速道路とスーペルクワドラの関係について、コスタは次のように言っている。

高速道路・居住軸に与えた力強さは、ブラジリアのもうひとつの特徴である。一般の都市では自動車道路の寛大なスケールと完璧なテクニックは都市の入口で終わり、大街路と小街路とが織りなす布のような市街地になってしまう。ブラジリアでは、自動車道路は、都市の中心部に導き、勢いを失うことなく、南北と東西の両方向に端から端まで続いている。なぜなら、高速道路技術の大都市への適用が道路標識を免除し、主要都市交通の通常の流れを保証するからである。街区のなかに入っていくにつれて、ドライバーは制限されたアクセスの方法に気づいて、本能的に前進を低減し、車はおのずと―いわば「飼い慣らされて」―日常生活に組み込まれていく。*

まったくその通りだ。ただ、これは自分で車を運転してみないと実感できない。

高速道路からスーペルクワドラに入るクローバー型立体交差道路で、知らず知らずにスピードが落ちて、スーペルクワドラに入るともう車は勝手にゆっくりと走っている。日本の高速道路のように、それを降りてもしばらく高速通行が無意識におこなわれているのとは、まったく逆だ。スーペルクワドラから高速道路に入る時も、勝手に高速走行になってくれる。高速道路とスーペルクワドラ内の通行のスピード調整が絶妙の立体交差道路である。海外から来た人のなかには、クローバーが小さいとか、幅員が狭すぎるとかいう声が聞こえるが、

＊Costa, Lúcio. *O urbanista defende sua cidade*, 1967, publicado no Architecture Formes Fonctions, vol.14. Lausanne, 1968.

それも計算済みということだ。この高速道路が居住地に直接に取り付いている。スーペルクワドラふたつおきに、居住地のアクセス道路になっているのである。

高速道路が都市内に入り込むことはあっても、このように都市の中を自由に短時間に動き回ることができるスーペルクワドラの暮らしのこの快適さ、便利さは、ブラジルの他都市はいうまでもなく、世界中にもそうはあるまい。

これは、ブラジリアが提示した新しい都市の住まい方の一部である。コスタが発明したから、彼はブラジリアの自身の業績として「スーペルクワドラ」と胸をはって答えたのだ。

このようなスーペルクワドラが南北それぞれに都心から順に2番から16番まで計一五、間にエントレクワドラ（スーペルクワドラとスーペルクワドラの間のスペース）を挟んで連なっている。それが東側で一列（200番台のスーペルクワドラ）、西側で二列（100番台と300番台のスーペルクワドラ）つくられた。実行プランで追加された400番台の低所得者向けスーペルクワドラを含めれば、東側も二列になる。ちなみに1番のスーペルクワドラは都心地区に編入された。

これらのスーペルクワドラを、コスタのプロポーザルではクワドラごとに異なる樹種の樹木で囲い込むとしたが、それはできなかったようだ。同じような緑の壁が連続していてやや単調だが、地面あたりが大きく開いていて向こうが垣間見えるし、足元がすっきりしていて気持ちがよい。実際に歩いてみると、けっこう大きな樹木が二列に植えられていて、木々の葉が緑のキャノピーをなす幅二〇メートルの歩行者路—緑陰歩道—となっている。よく見ると、マンゴーの木がけっこう多い。成長が早いからだろうか。ここの子どもたちは垂れ下がってきた若くてまだ青いマンゴーを引きちぎって食べている。完熟して表皮が赤と青半分ずつになったマンゴーは禁断の果実といってもいいほどおいしいが、若いマンゴーもおいしいも

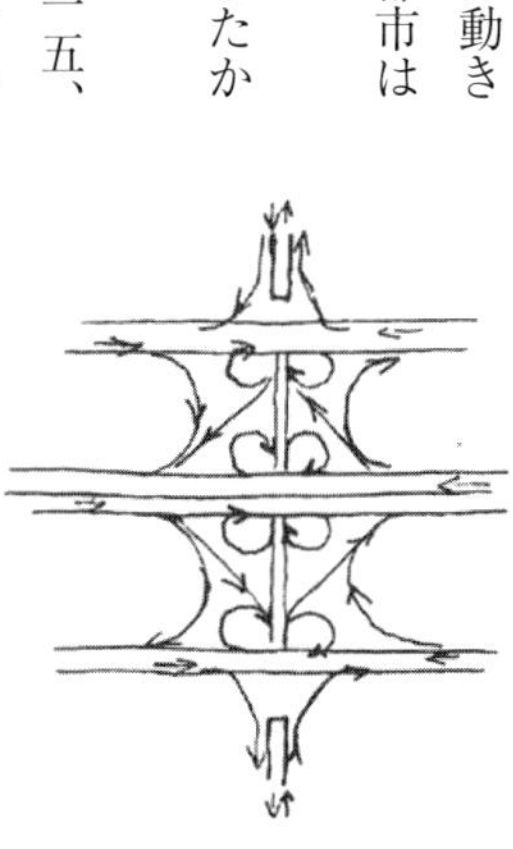

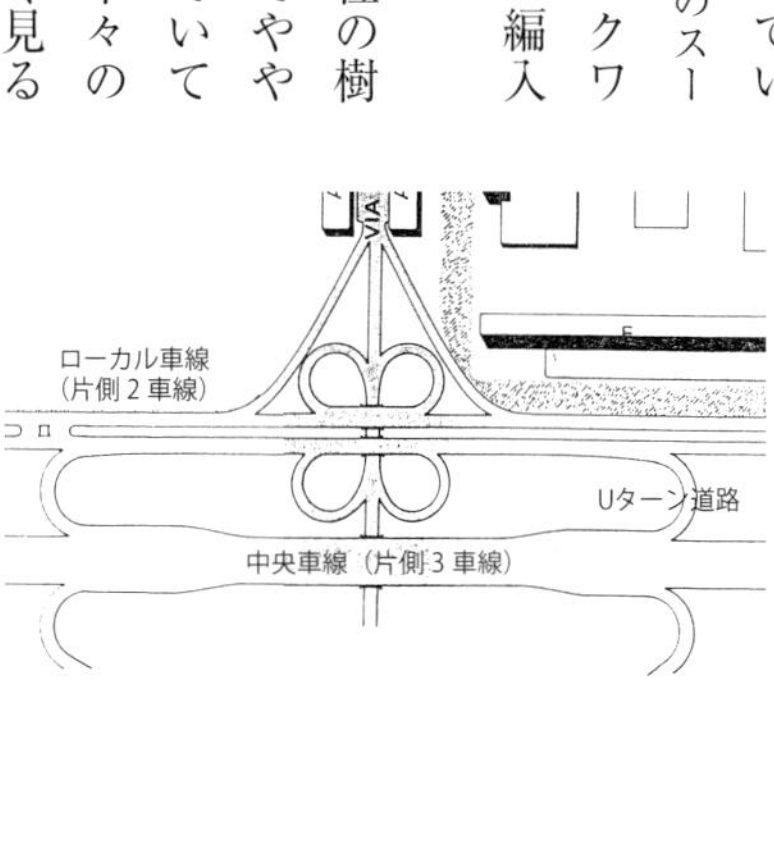

（右）コスタのプロポーザルの立体交差方式。
（左）実際の立体交差方式。中央車線側の回転半径がスーペルクワドラ側の回転半径より少し大きくとってある。

のだ。ただ、マンゴーはウルシ科だから、かぶれやすい人には要注意の並木道だ。

以前は木立の上にピロティ付き六階の居住スラブ建物が見えていたが、最近はやや見えにくくなっている。それだけブラジリアが始まってから時間が経ったということなのだが、よくないデザインの居住スラブ建物を隠すという目的もこの緑地帯にあるとコスタはプロポーザルに書いた。遠目にはまったくそのとおりになった。樹木の切れ目から望む居住スラブ建物のデザインにはあれっ？というようなものも確かにある。

スーペルクワドラは二八〇×二八〇メートルのスーパーブロックである。その理由をコスタは、モニュメンタル軸の巨大なスケールと共存させるために考え出したと言っている。確かにそのとおりである。国家の諸機関などからなるモニュメンタルスケールはどうしても大きくならざるをえない。それに対して住居はそれ自体が小さなスケールだから、大きくしようとしても限界がある。両者のスケールの間には大きな差がある。これを調整し、両者を整合させる方法を考えねばならない。コスタは、その方法として、小さなスケールの住居を集めることによって全体として大きなスケールにしたのである。それがスーペルクワドラである。スーパーブロック方式が世の中で使われていたから、それを使ったというのではない。コスタがエスキスを繰り返して創造、発明したのである。さらには、スーペルクワドラを考え出した理由はこれだけではない。じつは、ブラジル特有の理由がある。それは後に触れる。スーペルクワドラとはスーパーブロックのことだが、スーパーブロックという用語ではなく、スーペルクワドラという言葉を用いる理由はここにある。

このスーペルクワドラと高速道路が一体となったレジデンシャルスケールは、都市のみごとな発明品であるといってよい。

(右)高速道路から見たスーペルクワドラを囲む緑地帯。幅二〇メートル。スーペルクワドラのフレームと歩行者のプロムナードのふたつの役割を込めたとコスタは言う。
(左)スーペルクワドラを囲む緑地帯に設けられた緑のキャノピーの緑陰歩道。

職住近接

首都であるブラジリアの仕事場は、司法・行政・立法府と各省庁およびその関連施設、銀行と事務所、それに商業関係などが主たるものである。これらは三権広場から省庁のエスプラナード、そして都心地区にあるから、高速道路を使えば、スーペルクワドラの住居からごく短時間、車で一〇分程度で行くことができる。都市内を走るバスを利用してもほぼ同じである。

今はかなり変わってきたが、少し前までは昼食を自宅でとることがステータスシンボルのひとつであった。外で食事をする場合はきちんとしたレストランを利用すること、長距離移動はバスではなく飛行機を用いることなども、そのひとつであった。

自宅での食事はファッシネイラと呼ばれるメイドがつくるから、午前中の仕事を終え、車で自宅に戻ってすぐに食事をとることができる。ファッシネイラの存在が家でのこうした暮らしを支えている。じつは仕事場でも仕事を支える多くの下働きの人たちがいる。半端な数ではない。コスタが省庁を結ぶガレリアを提案して、そこで軽食や喫茶ができるようにしようとしたのも、こうした人たちのことを考えてのことである。そうした人たちをペッソーア（人間）に対してスブペッソーア（従属人間）と呼んだりする。コロニアル時代、長きにわたって奴隷制度に支えられてきたブラジル社会の、現在も続く特質のひとつである。先のファッシネイラはなにも上の階層にかぎられたことではない。ファッシネイラとして働く彼女の家、それはファヴェーラと呼ばれるスラムのようなところにあったりするが、そこにもまたファッシネイラがいたりする。こうしたファッシネイラが食事の準備をするのだが、家で昼食をとるためには自宅と職場が近いことが必須である。

それを実質的に可能にすることは、大都市ではなかなか難しい。サンパウロ最大の商業業

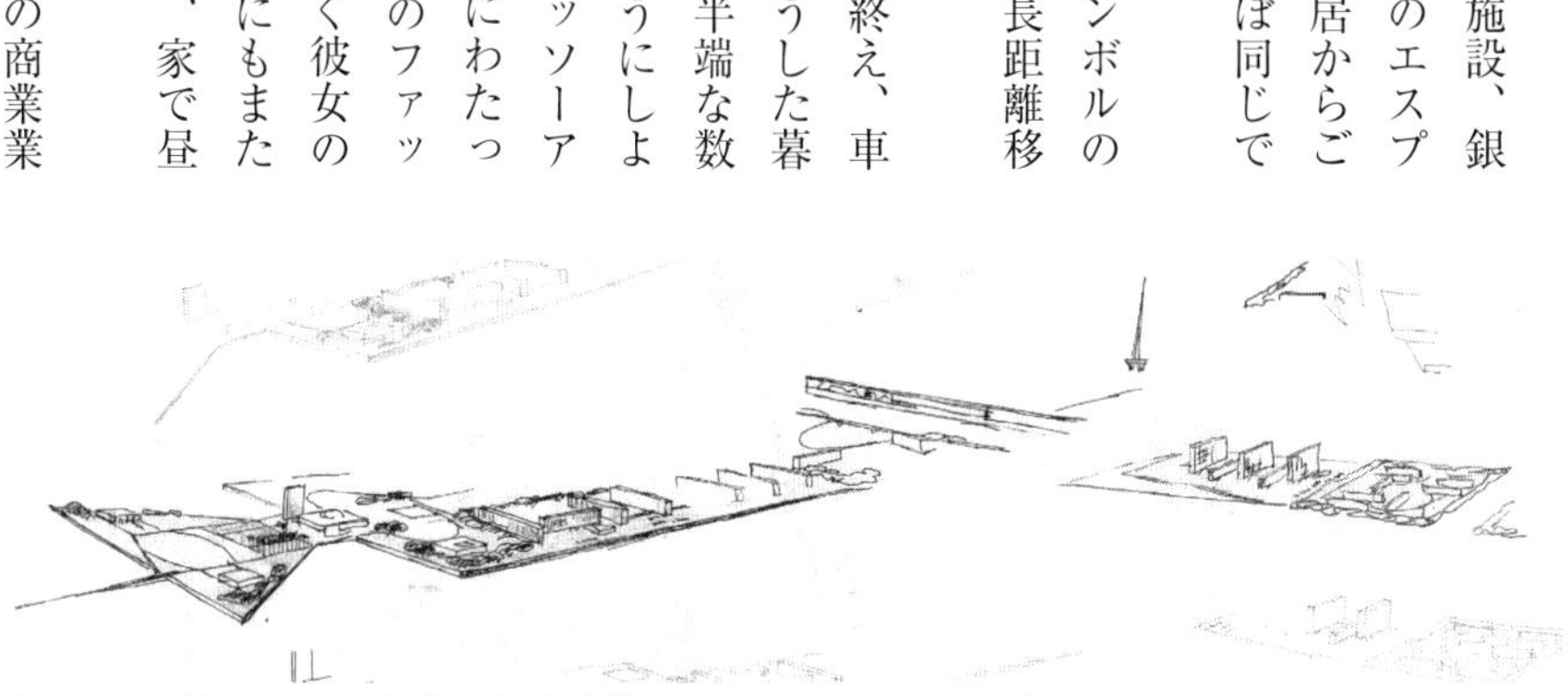

ルシオ・コスタのモニュメンタル軸と居住軸のスタディエスキス。1957年
（El-Dahdah, Farès (ed.). *Lucio Costa Brasilia's Superquadra*, 2005）

務地区パウリスタ大通りは、そこを一歩中に入ればアパートメント形式の住宅が建ち並んでいるから、職住近接の生活ができるようになっている。だから、歩けばいいのだが、治安が極端に悪いサンパウロである。一日の死者の数からすれば、サンパウロは内戦状態だということで、歩くにはすごい注意力と緊張が必要だ。その点、運転手付きの車なら安全だ。運転手はボディガードでもある。しかし、交通渋滞が慢性的に起こっているから、目と鼻の先でも車で思うように行き来することは大変だ。加えて、パウリスタ大通りに勤める人がすべてこの近くに住んでいるわけではない。それに、昼休みの時間がかつての二時間から一時間が一般的になってきていて、自宅で昼食をとる意味が薄らいでいる。かつては、午後は仕事にならなかったりしたものだ。こうした変化を受けて、最近は、パウリスタ大通りのあちこちにランショネッチと呼ばれる軽食堂ができ、会社は従業員がそこで食事ができるように契約して食事チケットを配布したりしている。ブラジルでは昼食代は給料とは別に支払うことが義務付けられているからだ。事業所の日本の本部に現地職員の給料を報告するとき、食事手当とはいったい何だと詰問されて、疑われることもある手当だ。労働者の権利をしっかりと守る法律に支えられたブラジル社会の特徴のひとつである。こうしたことが職住近接を人びとから遠ざけることに拍車をかけている。

　ところが、ブラジリアでは、スーペルクワドラに住むかぎり、昼食をとるために自宅に帰ることは容易にできる。ステータスシンボルということを抜きにしても、ブラジリアでは職住近接が実質的に獲得できている。それがレジデンシャルスケールである。

　職住近接の生活様式の実現は古くて新しい課題だが、他都市でどうしてそれができないのか不思議になるくらいに、ブラジリアはそれをきわめて容易に、きわめてしぜんに実践している。コスタがそれを実践する方法を発明した、というほかない。

コスタがプロポーザルに描いたとおりにスーペルクワドラはつくられた。高速道路・居住軸から直接スーペルクワドラに入るから、都市内の移動はきわめてスムーズにおこなわれる。(Costa, Lúcio. *Registro de uma Vivência*, 1995)

オープンスペースの多様性

レジデンシャルスケールでは、居ながらにして多様な休息と憩いと健康の生活が保証されている。

コスタは、スーペルクワドラのオープンスペースをどのように考えたのかというインタビューに、次のように答えている。*

もっと自由で、もっとイギリス流で、通行スペースをあらかじめ決めておくのではなくしぜんに道ができる芝生地があるイギリスの公園をずっと考えてきた。芝生は利用するためにあるのであって、「芝生に入るべからず」型の芝生ではなく、反対に「どうぞ芝生に入ってください」というタイプのものだ。緑のカーペットのように、座ったり、望むならそこにイスを持ち出したり、横になったり、そこに立ったり、使ったり、思い切り遊んだりする芝生なのだ。あるところで芝生がすりきれても、たいした問題ではない。芝生はすぐに回復する。ところが、すぐに都市化が始まり、道をつくり、必要もないのにアスファルトで固めてしまった。

子どもたちはオープンスペースをうまく利用している。木立の緑陰の下で彼らは遊んだり、走ったり…。

なにも気をつかうことなく、それは、エーッと…、壁があったりすることなく、囲い込まれたりすることなく、出入口が固められて身分証明書を提示するということもなく、オープンスペースがあるがために寛大で、建物と緑の囲い込みがエリアを区切っていて、またそこに住む家族を熟知している門番がいるので、どんな厳密な監視とは無関係に、開放感が全体にあるから、子どもたちはしぜんに監督されているのだ。

＊Lúcio Costa, entrevista ao Juan Antonio Zapatel, dezembro de 1990.

歩車分離が徹底されている二八〇×二八〇メートルのスーペルクワドラは、それを取り囲む緑陰歩道とともに大きなオープンスペースが確保されている。そこを人びとは自由に、そして安心して使っている。治安がきわめて悪く住居敷地全体をしっかりと囲い込んでもなお安全が保障されないことが多いブラジルの大都市にあって、住居を出たすぐそこにこのような憩いのスペースがあることは奇跡にも近い。それをコスタはスーペルクワドラで実現させた。

そこはスーペルクワドラに住む子どもたちの場となる。幼稚園と小学校も置かれている。公立学校は無償だ。アパルタメント(アパートメント)の窓から子どもたちが通う姿が見える。そういう光景がそれぞれのスーペルクワドラで繰り広げられている。どこにもあるように思われる光景だが、ブラジルではそうあるものではない。それをブラジリアはスーペルクワドラで実現した。授業は午前か午後のどちらかであるから、昼食は自宅でとる。ただ、近年は、スーペルクワドラなどで働くシダージサテリテ(サテライトタウン)の住人の子どももこの学校に通うようになってきた。そのためか、学校の中でドラッグが売買されるようになり、スーペルクワドラの住民の公立学校離れが生じ、600番台などにある大学まで備えた私立学校に通わせるケースが増えている。

スーペルクワドラとスーペルクワドラの間には、幅八〇メートルのエントレクワドラが配されている。それはスーペルクワドラを取り囲む緑陰歩道に接して設けられているから、スーペルクワドラ内のオープンスペースとひとつながりのスペースとなっている。そこにはひとつおきにローカル商業とオープンスペースが配されており、オープンスペースが運動場やスポーツクラブなどに利用されると、仕事から帰ってきたあとや休日などに住居から徒歩で気軽に行くことのできる休息と憩いと健康の場となる。からだを動かして思いっきり汗をかく

(右)スーペルクワドラ内の芝生敷きのオープンスペース
(左)同プレイロット

場所がそこにある。

ちなみに、このオープンスペースを歩いていけば、連なるスーペルクワドラの端から端まで踏査することができる。スーペルクワドラのアパルタメントのデザインはいろいろある。エントレクワドラには地区の教会や中学校、映画館などがある。南北それぞれ六キロメートルほどだが、スーペルクワドラとエントレクワドラを順に見てまわるのも悪くない。ちょっとした都市探検者の気分になる。スーペルクワドラはそれ自身独立していながら、じつはすべてゆるやかにつながっているのである。

コスタはもうひとつ、住居から徒歩で行くことができるオープンスペースを考えていた。それは、「方形街区の三列目に相当する帯状の土地は花卉園芸、菜園、果樹園のために残しておく」とした、現在の700番台のテラスハウス地区である。この地区はブラジリア建設の段階で、ノヴァカップの職員家族用住居地区に変更され、結局、園芸、菜園、果樹園として使われることはなかった。しかし、クローバー型立体交差道路のそばにつけられた歩行者用アンダーパスを使えば、すべてのスーペルクワドラから容易に行くことができるから、実現していれば、仕事が終わったあとひと汗かく格好の場所になったと思う。週末の自家製の田園を楽しむことができたことだろう。ただ、その雰囲気は多少なりともある。週末に行くことのできる農場をもつことはブラジル人のあこがれだし、ステータスシンボルでもある。

休日にはこのアンダーパスを使ってみるとよい。いつもは車で疾走する中央高速車線が全面通行禁止になって、歩行者天国に変わる。そこに行くのもこのアンダーパスを使う。人びとはジョギングで汗を流したり、サイクリングを楽しんだり、ぶらぶら散歩をしたりする。ふたつの軸がクロスするプラッタフォルマの下にもぐる中央高速車線を歩くこともできる。ほんとうに気持ちのよい汗をかくことができる。疲れたら、高速道路の緑地帯で

エントレクワドラの運動場。奥にサッカー場がある。左側は緑陰歩道。

クローバー型立体交差道路のそばにつくられた歩行者用アンダーパス。これを使えば、すべてのスーパークワドラから休日の中央高速車線の歩行者天国に行くことができる。

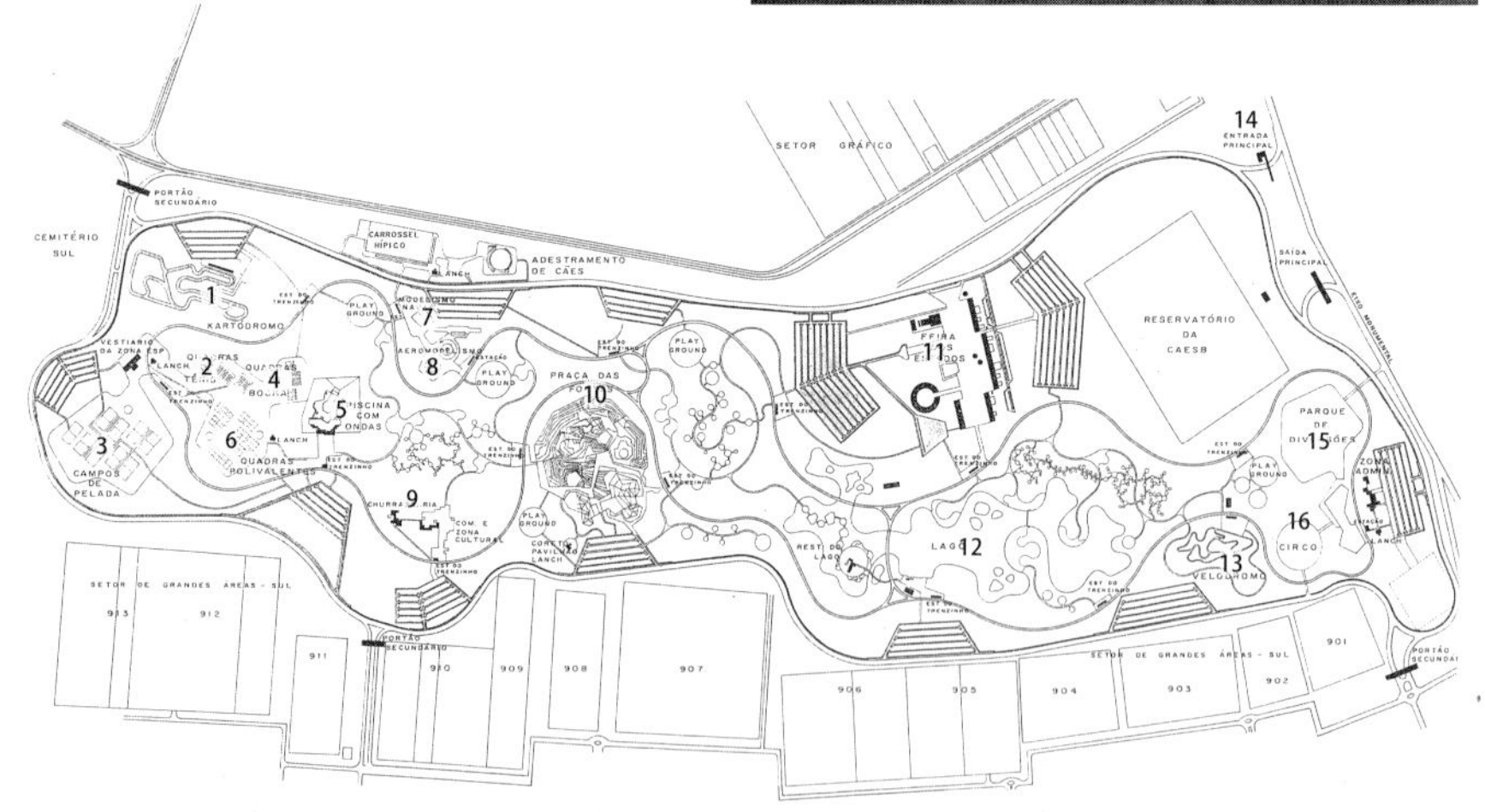

1	ゴーカート	5	波プール	9	シュラスコ場	13	自転車
2	テニス	6	多目的コート	10	噴水広場	14	メーンゲート
3	子供サッカー場	7	船模型	11	万国露店市	15	娯楽広場
4	ボッチャ	8	模型飛行機	12	湖	16	サーカス

ブラジリア都市公園 Parque da Cidade Dona Sarah Kubitschek

400ヘクタールの公園敷地を一周する道路をめぐらし、さまざまな活動の場と施設、湖が設けられている。当初の計画では、自然植生の保護区域を含め、セラードの保全がなされることになっていた。また、暑くて乾燥した気候でのアメニティを確保するため、外来種も考えられた。ブルレ・マルクス Burle Marx他設計。1978年オープン（原図は、Album de Plantas Urbanas do Distrito Federal, Brasília, CODEPLAN, 1986）

休めばよい。

スーペルクワドラに居ながらにして、このようなさまざまな休息と憩いと健康の時間を楽しむことができる。ブラジリアならではの暮らしである。

もちろん、高速道路を使えば、ごく短時間で、自分が暮らすスーペルクワドラを離れて、都市に設けられた別の健康と憩いと休息の場所に行くことができる。

ブラジリア都市公園はスーペルクワドラのすぐ近くにある都市のオープンスペースだ。モニュメンタル軸を隔てた反対側には、競技場やアリーナのスポーツ施設、サーキット場、そしてキャンプ場がある。これもスーペルクワドラのすぐ近くにある。ただ、これらはコスタのプロポーザルとも、直後の実行計画とも違っている。そのうち、キャンプ場は閉鎖され、一部をコスタによるブラジリアの見直しを受けて住居地区にし、一部をモデルニズモの造園家ブルレ・マルクスのプロジェクトに基づいた生態公園にする計画が進行中である。マルクスの造園はスーペルクワドラのオープンスペースにも見ることができるが、じつに暖かい。

もう少し足を延ばすと、豊かな湧き水で知られる国立ブラジリア自然公園がある。反対側のパラノア湖岸にはスポーツクラブ地区がある。そこにあるテニスクラブには宿泊施設もあり、誰でも利用することができる。これにしても、わざわざ出掛けるというのではなく、ちょっと車を走らせる、という感じである。車が混み合っていてのろのろ走ることもないし、駐車に困るということもほとんどない。これもまたブラジリアならではの暮らし方である。じつに快適である。

日常生活の広がり

各スーペルクワドラにはエントレクワドラを利用して、必ずローカル商業が設けられてい

ブラジリア都市公園の湖エリア

る。スーペルクワドラに住む人びとの日常の生活を支える商店を想定して、コスタはプロポーザルで細かく商店の構成と配置を指示している。

本来は、スーペルクワドラを囲む緑陰歩道の側が商店の正面で、サービス道路から入る側は商品の搬入や駐車などの背面であるが、車でやってくる人が多いためか、いつのまにかサービス道路側がすっかり正面のようになってしまった。それでも、本来の正面のほうには屋根付きの歩道があって、なかなかいい雰囲気を漂わせている。それに対して、現在の正面はもともとサービス面なので、どことなく殺風景に感じる。

ブラジリアの建築家たちは、ローカル商業の建築は規定でがんじがらめで、設計の自由がまったくといってよいほどない、と愚痴をこぼす。しかし、規定に素直にしたがって建てられた建築は風景によくなじんだシンプルな建築が多いように思う。開発が遅れている北のスーペルクワドラのローカル商業では、デザインの奇抜さを狙ったり、自由に設計できないという建築家の不満が規定を変えさせて、建物の四周を開放したものがつくられたりしているが、どことなく場違いな感じがする。

このローカル商業の奥に全国チェーンのスーパーが出店したりしているから、ローカル商業の個人商店は大変なようだが、それでも品質がよいと評判の日系人の八百屋にはわざわざ車でやってくる。過激に甘くて一口食べると気分が悪くなったりするブラジルのケーキだが、ここのはおいしいと評判の中国系のケーキ屋もそうである。ケーキの値段はちょっと高いが、客は引きも切らない。ローカル商業はなにもそれが立地するスーペルクワドラだけを相手にしているわけではない。ほしいものがそのローカル商業になければ、高速道路などを使って、別のローカル商業にいけばよい。行くのにほとんど時間はかからない。ここにもそれぞれが独立していると同時に全体がゆるやかにつながっているというスーペルクワドラの特徴が表

オスカー・ニーマイヤーのローカル商業のエスキス。建物の端のカフェテラス、緑陰歩道などが描かれ、コスタが構想した本来の正面のイメージを浮かび上がらせている。(El-Dahdah, Farès (ed.). *Lucio Costa Brasilia's Superquadra.* Prestel, 2005)

れている。

クローバー型立体交差道路のそばにつくられた歩行者用アンダーパスを使えば、アパルタメントから徒歩で５００番台のブロックに行くことができる。５００番台はサービス道路のＷ３道路に面しており、早くから都市の消費生活を支えてきたところである。その性格は今も続いており、寝装品や家庭用品など、ローカル商業では扱っていないものを買うことができる。

都心に行けば、ブラジルではショッピングと呼んでいるショッピングモールで高級品を品定めすることもできるし、商業地区もある。鉄道・長距離バスターミナル近くには郊外型のショッピングセンターや会員制のホールセール店もある。ドアや取っ手などの住居改造部品を扱う店もある。そこに行くのも、ちょっとそこまでという感覚で車を走らせればよい。

エントレクワドラのローカル商業。写真はサービス道路側。その中ほどに2列の商店群を行き来できるように、建物の通り抜けと横断歩道が設けられている。列の端はカフェテラススタイルの軽食堂ランショネッチになっていて、夜になると人びとで賑わう。

じつに便利な都市である。そして、便利さが快適さに変わる都市である。ブラジリアはそういう都市である。高速道路もスーパーブロックも世界のどの都市でも可能なものだから、容易にブラジリアのようになりそうなものだが、なかなかそうにはならないのが、不思議にすら思える。高速道路とは便利にそして快適に住むための都市装置だということを実感する。

住まい

ピロティの上に持ち上げられた居住スラブ建物

スーペルクワドラの住まいについて、コスタは、プロポーザルで「ピロティが付いた六階くらい」のアパルタメント(アパートメント)と指示した。この六階という単一の建物規準がスーペルクワドラに威厳と気品、そして快適な環境をもたらしているひとつなのだろう。なぜ、六階なのか。一九九〇年一二月のインタビューで、コスタは、こう語っている。*

私は、すべての建物を六階にするという高さ制限を適応する幸運なアイデアを早くにもったが、六階というのはエレベーターの出現以前の建物の高さである。エレベーターがなかった時、都市は五階プラス屋根裏部屋の高さであった。階段が支配的で、その結果、伝統的な都市はもっとヒューマンで、高さ規制内にもっと含まれていた。ヒューマンなスケールの都市、それはせいぜい六階だというわけだ。これはよくわかる。

では、なぜ、ピロティか。

我々は新しい建設技術にすでに順応しているので、建物はオープンなスパンを特徴としてもつことができ、もはや地面上で休むのではなく、この建物がもたらしたグリッド上で休むこととなった。このことは大きな変化をひき起こした。それというのも、今は、建物にはその正面や背後からではなく、下から入るとともに、人びとが景色を眺めなが

*Lúcio Costa, entrevista ao Juan Antonio Zapatel, dezembro de 1990.

ら歩くことを許すようになったからである。すべてのアクセスが自由に流れている。それがピロティである。しかし、技術がピロティ空間を可能にしたと言っているだけで、ピロティを活用した理由には触れていない。

確かに、すべての居住スラブ建物をピロティの上に持ち上げることによって、下から入るようになり、スーペルクワドラ内のすべてが見通せることとなった。ということは、ピロティ空間はアパルタメントの周囲のオープンスペースと同じように使うことができるということである。つまり、誰もが自由に通行できるスペースであるということだ。とすると、純粋に私的空間は居住スラブ建物そのものだけになり、その居住スラブ建物はピロティの上に建つから、いわば空中に住むようなものとなる。そうすると、外からは居住者の階層が見えなくなる、少なくとも見えにくくなる。地上階がすべてオープンであるということは、向こうが見通せるということだけではなく、居住者の階層までもオープンにするという意味をもつのである。つまり、コスタがプロポーザルで強く提示した、異なる階層が共存して住むための仕組みということになる。そのひとつが、ピロティなのである。

実際、コスタはこのインタビューで、ピロティの説明をする前に、

　　クワドラ内にはつねにあの問題がある。私は、より社交的な人のことを心にとどめつつ、より保守的な者、他者と混住することが嫌いな者を尊重しようと試みた。私は、クワドラは両者に満足を与えると思っている。

と言っている。

このピロティ空間は、スーペルクワドラの地上レベルの中で、「プロジェッサン」（建築投影部分の意）と呼ばれる唯一の私的空間だが、そこでの自由な通行を法的に保障することにしたので、スーペルクワドラ内はどこでも自由に歩くことができるようになった。ブラジリア

の建築に関する規定のもっとも最初の一九六〇年建築規定のピロティに関する条項は、ピロティ階を隣接するオープンスペースに統合することを目的としてつくられた。古いスーペルクワドラでは、ピロティのある地上階は明らかに、建物のプライベートなスペースではなく、そこを横切るサイドウォークをもつ修景されたエリアの拡張を意味した。

ところが、一九六七年規定は利用可能な地上階の四〇パーセント以上の不連続の囲い込みを公認したため、それ以降、許可された機能の数は系統的に増えていった。ピロティに置くことができるものは、一九六七年規定ではエントランスホール、管理室、用務員ロッカールーム、ごみ容器、需給計器メーターボックスであったが、一九八九年規定以降はそれに自転車置き場とパーティルームが加わった。

こうした変化はあるものの、現在もピロティ空間の自由な通行は法的に確保され、地上はすべて自由通行空間となっている。コスタが発明したピロティの仕組みは実現したのである。

コスタは、さらに言葉を継いで、

クワドラのなかに、小さな、独立して建つ、エントランスがひとつだけの建物ができるのを避けるために、複数のエントランスを備えた長い連続した建物をもつことができるような三ないし四のグループをつくることが適切だと考えた。それらをグルーピングすることによって、私は建物の間に空地を確保できると考えた。クワドラはその後、私が「スラブ」[*]と呼んだこれらの建物を一定の数持つようになった。

と説明している。

スーペルクワドラのアパルタメントは、中廊下や片廊下といった廊下型はほとんどなく、基本的に階段室型だから、複数のエントランスを持つのであれば、エントランスごとにある程度社会階層をまとめれば、ひとつの居住スラブ建物に異なる社会階層が住まうことができ

＊柱と床と階段からなる鉄筋コンクリート造の建物をさす。

る、ということである。

ブラジリアのピロティは、当時ピロティが建築用語としてあったから活用したという類のものではない。コスタを筆頭に当時のブラジルのモダニズムの建築家たちがブラジルのコロニアルの家屋を詳細に調べて導き出した、ブラジルの民家の建築的にも社会的にも気候的にも重要な役割をもつ差し掛け小屋的な空間がその基礎にある。そこではさまざまなコミュニケーションが繰り広げられた。それをコスタは自らのプロジェクトに積極的に取り入れ、そのひとつの集大成をパルケ・ギンレで提示した*。

それに新しい解釈と役割を与えて、きわめて明白な目的に支えられた発想から生まれたもの、それがブラジリアのピロティである。


*本書の第4章「ブラジリアへのルシオ・コスタの道のり」を参照のこと。

地上階の可能性

コスタが地上レベルに他との差異を示すものをできるだけ消そうとした一方、設計者や開発者たちの他との差異をなんとかあらわそうとする意図も、個々の居住スラブ建物にうかがうことができる。もちろんそれは居住者の意識を踏まえたものでもあろう。

当然のことながら、それは私的部分に集中する。そのひとつがピロティ階部分である。その場合、そこに設けることができるものは法的に定められているから、差別化をはかろうとする対象は、ピロティそのものと床面に向けられることになる。ピロティについてはそのデザインと仕上げ材料、床面については仕上げ材料ということになる。

ピロティは、もともとは円筒や平行六面体、あるいは台形のフィンといったシンプルな形からなっていた。ところが、おそらくスラブ建物の繰り返しと規則正しさに対するリアクションとして、一九七〇年代以降のピロティは増えていくデザイン投資の対象となり、それを建築表現の重要な要素に変えていった。ピロティの形は、ピラミッド型の幹やくぼみのあるフィン、あるいは十字形の柱と、彫刻的で複雑なものとなった。一九八〇年代半ばからは、それらのプロポーションをほとんど配慮しないか、あるいはもっと多いのだがそれらが支える建物タイプとのまったくの不釣り合いをほとんどかえりみずにデザインされたものが加わった。

これらを見てまわるだけでも、面白い。

それとともに、プロジェッサンとその周りとの区別をはかろうとする動きも増えつつある。つまり、公と私の空間の区切りを視覚的に明白にしようというのである。植え込みをつくったりして物的に区切ろうとしているのはそのひとつである。

居住スラブ建物のデザイン

居住スラブ建物の建設は、初期の時代、もっぱらノヴァカップのイニシアティヴによって進められた。ノヴァカップは公務員や小売卸売業従業者、銀行員、工場労働者のような組合年金基金から委託を取り付けて建設に当たった。当時、これらが大規模な住宅建設の経験をもつ唯一の組織であった。資金はブラジル銀行や連邦貯蓄公庫のような金融機関をノヴァカップがサポートして確保された。

アパルタメントの建築について、コスタは、プロポーザルでは、ピロティの上に持ち上げられた六階というだけで、それ以上のことは指示していない。しかし、スーペルクワドラのスケッチに、その形態が示されている。「スラブ」とコスタが呼んだ、居住スラブ建物である。このコスタのドローイングはニーマイヤーによるスーペルクワドラの設計の基礎として使われた。

それは、直方体のスラブ建物の二側面が壁で閉じられ、正面の二面が開放されたものであ

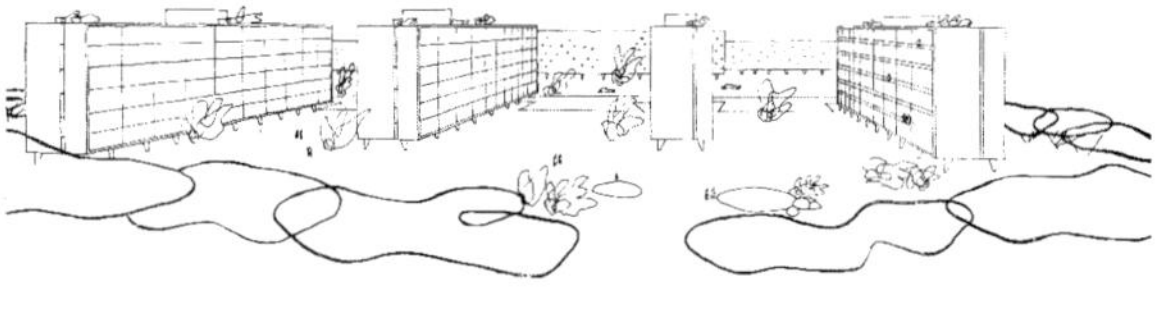

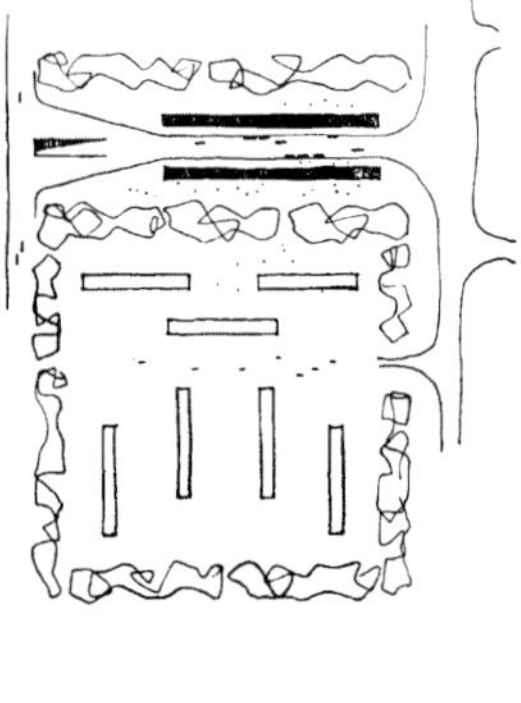

オスカー・ニーマイヤーはコスタのプロポーザルにしたがってスーペルクワドラ内の居住スラブ建物を想定して（右）、そのスケッチを描いた（上）。スケッチの手前にはスーペルクワドラを囲む緑地帯、4棟の二面開放居住スラブ建物が描かれている。その奥にはスーペルクワドラに入ってきた車、背面を見せる居住スラブ建物が描かれている。（El-Dahdah, Farès (ed.). *Lucio Costa Brasilia's Superquadra*. Prestel, 2005）

る。開放面は、一面がケブラソウ（日除けルーバー）などによる開放面として、一面がコボゴー*と呼ばれるブラジル特有の穴あきブロックなどを積み上げたスクリーン状の目隠し面としてデザインされた。前者は住居の表向きの生活空間のために、後者は裏向きの生活空間のためのものである。コボゴーにはガラス窓などそれ以外のものを用いなかったので、空気が室内を通り抜けて快適な室内環境が確保されるし、目隠しをしなくても、洗濯物が干してあるなどの室内の様子を隠すことができる。このデザインはコスタを中心にしてモダニズムの建築家たちが新しいブラジルの建築として考え出したものである。コボゴーはモダニズムの建築家たちをはじめ今も好んで使われている。このモデルは、強制されたわけではないが、その多くのスーペルクワドラで、さまざまなバリエーションで用いられ、コスタをして次のように語らしめた。

> クワドラのなかでは、ある制限にしたがう限り、つまりピロティレベルに諸室を配さないことのほかに、建築可能面積と高さ（六階）を守れば、アパルタメントの複合体の配置と形状、そしてそれらのそれぞれのローカル商業のエリアはもっと多様な可能性があるはずだ。レイアウトデザインの複製はおそらく独創性の欠乏と結びあった、責任者の自己満足によるものである。しかし、私は、このような地味で非人称的な均一性こそ好きだ、特にもっと大きいスラブ建物がもっと広い構造の上に建てられるときは。*

これらのデザインは繰り返し用いられた。たとえばＳＱＮ２０６（北スーペルクワドラ２０６）では、建物はすべてまったく同一である。ＳＱＳ３０８（南スーペルクワドラ３０８）は建物規模が異なっているだけである。そのほかでは、色や仕上げ材料を変えてはいるものの、デザインはまったく同じというものも多い。

その結果、日陰側にケブラソウをつけたりするという無思慮なコピーもあることはあるが、

＊コボゴー Cobogóという名前は、二〇世紀、ブラジル北東部の町レシフェで働いていた三名の技術者 Amadeu Oliveira Coimbra, Ernest August Boeckmann e Antônio de Góisの名前の一部をとって組み合わせたものである。そのデザインは多様である。

＊Listing process, n.1305-T-90, Conjunto Urbanístico de Brasília, Noronha Santos Archive, IPHAN, Rio de Janeiro, Brazil.

デザインの繰り返しはブラジリアの視覚的な同質性に貢献してきたし、都市をかたちづくるという重要な役割を限定された建築家に委ねることになった。たとえば、連邦貯蓄公庫のために働いたエドアルド・ネグリは一九六〇年代、七〇年代に一〇〇棟の建物を建てたし、マノエル・ドゥアルチは開発が遅れていたブラジリアの北半分アザノルチで個人施主から委託された数多くのプロジェクトにかかわったが、それによって建物の質が保障された。

これらの居住スラブ建物で使われた諸ルールをまとめて、建築規定*がつくられた。あるプロジェクトで認められたことを他の状況に広げ、次第に適用されていった解決策に法律上の措置をあたえたものであった。この方法は、規定を整備し、それを一般化するのに役立ったが、一方でそれにそぐわない事実上の状況を合法化するというプロセスを生むこととなった。そのため、建築規定は一九六〇年、六七年、八九年、九八年と、四回つくり替えられている。したがって、建築規定をすべて満足する居住スラブ建物はまずないといってよい。

最初の建築規定は、ノヴァカップが都市行政にほぼ絶対的な力をもっていた、ブラジリア開都の数か月後に承認された。コスタがスーペルクワドラの土地は区画分割してはいけない、割り当てだけを決めるだけにするようにと主張したにもかかわらず、土地を区画に分割し、建物を賃借するようになったとき、建築規定はブラジル都市計画法に前例のない項目、「プロジェッサン」をとりいれた。それは今も用いられている。

「プロジェッサン」とは、グランドレベルにあるとみなされる突出部を加えて建物面積を確定すること、つまり建物の立面が含まれる最大の周囲のことである。スーペルクワドラの居住スラブ建物の場合、一九六〇年規定は、プロジェッサンを所有するものに—区画地の所有者ではなく—公的な通行権を認める地上階にのみ建てる権利を与えた。この地上階の公的利用（ロビー、階段、ユーティリティスペースをのぞいて規定で義務付けられている）に加えて、サービスエリアをス

＊建築規定の変遷については、Sylvia Ficher [et al.], The Residencial Bilding Slab in the Superquadra. In: El-Dahdah, Farès (ed.). *Lucio Costa Brasilia's Superquadra*, 2005 を参照。

クリーン状のファサードの背後に隠すこと、特別な建築形態の禁止などが明記された。つまり、一九六〇年規定は、スーペルクワドラが形態的なまとまりをもつことを求めたのである。

一九六七年規定は、一九六四年から始まった軍政独裁期に公表された。ブラジリアの建設が再び精力的に取り上げられた時期である。その前の二代の大統領はブラジリアの完成に消極的であった。したがって、この規定は居住スラブ建物に対する市場の需要が著しくなったときに適用された。そのことは結果的に都市空間の形成に私的開発者が参画することを増やすこととなった。そして、与えられたエリア内のすべての居住用のプロジェッサンがひとりの所有者に属する場合、規定は、プロジェッサンを守る限り、正式につくられたそれとは異なるマスタープランを認める項目を含んでいた。それはちょうど、シダージサテリテ（サテライトタウン）が次々に建設され、それに伴ってスーペルクワドラの上流社会化が進もうとしていて、それを推進する項目も含まれていた時期であった。

こうしたモデルの繰り返しは、新しいスーペルクワドラでは、特に一九七〇年代、八〇年代の不動産開発による建築のうたい文句となったベランダのような新しい要素が導入されて、次第に目立たなくなっている。不動産会社が初期のスーペルクワドラで見られたスラブ建物のタイポロジーを守りつつ、新しいライフスタイルのシンボルとして推進したベランダなどを付け加えたことは、それまでの居住スラブ建物の純粋さを決定的に変えてしまった。プロジェッサンの中に入っていないベランダの突出部を認めさせるために考え出された方便ともいうべき解釈が一般化されてしまい、そのためにスーペルクワドラの形態的な様相が一変し、これまでスーペルクワドラが放っていたブラジリダージの輝きともいうべきものが失われてしまった。

アパルタメント〈ＳＱＳ４０６〉

低所得者用にあてられた南のスーペルクワドラ４００番台のピロティ付き三階の二寝室アパルタメントである。４００番台はふたつのスーペルクワドラに対して一か所の車の出入口が設けられている。路面駐車方式をとっている。エレベーターと階段は各ひとつで、前者は家族用、後者はサービス用であり、エレベーターの家族用とサービス用の分離は４００番台では義務付けられていない。家族用ＷＣは一か所であるなど、経済的なアパルタメントである。このスラブ建物は一フロア八住戸からなり、住戸実測居住面積は八〇平方メートルである。

平面は家族用とサービス用に明確に区切られており、家族用の正面は簡単な庇がついたガラスサッシ窓でケブラソウはない。サービス用の背面は穴あきコンクリートブロック製コボゴーである。穴が大きいコボゴーだが、それが全面に積み重ねられたファサードは美しい。コボゴーの内側はロッジアと呼ばれる涼み廊となっており、これでクロス換気がおこなわれている。コボゴーの窓ガラスはあとで設置したもので、かつてはなかった。ロッジアの天井から吊るされた洗濯物はよく乾く。ロッジアはコロニアルの建築にごく普通に見られた空間である。このロッジアは広く、使いやすい。住んで便利で、外から見て美しいコボゴーからなるロッジアである。

ロッジアに吊るした観葉植物サモンバイアを望む食堂は、ブラジル人の憧れのひとつジャルディンデインヴェルノ（冬の庭の意）をほうふつとさせる。食堂のアルミサッシは後日取り付けた。リビングからプレイロットを望むことができる。

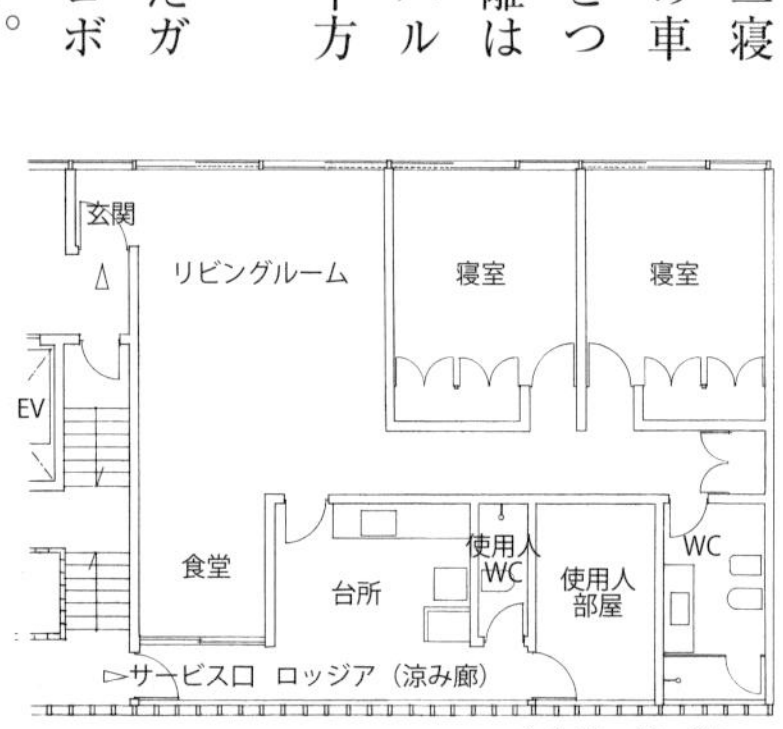

(上) リビングルーム (外はすごい夕立)
(中) 食堂。ロッジアに観葉植物サモンバイアが天井から吊されている。ジャルディンデインヴェルノ (冬の庭) の雰囲気がある。
(下) ロッジア (涼み廊)。上半分がコボゴー

(上) 正面ファサード。簡単な庇があるだけで、ケブラソウはない。
(中) 背面ファサード。コボゴーからなる。
(下) プレイロット。リビングから見ることができる。

400番台のスーペルクワドラには、わずかではあるが、ピロティのない3階のアパルタメントがある。ピロティ付きのアパルタメントに比べると、どことなくよそよそしい感じがする。

〈SQN206〉

北のスーペルクワドラ206は、ブラジリア大学所有のスーペルクワドラで、居住スラブ建物はすべてまったく同じデザインである。地下ガレージ方式で、一フロア六住戸からなり、住戸実測面積は一二七平方メートルと、かなり大きいアパルタメントである。

平面は家族用とサービス用に明確に区切られているが、三寝室を確保するために主寝室をサービス側に置いたため、背面ファサードはコボゴーとケブラソウ（日除けルーバー）を組み合わせたものになっている。正面ファサードはケブラソウからなる。これらの正面はシンプルだが、美しい。

一九六七年建築規定は、サービス用エレベーターと入口を分離すること、四〇平方メートル以下のアパルタメントの禁止、七〇平方メートル以上のアパルタメントではサービス用出入口を分離することが定められた。この建物はその規定にしたがったものになっている。スーペルクワドラの上流階級化の兆しがみられる時代のアパルタメントである。

家族用エレベーターはピロティ階のエントランスから、サービス用のエントランスは地下ガレージからそれぞれ続いている。車で帰ってくると、サービス用のエレベーターを使って昇り、玄関に回らずにサービス口から出入りすることが多い。

ケブラソウが付いたリビング・ダイニングルームはかなり広く取られている。台所で食事を取ることはできるが、やや手狭である。一方、ロッジアといえるものはなくなり、サービススペースは狭く、コボゴーはあるもののクロス換気はほとんど期待できない。コボゴーの穴は靴やサンダルのかっこうの干し場となるが、そうした使途は原則として禁じられている。

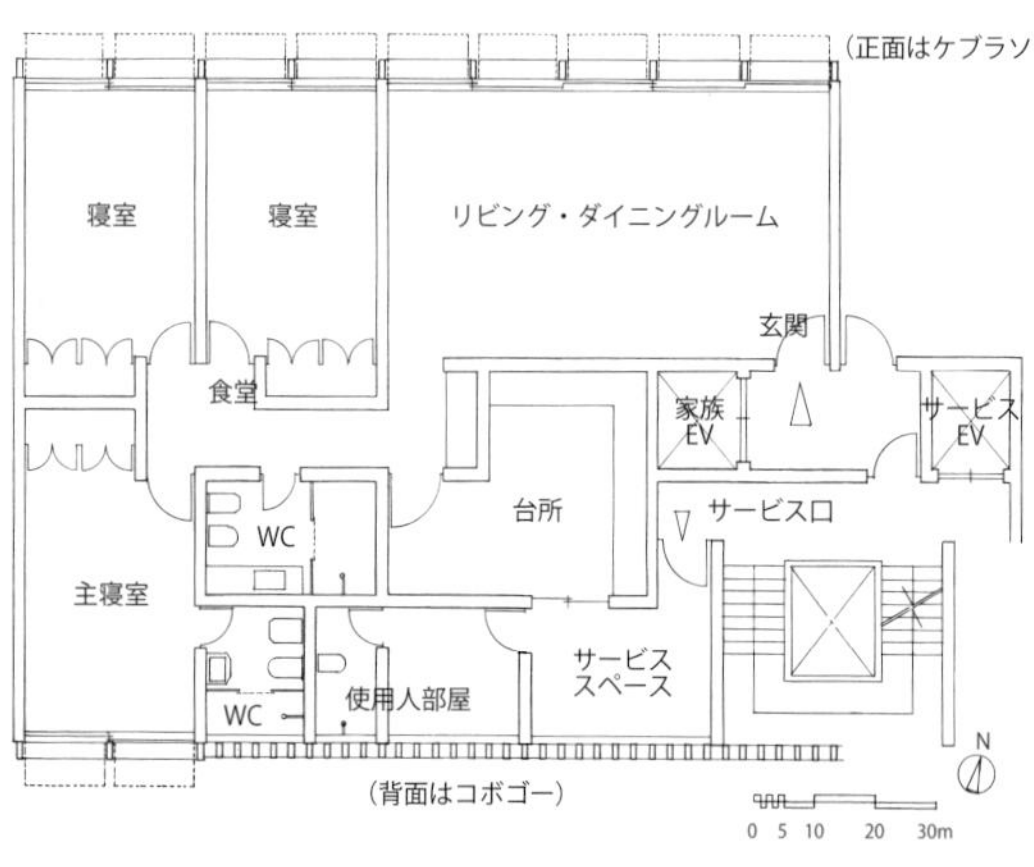

（上）リビング・ダイニングルーム
（中上）コボゴー
（中下）サービス用廊下の分別ごみボックス
（下）ピロティとケブラソウ

（上）正面ファサード
（中上）背面ファサード
（中下）地下ガレージ出入口
（下）ピロティとコボゴー

〈SQS103〉

エレベーターや階段室からなるサーキュレーションスペースが居住スラブ建物から突出し、家族用とサービス用の二基のエレベーターが無理なく設置され、両者のエントランスもうまくとられている。地下ガレージ方式で、地下からはサービス用に、地上階からは家族用に接続している。一フロア八住戸からなり、住戸実測面積は一〇三平方メートルである。

家族用スペースとサービス用スペースははっきりと区切られており、サービススペースは決して広くはない。キッチンで食事をとることができるが、食事室というにはほど遠く、正式の食事スペースは決して広くないリビングルームに移り、リビング・ダイニングルームの性格を帯び、かなり手狭である。

大きなアパルタメントであれば、リビングルームとダイニングルームを別にとることができるが、ブラジリアのアパルタメントの規模では無理である。社交はダイニングテーブルを囲んでなされることが多い。

三寝室を確保するため、主寝室が背面側にとられている。奥に設けられた主寝室用のバスルームに外部換気スペースがとられており、それが居住スラブ建物全体を貫いている。

正面ファサードにケブラソウはなく、背面スクリーンもない。クロス換気はほとんど期待できない。間取りも外観も特徴的なものを見いだすことが難しい。

高速道路・居住軸にかなり近い住棟だが、まったく静かである。

ピロティ階のまわりには芝生が敷き詰められ、その一部にコンクリート舗装された小道が付けられ、それを通ってピロティ階に行くよう歩行誘導している。

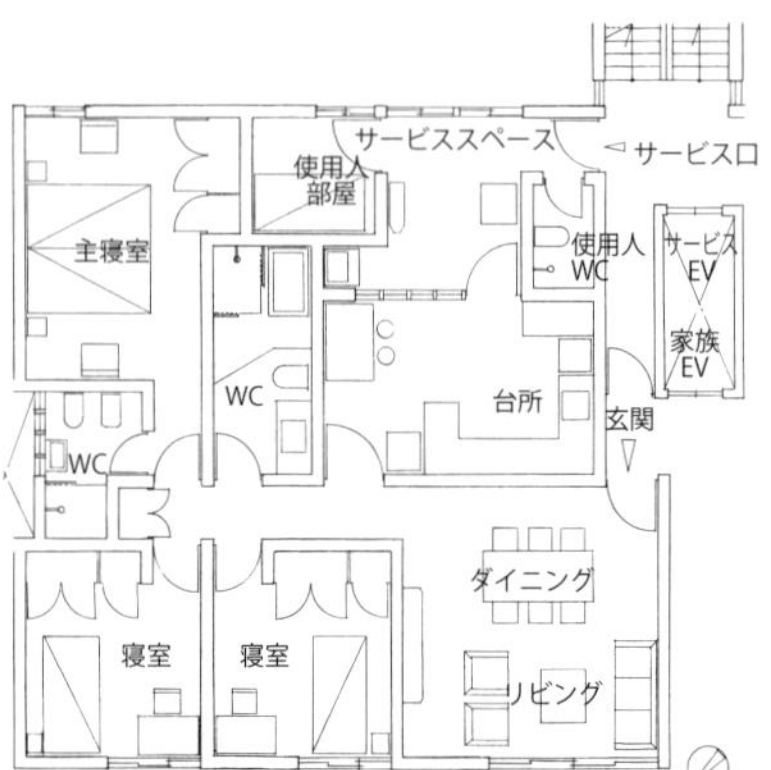

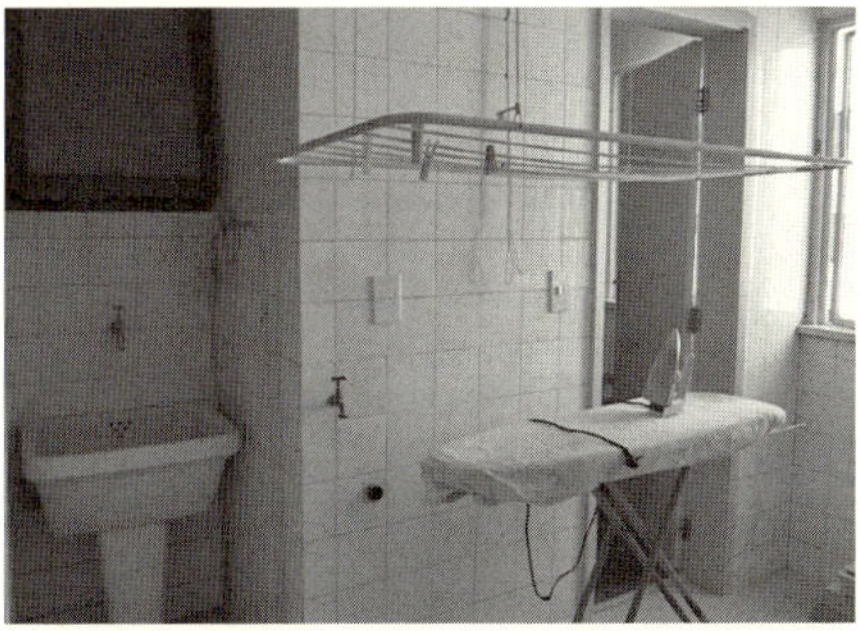

(中上) 背面ファサード
(中下) サービススペース。奥は台所
(下) リビング・ダイニングルーム。家具は買い換えたばかりである。

(上) 正面ファサード。左の建物は小学校
(中上) 台所。ガラス越し見えるのがサービススペース
(中下) サービススペース。アイロン台の上部にあるのが洗濯物干しフェンス。ドアの奥は使用人部屋
(下) 通行自由なピロティ

スーペルクワドラとは何か

守りやすい住空間

コスタが考え出したスーペルクワドラの総面積は七万八、四〇〇平方メートル（二八〇メートル×二八〇メートル）。その二六・五パーセントを周囲にめぐらした緑地帯が占める。そこに約二、五〇〇の人口がピロティの上に持ち上げられた六階の一一棟の居住スラブ建物に分散されている。スーペルクワドラ内の人口密度は三〇〇人／ヘクタール強。大まかにいうとこういうことになる。このスーペルクワドラの標準的な諸指標をマリア・エリザ・コスタが試算している。

それによると、スーペルクワドラ内にある建物、つまり居住スラブ建物と幼稚園、小学校、そしてバンカ（新聞雑誌等売り場）が占める面積はスーペルクワドラ総面積の一五パーセント、建物以外の面積のうち三〇パーセントを車道とパーキングロットが占め、残る五五パーセントが緑地である。この緑地はアパルタメントあたり八五平方メートル、居住者あたり一七平方メートルである。いかに緑地に恵まれた居住地であるかがわかる。*

これだけの緑地量をもってこれだけの人口密度を実現している。それがスーペルクワドラである。「少しのカンポを都市の中にもってきた」のである。これが高速道路・居住軸に沿って並ぶ。これもまた、ブラジリアの「シダージ・パルケ」の展開のひとつであるといえよう。

このスーペルクワドラを取り囲む緑地帯について、コスタは、一九九〇年一二月のインタビューで、プロポーザルに記された内容を、言葉を変えて、次のように言っている。*

> クワドラは、スペースを完全に囲い込む城壁のような壁ではなく、連続する木々の列によってスペースが限られるが、それはやがて、中世の石造建築の要塞とは違って、風に揺らぎ、呼吸し、向こうが垣間見える壁である木の葉の壁の境界を—ひとたびそれら

* Costa, Maria Elisa. The Superquadra in Numbers and Context, In: El-Dahdah, *Lucio Costa Brasilia's Superquadra*, Prestel, 2005.

* Entrevista por Lúcio Costa a Juan Antonio Zapatel, dezembro de 1990.

のキャノピーがひとつのものになれば—定めるようになった。

クワドラのの周辺すべてに沿った二列の通路である規則正しい木々の列は—歩行者にとって楽しい木々の連なった踏み分けた小道は—フレームとプロムナードのふたつであるという長所をもつ。

ブラジルでは、コンドミニオフェッシャードと呼ばれる住まい方がすこぶる多くなっている。敷地全体を塀やフェンスで堅固に囲い込んだ住宅、という意味である。高級感ということもあるが、それ以上に居住の安全確保の意味合いが強い。門番を二四時間体制で置いて、出入りする人と車を徹底的にチェックする。日本のオートロックマンションとは似て非なるものである。子どもたちも柵の中でのみ遊ぶ。昔の大邸宅の敷地を買い取って、そっくりそのままコンドミニオフェッシャードにした集合住宅では、プール、テニスコートはいうまでもなく、礼拝堂もある。戸建て住宅地全体を高い壁で囲ってコンドミニオフェッシャードにする不動産会社もある。湾状になった海岸沿いの土地を端から端まで使ったコンドミニオフェッシャードでは、ショッピングセンターもスーパーも、映画館、学校もある。まったく普通の都市と変わらない。それは、ただただ果てしなく広いカンポの中に立つコロニアルの大農場の空間と生活をほうふつとさせてくれる。自分たちの身は自分たちで守る以外に、ほかに方法はない。しっかりと囲い込むしかない。その中に彼らは彼らの教会はいうまでもなく、自衛手段の軍隊まで持った。これを国民軍として全国的に組織したのがコロニアルのひとつの顔であった。

コスタの緑地帯に囲まれたスーペルクワドラは、これとはまったく正反対のものである。囲い込んではいるが、誰もが自由に通行できる緑地帯である。とすれば、それは、スペースを完全に囲い込む城壁をもつコンドミニオフェッシャードの住まい方のアンチテーゼとして、

各スーペルクワドラにはバンカがひとつ、必ず公的に設けられている。頼めば、新聞を毎朝アパルタメントに届けてもくれる。

その解決策として提示されたと考えることができよう。堅固に囲い込まなくとも、安全な暮らしは実現できるということを示そうとしたのである。

確かに、緑地帯は緑陰歩道になっていて足元がすいているから、スーペルクワドラの外から内の様子がわかるし、スーペルクワドラ内も、居住スラブ建物の地上階はすべてピロティになっているから、よく見通すことができる。だから、地上階はすべて開放されていることになる。コスタはプロポーザルに「方形街区ごとにある特定の種類の植物が密に植えられた広いベルトで方形街区を縁取った。この広いベルトは、地面を芝生でおおい、灌木の茂みと樹木の葉の繁りのカーテンを断続的に補足し、見る者がどこにいても、つねに瞬時に風景の中に和らげられるかのようにみえることで、方形街区の中をよりよく保護するようにした」と書いたが、まったくその通りである。守りやすい住空間のスーペルクワドラである。

そして、この守りやすい住空間を、都市における居住の安全保障を新しい首都でまず率先して展開、実践し、それを国土全体に広げていこう、それが首都ブラジリアの使命のひとつだ、というコスタの意図を感じ取ることができる。

居住スラブ建物のグルーピング

コスタのプロポーザルの図8をよくみると、一五棟の居住スラブ建物が描かれ、それらが四つにグルーピングされていることがわかる。これについて、コスタは、一九九〇年一二月のインタビューで、さまざまな階層の人びとがともに住むことを望む人もいれば、そうでない人もいるが、クワドラはその両者に満足を与えると思っている、と語っている。ということは、社会階層ごとに複数の居住スラブ建物をグルーピングして配置することをコスタは考えていたのではないか。スーペルクワドラのなかで、たとえばローカル商業に近いとか、オープンスペースとなったエントレクワドラに近いとか、スーペルクワドラの進入路に近いとかといった周辺条件で価値の差異ができるだろうから、こうしたグルーピングは、おのずと生じるはずである。それをあらかじめ予測しておけば、異なる社会階層の共存がスーペルクワドラのなかで可能になるのではないか、というこ

ルシオ・コスタのスーペルクワドラの居住スラブ建築とウニダージ・デ・ヴィジニャンサ（近隣単位）のスタディエスキス（El-Dahdah, Farès (ed.). *Lucio Costa Brasilia's Superquadra*, Prestel, 2005）
下図はそれを清書したもの。（Costa, Lúcio. *Registro de uma Vivência*, 1995）

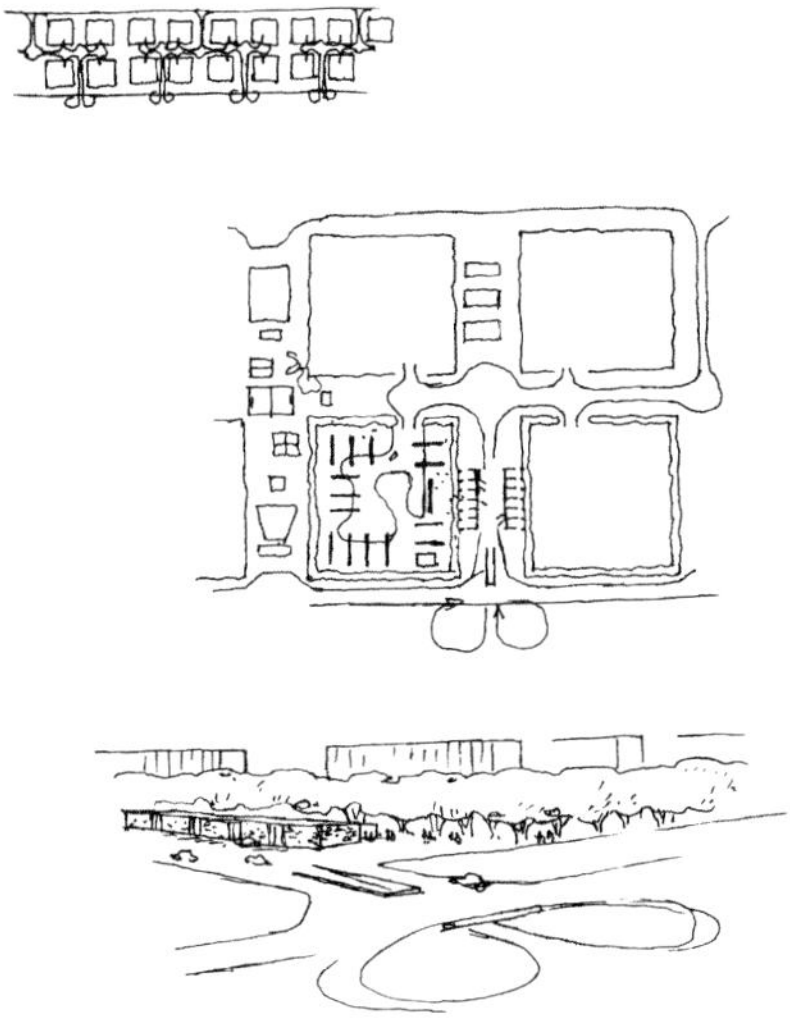

とである。コスタは、異なる社会階層の共存を可能にするピロティを考え出したが、スーペルクワドラにもそれを仕組んだのである。

ところが、スーペルクワドラの中に建つ居住スラブ建物の標準的な数は一一棟になった。その理由について、「いくぶん偶然に起こった。そしてそれがいつの間にか神聖なものになってしまった。私の特別な意向ではなかった」と、コスタは言う。おそらく、コスタとニーマイヤーが計画に携わったスーペルクワドラの居住スラブ建物は一一棟であったのだが、居住スラブ建物のデザインの場合と同様に、これがスーペルクワドラの居住スラブ建物数の標準となっていったのであろう。なぜ一一棟かについては、居住スラブ建物にはA、B、Cが順に付けられたが、一一棟だと最後にJ、Kすなわちジュセリーノ・クビチェッキの頭文字で終わるからではなかったかと伝えられているが、正確なことはわからない。

ただ、実行プランをつくる段階で400番台の経済的なスーペルクワドラが追加されたことがこのグルーピングに大きく作用したであろうことは、想像に難くない。結局、コスタが意図した居住スラブ建物のグルーピングは、うやむやになってしまった。

ウニダージ・デ・ヴィジニャンサの創造

ウニダージ・デ・ヴィジニャンサとは、近隣単位のことである。しかし、コミュニティの再生を図るべく考え出されたいわゆる近隣単位とは異なる。ブラジルには異なる社会階層というものが根底的に存在する。それは今のところブラジルで生活するうえで、また仕事をするうえで必要なものだといえよう。それを革命的に変革しようということは考えずに、まずはそれを受け入れたうえで、そこから生じる問題を少しでもなくすにはどうすればよいかと考えて浮かんだ方策であると、コスタは言う。

コスタは、ブラジリアの都市計画として、「不当で望ましくない社会成層を避けて、ある程度社会的共存を容易にする」方策を考えた。放っておけば、「高速道路に隣接している方形街区のほうが内側のそれよりもおのずと高く評価されるようになる」といった成層化が生じる。すると、それぞれに応じた階層がそれぞれのスーペルクワドラを占めるようになる。そこで、「それら方形街区のグループ化、つまり四つでひとつのグループにする」ことを考え出した。ブラジリアのすべての人びとに清潔で経済的な住居を用意しなければならないが、このスーペルクワドラ四つでひとつのウニダージ・デ・ヴィジニャンサを構成して、ある程度の社会的共存を実現しようと考えたのである。そして、ニーマイヤーらとともにひとつのウニダージ・デ・ヴィジニャンサを設計し、実施された。

このウニダージ・デ・ヴィジニャンサの考えはどうなったか。一〇年後、コスタは、プラーノピロットは満足に実行されているかというインタビューに答えて、*

このプランは、異なるクワドラではあるが、すべてのカテゴリーの従業員すなわちさまざまな水準の給与生活者の同一のセクターでの居住を可能にするために、四つのスーペルクワドラからなる近隣地域では現行の経済水準の差異に対応させると定めた。しかし、これを「ユートピア」と捉えた行政官たちは、自己資金のプロジェクトにするということにかこつけて、すべてのクワドラを事前に売却することにしてしまった。そして、差異を均等に弱めて都市を金持ちのエリアと貧乏人のエリアに分割することを避ける、社会的に受け入れることができる資本主義の都市化を実践に移す機会も捨ててしまった。

と、怒りをあらわにしている。

コスタはすでに一九六七年にも強い口調でこのことに触れている。*

このスーペルクワドラ四つからなる各セットは、道路軸に隣接し、アクセス道路への

＊Brasília dez anos depois segunda Lúcio Costa, 1970.

＊ Costa, Lúcio. *O urbanista defende sua cidade*, 1968.

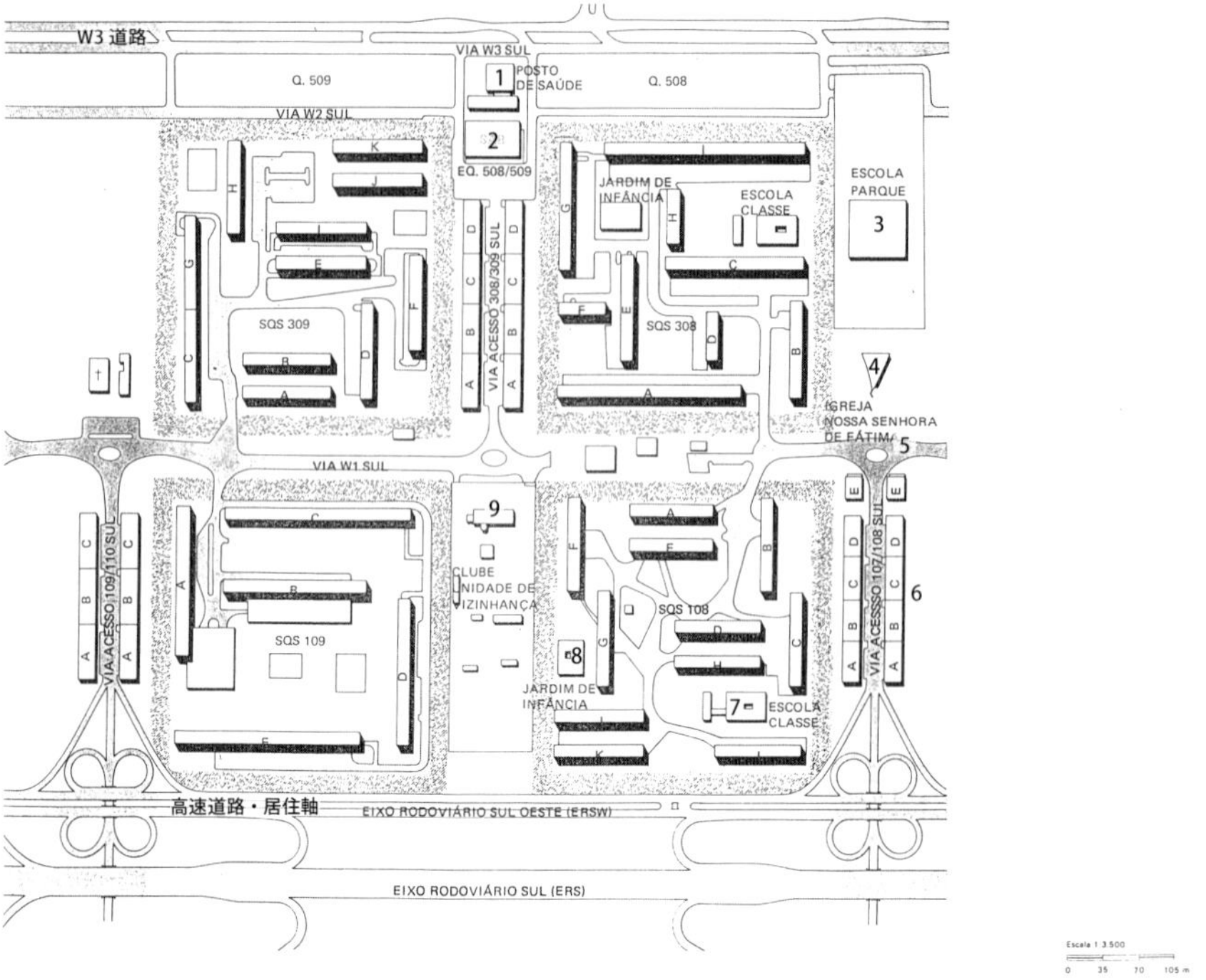

4つのスーペルクワドラが形成するひとつのウニダージ・デ・ヴィジニャンサ（近隣単位）
ローカル商業やコミュニティ施設が立地するエントレクワドラとスーペルクワドラは交互に配されているので、ひとつのスーペルクワドラはふたつのウニダージ・デ・ヴィジニャンサに属することにもなる。ローカル商業を含め、これらの共同施設は、このウニダージ・デ・ヴィジニャンサに限ることなく、都市のどこからでもやってくることができる。（原図は、Album de Plantas Urbanas do Distrito Federal, Brasília, CODEPLAN, 1986）

1 健康センター
2 社会サービスセンター
3 中学校 エスコーラパルケ
4 ノッサセニョーラダファッチマ教会
5 スーペルクワドラ進入路
ガソリンスタンドはここにある
6 ローカル商業
7 小学校 エスコーラクラッセ
8 幼稚園
9 ウニダージ・デ・ヴィジニャンサ・クラブ

共通のアクセスをもっており、その必要不可欠の補完―小学校と中学校、商業、クラブなど―をもった近隣地域を構成して、上記の軸の広がりすべてに組み込んでいる。このプラーノピロットは、金持ちの地区と貧乏人の地区にこの都市を階層化することを避けるために―これが社会的観点からそのもっとも重要な特徴であった―、現政権において、社会を構成するさまざまな経済的なカテゴリーをこの近隣地域のそれぞれに集めることを約束した。嘆かわしいことに、ブラジリアの都市計画のコンセプトのこの根本的側面は実現できなかった。ひとつには、不動産心理の「間違った現実主義」は、自己資金事業にするということを口実に、すべての街区を売ることに固執した。他には、ユートピア的抽象は、あたかも現在の社会にはすでに階層がないかのように、アパルタメントの基準だけを認めた。かくして、真に理性的で人間的な解決の機会が、そのときから、失われた。国立住宅銀行の順調な創設は、初めは、このヴィジョンの間違いを訂正することができるイニシアティヴに思えたが、今日にいたるまで何もできていない。それどころか、いつまでも無理解のままで、その結果として、オリジナルのプランを傷つけたままである。ブラジリアで働く者はブラジリアで暮さなければならない。二〇キロメートルも離れた「擬似シダージサテリテ」ではない。本当のシダージサテリテは大都市地域がいっぱいになってからでなければならなかった。

これはコスタが生涯、気にしたことで、三〇年経った一九九〇年のインタビューでも、その内容に詳しく触れて、このことを強く指摘している。*

私は、スラブ建物を個人のスケールに変更して、地面により近づけた。いわば、我々の伝統により照らし合わせたものにした。そして、建物を六階に限定して、これがクワドラで実践された。

* Entrevista por Lúcio Costa a Zapatel, dezembro de 1990.

四つのクワドラの各セットは、ショッピングと映画館や教会等のコミュニティサービスを含んだ一種の近隣地域をつくりあげた。これらの近隣地域はひとつながりのリンク、鎖、あるいは人びとが車で通り過ぎるネックレスのように六キロメートルの居住軸に沿って連続して配置された。そして、これらのユニットはまた、比較的に独立したものであった。すべてがひとつの場所に集まるようになっていた。

隣接するクアドラとの間には、それらを分離するとともに媒介もする三〇〇メートル×八〇メートルの細長い土地であるエントレクワドラがある。これらのエントレクワドラはスポーツ施設、クラブ、そしてレクリエーションエリアとしてリザーヴされている。アクセス道路に隣接して設けられているそれらは映画館、教会、あるいはその他より集団的利用のものを入れ、一方、奥に位置する残りはレクリエーションのグループの創設に担保できるようにした。

私がつねに言ってきたように、各近隣地域は四つのスーペルクワドラからなり、理想都市におけるように、学校の共存、あるいは異なる経済階層に属する人びとのノーマルな共存を許す二ないし三の異なるカテゴリーのアパルタメントをもつべきである。

都市の実行プランは、学校、健康センター、およそ三つの近隣単位にサービスする社会サービスセンターのようなサービスを提供した。いかなる地区でも同じようにこれらのセンターをもつようにした。

このプランは、教会とコミュニティセンターと同様に、各クワドラにひとつの小学校エスコーラクラッセ、四つのクワドラごとに中学校エスコーラパルケをもつこととした。自己充足。コミュニティのセンスの確立。これらのサービスは非常にうまく計画されたが、その後、これを真に利用しなかった都市の行政官によって脇にやられた。

ウニダージ・デ・ヴィジニャンサ（近隣単位）の諸施設
（左）ノッサセニョーラ・ダ・ファッチマ教会　Igreja Nossa Senhora de Fátima　エントレクワドラ南307／308　オスカー・ニーマイヤー設計　壁面デザインはアトス・ブウサン。
（次頁右）シネ・ブラジリア　Cine Brasília　エントレクワドラ南106／107　オスカー・ニーマイヤー設計
（次頁左）近隣クラブ　Clube de Vizinhança　エントレクワドラ南108／109　オスカー・ニーマイヤー設計　プール、サッカー場、バスケットボールコートなどを備えているコスタは、閉鎖的なスーペルクワドラにならないように、四つのスーペルクワドラでひとつのウニダージ・デ・ヴィジニャンサにしてスーペルクワドラの間にエントレクワドラを配置し、そこには都市のどこからでもアクセスできるようにした。また、こうすることでひとつのスーペルクワドラはふたつのウニダージ・デ・ヴィジニャンサに属することになり、スーペルクワドラがより柔軟なものになりうると考えたのだ。

実際、ローカル商業のエリアはすぐにいっぱいになった。しかし、意図したとおりに中学校、コミュニティセンター、映画館、そして教会がつくられたのは、ひとつのウニダージ・デ・ヴィジニャンサ、コスタとニーマイヤーが手がけたものだけであった（262頁参照）。そして、スーペルクワドラの居住者はそれぞれのスーペルクワドラ内でまとまるようになり、隣接するスーペルクワドラの居住者が一緒になってエントレクワドラを利用しようとすることはなかなか生じなかった。

その結果、コミュニティセンターのためにリザーヴされたエリアの多くは空き地のまま残され、その本来意図されていた利用が居住者と都市の双方を利することになることを取り戻すまで待つこととなった。その時が来れば、コミュニティセンターはそれぞれのスーペルクワドラを通じて隣接するスーペルクワドラの居住者たちによって建設され、維持され、そして管理されるようになろう。

最初から大人の服をしつらえられて誕生したブラジリアでも、長きにわたってつくり上げられてきたブラジル社会を一気に変えるものにはならなかった。そのことはコスタも十分にわかっていた。

そうしたなかで、ブラジリアが提示した都市の新しい住まい方は、誕生して半世紀がたった今日、衰えるどころか、ますます発展していっている。

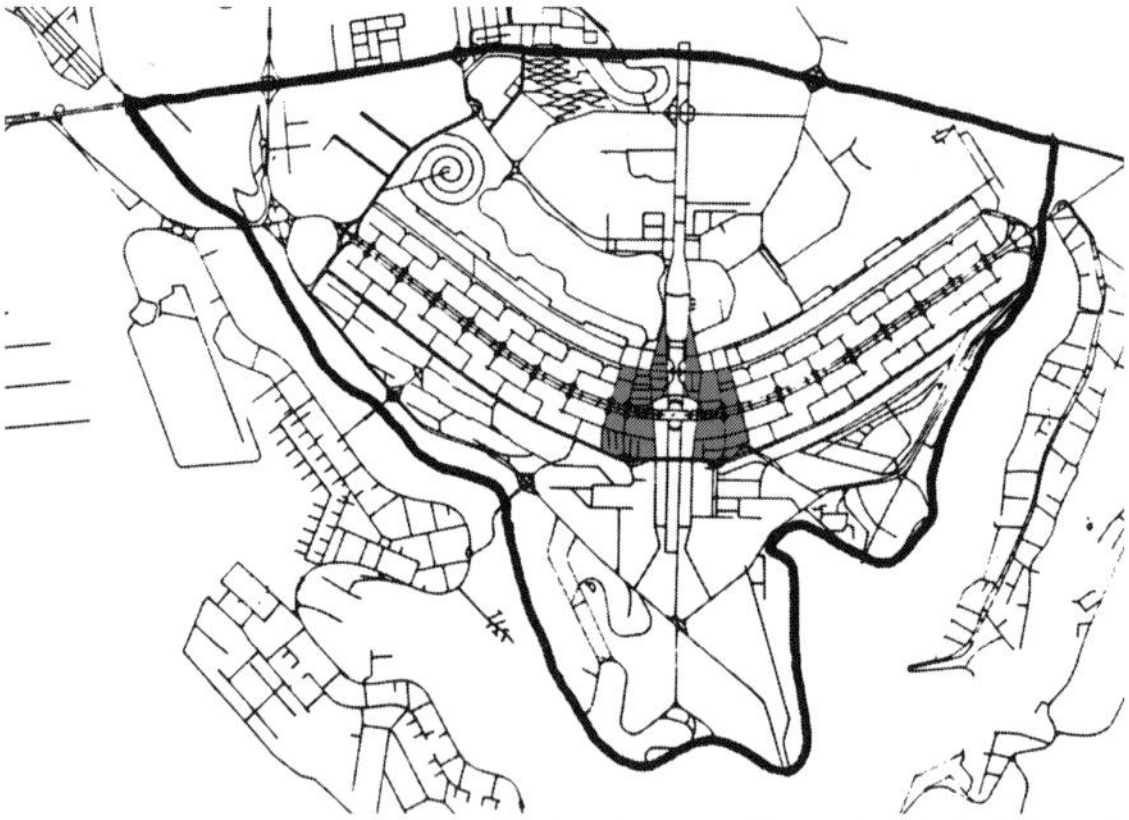

（太線内は「ブラジリア再訪」に記された保護エリア）

プラッタフォルマと娯楽地区

ちょっと気晴らしをしようかというときは、都心の娯楽地区や商業地区にあるショッピングセンターに車を走らせる。娯楽地区はプラッタフォルマに接して置かれている。そこにはそれほど多くないが駐車スペースが確保されているから、気楽に車を置くことができるし、それぞれの地区にも駐車場が用意されている。どこに行っても、駐車場係がいる。フリーの

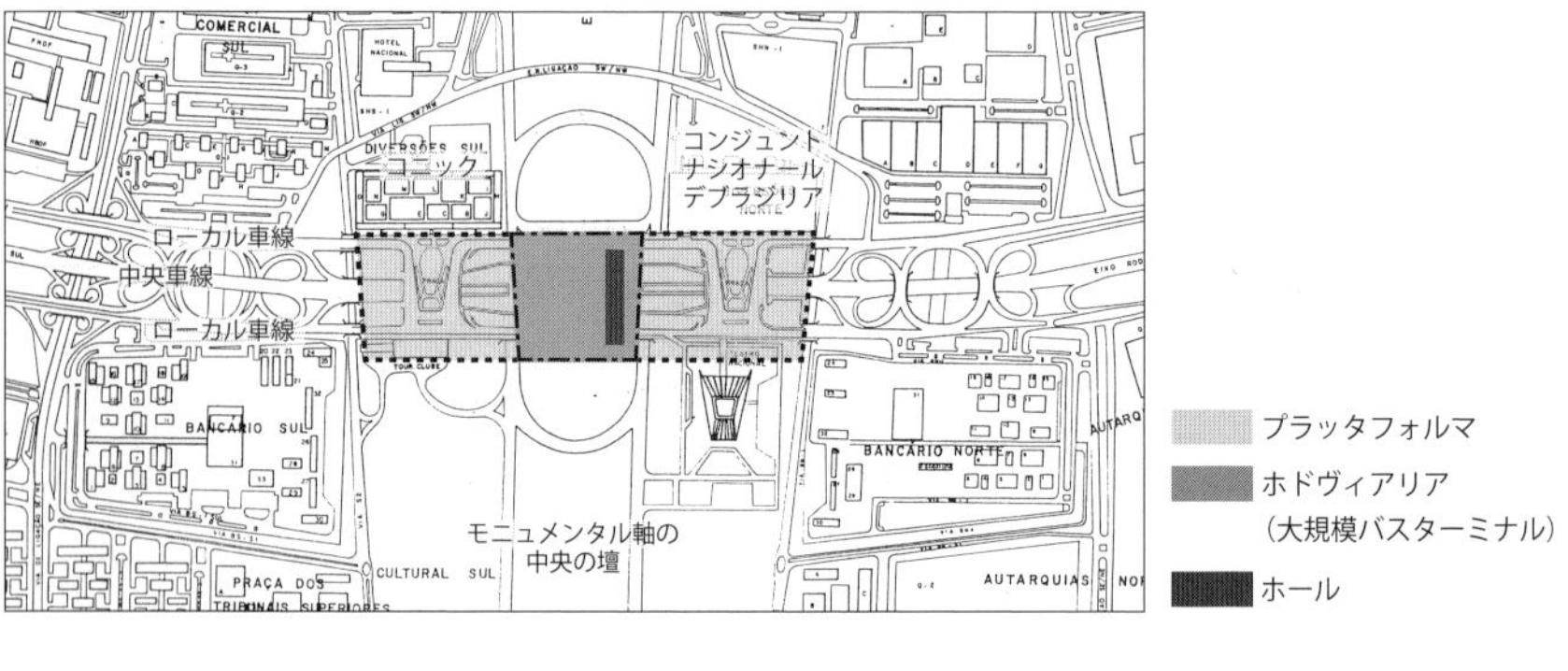

駐車場でもそうだ。勝手に車の番をしているだけだ。数十センターボス（数十円程度）をチップとして渡す。見張り番代というわけだ。実際に見張っていてくれるかどうかは別だ。渡さなくてもいいが、そのときには車へのいたずらを覚悟しなければならない。それが嫌ということではなく、物乞いをするのではなくて、何らかの労働をしてそれの対価を要求するのだし、わずかなお金だから、ズボンのポケットに小銭をいつも用意しておいて、さっと出して手渡す。ときには、止めたときに要求され、帰るときにもみててやったよと別人から要求されることがある。ちょっと困るが、さっと渡すか、もう払ったよと言えば彼らは素直に引き下がってくれる。数レアル（五〇円か一五〇円ほど）で車を洗ってくれもする。帰ってくると、赤土で汚れた車がぴかぴかになって、というわけにはいかないが、そこそこにきれいになって待っていてくれる。

プラッタフォルマは、居住軸がモニュメンタル軸と交差するところに、南北の高速道路をつなぐ形で架けられた巨大なプラットフォームである。長さは約七四〇メートル、幅は一七〇メートルほどある。

ここを、コスタは、「そこに駐車しようとしない交通から開放されたひとつの大きなプラッタフォルマ」にした。プロポーザルにスケッチで示したそれは、巨大な板状のものだった。そこに駐車しようとする車であれば、歩行者と車の双方の便利さのために共存が不可欠の場合もあるとコスタは考えていたから、このプラッタフォルマで人と車が一緒になることに何のためらいもなかった。実際、プラッタフォルマでは厳格な歩車分離はとられていない。高速道路を利用してやってきても、スーペルクワドラの場合と同様に、車はしぜんにプラッタフォルマのスピードになっている。

コスタのプロポーザルのそれと異なっているのは、板状がH形になったことである。実

プラッタフォルマ、ホドヴィアリア（大規模バスターミナル）と娯楽地区や商業地区（Foto: Victoria Camara）

行プランを決定するとき、ノヴァカップの都市計画部が、板状のそれはあまりにも大きくて、コストがかかると判断したためである。その結果、駐車できる車の量は大幅に減ったが、プラッタフォルマ自体はより優雅で風を通すものになった。* それでも駐車の数は決して少なくない。それだけこのプラッタフォルマが巨大だということだ。このプラッタフォルマから下をのぞけば、下階のバスターミナルの様子がよく見えるし、地下に潜る中央高速車線も手に取るように見える。ただ、このプラッタフォルマに行くとき、高速道路の車線によっては複雑な立体交差を利用しなければならないから、車の走らせ方のイメージトレーニングをしておいたほうがよい。

プラッタフォルマの西側に接して、つまり省庁のエスプラナードとは反対側、テレビ塔側に、エスプラナードを挟んで北と南に一〇〇×二四〇メートルほどの方形の建物街区がそれぞれひとつずつある。全体は娯楽地区、ふたつの街区は南の娯楽地区と北の娯楽地区と呼ばれている。これは正式名称で、人びとは南をコニック、北をコンジュントナシオナールデブラジリアと呼んでいる。プラッタフォルマを含め、いつも人でにぎわっている。

娯楽地区は、コスタのプロポーザルでは、北から南までひとつながりの地区であった。その中で、モニュメンタル軸の部分は、連続したパースペクティヴを確保するために、大きく吹き抜けにし、鉱山都市ディアマンチーナの渡り廊下のようなロッジア《パッソジッソ》(涼み廊)が架けられることになっていた。しかし、構造上の問題からこの案は採用されなかった。その結果、南北のふたつの娯楽地区がそれぞれ別のものであるかのように建っている。

このふたつの娯楽地区は、外形はよく似ているようだが、仔細に見るとかなり違っているし、その用途にいたっては随分と異なっている。

この娯楽地区は、人口五〇万人を想定したブラジリアが完成した段階のものであるから、

* Costa, Maria Elisa; Lima, Aleildo Viegas. *Brasília 57-85, do plano-piloto ao Plano Piloto.* Brasília: TERRACAP, 1985.

開都の時点はいうまでもなく、想定したような利用がみられるようになるまでにある程度の年月が必要であることが予想された。そこで、プロポーザルにはなかった、地区を囲い込むように五層のオフィスビルを連続して建て、ともかくもこの地区が空白でないようにすることが考えられた。そして、このビルのプラッタフォルマ側の正面は、そこに広告照明を置くことができるような構造にした。さらに、これらの建物のプラッタフォルマレベルには中二階のついたガレリアをめぐらし、カフェーとレストランとバールはプラッタフォルマレベルに、その他は中二階にぶら下げるようにした。少なくともプラッタフォルマ沿いはピロティ空間とする。こういう計画であった。

南側のコニックは、一九六七年にオープンした。開都から七年が経っていた。コニックは

建設中の娯楽地区
(上)左がプラッタフォルマ、右奥が南地区、手前右が北地区。
(下)南地区。中央奥に国立劇場が見える。
(Arquivo Público do DF)

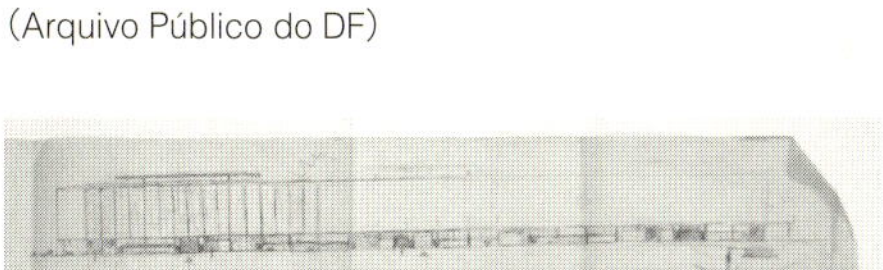

ルシオ・コスタの娯楽地区の建物のプラッタフォルマ側正面エスキス(一部)。照明広告と中2階のピロティが描かれている。

この地区の最初の建築を請け負った会社の名前である。プラッタフォルマ側の建物は三つに分かれていて、その中央の建物は構造上、照明広告を置くことができない。また、プラッタフォルマ沿いには中二階が設けられているが、ピロティはない。

当時、ブラジリアの人口はおよそ九万人。シダージサテリテ(サテライトタウン)のタグアチンガやガマ、ソブラディーニョ、ヌークレオバンテイランテとプラーノピロットの居住者だが、ブラジリアに移り住む国の官僚は少なく、移住が進行中であった。国の顔ともいうべき外務省がブラジリアに移転したのは一九七〇年になってからである。各国の大使館もなかなかなか移転せず、多くが一九七〇年代になってブラジリアに大使館をつくった。それまでの間、ここにつくられたオフィスビルは臨時の大使館になった。当時、コニックは居住者にとって遠く離れていて、日常的な娯楽センターの役割を果たさなかった。

このオフィスビルに囲まれたプラッタフォルマレベルの庭園化されたパティオに、劇場やシネマ、興行小屋を配置して、それらを路地や小道、広場で結んだ。一九六九年にシネテアトロヴェナンシオジュニオールが最初に完成し、すぐのちに他の建物も完成した。

しかし、各国の大使館が完成し業務をそこで開始するようになると、コニックから大使館機能は失われていった。さらに、北の娯楽地区が単一事業として一九七一、七四、七七年の三期に分けて建設された一大ショッピングセンターになったため、商業機能も後退することになった。

コニックには居酒屋やストリップティーズをみせるボアチ、マッサージハウス、ポルノ映画館が残った。そのため地区の顧客を変え、大衆的な性格を与えることとなった。上階は自由業の事務所とシンジケートの本部が占めた。夜になると、売春と密売の巣窟になり、一九八〇年代には「ごみの口」というあだ名がつけられた。安全でない場所となった。

(左頁)南の娯楽地区コニック
(左上)パティオの中に設けられた広場。左の建物は軍警詰所。
(左中上)パティオの中の広場
(左中下)奥にテアトロドゥルシーナが見える。
(左下)建物の奥にテレビ塔が見える場所が設けられている。
(右上)プラッタフォルマの広場から見たコニック。ここに照明広告が掲げられる。ただし、正面中央は構造上それができない。
(右中上)建物正面に設けられた複数箇所の出入口からパティオに入っていく。
(右中下)建物をつなぐ小道
(右下)小道にしては狭すぎるものもある。

ED. VENÂNCIO
III
PORTARIA

CESBAN
Tel: 225-1065

SOCIÓPTICA

そこで、コニックの若い商店主たちが中心になって芸術と文化を奨励して極悪の場所という汚名を取り払おうと、スケートボードやコミックスの店、都市族に関する店などの出店を画策した。そして、そこをアングラ文化の開花の場所に変えていった。古書店や音楽ショップができ、アーチストの養成を続けているドゥルシアデモラエステアトロ学院によってミュージシャンやアーチストたちが巡回するようになった。少なくとも日中は安全になった。ルシオ・コスタが考えた構想からはかけ離れたが、庶民の都心の様相を示しているといっていいのかもしれない。

一方、北の娯楽地区は、一事業主による一大ショッピングセンター、コンジュントナシオナールデブラジリアとなっている。プラッタフォルマレベルの階とその上階および下階がそれにあてられ、上階はシネマとフードコート、下階は大規模店が入っている。一番下の階はガレージである。庭園化されたパティオは上階の上につくられたから、これを取り囲むオフィスビルは四層となった。プラッタフォルマレベルにはガレリアがめぐらされ、建物を一周することができるが、カフェーやレストランは設けられていない。建物の全正面に照明広告が取り付けられ、入店する店が巨大な広告を出している。コスタが思い描いたものとはまったく違ったものになっているが、このショッピングセンターはあらゆる層をひきつけ、ブラジリアの都心を代表するひとつとなっている。

この北の娯楽地区の変化をコスタは好意的に捉えた。

しかし、生じたものはまったく違っていた。北地区は「ショッピングセンター」―コンジュントナシオナールデブラジリアに変わり、部分的に商業地区として想定した機能を果たしてくれた。このショッピングセンターの設置は都市に予想外の有利さをもたらすこととなった。というのは、歩道のカフェーはないが、シネマ、レストラン、ランショ

北の娯楽地区コンジュントナシオナールデブラジリア

（左上）プラッタフォルマレベルではなく、その2階上に設けられた庭園化されたパティオ。

（左中）ガレリアが建物を一周する。この中はショッピングセンター。

（左下）ガレリアを外から見る。


（右上）プラッタフォルマの歩行者広場から国立劇場が見える。

（右中）プラッタフォルマの南北の娯楽地区を結ぶ部分から北の娯楽地区を見る。

（右下）モニュメンタル軸の道路から北の娯楽地区を見る。照明広告が見え、左手にはテレビ塔が見える。

ネッチのほかに、さまざまな良質の商業、人気の大規模店、百貨店が都心にすべてのレベルの人口を早くから引きつけたからである。今日までコンジュントナシオナールは強い動きをもっており、ブラジリアの都心の活力が集中する場所である[*]。コスタが満足したのは、この変更が都心にさまざまな階層の人びとを引きつけてくれたからである。人口五〇万人を前提にして完成した形で生まれた都心に、いかにさまざまな人びとを引きつけるか、それがコスタにとっても最大の関心事であったのだが、それはコスタがイメージした文化的娯楽ではなく、飲食も含めたショッピングであった。

ホドヴィアリア

大規模バスターミナルのことをホドヴィアリアと呼ぶ。プラッタフォルマの下階がそれになっており、プラッタフォルマに少しだけ頭をのぞかせた切符売場、バール、レストランなどがあるホールが上階のプラッタフォルマと下階のバスターミナルとを結ぶ。

一〇メートルほどの切土がそれを生み出した。一九五七年七月と八月の二か月間、およそ三五〇台のトラックが、モニュメンタル軸と高速道路・居住軸の交差点から三権広場まで土を運んだ。モニュメンタル軸の東から続くモニュメンタル軸の見通しを確保するためでもあった。

一九六〇年のクビチェッキ大統領の誕生日九月一二日にオープンした。そして、クビチェッキは次のようなメッセージを贈った。

この非常に素晴らしいプラッタフォルマの周りに、文化機関、興行小屋、店舗、ベネチア風の小道、クローバー型立体交差道路、テラスそして喫茶店を備えた、生活の湧き出るセンターを設置することを先延ばしにはしないだろう。そして、そこで一般的な生

＊Costa, Maria Elisa; Lima, Aleildo Viegas. *Brasília 57-85*, 1985.

プラッタフォルマとホドヴィアリア（大規模バスターミナル）

（右上）プラッタフォルマは歩車共存の広場となっており、そこから下に降りて地上レベルに設けられた大規模バスターミナルに至る。バスターミナルは、モニュメンタル軸の中央の壇に位置する。

（左上）プラッタフォルマに設けられた背の低い建物のホールに入り、切符を購入したり、時間待ちしたりする。

（左中上）ホールからエスカレーターでバスターミナルに降りる。

（左中下）バスターミナルで行き先別発着ホームから乗車する。

（左下）高速道路の中央車線は、プラッタフォルマで地下に潜る

（右下）一方、高速道路のローカル車線は、プラッタフォルマで中央車線と合流して地上レベルに下り、モニュメンタル軸を循環する道路に入る。あるいはそのまま歩車共存のプラッタフォルマに入る。

活に好都合な環境、出会いの場、都市に住む人に必要な親交に出合うことになろう。

ホドヴィアリアの当初の提案は都市バスと都市間バスに対してその利用を想定したものであった。しかし、今日、シダージサテリテとローカルバス網との接続が完全にそれを占有し、長距離バスターミナルは西の端にある旧鉄道駅を利用している。二〇〇一年にはシダージサテリテとホドヴィアリアを結ぶ地下鉄が開通し、この地下に地下鉄の駅ができた。

プラーノピロットに住んでいて車を使う限りはまずは利用することはないのだが、ホドヴィアリアはいつも利用客でごった返している。ほとんどがプラーノピロットに勤めるシダージサテリテの住民だ。車でシダージサテリテから通う人も多い。プラーノピロットとシダージサテリテを結ぶ一〇車線ほどの道路は、ラッシュ時には、数車線を反対方向用に残してあとはすべて向かう方向に解放されるが、それでも身動きできないほどの混みようだ。

このシダージサテリテは偽物だと繰り返し非難したコスタだが、一九八四年に、ホドヴィアリアを訪れ、そこで『ジョルナールドブラジル』紙のインタビューを受けた。*

私はすっかり現実に落ち込んだ。そして、私を驚かせた現実のひとつは、夕方のホドヴィアリアであった。私は、このプラッタフォルマ・ホドヴィアリアは、周辺に急ごしらえでつくったシダージサテリテをもつ大都市の、首都の、統合のしるしだと、つねに繰り返した。住んでいるすべての人びとが都市との接触をし始める、必須のところである。いま、私は、その動きを、ほんとうのブラジル人のエネルギッシュなその生活を、近郊に住みホドヴィアリアに集まるこの集団に感じた。そこが彼らの家であり、気持ちが安らぐ場所である。彼らはシダージサテリテに帰るまでとどまり、ちびちび飲みながらそこにいる。私は、健康なあの顔のすばらしい気質に驚いた。そして、「ショッピングセンター」は、今、夜中まで営業し続けている。

ホドヴィアリアを訪れたルシオ・コスタとマリア・エリーザ・コスタ。一九八四年（Braga, Andrea da Costa; Falção, Fernando A. R.: *Guia Urbanismo, Arquitetura e Arte de Brasília*. Fubndção Athos Bliulcão, 1997)

*Entrevista in-loco ao Jornal do Brasil, 1984.

これはすべて、私がこの都心に対して、なにか洗練されたものとして、もう少し国際色豊かなものとしてイメージしたものとは異なっている。しかし、そうではない。それを奪った者はこの都市を建設し、合法的にそこに住み着いたほんとうのブラジル人たちだった。ブラジルだ……。そして、私はそれを誇りに思った。満足した。これだ。彼らは理由があって居るのだ。間違っていたのは私だ。彼らは、彼らには考えられていなかった娯楽の場を奪った。今、私は見た、ブラジリアがブラジル人の、ほんとうのルーツを持っており、そうでありえたかもしれない温室の花ではなく、ブラジリアが機能していて、ますます機能しようとしていることを。実際、夢は現実より小さかった。現実はもっと大きく、もっと素晴らしかった。私は満足した。貢献してきたことを誇りに感じた。

どこまでコスタが本心を語ったのか、わからない。確かなことは、南北の娯楽地区を結ぶ歩道上に、それは娯楽地区の中央ゾーンに当たるのだが、カメローと呼ばれる庶民相手の屋台売りが立ち並び、けっこうな人でにぎわっている、ということである。時折、警察の取り締まりがある。そのときは目にもとまらぬ早さで店を仕舞い、蜘蛛の子を散らすようにサッと逃げていく。そしてまた、どこからともなく集まってきて、店を開く。バイタリティあふれる場所である。こうした屋台を愉しむのも、バスや地下鉄を利用する人が多い。それはまさに地下から湧き上がってくるようだ。それはもう、車でプラーノピロットからやってくる人をはるかにしのいでいる。

この首都とシダージサテリテの「統合のしるし」の機能は、全体の中央ゾーンにきわめて重要な、日々の大きな活力を与え、それがプラッタフォルマ全体にあふれ出し、テレビ塔の周辺の手工芸品の露店市フェイラのような自然発生的な活動を生みだしているのだ。

娯楽地区の中央ゾーンに当たる南北地区を結ぶ歩道には、カメローと呼ばれる屋台売りが店を開いている。

ひとつの全体としての都心

「これはすべて、私がこの都心に対して、なにか洗練されたものとして、もう少し国際色豊かなものとしてイメージしたものとはまったく異なっている」と、コスタをして言わしめた都心。それはもともと、きわめてわかりやすいものであった。

プラッタフォルマを取り巻くように配置された四つの地区、それは南北ふたつの商業核であり、南の銀行地区と北の事務所地区であるのだが、コスタは、すべて歩車分離し、歩行者はプラッタフォルマから徒歩で、車は高速道路・居住軸からクローバー型立体交差道路を使って、サービス車両はシステム全体のサービス専用路を使って地区の地下にアプローチするように考えていた。

このプラッタフォルマと商業核、銀行地区と事務所地区に接して、東には文化地区が、西にはホテル地区が、その先には露店商・サーカス等予定地(これは実現せず)が設けられ、地区に分かれてはいるが、これらが一体となって、歩いても車でも行くことができる都心を形成するように考えられていた。確かに、これだけでもいろいろな個性をもつ地区からなる都心になりそうである。

さらに、「銀行地区には、事務所地区と同様に、三つの高層ブロックと四つの低層ブロックを想定し、銀行の支店、企業の代理店、カフェー、レストランなどを設置するための覆われた相互往来と広い空間を許すように、中二階をもつ長い地上の翼でそれらをつないだ。それぞれの商業核には、低く続くブロックでまとめられた連続と、前述と同じ高さで、すべて店舗と中二階と歩廊をもつ広い地上階によって相互に結ばれたより大きいものを提案する」(ルシオ・コスタのプロポーザル)というように、建物の足元に中二階のガレリアをめぐらし、都心全体に歩き回る楽しさが演出されるようにコスタは考えていた。高い建物で都心を強調する

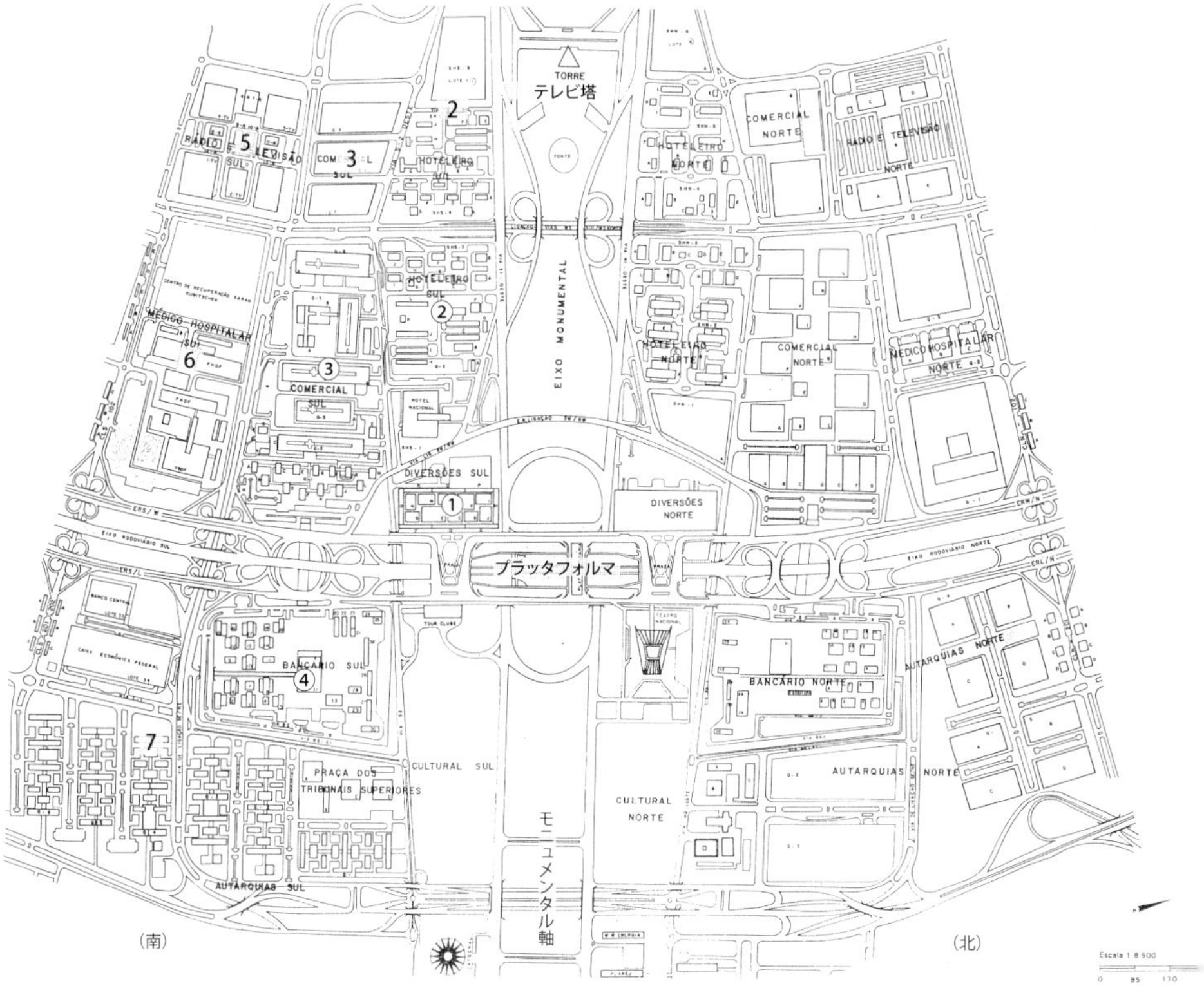

都心は次の地区から形成されている。

① 娯楽地区
② ホテル地区
2 ホテル地区（実行プランで追加）
③ 商業地区
3 商業地区（実行プランで追加）
④ 銀行地区
5 ラジオ・テレビ地区（実行プランで追加）
6 医療病院地区（実行プランで追加）
7 国営企業地区（実行プランで追加）

これらの地区がモニュメンタル軸の両側に南北対称に配置されている。

これらの地区のうち、娯楽地区、商業地区、銀行地区、事務所地区、文化地区には徒歩で往来できるようになっている。特に娯楽地区と商業地区にはガレリアと露店市フェイラがめぐらされ、歩行を楽しいものにするように配慮されている。

（原図は、Album de Plantas Urbanas do Distrito Federal, Brasília, CODEPLAN, 1986で、当時の計画も含まれており、現状と異なるところもある）

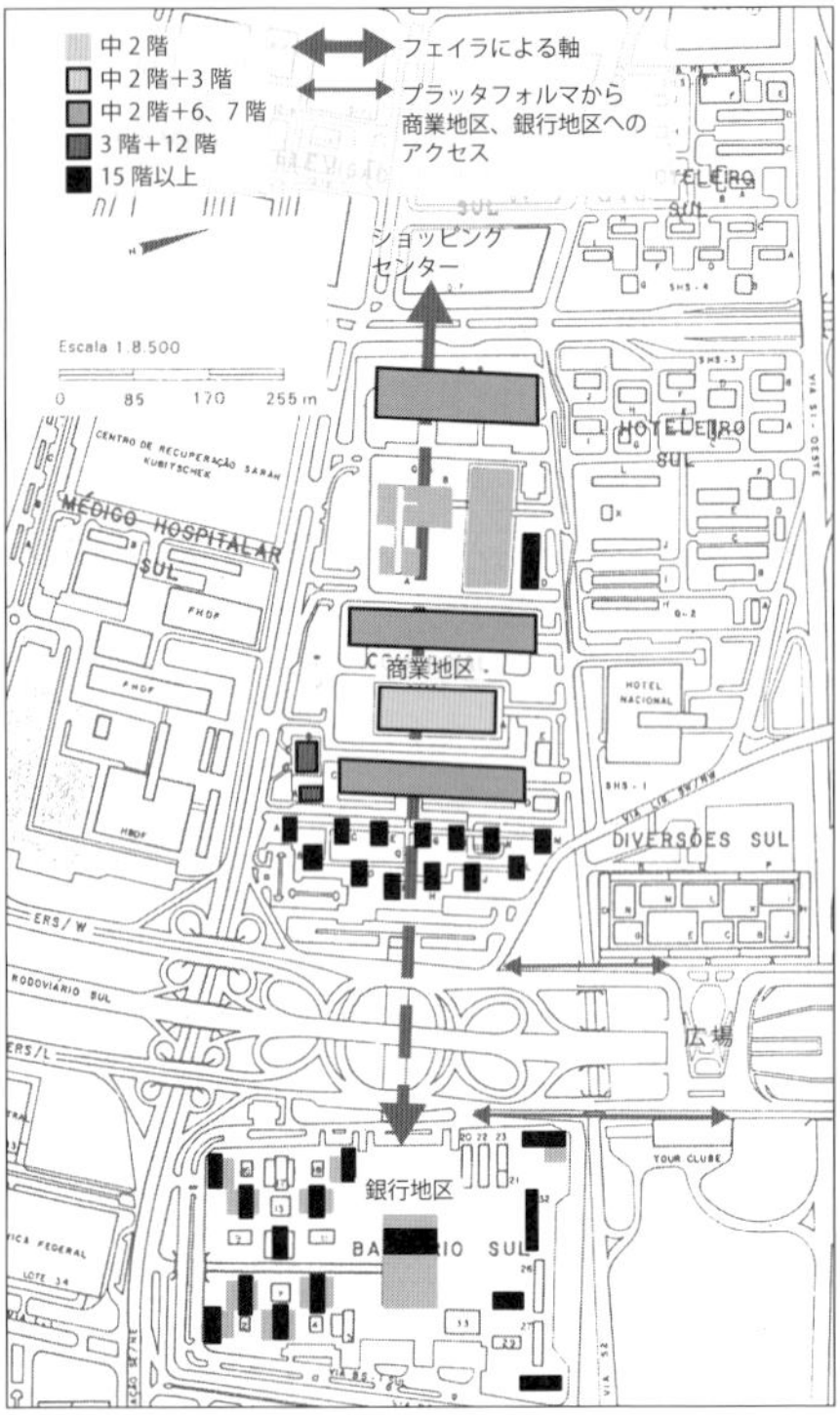

商業地区、銀行地区の構成

低層ブロックと高層ブロックを配置し、それらをガレリアで結ぶ。また、露店市フェイラで東西に貫く軸をつくるとともに、その延長上にガレリアドスエスタードスを配置して高速道路の下を抜け、銀行地区にいたる。これらの商業地区、銀行地区にはプラッタフォルマから直接徒歩で行くことができる。

図中に商業地区と銀行地区の建物の高さの違い（低中高）を示した。（原図は、Album de Plantas Urbanas do Distrito Federal, Brasília, CODEPLAN, 1986で、当時の計画も含まれており、現状と異なるところもある）

とともに、中二階のガレリアをめぐらすことによって、高い建物ゆえにややもすれば殺風景になりがちな地区を活性化しようとした。

現在、プラッタフォルマから商業地区や銀行地区、事務所地区に徒歩で行くことができる。西の商業地区と東の銀行地区の歩行者の直接的な通行は、南では、高速道路・居住軸の下に設けられた地下ルートのガレリアドスエスタードスでおこなわれている。

コスタが想定した中二階のガレリアかどうかは定かでないが、南の商業核にはガレリアが張り巡らされ、広場が置かれ、建物のなかを東西に通り抜けできるようにし、それがガレリアドスエスタードスにつながれている。そこにフェイラと呼ばれる市が立ったりする。ちょっと距離があるが、ここをそぞろ歩きしながら西に行くと、実行プラン段階で商業地区として追加されたところにつくられた一大ショッピングセンター、パティオドブラジルに行くことができる。

このガレリアが、ややもすると地区化が進行して、個々ばらばらな地区の集まりになってしまいそうな都心をまとめ上げている。車がそこここに適度に路上駐車しているのも、賑わいという点からすれば、決して悪くはない。

首都。それは、公務員と、彼らの生活を支える商工業者からなる都市である。都市が誕生し、時間が経つにつれて、さまざまな都市活動が生じ、そこから都心がつくり出されるという都市とは異なる。熟考を重ねて、あるべき都心の姿を打ち出す以外に、方法はない。コスタが発明した都心は、地上レベルを、緑あふれる公園のなかで、商業娯楽活動が繰り広げられるものにしようというものであった。そうであれば、いろいろな人びとが出会うことができるはずである。

（右頁写真）**商業地区から銀行地区へ**
（右上）商業地区の建物の周りにはガレリアがめぐらされ、建物の中央部を通り抜けることができるようにしてある。
（右中上）一角に広場があり、そこを露店市フェイラに開放している。
（右中下）フェイラは建物を通り抜けて広がり、東西を貫くように伸びている。
（右下）ガレリアドスエスタードス。ここを通って商業地区と銀行地区を往来することができる。
（左下）銀行地区は高速道路・居住軸レベルから入ることもできる。駐車場は地上レベルにある。

ブコリコスケールに身を置く

すべてがブコリコ

ブコリコスケールは、カンポ（広野）をイメージすればよいだろう。ブラジリアでは、どこにいても、どこに行っても、このブコリコスケールを感じることができる。スーペルクワドラはいうまでもなく、プラッタフォルマに立っても、そこにある広場は灌木こそまだ十分に生育していないが芝生敷きの空間だし、北の娯楽地区の中に設けられたパティオに人びとはあまり行くことはないが、そこは庭園風になっている。商業地区には樹木がけっこう植え

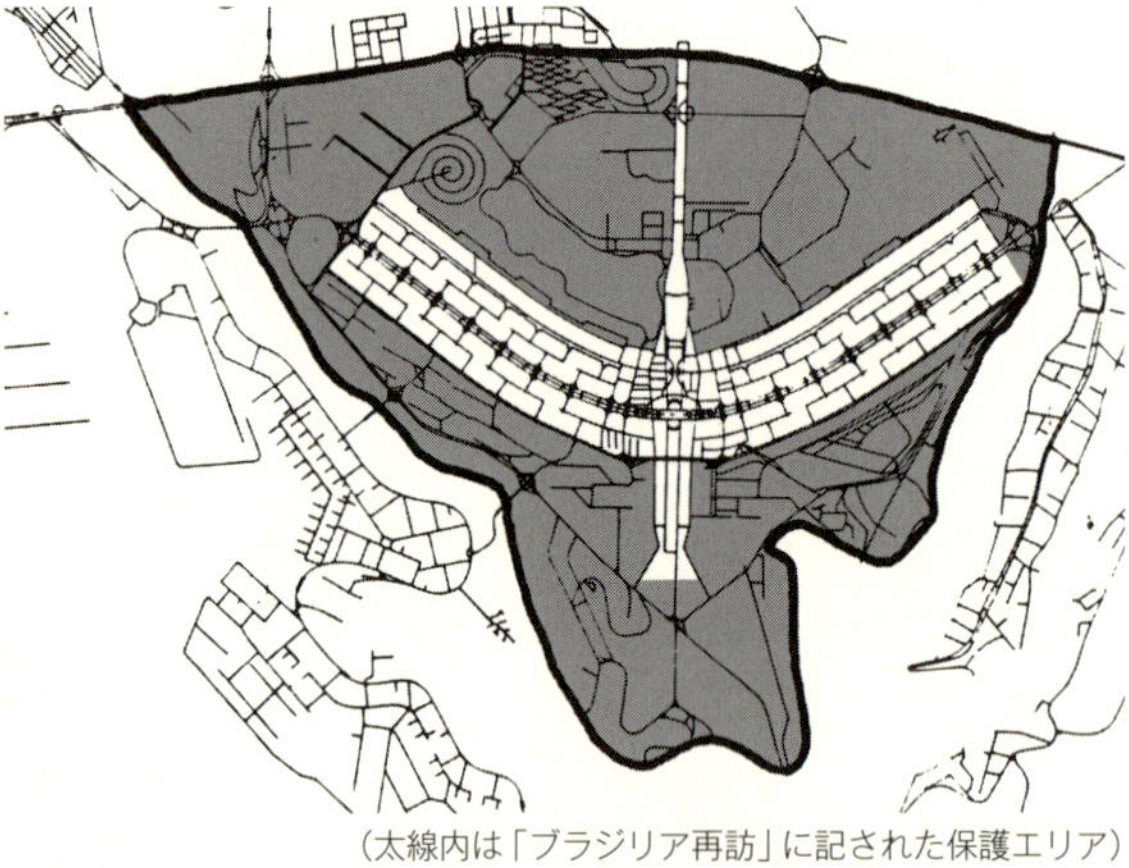

（太線内は「ブラジリア再訪」に記された保護エリア）

られているし、駐車場は、車二台につき一本の木を植えるよう、コスタは口を酸っぱくして言い続けてきた。確かに、あの暑いブラジリア、車を停めておくと焼けつくように熱くなるから、ブコリコスケールといわずとも、樹木があることは大歓迎だ。モニュメンタル軸は一面の芝生敷きである。テレビ塔から見るブラジリアはまるで森の中にあるようだ。それというのも、コスタがブラジリアを「シダージ・パルケ」としてそのように構想したからだ。その意味では、ブコリコスケールはブラジリアのすべて、ということになる。

このブコリコスケールについて、コスタは、一九六一年には、「湖あるいは田園など週末のためのオープンエリアのブコリコスケールを追加することができる」というにとどめたが、一九八四年には、「広大なオープンエリアは、密に植樹されたり自然植生に覆われることを維持して、建築されたエリアに直接に接して、ブコリコスケールの存在をしるす」「都市空間のリズムと調和へのブコリコスケールの介入は、占有されたところから占有されていないところへの変わり目のない通行で感じられるようになっている。壁の代わりに、都市は植樹されたオープンエリアで境界を画定されることとした」と、その存在を強調するようになった。

ブラジリアは当初から都市全体として低密度の都市であることをめざした。実際、スーペルクワドラでは建物は土地の一五パーセントを占めているだけで、広大な芝生地が両軸沿いの広大なエリアを覆っている。それゆえに、取り立ててブコリコスケールを強調しなくてもよかった。それだけに、逆に、特定のスペースをブコリコスケールといわねばならなかった。ところが、次第に地域のサヴァンナのような植生であるセラードの破壊が目立つようになってきた。セラードと都市の広大な整然とした芝生地とのコントラストは、オリジナルプランに示された文明化するという使命のシンボルである。これはいかなることがあっても維持しなければならない。そこで、ブラジリアを構造づけるひとつのスケールとして、ブコリコスケールをあらためて表明するようになったのだ。そのもっともシンボリックな地点が、三権広場の周囲から湖岸に至るエリアということだ。

都市のレクリエーション空間

ブラジリアのすべてをブコリコスケールとする捉え方を広義のブコリコスケールとすれば、そこからモニュメンタルスケールとレジデンシャルスケール、そして社交スケールを除いた部分は狭義のブコリコスケールということができる。

これらがどのようになっているか、みていこう。

まず、高速道路・居住軸から西の部分である。

鉄道・長距離バスターミナル（旧鉄道駅）の近くには、クルゼイロヴェーリョ（古いクルゼイロ地区）、クルゼイロノーヴォ（新しいクルゼイロ地区）、アレアスオクトゴナイス（八角形地域）の住居地区、都市軍隊地区、気象台、グラフィック工業地区がある。クルゼイロノーヴォとアレアスオクトゴナイスの住居地区は、一九八四年のコスタのプラーノピロットの見直し時に提案されたものである。

このあたりは、実行プランで、全体が東に移動し、鉄道駅がさらに西に置かれることになったため、モニュメンタル軸が倍ほどに延伸されたところである。実行プランでは、鉄道駅前の兵舎ゾーンの東に、都市の「肺」のように、植物園と動物園が予定された。この都市の「肺」と居住軸の間は、テレビ塔の西、モニュメンタル軸のそばにスポーツ地区が、そして市のシビックセンターがスポーツ地区と都市の「肺」の間のモニュメンタル軸沿いに設けられた。そのほかの部分は、南の墓地があるだけで、コスタの言うカンポのままであった。つまり、この部分は、兵舎ゾーンを除くと、都市のレクリエーションとカンポからなることが構想されたということになる。つまり、カンポの地でレクリエーション活動をおこなうのである。それがブコリコスケールということである。

ところが、実行プランの都市の「肺」の南の部分は、すでに一九六四年には『コヘイオブラジリエンセ』紙にエリアの一部が売却されたのを皮切りに、グラフィック工業地区となった。残りは気象台となった。また、この部分の兵舎予定地はクルゼイロヴェーリョなどの住居地区になった。ここは共和制になって新首都の場所を検討するために派遣されたクルルス調査隊が野営地を張ったあたりである。クルゼイロヴェーリョは一九五八年に建設が始まり、ブラジリアの開都に先立って、リオデジャネイロから主として病院関係の公務員が移り住んだ。森林の真ん中にすべて同じ真っ白な家々が並んでいた。人けのない墓地に近づいたような印象を受けた、と最初の移住者が証言するような住居地区であった。最初の名前は墓地、次はガヴィアン(鷹)であった。

一方、都市の「肺」の北の部分は、南側の兵舎が住居地に変わったためか、ほぼ全面的に兵舎になった。これで実行プランの都市の「肺」はほぼ消え失せてしまい、植物園も動物園もここにはつくられず、このあたりは狭義のブコリコスケールからも遠ざかってしまった。

残るカンポの部分は、プロポーザルの都市の「肺」の位置にあたる。

その北の部分にスポーツセンターがつくられたが、植物園がつくられなかったので緑の塊に囲まれることはなかった。体育館とスタジアムのほかに、サーキット場が建設され、キャンプ場に広大なエリアがあてられた。植物園は湖の南の縁に移動され、都市を囲む緑の帯に統合された。さらに、近年、キャンプ場は取り払われ、一部は住宅地に、一部はブルレ・マルクス生態学公園に変更されることになった。

南の部分は、一九七〇年代に、大規模敷地地区に接して、ブラジルの南半分アザスルの全

ルシオ・コスタのクルゼイロノーヴォの計画 (Costa, Maria Elisa; Lima, Aleildo Viegas. *Brasilia 57-85, do plano-piloto ao Plano Piloto*. Brasilia: TERRACAP, 1985)

長に沿ったブラジリア都市公園がつくられ、その先に、コスタがイメージしたようなものにはならなかったが、墓地がつくられた。ただ、ブラジリア都市公園にはスーペルクワドラから徒歩で到達できるわけではない。なお、計画段階だが、ブルレ・マルクス生態学公園も同様に、北の居住軸のほぼ全延長に沿ってつくられることになっている。

このような変更について、コスタたちは、「このような規模の公園の存在は、戸外でのレクリエーションと文化のあらゆる活動へのよりよい利用を可能にするインフラストラクチュアを容易にする」「都市の「肺」は規定されたようには存在しないが、ブラジリアはあまりにも進歩的なのでその欠落を感じさせることはない。しかしながら、非常に近づきやすく、都市に統合され、モニュメンタル軸に近い場所に置いたレクリエーション装備の散逸は残念に思う」と述べている。*

こうした変更があったものの、都市のレクリエーションエリアとしてブコリコスケールがある。

次に、高速道路・居住軸から東の部分である。パラノア湖に至るところで、コンクールの審査員のひとり、ホルフォード卿が、不法占拠されやすい場所だから、プラーノピロット全体を東に移動するように勧告し、その通りに実行プランをつくった。

今、この狭義のブコリコスケールは、北の部分はブラジリア大学がそのほとんどを占めており、南の部分には大使館地区がある。湖岸にはスポーツクラブ地区や団体のクラブ施設、さらにはツーリストホテル地区があり、そして大統領官邸と副大統領官邸などがある。大統領官邸はパラシオダアルヴォラーダ、つまり夜明けの宮殿と呼ばれるが、副大統領官邸はパラシオドジャブルーと呼ばれている。ジャブルーとはこの地域に生息するダチョウのような動物だが、さえない男という意味もある。官邸の芝生敷きの庭をジャブルーが散策している

* Costa, Maria Elisa; Lima, Aleildo Viegas. *Brasília 57-85*, 1985.

光景に時々出くわすことがある。

湖岸は、個人住宅が占有していることこそないが、各種団体の保養施設がけっこう立地しているから、自由に近づくことができるわけではない。それらの団体に属していなければ、湖岸の生活を享受できないといってもよい。こうした湖岸をコスタは、「プラーノピロットは水沿いに建てられた壁というブラジルの伝統的なイメージを捨てた。湖岸は、クラブの場合は私有化されるだけで、すべての人びとが自由に行くことができるように考えた。ブコリコスケールがまさっている場所である」*と評価している。つまり、私的な占有を認めたうえで、そのブコリコスケールの規準の順守を示唆している。一歩中に入ったところも、カンポが保たれてはいるが、ここにも各種団体が保養施設を確保しつつある。

* Costa, Maria Elisa; Lima, Aleildo Viegas. *Brasília 57-85*, 1985.

その意味では、東側のブコリコスケールは、大学および大使館という広義の文化施設そして施設的なレクリエーション利用として、ブコリコの風景規準によって管理しようとしているということができる。野で思索し、野に遊ぶ、とでもいえばよいだろうか。ブコリコスケールとは、単にカンポがそこにあるだけのものではない。

セラードを文明化した象徴空間

三権広場と湖の間の広大なオープンエリアを、コスタは、ブラジリアが内陸のセラードを文明化する使命をもってつくられたことを象徴するものとして、ブコリコスケールに置くことを強く、繰り返し提示した。そして、三権広場の周辺地域を保全エリアとし、さらにその周囲を保護エリアにすることを提案した。*

* Costa, Maria Elisa; Lima, Aleildo Viegas. *Brasília 57-85*, 1985.

しかしながら、北側の、三権広場に非常に近いところには、大統領官邸のアルヴォラーダ宮殿とブラジリアパレスホテルの建設のために一九五六年にはすでに建設労働者の野営地があった。その仕事が終わると、今度は三権広場とモニュメンタル軸の建設のために現在のヴィラプラナルトの地に野営地が移った。ノヴァカップはその近くに他の野営地の設置も認め、一九五七年にヴィラが生まれた。ブラジリアの開都とともにサモンバイアなどのシダージサテリテに移住することになっていた。しかし、そこには労働者たちばかりではなくエンジニアたちも住んでいたので、家々が建ち並び、場所は心地よく、木造家屋は樹木で隠され、ヴィラプラナルトは開都後も生き残った。二五年以上に及ぶこの非合法の居住地は一九八八年、ブラジリアの建設の初期段階の証言者として歴史遺産に登録された。

この戸建て住宅地の合法化は、周辺にファヴェーラを誘発し始めた。それは、都市と大統領官邸アルヴォラーダ宮殿間のルートを無残にしかねない。そこで、プラーノピロットからスポーツクラブ北地区を通って大統領官邸に至るホテイスデツリズモ大通りに沿って、幅約二五〇メートルと長さ約二キロメートルの土地の帯を設け、将来の集合住宅の設置にあてることとなった（クワドラプラナルト）。ピロティの上に建つ四階からなるスーペルクワドラが想定されている。*

野に暮らす

ブラジリア大学のキャンパスは、北の居住軸と湖岸の間をほぼすべてカバーするほどの広大さをもっている。湖岸の一部も大学のキャンパスだ。教職員の多くは大学が所有するスーペルクワドラのアパルタメントに住むが、キャンパスにも居住区があり、ゲストハウスもある。キャンパスはまさに「野に暮らす」という趣きがある。

ルシオ・コスタがもともと考えた大学キャンパスの構想では、ふたつの構造が抜きん出ていた。ひとつは中央学術研究所、もうひとつは大学の威厳の空間「大広場」で、大学本

＊Costa, Maria Elisa; Lima, Aleildo Viegas. *Brasília 57-85*, 1985.

パラノア湖

ヴィラプラナルトのシンボル的存在の木造教会だが、不審火で焼失してしまった。

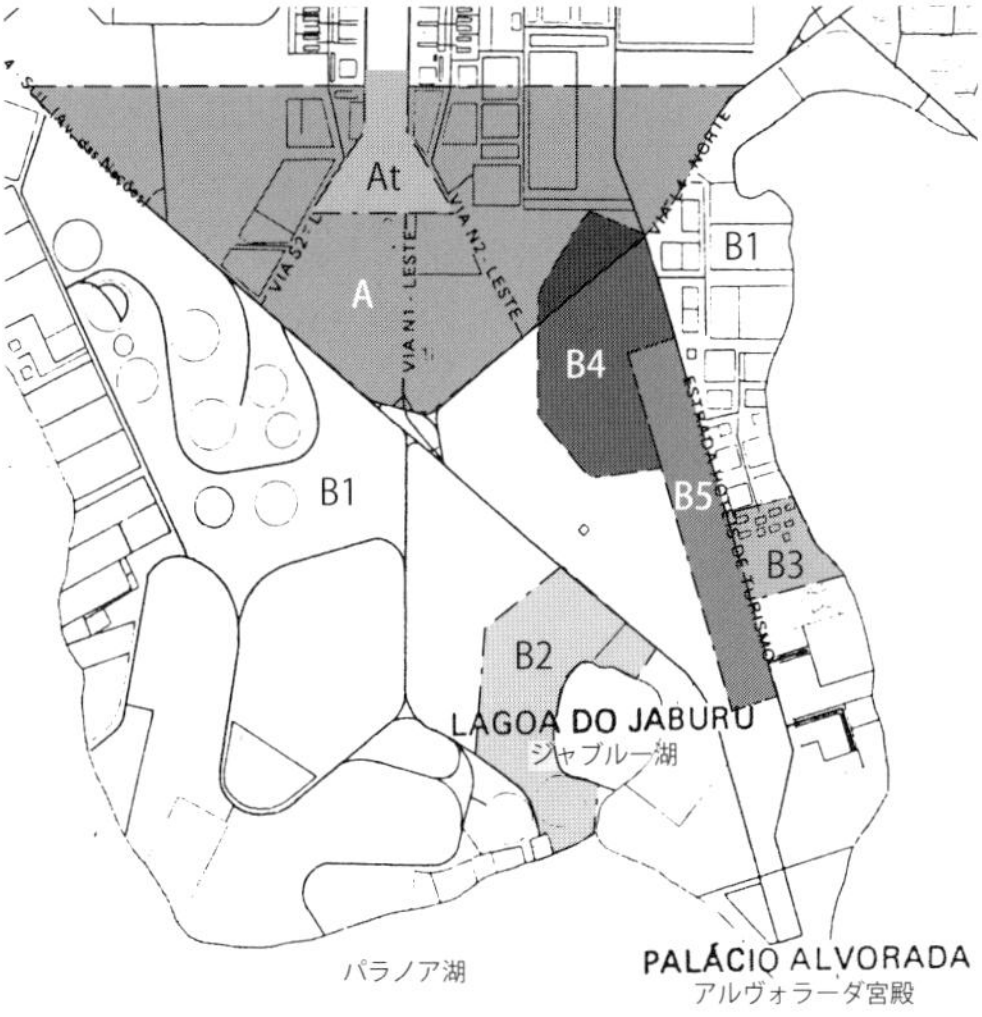

三権広場と湖の間のブコリコスケール
At 保存登録エリア
A Atを保護する保全エリア
B1 レクリエーションクラブの規準を適用するエリア
B2 パラノア湖とジャブルー湖に自由にアクセスできる、宮殿に隣接する、公共公園の設置に用いられるエリア
B3 野外劇場 コンシャアクースチカ（Concha Acústica）の近く、公共公園の設置に用いられるエリア
B4 ヴィラプラナルト
B5 クワドラプラナルト
（Costa, Maria Elisa; Lima, Aleildo Viegas. *Brasília 1957-85*, 1985）

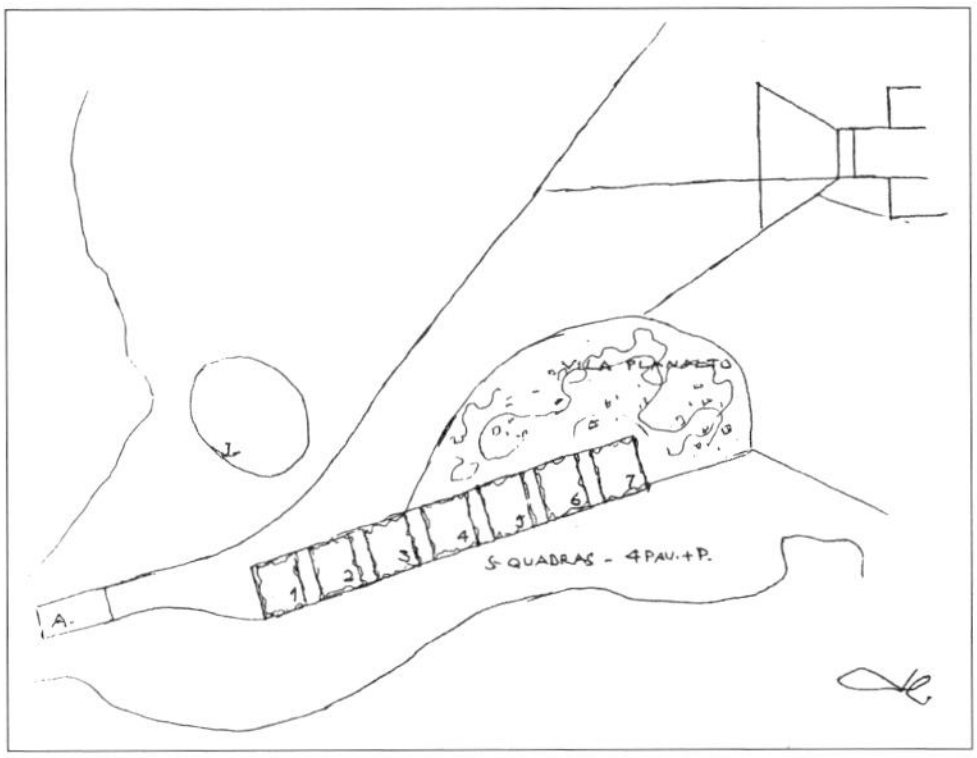

コスタによるB5のクワドラプラナルトに対する提案。ヴィラプラナルトに取り付こうとするファヴェーラ（スラム）を避けるために、ピロティ付きの4階建てのアパルタメントからなるスーペルクワドラを提案した。

部、図書館、博物館、そしてアウーラ・マグナからなっていた。これを受けて、一九六〇年代、早い段階で、当時ブラジリア大学建築学部の教授であったオスカー・ニーマイヤーが設計した中央学術研究所は、居住軸をほうふつとさせる全長七四〇メートルのプレストレストコンクリートが架け渡された高さを抑えたロッジア付きの二棟が平行に走る、地面を這うような建築である。

大使館はそのほとんどが南地区に集まっている。大使館の建築は自国の建築家によって設計された。それぞれまったく独立して建てられており、まるでコロニアルの野の中に建つ大邸宅のようである。

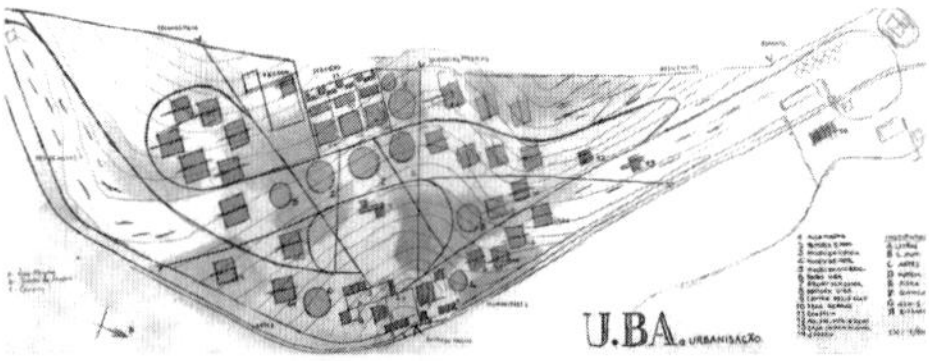

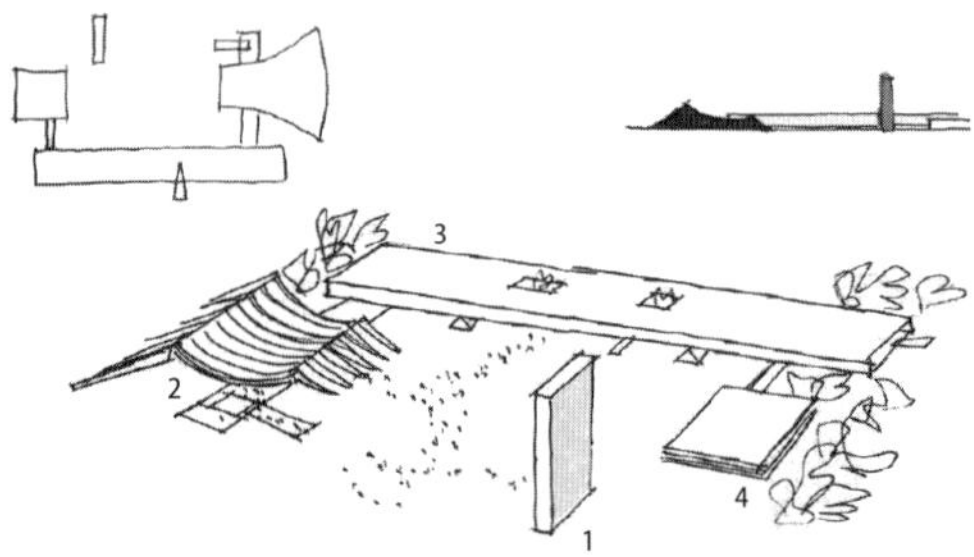

1 大学本部　2 講堂　3 博物館　4 図書館

ブラジリア大学
(上)ルシオ・コスタの大学都市キャンパス計画(UNB. Plano orientador da Universidade de Brasília. Brasília: EdUNB, 1962)
(中上)キャンパス航空写真。1970年代(Arquivo CEDOC deUnB)
(中)中央学術研究所のエントランス
(中下)中央学術研究所のロッジア。オスカー・ニーマイヤー設計
(下)オスカー・ニーマイヤーの大広場計画(UNB. Plano orientador da Universidade de Brasília. Brasília: EdUNB, 1962)

首都に求めたもの

ブラジリアは、人びとがイメージをかき立てずにはいられない存在のようである。

コスタ案を採用したブラジル政府は、プラーノピロットの形態を「奥地への開拓を進める意味をもつ飛行機の形」と表現し、飛行機は文明の象徴であり、飛行機なくしては存在しえない都市であることも意味されている、と表明している。日本の建築家・黒川紀章も、ブラジリアを訪問したとき、ジェット機をイメージした。南北の住居地区をそれぞれアザスル、アザノルチと、アザを使って呼んでいることもそのことを助長していよう。アザとは翼のことであるが、コスタはプロポーザルでは枝という言葉を使っている。また、この形が、ブラジル原住民が狩猟に使う弓矢をも連想させるとして、文化人類学者のミルチャ・エリアーデのいう、その超自然的な速度と威力から呪術的な意味をもつ矢を放つ行為は、人類が最初におこなった「空間の征服」を意味すると解説する人もいる。画家のナンシー・フェレイラが描くブラジリアは、翼を広げて飛んでいく人体である。

これらはすべて、コスタがプロポーザルでいう「場所をしるしたり占有したりするときに人がみせる最初のしぐさ、まさにそこから生まれた。つまり、直角に交わったふたつの軸。まさしく、十字架のしるし」からきている。イメージするものこそ異なるが、これらのイメージはすべて、十字架のしるしからもたらされているのである。

十字架のしるしは、ブラジルの根源そのものである。ブラジル「発見」時には、十字架が立てられたし、ブラジリアも十字架から始まった。そこから出発して、ブラジルは各時代を生きてきたし、これからも生きていくことだろう。それを表象するのは、首都であるブラジリアをおいて他にはない。

十字架のしるしは日常的には、モニュメンタル軸であり、居住軸であり、社交スケールであり、ブコリコスケールである。ブラジリアに暮らすとき、十字架のしるしに暮らし、それを日常的に享受している。現世の世界である。ただ、日々の生活ばかりに目をとられて、十字架の存在に気づくことはない。しかし、何か事があると、内に潜んでそれらのスケールを現実のものにしていた十字架のしるしがあらわになってきて、それが人びとにいろいろとイメージさせるのだ。内なる世界である。この両者があって初めて、ブラジリアは発展していく。ブラジリアが発展していこうとするとき、内にあってそれを支える十字架のしるしがあらわになって、発展を促すのである。現実のブラジリアが花であるとすれば、内なるブラジリアは根っこである。根っこがなければ、花は咲かない。この根っこを、コスタはしっかりと植えつけたのだ。

これがコスタのいう「モニュメンタルとなる全体」ということなのであろう。「華美ということではなく、価値があり何かのしるしを表象しているものをはっきり知覚できる、いわばそれを意識する表現」であるモニュメンタルとなる全体である。

ブラジリアは、ブラジル人でなくとも、それに気づかせてくれる。

第7章

世界遺産へ

都市の歴史的現代性を保護する

SPHANという組織

ブラジルで、歴史文化遺産の保存事業が始まったのは、ブラジリダージを前面に出して国民国家の形成を推進したヴァルガス政権の時代である。一九三六年にはル・コルビュジエを招聘してルシオ・コスタのチームによる教育保健省の本部ビルの設計が始められた。翌一九三七年一月には同省の中に国立歴史文化遺産事業SPHAN（現IPHAN）が設置された。ブラジルのオリジナルの遺産を整理し、それを保存しようとする機構であった。いずれも国民意識の涵養という大きな目的をもっていた。

そのSPHANの建築部門の長にルシオ・コスタが招かれた。そこにはオスカー・ニーマイヤーもいたし、ニーマイヤーのエンジニアパートナーのジョアキン・カルドーゾもいた。彼らは教育保健省本部ビルという国の将来の記念物を設計している最中であった。現代建築をつくる一方で、ブラジルのオリジナルの過去として彼らが見たものを研究し、目録をつくり、保護することに没頭したのである。ちなみに、コスタは一九七二年の退任まで国立歴史文化遺産事業を主導し、その後も死ぬまでその中心的存在として関わった。

一九三〇年代後半から五〇年代の中頃まで、モダニストの建築家と知識人たち―その中に、一九三三年にあの『大邸宅と奴隷小屋』を書いて、のちに、ブラジルを「人権デモクラシーの国」として世界に知られるようにさせたジルベルト・フレイレもいて、コスタと机を並べていた―はSPHANで一六世紀から一九世紀のブラジルの芸術と建築に関する一連の研究をおこない、史料編纂の基礎を築いた。ブラジルの文化遺産は美術、歴史、考古学と民族誌と景観、そして応用芸術の四つのカテゴリーにしたがって分類され、保護台帳が作成された。過去の建築物は、保護台帳にリストアップされたのちに、法律で保護された。

かくして、一九三〇年代以降、彼らモダニストたちは、コロニアルの教会や要塞、一八世紀の歴史的都心のヴァナキュラーな建築、一九世紀のネオコロニアルの宮殿の実測資料などを収集、分析してブラジルのアイデンティティを探し求めた。そして、モダニズムの建築は、コロニアルの美的アイデンティティの延長としてこれらの遺産の連続体となって現れた。木の柱と土壁でできたコロニアル建築の飾り気のないシンプルさは、支配的であったアカデミズムスタイルに対抗する一方、国際的で機能主義的な建築をナショナル化する論法として土壁と木の柱を用いさせた。現代においてガラスをはめるか石積みで充填された鉄筋コンクリート構造は、ブラジルの過去にあった土のレンガで満たされた木造と同じではないか、というのである。そのコロニアル建築を現代化していくと、モダニズムの機能主義と同じものになったのである。そこから、いわゆるモダニズムとは異なる、ブラジル独自のモダニズムが生まれた。「モデルニズモ」である*。

このブラジルのモダニストの建築家たちの発想と実践は、一九三九年に開催されたニューヨーク万国博覧会のブラジル館で世界を驚嘆させた。コスタとニーマイヤーの手になるブラジル館である。そして、これがニューヨーク近代美術館の展覧会「ブラジル《ブラジル》は建築する《ビルズ》」をもたらした。一九四三年のことである。この展覧会のキュレーターのフィリップ・グッドウインは、過去のモニュメントの横に現代建築の模型を展示して、新旧ふたつのブラジルの建築をアメリカの観衆に提示した。この手法はグッドウインが彼のブラジル滞在中に接触したSPHANの担当者から影響を受けたものであろう。やがて、ブラジルの現代建築の質の国際的な評価は、国内でも熱狂的に取り入れられるようになった。

SPHANができた最初の一〇年間は、前世紀に建てられたものだけが記念物としてリストアップされた。ところが、これに新しいページが加えられることになった。一九四七年のことである。ミナスジェライス州の州都ベロオリゾンテの人造湖パンプーリャ湖畔に建て

*このことは、本書の第4章「ブラジリアへのルシオ・コスタの道のり」に詳しい。

られた教会が歴史的記念物としてリストアップされたのだ。その後のブラジルの建築に大きな影響を与えることになったこのモデルニズモ建築は、一九四二年にニーマイヤーによって設計されたものだったが、建設が始まって五年、このプロジェクトは完了せず、オーナーによって取り壊される可能性すら出てきた。そこで、コスタがこの教会を記念物に格付けしたのだ。つまり、「この記念物の例外的な価値は遅かれ早かれ国の記念物として我々の保存登録に付け加えられることになろう。それゆえに、適切な保存手段を欠くがために悪化してしまうことは犯罪である*」というのである。

コスタは、このような前例を見ない措置を、この「予防的な」行動は二〇世紀のブラジルの建築遺産を後世のために保証することを意味するといって、正当化した。

この二〇世紀のブラジルの建築遺産とは、ほかならぬ、ブラジルという国のオリジナルなルーツを体現したものであった。それだからこそ、どんなことがあっても守らねばならないものであった。

コスタたちが手掛けた教育保健省の本部ビルも同年、保存リストに付け加えられた。完成後わずか二年であった。ブラジルの歴史文化遺産の保存概念にまったく新しい項目が生まれた。

過去と未来の監視者

ブラジリアの建設が本格的に動き出す前、ニーマイヤーの手によって一九五六年につくられた木造のピロティ建築である臨時大統領官邸カテチーニョは、クビチェッキ大統領の要請で、完成してわずか三年後、一九五九年に国の記念物となった。「くだんの建物がブラジリアの都市的、建築的実現のもっとも初期の表現であるという事実に照らして、歴史的な登録

*Pessoa, José. *Lúcio Costa: documentos da trabalha*. Rio de Janeiro: IIPHAN, 1999.

パンプーリャの教会 Igreja de São Francisco de Assis em Pampulha ベロオリゾンテ。オスカー・ニーマイヤー設計。(Foto: Bernardo Gouvêa)

にそれを記載することは十分に正当化される」というのがその理由であった。まだブラジリアそのものができていない段階の遺産リスト入りであった。

ブラジリアの二番目の保存リスト入りは、カテドラルである。カテドラルを建て終える資金を調達することが難しかったので、建設現場を保存登録に入れることが考え出され、一九六七年六月、多くの政治家と市民が関わってそれに成功した。そして、三年後の一九七〇年五月、カテドラルが公開された。

このように、ブラジリアでは、記念物へのリストアップは、最近に完成した、もしくは建設中であるかどうかという段階のモデルニズモの建築に与えられた。関連立法が歴史的美的遺産を保護しただけでなく、その後の変更からプロジェクトを救うことになった。

このSPHANの顕著な特徴は、ブラジリアではないが、リオデジャネイロのフラメンゴ公園のプロジェクトにみることができる。この公園は、海岸の大規模な埋め立て地を利用して造園家ブルレ・マルクスとリオの建築家エドアルド・レイディが計画したものである。この公園が保存リスト入りした一九六五年には、全体の三分の一ができていただけで、パビリオンから庭園に至るまで、多くの施設は実現していなかった。そこで、この公園は「草案」としてリストアップされた。SPHANは実現の管理人ともなった。

この公園の保存の目的は、都市のこの部分のために定められた都市デザイン規範を変え、望ましくない建物をつくるであろう不動産業界の関心からこのモデルニズモの記念物を救うことであった。公園は未完となり、もともとのプロジェクトには含まれていなかった新しい施設のためのプロポーザルは、公園の管理の担当をめぐって、連邦保存局と市役所の間にかなりの葛藤を生んだ。

コスタを中心としたこの時期のSPHANの建築家たちの中で統合された「過去と未来の

フラメンゴ公園Parque do Flamengo リオデジャネイロ。ブルレ・マルクスとエドアルド・レイディ設計。(Foto: Marcel Gautherot)

監視者」という二重性は、景観破壊あるいは取り壊しの脅威にさらされたモデルニズモの作品を保護する革新的な手法をもたらした。建築家たちは歴史的なストックばかりが取り上げられるという宿命の中からモデルニズモの作品を救い出し、将来に対してオリジナルな計画を確保しようとしたのである。

ブラジリアは、一九六〇年四月二一日、開都した。モニュメンタル軸は曲がりなりにもできていたが、居住軸は南の、それも一部ができていただけだったし、プラーノピロットの中に住むことができない人びとのために、遠く離れたところに多くのシダージサテリテ(サテライトタウン)がつくられていた。

それから一〇年たってもまだ完成しなかったので、ブラジリアは批判にさらされるようになった。そこで、上院にブラジリアの問題を検討する委員会がつくられ、そこにコスタが呼ばれて、なぜプロジェクトが進まないのか、説明を求められた。その時、一九七四年のコスタの発言である。

私が言うことができるのは、ブラジリアのもともとのプラーノピロットのプロポーザルを再定式化しようというこの催促は、たとえ逆の理由であっても、逆説的に協力してきたふたつのセクターから主に生じているということであります。私が言っているのは、この都市の高密度の占有に関心を示すデベロッパーと彼らの高さ制限を少なくするというつものアピールのことです。それから、ブラジリアの構想の背後にある原則とそこに内在する「時代遅れの」建築オーダーを見つけたといって、あらかじめ定められた建物の高さの原則を廃止しようと考えている建築家と都市デザイナーがいることであるのです。彼らはまた、スーペルクワドラの中で異なる高さのものを建てて遊びたいと思っているし、世界中でいま流行っている経験を使って、もっと違った、集中した、ダイナミックな都市にブラジリアをすることにあこがれているのです。手短に言えば、彼らはこの都市を、それが何であるかというよりも、別の何かにしたいと思っているのです*。実際、ブラジリアの建築家と話していると、今でも、決まって、ここでは自由に設計ができないという非難の声が上がる。

次の一〇年、ブラジリアの都市デザインの規準を変更しようとする圧力がさらに高まった。このことが、ブラジリアを本来計画されたように保護する努力につながらせた。

世界遺産「コスタとニーマイヤーのブラジリア」

ブラジリアが実際にいかに保護されうるかという課題の検討は、新たに選出された連邦地区政府知事アパレシード・デ・オリヴェイラが当初の意図にしたがったプロジェクトを必要な修正を含め完成させるためにコスタ、ニーマイヤー、ブルレ・マルクスを招聘した一九八五年に始まった。それまで、ブラジリアは一九六〇年四月一三日の法令第３７５１号の３８条、「プラーノピロットのいかなる変更、ブラジリアの都市化に伴う変更は、連邦法の承認による」によって保護されるだけであった。この法律は、政治的圧力に弱く、地方の不動産業界の関心に対して絶対的にこの都市を保護する条件をもっていなかった。

そこで、知事は、国際的な知名度を活用するという戦略を考えた。彼はパリに行き、ユネスコで、ブラジリアのような現代の記念物が世界の文化遺産として考慮されなければならないという主張をおこなった。ユネスコはブラジリアを都市計画の歴史において最大の出来事のひとつとみなすという報告書をつくったが、ブラジリアに関するブラジルの保全法自体が抽象的で不明瞭なので、ブラジルはこのような要求をする条件が整っていない、と要求はすぐには受け入れられなかった。

＊Costa, Lúcio. Seminário no Senado, Brasília, 1974.

この経緯は、ユネスコの諮問機関である国際記念物遺跡会議イコモスが一九八七年五月に世界遺産委員会に提出した報告書[*]に要約的にみることができる。いわゆるモダニズムとモデルニズモの関係を適切に判断している一方で、ル・コルビュジエとの関係など不十分な箇所もあるが、当時のブラジリアを見る視線がよくわかるので、それを以下に引用しよう。

国家遺産第４４５号

提案遺産　ブラジリアの歴史的・文化的・自然的・都市的遺産をあらわす全体

場所　連邦地区

会員国　ブラジル

データ　１９８６年12月31日

イコモスの勧告

世界遺産リストに提案された文化遺産の登録を延期すること

説明（パソーリの意見）

……二〇世紀のユルバニズムの原則は、都市のスケールではめったに明らかにされてこなかった。注目すべき唯一の例外は、……一九五六年から五、八一四平方キロメートルの連邦地区の中心に無からつくり上げたブラジルの首都ブラジリアのそれである。

ブラジルの中心に首都を創設するという着想は古く、一七世紀末以来さまざまな場面で表明されてきた。独立百周年の一九二二年、将来の首都の場所としての中西部の選定は、現在のブラジリアから北東に数キロ、プラナルチーナの近くに建てられた「礎石」によってシンボライズされた。

首都の創造からブラジルの空間と工業の拡大、そして大事業の重視という彼の政策のシン

＊ Guia de Brasília, Histórico, Brasília Patriônio cultural da Humanidade.

ボルをつくったのは、一九五五年に共和国大統領に選ばれたジュセリーノ・クビチェッキであった。

すでに一九五六年に、クビチェッキ大統領は、都市の正確な場所を選定する委員会と執行機関ノヴァカップに土地の購入と建設を実現することを託した。同年、オスカー・ニーマイヤーが建築・都市計画部門のディレクターに指名され、ルシオ・コスタがブラジリアの計画の選考に対して公開コンクールに勝利した。

これらの選考は彼らの仕事を証明してきたひとつのチームを再び集めた。すなわち、一九三六年から四三年にかけてコスタとニーマイヤーはリオデジャネイロの教育文化省の建設で協同した……。

機能分離と自然の大空間の開放、そして大循環路の線引きに基づいた都市理想の決定は、コスタとニーマイヤーの諸原則によって構想されたが、それを進化させるにあたり、ブラジルの状況にもっとも当てはまる解決を考えると、「インターナショナルスタイル」の機能主義を用いないだろうということが予測された。すなわち、これに関連して、ニーマイヤーが、一九三九年にニューヨーク博のブラジル館をコスタと共同でつくったのちに、一九四二年から四四年にかけてパンプーリャ全体をクビチェッキの依頼で建設していたことは忘れてはならない。

ルシオ・コスタ作の、大きな表現力を持ったブラジリアのプラーノピロットは、彼が言うように、「場所をしるしたり占有したりするときに人がみせる最初のしぐさ、まさにそこから生まれた。つまり、直角に交わったふたつの軸。まさしく、十字架のしるし」から生まれた。そのあとに、このしるしを土地の地形とよりよい方角にあわせた。つまり、軸の一本をカーブさせた。

……南北軸は、それに沿って居住ゾーンを整列する大自動車路を規定し、それはその商業エリアとレクリエーションエリア、緑地、学校、教会などによって半自治をそれぞれがもつスーペルクワドラをつないでいる……。

東西の垂直な軸は行政街区を結び付け、現実に、一九六〇年に首都となった新しい都市のモニュメンタル軸を形成している。オスカー・ニーマイヤーは、そこで、形態の純粋さによって明白なモニュメンタルの特質をもつもっとも名高く注目に値する彼の建物を建てたが、それらは水平と垂直の建設の間の、方形のヴォリュームと曲面との間の、自然の材料とある種の建設のサテンのようなタッチとの間の造詣の深いコントラストから生まれている。

ブラジリアの都市景観の最高の成果の中で、三権広場の周囲の、プラナルト宮殿すなわち政府宮殿、上院のドームと下院のドーム—後者は裏返して口を下にしている—とそれに隣接するツイン状の二本の摩天楼をもつ国会議事堂、そして最高裁判所宮殿に我々は言及することができる。

めったにない造詣の質をもつ他の言及は、省庁のエスプラナード、高さ四〇メートルのコンクリートの一六の放物体をもつカテドラル、ジュセリーノ・クビチェッキ記念館、国立劇場などである……。

ブラジリアの誕生が、大きな挑戦ゆえに、プロジェクトの大胆さ、つまり使用手段の幅広さゆえに、都市計画史におけるもっとも重要な事実であることは、議論の余地はない。

クビチェッキの大統領の任期が終わった一九六〇年から、特に新しい政治の導入と建築チームの四散が起こった一九六四年から、ブラジルの若い首都は深刻な困難さを経験し、そのいくつかは今日まだ取り除かれていない。

クビチェッキとコスタ、ニーマイヤーは、超過した人口をサテライトタウンが引き受けるとして、五〇万人から七〇万人を想定した。今日、ブラジリアはプラーノピロットに住む三〇万人の人口と、七つのサテライトタウンに散らばっているが、一九五六年から五七年にかけて作成されたプランを損なって現れた悲惨な周囲にも散らばっている何倍もの通過人口をもっている。

規制計画や都市計画の法令がなかったので、コスタとニーマイヤーの規準は大きな無秩序に陥った。すなわち、ある地区では、空き地での建設、道路網の変更など……当初の素晴らしい質をもつモニュメンタルの景観がきわめて深刻に変わった。

こうした変化とブラジリアの発展への脅威は、一九八一年、ブラジリアの歴史文化遺産の保全に対する作業グループをつくるよう、アロイシオ・マガリャエスを促した。

このグループは重要な資料をまとめ、深く先を見越した熟考ののちに、世界遺産のリストにブラジリアを登録するために提案された三つの保護ゾーンを決定した。

○ルシオ・コスタのプラーノピロットをカバーする絶対保護ゾーン
○緑地の優位性が保証されている干渉ゾーン
○ほぼ全体が住宅地として建設された人造湖とその湖岸を含む周辺ゾーン。もっと柔軟に保護できなかったのであろう。
○作業グループはまたブラジリアの誕生の歴史的な目撃者を登録することを提案した。すなわち、都市群と周辺の伝統的環境（プラナルチーナ、ブラズランディア、そして八つの古い農場）と、首都の建設の良き時代（一九五七〜六〇年）のもっとも壊れやすい感動させる痕跡である、労働者の野営地。

イコモスは、世界遺産のリストにブラジリアを登録することに賛成する原則にひとつの意見を表明すると同時に、保護の最低限の方策がコスタとニーマイヤーの都市の創造の保護を保証するまでこの登録を延期するべきであると評価する。

コスタのプラーノピロットの採用は一九八七年三月にその最終的な局面に入り、同年中に関係する司法権の対象にならなければならない。

干渉ゾーンの保護の方策に関しては正確な日付は用意されていない。そのため、当然のことながら、作業グループの切望は十分に保証されるものではない。

イコモス　1987年5月
レオン・パソーリ教授（ソルボンヌ第一大学）

この勧告を受けて、知事は建築家のイタロ・カンポフィオリトが草案を作成した政令10892号（一九八七年一〇月一四日）にサインしたが、それはブラジリアのいわゆるプラーノピロットの保存規則を定めたもので、この都市構想を形づくる四つの異なる都市スケールを保存することによってコスタのもともとのプロジェクトを保護するというものであった。コスタは、ブラジリアの都市は四つのスケールからつくられていると断言したが、それが最終的にカンポフィオリトによって保存のための規範に導入されたのである。[*] この政令の添付資料に、コスタがブラジリアを再訪してその保存原則を検討した「ブラジリア再訪」がそのまま収録されている。

そして、一九八七年一二月七日、第一一回世界遺産委員会通常総会で、ユネスコブラジル大使の作家ジョスエー・モンテッロは、「我々は現在に対して過去の記念物を保全してきた。いま、反対に、我々は将来に対して現在の記念物を保全することを考える」と演説を締めくくった。満場一致でユネスコの世界遺産リストにブラジリアのもともとのプラーノピロットが加えられた。開都して三〇年にも満たない都市が世界遺産に登録されたことは、ブラジ

* Campofiorito, Ítalo. "Brasília Revisitada". SPHAN, special issue, 1990.

ルのモデルニズモの建築家たちの「過去と未来の監視者」の国際的な認知でもあった。ただ、この政令はブラジルの国の制度に先行したものであったから、ユネスコは将来ブラジル政府が保存手法を変更するかもしれないということを恐れたが、一九九〇年にこの都市を保護する連邦政府の法律が最終的に国会を通過したときに、それは小さなものとなった。

この世界遺産は、二〇世紀のモダニズムの都市と建築に与えられたものではない。自らの国のオリジナルなルーツを求めてたどり着いたブラジルのモデルニズモの都市と建築に与えられたものである。それゆえに、この世界遺産は、モデルニズモをつくりあげたコスタとニーマイヤーのブラジリアなのである。

都市の文法の保存

ブラジリアの国レベルの保護の検討は、当時SPHANの長であったカンポフィオリトから要請されたコスタからの手紙で始まった。* そこでコスタは、この都市の設計者として、ブラジリアの固有の建築群を保存する必要性とともに、プロジェクトの構想を導いた四つの原則を改めて確認した。

「デザイン」―つまり都市構成―の厳密で根本的な観点からとらえるとき、都市の将来の空間的な集まり、すなわち自然(畑や木立、木々として開墾された)の中で維持されるべき緑地と最終的に建物が建てられる空白地帯を規定し制限することが問われる時代となった。記念物の地位を与えることだけが、考えられてきたかつてのブラジリアを見る機会と権利を将来の世代に確約することができる。

当時、二本の軸にしたがって構築されたマスタープランは完全には実現されておらず、したがって、すでに存在するものを保全するだけでは、今後、未利用地におなじ建築原則が使

* Carta de Lúcio Costa a Ítalo Campofiorito, 1 de janeiro 1990. Casa de Lúcio Costa.

われることが保証されないであろうことは、自明の理であった。

他方、コスタ自身が幾度となく繰り返したように、ブラジリアの批評家が好んで取り上げたのは、プランを構成する各要素に用いる手法に関する意見の相違ではなかった。真の問題は「建築と非建築」とが並んで都市を占有することであった。そうなった時、通常の都市の保存のやり方では質の低い建築も法的に保護されてしまうが、そういうことはコスタには想像しがたいことであった。そこで考え出されたのが、都市のマスタープラン自体を構成する四つの都市スケールのそれぞれを性格づける空間と建築群としての原則を保全するという前例のないステップを採ることであった。

その後、国レベルでは、IPHANが条例第314号（一九九二年一〇月八日）を提案して、ブラジリアの保護を拡大した。コスタとニーマイヤーは再び助言を求められ、両者ともそれぞれの意見を送り、コスタのそれが最終的に法律文に組み込まれた。

その中で、コスタは彼にとって重要であることを整理し、都市の概念を構造づける四つの都市スケールが尊重されるべきであるということを再び述べることから始めている。連邦法の3条から8条までは連邦地区政府のそれと同じ言葉を繰り返しており、ブラジリアではスケールと空白が保護されるのであって建物ではない、その容積と土地の占有率だけであるという概念を採用している。

保存という観点から、ブラジリアは、先例のないひとつの状況をつくりだした。いかなる建物も理論的には、そのスケールが再建時に維持されるならば、壊すことができるというものである。生き残るのは、都市よりもプロジェクトである。法律が保全しようとすることは、建設されたブラジリアではなく、その都市の文法であり、一八世紀のコロニアル都市を保護するのと違って、形態の現代都市を保護するのではない。たとえば一九九九年にユネスコの人類の文化遺産に登録された鉱山都市ディアマンチーナでは建物は時間の中に凍結されているが、ブラジリアではつねに新しさを保つことができるのである。

モデルニズモ都市ブラジリアは、改めて、「古くからある都市ではあるが、永遠に生きる都市」となったのである。

おわりに

筆者らが読み解いたブラジリアは、これまでの定説、通説にみるような、インターナショナルなモダニズム都市を発展途上の国が模倣したものではなかった。

ブラジルの首都は、突然にプラナルト・セントラル高原に定められたのではない。ブラジルを「発見」し、その大地に占有の十字をしるして以後、ブラジルの首都をつくらなければならないという共通した思いのもと、多くの人がブラジルの首都のことを考えて、長い時間をかけてプラナルト・セントラル高原に場所が定まっていった。

こうしたブラジルの歴史を踏まえて、コスタは、十字架のしるしに血と肉を与えて、「シダージ・パルケ」の首都ブラジリアをつくり出した。そのことは理解できるのだが、その結果出来上がったシダージ・パルケとは何なのか、プロポーザルを読む限りではわからなかった。

幸いにも、コスタは、ブラジル人にはめずらしく多くの著述と発言を残している。それをひも解いていくと、コスタがいかに考えていったかがわかってきた。ただ、難解な文章も多い。

コスタをはじめブラジルのモダニストたちは、まずブラジルの内陸のコロニアル建築と都市に出合い、次いでいわゆるモダニズム─特にル・コルビュジエのモダニズムに出合った。その時、彼らは、そのようなモダニズムならすでにブラジルのコロニアル建築に同じようなものがあったことに気づいた。鉄筋コンクリートの柱は木の柱としてすでにブラジルにあったし、ガラス壁は連続する木製トレリスあるいは土壁であった。ピロティも、ロッジア―涼み廊としてすでに広く使われていた。そうであるなら、モダニズムを模倣しなくとも、ブラジルのコロニアル建築を現代化することによって、よりブラジルの気候風土に合致した現代建築になる、というわけである。それだけではなく、そうすることによってブラジルの過去―現在―未来を結ぶことができる。こうした挑戦を経て、ブラジルの独自のモダニズムを獲得したのだ。それが「モデルニズモ」である。

「モデルニズモ」のリーダーのコスタは、メキシコやペルーなどの他のラテンアメリカ諸国と違って、ブラジルにはルーツとするべき先住民の文明がなかったことから、ブラジルのルーツ、ブラジルの基層文化をコロニアル時代、コロニアルの風景と捉え、それをまず建築レベルで現代化し、次いで都市レベルで展開していった。それが、シダージ・パルケなのである。

ル・コルビュジエの著述―『ユルバニズム』「パリ「ヴォアザン」計画」などを改めて読んでみると、彼もまた国や地域のルーツ、文化を現代建築化、都市化することを考えていたと理解できるのだが、それを「モダニズム」と、時代を切り取るようなものにしてしまったことからおかしい道をたどることになってしまったのだ、とコスタは言う。インターナショナルスタイルのインターナショナルも、そもそも世界共通という意味ではないのではないかとも言う。

このコスタの指摘は、私たちに対するコスタの強烈なメッセージではないか。でも、私たちはコスタはおろか、ブラジルのことをほとんど知らない。

そんなブラジルの首都ブラジリアを改めて世に出すには、どうするのが最良か。あまたのバイアスがかけられたブラジリアである。ブラジリアをありのまま語る以外に方法はないのではないか。そう考えて、ブラジリアの都市の物語として書き進めた。登場人物はコスタをはじめ、ブラジルの首都づくりに関わった人たちである。

その際、できるだけ彼らの言葉で語ってもらおうと考えた。スーペルクワドラやアパルタメントはスーパーブロックでありアパートメントであるのだが、そう書いてしまうと、私たちの固定概念でそれらを理解してしまうからである。ブラジリアの定説もじつはそこからもたらされている。

シダージ・パルケも、私たちの頭に染みついたエベネーザ・ハワードのガーデンシティと理解せずに、シダージ・パルケとして受け入れることから始めよう。

「ルシオ・コスタのプロポーザル」は、たとえば、ブラジルで開催されたシンポジウムを想定すると、そこで壇上に全判の模造紙をセットした画架を据え、コスタが太いマジックでプロポーザルのスケッチをサラサラと描きながら、自らのブラジリアを語っていく。一枚描いて説明が終われば、それをさっと引き離して、壇上の床にさらりと打ち捨て、新しい模造紙に次のスケッチを書きながら、説明していく。そうした場景を思い浮かべてもらえればよい。

そして、コスタに自らの作品を語ってもらい、彼の言葉に導かれながら、ブラジリアを歩いてみよう。

こうしたブラジリア物語が成功したかどうか、多少の不安を感じないわけではないが、先入観なしに楽しめていただけたなら、幸いである。

ブラジルに取り組み始めたのは、上田篤先生（当時、京大・阪大教授）が「南米都市研究グループ」を組織し、文部省（当時）科学研究費（一九七五年予備調査、一九七六年、八〇年本調査）を獲得してからであった。当時はまだ、ブラジルで外国人が研究するには、ブラジル国内の研究者との共同研究でなければならない、ということも知られていなかった。調査許可を取り付けるために奔走した記憶はいまだ鮮明だが、一九八九年に日本学術振興会サンパウロ研究連絡センターが設置され、日本とブラジルの本格的な学術交流が始まった。

そのセンター長として、二〇〇〇年から数年間、長期出張する機会を得た。スタッフ三人の事務所の公務は多忙をきわめたが、現地でなければ資料収集もおぼつかなかったから、じっくりと腰を据えて研究するまたとない時間となった。

本書の直接的なきっかけは、ブラジリアでエルネスト・シウヴァ氏に出会ったことである。表舞台に出ることはほとんどなかったが、半世紀を超えてブラジリアを見続けてきた氏は、プラーノピロットのアパートメントに暮らし、『ブラジリアの歴史　夢と希望と現実と』を遺して、二〇一一年二月、九五歳で逝った。ブラジリアの生き証人がブラジルで永遠の眠りについている。本書にはごく一部しか収録しなかったが、氏との出会いが「ブラジリアの首都の物語」(未定稿)を書き下ろすきっかけとなった。そして、今ひとり、故山田睦男氏(元国立民族学博物館教授)にはブラジル都市研究を本格化する機会をつくっていただいた。それなくしてブラジリア研究はいまだ道半ばであったかもしれない。その早すぎる他界に、心から哀悼の意を捧げたい。

最後に、出版を快く引き受けてくださった鹿島出版会、編集の労をお取りいただいた川嶋勝、南口千穂の諸氏に感謝を申し上げる。

新緑の中で

中岡義介
川西尋子

著者略歴

中岡義介（なかおか　よしすけ）

地域都市計画家、兵庫教育大学名誉教授。京都大学大学院修了。工学博士。福井工業大学、佐賀大学、兵庫教育大学教授を歴任。その間に中南工業大学客員教授、日本学術振興会サンパウロ研究連絡センター長などを兼任。

主な著書

『奥座敷は奥にない』（彰国社）、『水辺のデザイン』（森北出版）、『六人家族の中国ノート』（学芸出版社）、『日本人はどのように国土をつくったか』（共著、学芸出版社）、『ラテンアメリカ　都市と社会』（共著、新評論）、『路地研究』（共著、鹿島出版会）など

主な計画・設計

「嘉瀬川ダム周辺整備計画」（佐賀県）、「佐賀市都市景観計画」（佐賀市）、「志田焼の里博物館」（嬉野市）など

川西尋子（かわにし　みつこ）

都市文化学、教育学研究者。兵庫教育大学連合大学院修了。学校教育学博士。サンパウロ人文研究所特別研究員、兵庫教育大学、大阪教育大学、畿央大学講師などを歴任。ブラジル、インドネシア・バリ島などで調査研究に従事。

主な論文

「ルシオ・コスタのコンペ当選案にみるブラジリアの都市計画について」（共著、日本都市計画学会都市計画論文集）、「ブラジル南部三州地域における「移民都市」の空間構造に関する比較研究」（共著、教育実践学論集）、「インドネシア・バリ島における学校の発生と展開、構造に関する研究」（共著、兵庫教育大学教育・社会調査研究センター）など

首都《しゅと》ブラジリア　モデルニズモ都市《とし》の誕生《たんじょう》

発行　二〇一四年六月二五日　第一刷

著者　中岡義介《なかおかよしすけ》　川西尋子《かわにしみつこ》

発行者　坪内文生
発行所　鹿島出版会
〒一〇四—〇〇二八　東京都中央区八重洲二—五—一四
電話　〇三—六二〇二—五二〇〇　振替　〇〇一六〇—二—一八〇八八三

印刷　壮光舎印刷
製本　牧製本
装丁　渡邉　翔
編集製作　南風舎

ISBN978-4-306-07306-7 C3052

本書の内容に関するご意見・ご感想は左記までお寄せください。
URL: http://www.kajima-publishing.co.jp
e-mail: info@kajima-publishing.co.jp